"十二五"江苏省重点教材

21世纪现代工业设计系列教材

工业设计基础

（第 3 版）

主　编　薛澄岐　裴文开

　　　　钱志峰　陈　为

U0380086

东南大学出版社

·南京·

内 容 提 要

本书从人的心理、生理特点为出发点,以工业设计的基本理论和方法为基础,应用美学基本法则,根据材料、结构、工艺的要求,探求"人—机(产品)—环境"相互协调的创新设计思想和方法。全书以工业设计基础理论为主线,着重于产品造型美学基础、形态构成、标志设计、产品色彩设计、产品人机工程设计、设计的程序和评价、数字界面设计方法及理论等,对眼动追踪、脑电等设计评价技术做了介绍,同时就计算机辅助工业设计(CAID)、VR/AR技术和相关软件平台做了简要阐述,并给出了典型设计实例,最后对神经设计学、人性化设计、绿色设计、虚拟设计和数字化设计等内容做了简单介绍。

本书为学生提供了学习工业设计专业基础所必需的理论和方法,为工程技术人员进行产品造型设计提供基本理论方法,为技术管理人员分析、评价工业产品内在的质量和外观质量相统一以及"人—机—环境"系统相互协调提供理论依据。本书可作为工科院校工业设计及相关专业的基础课程教材,也可以作为从事设计工作的广大工程技术人员的专业参考书。

图书在版编目(CIP)数据

工业设计基础 / 薛澄岐等主编. —3版. —南京:
东南大学出版社,2018.11
  21世纪现代工业设计系列教材
  ISBN 978-7-5641-8108-6

Ⅰ.①工… Ⅱ.①薛… Ⅲ.①工业设计-教材
Ⅳ.①TB47

中国版本图书馆 CIP 数据核字(2012)第 262256 号

工业设计基础(第 3 版)

出版发行	东南大学出版社
出 版 人	江建中
社　　址	南京市四牌楼 2 号
邮　　编	210096

经　　销	江苏省新华书店
印　　刷	常州市武进第三印刷有限公司
开　　本	787 mm×1092 mm　1/16
印　　张	19.5　彩插:4
字　　数	496 千字
版　　次	2004 年 10 月第 1 版　2018 年 11 月第 3 版
印　　次	2018 年 11 月第 1 次印刷
印　　数	1—2000 册
书　　号	ISBN 978-7-5641-8108-6
定　　价	65.00 元

(本社图书若有印装质量问题,请直接与营销部联系。电话:025-83791830)

第 3 版前言

本书系 2004 年 10 月出版教材《工业设计基础》(第一版)(书号 ISBN 978-7-81089-726-8)，并作为 21 世纪工业设计系列教材出版(共 7 本)，该教材出版后受到国内十几所院校的欢迎，目前已被国内几十所院校选为课堂教学用书。在总结教材使用情况和分析各高校使用反馈意见后，我们于 2012 年 9 月推出《工业设计基础》(第二版)(书号 ISBN 978-7-56413-766-3)。《工业设计基础》教材出版以来，已经是第 7 次印刷(共计 20000 余册)，在国内各大院校被广泛作为必修课程的教材使用，已成为国内工业设计书目的畅销书，许多院校还将此书列为工业设计、设计学研究生入学考试的主要参考书。普遍反映教材为同类教材中，知识结构与时俱进，案例鲜活，符合学科应用本质，理论与应用高度统一。由于教材图文并茂，又配有多媒体课件和网络课件，极大地提高了教学效果和学生学习热情，为学生后续的学习打下了坚实的理论基础。

近年来新的技术突飞猛进，设计思想不断突破原有框架，如 3D 技术的普遍使用，使得传统的样机技术不再是主流技术，因此新的教材需要将这种代表未来发展方向的技术和方法引入，同时在设计评价方面，眼动追踪、脑电技术也成为新的客观测评标准，比传统主观评价标准和方法要更加科学合理。同时信息化装备的发展，数字界面已经成为设计界的新研究方向，与此相关的人机工效学等内容在原有教材中没有体现，急需把最新的方法和理论充实进来。在工业设计新思想上，近年又出现很多新的理论，以及和其他学科间的交叉，如神经设计学理论，也是需要在新的教材中加以介绍，以拓展工业设计学科的认知内涵和基本理论方法体系。考虑到工业设计学科发展中出现的新设计思想与理念，并参照各使用单位在教学实践中提出的修改意见，我们有了教材修订想法，该教材在 2015 年成功入选"十二五"江苏省高等学校重点教材的修订计划。教材的修订目标是保持原有教材的特点和优势，合理吸纳教学反馈意见，融合最新的学科思想和技术，使教材更加科学严谨，使教材质量得到进一步提升，反映学科基础理论体系和最新发展潮流与趋势。

本次修订保持了上一版的体系和特色，在具体内容上做了更新和充实。介绍了工业设计中主要用于产品设计的基本理论与方法，侧重于设计方法的介绍，以期读者在掌握设计方法、规律的基础上能够创新。在新增内容中，为适应现代工业设计的发展，对原工业设计的相关概念、理念进行了调整，将 2015 年"国际设计组织 WDO"对工业设计最新定义引入，扩展了基础理论在产品设计中的应用；在"产品造型美学基础"、"形态构成"两章中，增加了新的设计案例，从而使基础知识与实际应用得到良好衔接；对于造型设计表现技法一章，其中的 7.4 节"润饰效果图"则全部改写"产品表现效果图"，从透明水色表现技法、彩色铅笔表现技法、马克笔效果图技法、电脑手绘效果图等几方面进行了介绍，在设计模型制作章节，增加了样机模型实现相关技术，介绍了逆向工程技术和 3D 打印技术等；在"产品造型设计的程序和评价"一章中,对"界面设计的美度计算"一节内容和案例进行了更新,增加了界面设计眼动评价和脑电评价方法,对工业设计研究具有指导作用;在"计算机辅助工业设计"一章再次做了较大改动,从"平面绘图软件、三维工程软件、三维动画软件、渲染软件及插件、VR/AR 开发软件"等多个视角对工业设计辅助设计软件进行了介绍,尤其是对 VR/AR 开发中 Unity 技术做了介绍;在"工业设计新设计思想"一章中,增加了"神经设计学"的新理念。在新增的内容中,东南大学提供了最新的研究成果和应用案例,可以作为普通高校从事工业设计研究的理论依据与实践方法。

　　本书第 1 版由东南大学薛澄岐教授、解放军理工大学裴文开副教授、南京航空航天大学钱志峰教授、江苏省广播电视大学陈为教授担任主编。具体编写分工为:薛澄岐负责第 9 章、第 10 章的编写,裴文开负责第 2 章、第 6 章的编写,钱志峰负责第 3 章编写,陈为负责第 8 章的编写,原东南大学姚陈、陈丹负责第 7 章的编写,东南大学崔天剑负责第 5 章的编写,南京林业大学宋杨负责第 4 章的编写,第 1 章由薛澄岐、裴文开负责编写。

　　在第 2 版的修订工作中,东南大学薛澄岐、吴晓莉负责修订了第 1 章、第 2 章、第 3 章、第 10 章,王海燕负责修订了第 6 章,周蕾负责第 8 章的修订,吴晓莉、陈默对第 9 章进行了重新编写。

　　"十二五"江苏省重点教材《工业设计基础》第二版修订工作中,东南大学薛澄岐教授、河海大学吴晓莉副教授负责第 1 章、第 2 章、第 3 章、第 10 章的修订,王海燕副教授负责第 6 章的修订,周小舟讲师、吴闻宇讲师负责第 7 章的修订,周蕾讲师、牛亚峰讲师负责第 8 章的修订,肖玮烨博士对第 9 章进行了重新编写,牛亚峰讲师还负责第 10 章的修订。同时,书中部分图例选自专家、教授的著作,谨在此对这些专家、教授和参与本书编写的老师一并表示衷心的感谢。由于时间紧,人力、水平和其他条件所限,书中难免有疏忽遗漏之处,敬请各位同仁、读者批评指正。

编　者

2018 年 8 月

目　　录

1　工业设计概论 ………………………………………………………………… (1)

1.1　概述 …………………………………………………………………………… (1)

1.2　工业设计 ……………………………………………………………………… (2)

1.3　本课程基本特性 ……………………………………………………………… (7)

　1.3.1　科学技术与艺术结合——双重性 ……………………………………… (7)

　1.3.2　人机系统的协调——宜人性 …………………………………………… (7)

　1.3.3　启迪思维灵感——创造性 ……………………………………………… (7)

　1.3.4　建立系统设计观念——协调性 ………………………………………… (8)

　1.3.5　符合心理及使用方式的规范——可用性 ……………………………… (9)

　1.3.6　面向使用者的情感需求——感性 ……………………………………… (9)

　1.3.7　提倡功能价值分析——经济性 ……………………………………… (10)

2　产品造型美学基础 ………………………………………………………… (11)

2.1　产品造型的形式美法则 …………………………………………………… (11)

　2.1.1　比例与尺度 …………………………………………………………… (11)

　2.1.2　对称与均衡 …………………………………………………………… (16)

　2.1.3　稳定与轻巧 …………………………………………………………… (18)

　2.1.4　节奏与韵律 …………………………………………………………… (20)

　2.1.5　调和与对比 …………………………………………………………… (21)

　2.1.6　统一与变化 …………………………………………………………… (24)

　2.1.7　主从与重点 …………………………………………………………… (25)

　2.1.8　过渡与呼应 …………………………………………………………… (25)

　2.1.9　比拟与联想用技术 …………………………………………………… (27)

　2.1.10　单纯与风格(个性) …………………………………………………… (27)

2.2　产品造型的技术美要求 …………………………………………………… (28)

　2.2.1　功能美 ………………………………………………………………… (28)

　2.2.2　结构美 ………………………………………………………………… (28)

　2.2.3　工艺美 ………………………………………………………………… (29)

　2.2.4　材质美 ………………………………………………………………… (29)

　2.2.5　舒适美 ………………………………………………………………… (30)

　2.2.6　规范美 ………………………………………………………………… (30)

2.3　产品造型的视错觉问题 …………………………………………………… (31)

　2.3.1　视错觉概念 …………………………………………………………… (31)

　2.3.2　视错觉现象 …………………………………………………………… (31)

　2.3.3　视错觉的利用与矫正 ………………………………………………… (34)

3 **形态构成** ··· (36)

  3.1   概述 ·· (36)

     3.1.1 形态 ··· (36)

     3.1.2 构成 ··· (37)

     3.1.3 构成技能 ··· (37)

  3.2   形态构成要素 ·· (38)

     3.2.1 几何要素 ··· (38)

     3.2.2 美感要素 ··· (43)

     3.2.3 材料要素 ··· (44)

  3.3   形态构成方法 ·· (45)

     3.3.1 直棱体与曲面体 ··· (45)

     3.3.2 凸面体与凹面体 ··· (46)

     3.3.3 切割与重构 ··· (46)

     3.3.4 扭变构成 ··· (49)

  3.4   形态设计 ·· (50)

     3.4.1 形态设计 ··· (50)

     3.4.2 产品形态构造 ··· (52)

     3.4.3 产品的形态空间 ··· (53)

4 **标志与设计** ··· (56)

  4.1   标志的概述 ·· (56)

     4.1.1 标志的概念 ··· (56)

     4.1.2 标志的起源与发展 ··· (56)

     4.1.3 标志的意义与价值 ··· (57)

     4.1.4 标志设计中应注意的问题 ··· (57)

  4.2   标志的类型与特征 ·· (58)

     4.2.1 标志的功能类型与特征 ··· (58)

     4.2.2 标志的形式类型与特征 ··· (61)

  4.3   标志的设计原则 ·· (63)

     4.3.1 辨识性 ··· (63)

     4.3.2 注目性 ··· (63)

     4.3.3 通俗性 ··· (64)

     4.3.4 适用性 ··· (64)

     4.3.5 信息性 ··· (65)

     4.3.6 美学性 ··· (66)

     4.3.7 时代性 ··· (66)

  4.4   标志设计的构思手法 ·· (68)

     4.4.1 表象手法 ··· (68)

     4.4.2 象征手法 ··· (68)

     4.4.3 寓意手法 ··· (68)

     4.4.4 视觉冲击手法 ··· (69)

     4.4.5 名称变形手法 ··· (69)

  4.5   标志构成的表现手法 ·· (69)

4.5.1　秩序化手法 ……………………………………………………（69）

4.5.2　对比手法 ………………………………………………………（70）

4.5.3　要素和谐手法 …………………………………………………（70）

4.5.4　矛盾空间手法 …………………………………………………（71）

4.5.5　共用形手法 ……………………………………………………（71）

4.5.6　装饰手法 ………………………………………………………（71）

4.6　CI设计简介 …………………………………………………………（71）

4.6.1　CI的概念 ………………………………………………………（71）

4.6.2　CI的起源 ………………………………………………………（72）

4.6.3　CI导入的方式 …………………………………………………（72）

4.6.4　VI和CI的区别 ………………………………………………（72）

5　产品色彩设计 ……………………………………………………………（74）

5.1　产品色彩的形成 ……………………………………………………（74）

5.1.1　认识色彩 ………………………………………………………（74）

5.1.2　产品的色与光 …………………………………………………（75）

5.1.3　色彩的变化 ……………………………………………………（76）

5.2　色彩的基本原理 ……………………………………………………（78）

5.2.1　色彩的属性 ……………………………………………………（78）

5.2.2　色彩的体系 ……………………………………………………（79）

5.2.3　色彩的构成 ……………………………………………………（85）

5.3　色彩与心理 …………………………………………………………（91）

5.3.1　色彩心理表现类型 ……………………………………………（91）

5.3.2　色彩感觉 ………………………………………………………（96）

5.4　产品形态与色彩 ……………………………………………………（98）

5.5　产品配色与管理 ……………………………………………………（100）

5.6　产品色彩设计图例 …………………………………………………（104）

6　人机工程设计 ……………………………………………………………（105）

6.1　概述 …………………………………………………………………（105）

6.1.1　人机工程学名称及定义 ………………………………………（105）

6.1.2　人机工程学的发展简史 ………………………………………（105）

6.1.3　人机工程学的研究内容 ………………………………………（106）

6.1.4　人体尺寸及其应用 ……………………………………………（108）

6.2　显示器设计 …………………………………………………………（111）

6.2.1　视觉显示器 ……………………………………………………（111）

6.2.2　听觉显示器 ……………………………………………………（115）

6.2.3　触觉通道显示 …………………………………………………（120）

6.3　控制器设计 …………………………………………………………（122）

6.3.1　控制器的类型 …………………………………………………（122）

6.3.2　控制器设计的生物力学基础 …………………………………（123）

6.3.3　控制器设计 ……………………………………………………（126）

6.4　工作台设计 …………………………………………………………（132）

6.4.1 工作台的基本类型 ······ (132)

6.4.2 工作台的造型尺度 ······ (134)

6.4.3 工作台面板布局 ······ (137)

6.5 座椅设计 ······ (140)

6.5.1 座椅的类型与特点 ······ (140)

6.5.2 座椅设计的人机学基础 ······ (143)

7 造型设计表现技法 ······ (147)

7.1 概述 ······ (147)

7.2 透视图 ······ (148)

7.2.1 透视概念及常用术语 ······ (148)

7.2.2 透视图的分类 ······ (149)

7.2.3 透视图的基本作图方法 ······ (151)

7.2.4 影响透视效果的主要因素 ······ (159)

7.2.5 透视图的简易画法 ······ (162)

7.3 透视阴影 ······ (164)

7.3.1 立体图像的明暗色调 ······ (164)

7.3.2 高光和阴线的位置 ······ (166)

7.4 产品表现效果图 ······ (167)

7.4.1 产品表现的常用工具介绍 ······ (167)

7.4.2 马克笔效果图技法 ······ (169)

7.4.3 电脑手绘效果图 ······ (170)

7.5 样机模型实现技术与设备 ······ (172)

7.5.1 模型制作材料 ······ (173)

7.5.2 样机模型实现相关技术 ······ (174)

7.5.3 样机模型实现设备 ······ (178)

8 产品造型设计的程序和评价 ······ (181)

8.1 产品造型设计的一般程序 ······ (181)

8.1.1 产品造型设计中应考虑的因素 ······ (181)

8.1.2 产品造型设计中的创造性思维 ······ (183)

8.1.3 产品造型设计的一般程序 ······ (185)

8.2 产品造型设计实例分析 ······ (186)

8.2.1 BD6063C 型牛头刨床造型设计 ······ (186)

8.2.2 机箱造型设计 ······ (190)

8.3 产品造型设计的质量评价 ······ (193)

8.3.1 评价体系 ······ (193)

8.3.2 评价因素 ······ (194)

8.3.3 评价方法 ······ (195)

8.3.4 模糊评价法在机床造型质量中的应用 ······ (202)

8.4 国外产品造型设计质量评价简介 ······ (206)

8.4.1 德国的评选项目和评价标准 ······ (207)

8.4.2 美国的评选项目和评价标准 ······ (207)

　　　8.4.3　日本的评选项目和评价标准……………………………………(207)
　　　8.4.4　韩国的评选项目和评价标准……………………………………(208)
　8.5　界面设计的美度计算 ……………………………………………………(208)
　　　8.5.1　界面美度的研究基础……………………………………………(208)
　　　8.5.2　界面美度的数学表征……………………………………………(209)
　　　8.5.3　界面美度的研究实例……………………………………………(216)
　　　8.5.4　界面美度研究的前景和展望……………………………………(220)
　8.6　数字界面的眼动评价方法 ……………………………………………(221)
　　　8.6.1　眼动追踪技术简介………………………………………………(221)
　　　8.6.2　眼动指标的分析…………………………………………………(221)
　　　8.6.3　数字界面的眼动评价方法………………………………………(222)
　　　8.6.4　数字界面眼动评价的研究实例…………………………………(223)
　8.7　界面设计的脑电测评方法 ……………………………………………(225)
　　　8.7.1　脑电技术简介……………………………………………………(225)
　　　8.7.2　相关脑电指标和实验范式………………………………………(226)
　　　8.7.3　数字界面的脑电评价方法………………………………………(227)
　　　8.7.4　数字界面脑电评价的研究实例…………………………………(228)

9　计算机辅助工业设计(CAID) …………………………………………(229)
　9.1　概述 ………………………………………………………………………(229)
　9.2　计算机辅助工业设计(CAID) …………………………………………(230)
　　　9.2.1　计算机辅助工业设计的作用……………………………………(230)
　　　9.2.2　计算机辅助工业设计系统………………………………………(231)
　9.3　计算机辅助设计常用软件 ……………………………………………(232)
　　　9.3.1　平面绘图软件……………………………………………………(233)
　　　9.3.2　三维工程软件……………………………………………………(234)
　　　9.3.3　三维动画软件……………………………………………………(234)
　　　9.3.4　渲染软件及插件…………………………………………………(235)
　　　9.3.5　VR/AR 开发软件 ………………………………………………(236)
　9.4　典型平面绘图软件介绍 ………………………………………………(236)
　　　9.4.1　Autodesk Sketchbook ……………………………………………(236)
　　　9.4.2　Adobe Illustrator ………………………………………………(237)
　　　9.4.3　Sketch ……………………………………………………………(237)
　9.5　典型三维工程软件介绍 ………………………………………………(238)
　　　9.5.1　Pro/E ……………………………………………………………(238)
　　　9.5.2　Rhino 3D …………………………………………………………(250)
　　　9.5.3　Jack ………………………………………………………………(260)
　9.6　典型三维动画软件介绍 ………………………………………………(261)
　　　9.6.1　3DS Max …………………………………………………………(261)
　　　9.6.2　Cinema 4D ………………………………………………………(262)
　9.7　渲染技术前沿介绍 ……………………………………………………(263)
　　　9.7.1　离线渲染与实时渲染……………………………………………(263)
　　　9.7.2　工业设计渲染技术革新…………………………………………(264)

9.8　典型 VR/AR 开发软件介绍 ……………………………………… (264)

　9.8.1　Unity Engine3D ………………………………………………… (268)

　9.8.2　案例 ……………………………………………………………… (269)

10　工业设计新设计思想 …………………………………………… (274)

10.1　人性化设计 ……………………………………………………… (274)

　10.1.1　人性化设计的内涵 …………………………………………… (274)

　10.1.2　人性化设计的思想 …………………………………………… (275)

　10.1.3　人性化设计应考虑的主要因素 ……………………………… (277)

10.2　绿色设计 ………………………………………………………… (278)

　10.2.1　绿色设计的内涵 ……………………………………………… (278)

　10.2.2　绿色设计的目标 ……………………………………………… (280)

　10.2.3　绿色设计的原则 ……………………………………………… (280)

　10.2.4　绿色设计的关键技术 ………………………………………… (280)

　10.2.5　绿色设计方法 ………………………………………………… (281)

10.3　虚拟设计 ………………………………………………………… (282)

　10.3.1　虚拟设计的内涵 ……………………………………………… (282)

　10.3.2　虚拟设计系统的构成 ………………………………………… (283)

　10.3.3　虚拟设计中的关键技术 ……………………………………… (284)

　10.3.4　虚拟设计的优点 ……………………………………………… (284)

　10.3.5　虚拟设计在工业设计中的应用 ……………………………… (284)

10.4　概念设计 ………………………………………………………… (285)

　10.4.1　概念设计的内涵 ……………………………………………… (285)

　10.4.2　概念设计方法 ………………………………………………… (286)

10.5　数字化设计 ……………………………………………………… (288)

　10.5.1　数字化设计的内涵 …………………………………………… (288)

　10.5.2　数字化产品设计 ……………………………………………… (288)

　10.5.3　数字化人机界面 ……………………………………………… (292)

10.6　交互设计 ………………………………………………………… (294)

　10.6.1　交互设计的内涵 ……………………………………………… (294)

　10.6.2　交互设计解决的问题和目前发展状况 ……………………… (294)

　10.6.3　与界面设计的关系 …………………………………………… (295)

　10.6.4　交互设计和产品开发的关系 ………………………………… (295)

　10.6.5　交互设计的一般步骤 ………………………………………… (295)

10.7　神经设计学 ……………………………………………………… (296)

　10.7.1　神经设计学产生的背景及其内涵 …………………………… (296)

　10.7.2　神经设计学的目的和主要研究对象 ………………………… (297)

　10.7.3　神经设计学的关键技术 ……………………………………… (298)

　10.7.4　神经设计学在设计中的应用 ………………………………… (298)

参考文献 …………………………………………………………… (300)

附彩 ………………………………………………………………… (303)

1 工业设计概论

1.1 概述

工业设计指的是与我们衣食住行密切相关的一切工业产品的设计。工业设计是从 20 世纪初发展起来的一门独立、新兴的学科。该学科的发展和社会的发展、科学的进步以及人类对物质生活的不断追求紧密相关。进入新的世纪,世界范围类的产品竞争越演越烈,设计已经成为企业重要的生存支柱和利润保障。所有这些都使工业设计迅速发展起来。

工业设计所包含的范畴很广,是一门涉及多学科的交叉学科,尤以艺术和技术两大领域为主,具体的有机械工程、电子技术、材料工程、人机工程、人类学和社会学、心理学、美学、产品设计、交互设计、虚拟设计等。由于人们在该学科研究的侧重点不同,所以工业设计可以分为广义和狭义两个范畴。广义的理解有:是指为了达到某一特定目的,从构思到建立一个切实可行的实施方案,并且用明确的手段表示出来的系列行为。它包含了一切使用现代化手段进行生产和服务的设计过程。主要体现在:① 工业产品设计;② 视觉传递设计;③ 作业环境设计。狭义的工业设计一般专指产品设计。即针对人与自然的关联中产生的工具装备的需求所作的响应。它主要包括:交通工具设计(车辆、飞行器、船艇等),设备仪器设计(工业设备、生产机器、医疗设备及仪器、工程仪器工具等),生活用品设计(文具、灯具、餐具、螺丝刀、钳子等),家具设计(桌子、椅子、床、沙发),电子产品设计(数码类产品、电脑、电子手表、家用电器等),家电设计,其他类(玩具、人机接口等)。主要设计内容涉及该产品的形态、功能与使用方式、人机关系、材料的选择、色彩的设定、生产的流程等。

工业设计自身所具有的社会效益和经济效益正日益受到各国政府及国民经济各行业的高度重视。在国外,许多工业化国家,有的通过立法形式强制推行,有的作为国家标准而颁布实施。而更多的公司企业则利用工业设计的方法和成果来提高现有产品的竞争力和进行新产品的开发。目前在世界上一些发达的工业化国家,在人们生活的各个方面以及社会各个领域里,从航天飞行器、快速列车等高科技产品系统,到牙刷等劳动密集型轻工产品,几乎没有一个设计行业不在运用工业设计的成果和方法。工业设计为提高企业产品的竞争力和进行新产品的开发奠定了坚实的技术基础和设计平台。

21 世纪是市场竞争取决于设计竞争的时代。无论是美国、日本等经济发达国家,还是亚洲"四小龙"那样的新兴发展地区,都把工业设计作为跨世纪的经济发展战略。世界最大规模、最高效益的国际性集团企业,纷纷提出了设计治厂的口号,都把工业设计视为加快企业发展步伐、提高企业经济效益的根本战略和有效途径。

21 世纪的工业设计主要体现出下面一些特征:

第一,工业设计涉及的领域在不断增加,除了传统的第二产业,还广泛应用于第一产业、第三产业,以及公共文化事业、环境保护事业等社会生活的各个领域。

第二,工业设计尽管以工业产品设计为中心,却又不局限于工业产品设计,同时拓展了产品科研、生产、管理、营销及使用的时空环境设计和信息流程设计,并且把产品、环境、流程三大设计既相互区别又相互联系地有机组合起来。

第三,工业设计全面地更新了产品设计的观念、思路、方式、方法及手段,以性能和使用要求的不断提高,带动材料和技术的不断发展;以使用方式的出新,带动实用功能的更加完善。现代产品设计不仅注重产品性质和功能的实现,而且更加注重产品使用方式的简便和舒适;不仅注重产品整体形式的美化,而且更加注重产品整体组合的人性化设计,满足人的生理—心理—审美的需要。工业设计把工程技术设计和工业审美设计交互作用、双向渗透、内在融合为一体。

第四,随着柔性加工技术和 CAD/CAM 技术的快速发展,工业设计可以致力于精心设计和生产既批量化又个性化的创新产品,把产品技术形态的标准化和规范化与审美形态的独特化和多样化有机地结合起来,从根本上克服手工业小生产的高耗、低产与工业化大生产统一、单调的传统局限性。

第五,数字化信息技术的发展,产品不再是单一的个体,以信息化系统为载体的交互体验成为了工业设计的重要发展形式。数字技术正在影响着人类生活的各个领域,越来越多的人开始接触并逐渐适应、习惯、依赖数字环境下的生活,人们的消费行为也正随着媒体的数字化而发生改变。工业产品也将通过数字媒体、虚拟现实等交互式媒介传递给用户有效的使用方式。与此同时,工业设计领域的数字化交互系统的设计与视觉认知行为、生物科学、人类思维等学科建立了新的纽带,也成为了工业设计新时代发展的战略。

工业设计在本质上表现为高智力的科学技术,高品位的审美文化,高效益的经济价值相结合的真、善、美相统一的,人和物集约经营的当代企业生产力。在广度和深度两个方面,既有别于以往的产品设计,更不同于传统的工艺美术。工业设计不仅是发展生产力的生产力,而且是解放生产力的生产力,是改造今天、创造未来的当代最为先进的生产力之一。

1.2　工业设计

1970 年国际工业设计协会 ICSID (International Council of Societies of Industrial Design)为工业设计下了一个完整的定义:"工业设计,是一种根据产业状况以决定制作物品之适应特质的创造活动。适应物品特质,不单指物品的结构,而是兼顾使用者和生产者双方的观点,使抽象的概念系统化,完成统一而具体化的物品形象,意即着眼于根本的结构与机能间的相互关系,其根据工业生产的条件扩大了人类环境的局面。"

1980 年国际工业设计协会理事会(ICSID)给工业设计更新的定义:"就批量生产的工业产品而言,凭借训练、技术知识、经验及视觉感受,而赋予材料、结构、构造、形态、色彩、表面加工、装饰以新的品质和规格,叫做工业设计。"根据当时的具体情况,工业设计师应当在上述工业产品全部侧面或其中几个方面进行工作,而且,当需要工业设计师对包装、宣传、展示、市场开发等问题的解决付出自己的技术知识和经验以及视觉评价能力时,这也属于工业设计的范畴。

2006 年国际工业设计协会理事会(ICSID)给工业设计又作了如下的定义:"设计是一种创造活动,其目的是确立产品多向度的品质、过程、服务及其整个生命周期系统,因此,设计是科技人性化创新的核心因素,也是文化与经济交流至关重要的因素。"

2015 年 10 月,国际工业设计协会(ICSID)在韩国召开第 29 届年度代表大会,沿用近 60 年的"国际工业设计协会 ICSID"正式改名为"国际设计组织 WDO"(World Design Organization)。会上提出了工业设计的最新定义:"(工业)设计旨在引导创新、促发商业成功及提供更好质量的生活,是一种将策略性解决问题的过程应用于产品、系统、服务及体验的设计活动。它是一种跨学科的专业,将创新、技术、商业、研究及消费者紧密联系在一起,共同进行创造性活动、并将需解决的问题、提出的解决方案进行可视化,重新解构问题,并将其作为建立更好的产品、系统、服务、体验或商业网络的机会,提供新的价值以及竞争优势。(工业)设计是通过其输出物对社会、经济、环境及伦理方面问题的回应,旨在创造一个更好的世界。"

随着以机械化为特征的工业社会向以信息化为特色的知识社会迈进,工业设计也正由专业设计师的工作向更广泛的用户参与演变,用户参与、以用户为中心成为设计的关键词,并展现出未来设计的创新趋势。总体来说,工业设计就是对工业产品的使用方式、人机关系、外观造型等做设计和定义的过程。他将产品的功能通过有型的方式创造性的体现,使得工业产品和人的适当的、高效的,甚至有情感的交流得以实现。他是一种产品与人沟通的语言,是工业产品和人之间的重要纽带,是用户体验的决定性组成部分。

在工业发展过程中,几乎每个国家都是先认识到技术设计的重要性,然后才逐步深入认识到工业设计的重要性。一个国家或地区的工业越是从初级向高级发展,就越会感到工业设计的重要。在全世界范围内,从工业革命开始,经过一个多世纪,到 1930 年左右才在德国确立工业设计专业的地位。二次世界大战后的 50 年代,世界经济全球性发展时期,工业设计才在工业发达国家首先得到普遍重视。我国工业现在虽已有了一定的基础,但长期以来主要是由于对工业产品的需求量的持续扩大,侧重解决的是"有"和"无"的问题,没有认识到、也很难认识到工业设计的重要性。随着科学技术的进步,社会经济的发展,人们的物质生活在得到量的满足后,需求就自然会向质的充实及多样化发展。工业设计正是为适应这一需要而迅速发展起来的。从某种意义上说,工业设计在一定程度上反映了一个国家的繁荣和物质文明水平,也反映着一个国家的文化艺术成就及工业技术水平。

在经济发达国家,各国对工业设计都十分重视。英国前首相撒切尔夫人的至理名言:"可以没有政府,但不能没有工业设计。"现任首相布莱尔为推动英国的设计,策划发动"新世纪英国杰出产品"活动,亲自为"新世纪英国产品"展开幕剪彩。德国总理格哈德·施罗德认为:"……工业设计越来越重要,技术和完善并不会必然获得商业上的成功……","产品设计代表着个性,造型和色彩是对生活的一种感受的表达……工业设计的价值日益突显。社会与技术的变化带来更多挑战的同时,也为设计提供了更大的空间……设计成为了这个信息社会的重要先锋"。在日本,设计的优劣直接关系到国家的经济命脉,所以设计受到政府的高度关注。设计界都是和企业紧紧联系在一切的。"卖不出去的产品不能成为工业设计。"在美国,工业设计是为企业带来效益和财富的重要组成部分。在北欧国家,工业设计已经成为人们生活的一部分,是一种文化,产品设计应该追求尽善尽美。

随着现代科学技术的高速发展,产品设计已由过去的单纯结构性能设计发展到今天的功能、结构性能、人的生理和心理因素、环境等综合性、系统性设计的时代。这是一种观念的更新,一种设计思想和设计方法的更新,无论是设计人员,还是管理人员,都必须适应这一新的需要而再学习,因为它是在社会发展到现代化的今天之必然。

工业设计的发展一直与政治、经济、文化及科学技术水平密切相关,与新材料的发现,新工

艺的采用相互依存,也受不同的艺术风格及人们审美爱好的直接影响。就其发展过程来看,大体上可划分为以下三个时期:

第一个时期,始于 19 世纪中叶至 20 世纪初。19 世纪中叶,西方各国相继完成了产业革命,实现了手工业向机器工业的过渡,这个过渡过程也是手工业生产方式不断解体的过程。一般来说,手工业生产方式的基本特点是产品的设计、制作、销售都是由一人或师徒几人共同完成的,这种生产方式积累了若干年的生产经验,因而较多地体现了技术和艺术的良好结合。当机器工业逐步取代手工业生产后,这种结合也随之消失,但产品设计者为了适应人们传统的审美习惯和需要,就把手工业产品上的某些装饰直接搬到机械产品上,例如,给蒸汽机的机身刻铸上哥特式纹样,把金属制品涂上木纹之类等等,往往给人以不伦不类、极不协调的感觉。这个时期,出现在市场上的商品一方面是外观简陋的廉价工业品,另一方面是耗费工时、精工细作的高价手工艺品,鉴于这种情况,人们认为产品的工业化与产品的审美属性水火不相容。此时,英国人莫里斯(William Morris,1834—1896)(见图 1.1)倡导并掀起了"工艺美术运动"(Arts and Crafts),要求废弃"粗糙得丑陋或华丽得丑恶"的产品,代之以朴实而单纯的产品(见图 1.2)。莫里斯一方面认为艺术和美不应当仅集中于绘画、雕塑之中,主张让人们努力把生活必需品变成美的,把生产过程也变得对自己是舒适的,人类劳动产品如不运用艺术必然会变得丑陋。但另一方面他又把传统艺术美的破坏归结为工业革命的产品,主张把工业生产退回

图 1.1　莫里斯　　　　　图 1.2　工艺美术风格的器皿　　　　　图 1.3　新艺术风格扶椅

到手工业方式生产。这后一种提法和做法显然是违反时代发展潮流的,可是他却向人们提出了工业产品必须重视研究和解决在工业化生产方式下的工业设计问题。19 世纪末至 20 世纪初,在欧洲以法国为中心又掀起了一个"新艺术运动(Art Nouveau)",承认机器生产的必要性,主张技术和艺术的结合,注意产品的合理结构,直观地表现出工艺过程和材料(见图 1.3)。它以打破建筑和工艺上的古典主义传统形式为目标,强调曲线和装饰美,在强调工艺的合理性、结构的简洁和材料的适当运用方面有所进展,但是过分强调产品外在的装饰美,而没有把艺术因素作为事物的内在属性,因此导致功能与形式的矛盾。总之,新艺术运动对于工业设计学科发展的历史功绩是巨大的。在"工艺美术运动"和"新艺术运动"的推动下,欧洲的工业设计运动进入了高潮,而第一个产生巨大影响的团体组织则是德国工业联盟(Deutscher Werkbund),它是由德国设计理论家、建筑师穆迪修斯(Herman Muthesius,1861—1927)倡议并于 1907 年组成的。它的成员有企业家、建筑师、工艺师和评论家,旨在探索如何提高工业产品的质量并按照物质的深层本质取得产品的形式,通过实用品的

展出打开市场并推进生产的标准化。继德国工业联盟之后，奥地利、英国、瑞士、瑞典等国也相继成立了类似的组织。许多工程师、建筑师、美术家都加入到这一行列，他们相互协作，开创了技术与艺术相结合的活动，并影响到工业产品质量的提高及其在市场上的竞争力，从而为工业设计的研究、应用奠定了基础。

第二个时期，大体上为20世纪20年代至50年代。人们经历了数十年大胆而多样的探索后，为工业设计进行系统教育创造了条件，并逐步转入到以教育为中心的活动。当时，年轻而富有才华的建筑师格罗佩斯（Walter Gropius，1883—1969）（见图1.4）于1919年4月1日在德国魏玛首创了设计学校——国立包豪斯（Das Staatliches Bauhaus，1919—1933）。包豪斯的理论原则是，废弃历史传统的形式和产品的外加装饰，主张形式依随功能，尊重结构的自身逻辑，强调几何造型的单纯明快，使产品具有简单的轮廓、光洁的外表，重视机械技术，促进标准化并考虑商业因素（见图1.5）。这些原则被称为功能主义设计理论，即要求最佳地达到产品的使用目的，主张使产品的审美特征寓于技术的形式中，做到实用、经济、美观。功能主义设计理论的实践在工业设计的理论建设中具有重要地位，但其局限性则表现在，强调用大量的标准化生产去满足人们的社会需要，抹杀对个性的表现并忽视传统的意义，认为物品只要适用，它的形式就是美的，就能给人以美感。

包豪斯学校的建立，标志着人们对工业设计认识的进一步深化并日趋成熟。包豪斯建校

图1.4　格罗佩斯

图1.5　包豪斯风格台灯

14年，共培养学生1 200多名，并出版汇编了工业设计教育丛书一套14本。在这14年中，包豪斯学校的师生们设计制作了一批对后来有着深远影响的作品与产品，并培养出一批世界第一流的设计家。可以说，包豪斯对工业设计的发展有着不可磨灭的贡献。

包豪斯学校后因德国纳粹的迫害，被迫于1933年7月解散。格罗佩斯等人应邀到美国哈佛大学等校任教，其他一些著名的教育家、设计家也多相继赴美，这样，工业设计的中心即由德国转移到美国。美国在第二次世界大战中本土未遭破坏，为工业设计的发展提供了理想的环境，加之其科学技术水平处于领先地位，又为工业设计提供了良好的条件。此外，1929年资本主义世界的经济危机造成商业竞争的加剧，许多厂商通过产品在市场销售中的激烈竞争，逐步认识到产品设计的重要性，最终促进了工业设计的发展步入高潮。所以说，工业设计的普及化和商业化开始于德国、发展于美国，同时也推动了世界工业设计的发展。

第三个时期，是指20世纪50年代后期。随着科学技术的发展，国际贸易的扩大，各国有关学术组织相继建立，为适应工业设计开展国际交流的需要，国际工业设计协会于1957年4

月在英国伦敦成立,其事务所设在比利时的首都布鲁塞尔。国际学术组织的建立和学术活动的广泛开展,标志着该学科已走上了健康发展的轨道。这个时期,工业设计的研究、应用及发展速度很快,其中最突出的是日本。以汽车为例,20世纪70年代以前,国际汽车市场是由美国垄断的,当时日本的技术、设备也多从美国引进,但日本在引进和模仿的过程中,注意分析和消化,并很快提出了具有自己民族风格的产品。20世纪70年代后期,日本的汽车以其功能优异、造型美观、价格低廉而一举冲破美国的垄断,在世界汽车制造业中处于举足轻重的地位。图1.6、图1.7为该时期的产品。

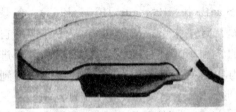

图1.6　电话机(1967年)　　　　　　　　　图1.7　照相机(1980年)

　　在我国,工业设计这一新兴学科正随着社会主义现代化建设的需要而得到迅速发展。据有关方面预测,随着科学技术的发展,自动化加工手段广泛使用,产品的技术性能日趋稳定,个性化、多样化、小批量、多功能的产品将是未来产品的发展趋势,因而对产品设计的要求将愈来愈高。无论国际市场还是国内市场,工业设计的成果将是产品竞争的重要手段之一。因此,加速开展工业设计的理论研究工作,广泛兴办各种专业教育以及各种类型的普及教育,迅速培养起一支工业设计师队伍,已成为现代化建设中一项紧迫任务。我们相信,不久的将来,一批具有高科技水平,又具有我国民族特色的各类工业产品将跻身于世界名牌产品之林。图1.8、图1.9为国内设计的工业产品,在工业设计科技创新的研究上,我国设立了"科技促进设计创意产业发展"项目,并组织每年一度"中国创新设计红星奖",让企业及社会了解杰出设计对促进经济发展和改善人类生活的贡献,培育中国设计领域的国际化品牌。可见,工业设计作为一种科技创新的新生力量,正处于蓬勃发展时期,而对于推动文化创新还需更为深入的研究。

图1.8　夏普手机 SH9010c　　　　　　　图1.9　M50 高精磨床(2009年中国红星奖)

　　北京第二机床厂设计的 M50 高精磨床以直线型为主,辅以圆弧转角,体现简洁、人性化的形态。创新的开门拉手设计,使产品操作简便。在人机方面,悬臂操作箱使操作者无需长距离或频繁移动便可从工作台位置清楚了解加工数据。

1.3 本课程基本特性

1.3.1 科学技术与艺术结合——双重性

在人类进入现代文明的今天,科学技术与人文科学在学科领域的相互渗透已十分广泛,处在边缘领域的工业设计也就成为科技工作者和艺术工作者共同关心的课题。从整个社会系统结构来说,科学以技术为中介作用于社会生产,而艺术则以情感作用于人们的观念,从而间接地影响着社会生产,两者是相通的,好比一棵文化树上结出的两颗硕果,荣枯相依,兴衰与共。

从历史发展的事实来看,在同一历史时代,科学技术发达的地方,艺术上往往人才辈出,成果令人瞩目。在同一民族的历史上,艺术成就辉煌的时代,也是科学技术发展的黄金时代。如中国的春秋战国时代、两千年前的古希腊时代、18世纪的英国、19世纪的德国等都表现出这样的特征。这种宏观系统上的相关性必然包含着相应的微观机制。事实上,在人们日常生活中时时处处都体现着科学与艺术相结合的问题,正是这种结合才不断地美化着人们的生活环境,创造着新的生活方式,改变着人们的审美意识,促进着人类文明的进展,并使传统形式得以革新。法国著名作家福楼拜在创作他的代表作《包法利夫人》时由衷地感到:"越往前进,艺术越要科学化,同时科学也要艺术化。两者从山麓分手,回头又在山顶会合。"

工业设计是以科学技术与艺术相结合为理论基础的,它不同于传统的产品设计。从工业设计的角度看,设计构思不仅要从一定的技术、经济要求出发,而且要充分调动设计师的审美经验和艺术灵感,从产品与人的感受和活动的谐调中确定产品功能结构与形式的统一。也就是说,产品设计必须把满足物质功能需要的实用性与满足精神功能需要的审美性完美地结合起来,并考虑其社会效益,这就构成了本学科科学技术与艺术相结合的双重性特征。

1.3.2 人机系统的协调——宜人性

任何产品都是供人使用的,所以产品制造出来后必须让人在使用过程中感到操作方便、安全、舒适、可靠,并能使人感到人与机器协调一致。这就要求在产品设计构思过程中,除了从物质功能角度考虑其结构合理、性能良好,从精神功能角度考虑其形态新颖、色彩协调等因素外,还应从使用功能的角度考虑到其操作方便、舒适宜人。因为产品性能指标的实现只能说明该产品具备了某种潜在效能,而这种潜在效能的发挥要靠人的合理操作才能实现。不难想象,如果操纵控制器设计及其布置不适应人的生理特征需要,显示器设计及其布置不适应人的感知特征需要,作业空间、作业环境、工作条件等与人有直接关系的设计不考虑宜人性问题,那么性能再好、外观再美的产品也会因不适合人的使用,不能发挥人机系统的综合使用效能而被淘汰。因此,产品设计应该运用人机工程学的研究成果,合理地运用人机系统设计参数,为人们创造出舒适的工作环境和良好的劳动条件,为提高系统综合使用效能服务。

1.3.3 启迪思维灵感——创造性

人们通常认为,科学创造是以逻辑思维为主要特征的,艺术创作是以形象思维为主要特征的。实际上,在科学创造和艺术创作中,逻辑思维和形象思维是协同配合的,而且都需要灵感思维作为辅助。所谓灵感,是指创造者在顽强的、孜孜不倦的创造性劳动中达到创造力巨大高涨和紧张的时候所处的心理状态。灵感是创造性活动中普遍存在的现象。一般来说,逻辑思维有助于思维的深度,而思维的广度则受到一定的限制,如果探索的方向有误差,那么仅沿着逻辑思维推理是无法改变思维方向的。如果有形象思维配合,则可以使思维领域扩展,以致从完全不同的角度求得新的创造思路。

通常情况下,工程技术人员习惯于按逻辑思维的准确方法来认识问题和解决问题,不习惯于利用形象思维来启迪创造性灵感,常使自己丰富的想象力被一些典型的约束条件所湮没。因而产品形态很难摆脱传统模式的束缚,致使产品设计模仿多于创新,共性湮没个性,缺乏时代感和市场竞争力。

工业设计提倡在产品造型时,思维方式多角度,形态创新多样化,因此能在一定程度上为工程技术人员的创造性思维提供有效的方法。在产品造型设计过程中,创造性指功能组合和形态创新两方面内容。尤其在机床、汽车、家电等行业中,形态创新更显重要。创造者在创造过程中的成功率与灵感思维有很大关系,而思维的灵感则与创造者的智力因素有直接关系。现代心理学研究成果表明,人的智力因素主要包括良好的观察能力、较强的记忆能力、丰富的想象能力、敏捷的思维能力和熟练的操作(动手)能力等五个方面。就工业设计而言,相对于其他学科则更强调动手能力,即能把自己通过观察、想象所得的物像迅速"记录"下来,在不断观察、不断想象、不断修改的基础上完成形态创新的工作。

1.3.4　建立系统设计观念——协调性

在现实生活中,许多产品都是配套使用的,因而就构成了各种系统关系。如汽车与公路、桥梁、桌子与椅子、煮水壶与暖瓶等,在工业设计研究领域内,人们日益重视对产品之间关系的处理,有人则提出了软性设计的概念,即设计两个或两个以上产品之间的关系,或者称为产品系统设计。一般来说,在产品系统设计中主要应考虑以下三个方面的问题:

1) 物与人的协调关系

首先是物与人的生理特征相协调的关系,即产品外部构件尺寸应符合人体尺寸要求,操作力、操作速度、操作频率等要符合人体运动力学条件,各种显示件要符合人接受信息量的要求,以使人感到作业方便、舒适安全;其次是物与人的心理特征相协调的问题,即产品的形态、色彩、质感给人以美的感觉。解决好物与人的协调关系对于提高产品使用效能具有重要意义。

2) 物与物的协调关系

首先是单件产品自身各零件、部件的协调,它包括结构、形态、大小及彼此间的连接关系,其中又包含各零件间的线型风格、比例关系等;其次是单件产品与构成相互关系的其他产品之间的协调关系问题。例如,要发挥汽车的高速效能,就要设计好道路和桥梁,没有高速公路,汽车的高速性能就不能发挥。又如,设计暖水壶时,就应尽量使其在容量上与煮水的水壶的容积构成整比关系,这样才能充分发挥它们在容量上的效能。

3) 物与环境的协调关系

首先是物与所处的环境相协调,例如,固定安放的设备应与设备所处的环境在形、色、质方面相协调,而运行式的机器车辆则应考虑各种变化的环境条件;其次,应综合考虑物与人、物与物、物与环境三者之间的协调关系,即人机系统相协调。

1.3.5 符合心理及使用方式的规范——可用性

在 IT 界面领域中兴起的可用性,研究者根据自己的研究领域对可用性提出不同的定义标准,Hartson(1991)将其定义为有用性和易用性,有用性是指产品能否实现一系列的功能,易用性侧重于产品的使用体验,即能否满足用户的操作方式及心理需求;被称为"可用性之王"的 Jakob Nielsen 是将可用性细化分为五个具体属性:可学习性、可记忆性、效率、出错及满意度;ISO924-11 对可用性所下的定义是:产品在特定使用环境下为特定用户用于特定用途时所具有的有效性、效率及用户主观满意度。在工业产品领域中,Dr. Sung H. Han 在《usability of consumer electronic products》一文中,提到工业产品在结构上与软件有本质的不同,第一、它是由硬件(如按钮、托盘、底座)及软件(菜单、图标等)组成的混合体,第二个不同点是工业产品不仅要帮助用户完成指定的任务,同时当放置在卧室或客厅中还是一件装饰品,能够体现用户的个性及生活品位。也就是说,软件产品的侧重点是帮助用户完成指定的任务,而一件工业产品不仅要能够帮助用户完成任务,而且还应具有好的形象及提供好的理解力。因此在对产品进行可用性评估时不仅要考虑行为因素,用户更多的主观因素及情感因素(见表 1.1)也应被考虑在内,以期望能够提高产品的核心竞争力,满足用户对于产品的需求;同样,Donald Norman 发现产品普遍存在着可用性问题,而提出七个可用性设计原则以指导产品的设计。

表 1.1 可用性的主观因素

	接受度	用户对于一件产品的接受程度
	舒适性	产品使用起来简单舒适
	便捷度	产品是否方便与合适
主观因素	可靠性	产品能否值得用户信任
	吸引力	产品能够具有吸引力的水平
	偏爱度	两件产品相比较,用户更倾向与喜欢哪一个
	满意度	产品令用户满意的程度

1.3.6 面向使用者的情感需求——感性

体验经济时代的到来使得情感因素在产品设计开发过中受到人们越来越多的关注,如何更好地满足用户的情感需求,成为设计领域的研究热点。Donald Norman 较早的关注人的情感需求,并专门著述《情感化设计》与《设计心理学》进行探讨设计与情感的关系。众所周知,设计的目的是让用户更好的使用产品,即以用户为中心,想用户所想,思用户所思,因此,设计必然要充满人性化才能勾起用户的情感共鸣,这种情感共鸣可以简要的分为两种类型,一是实用方面的,以 apple 公司的产品为代笔,另一类是精神上的。

1) 关注用户情感——从实用性出发

Apple 在乔布斯的带领下,处处体现人性化的关怀、时时以用户的情感作为出发点,在每款 apple 产品的细节中均能发现设计师的精雕细琢,如 Path 的"+"蹦出各类型分享图标。同时"+"变成了"×"自然而然就成了关闭按钮,而其弧线形的展示方式,打破了 iOS 的局限,让人耳目一新。同样的关怀还体现在将传统的"在线"、"离线",重新定义成了"醒着"、"睡着了",而显然他们比在线、离线更具有人性化的特征,因为它们本来就是人现实中所具有的状态。这些均是 apple 善于运用情感化设计给产品带来非同一般的效果,同样这也是该公司的成功之处。

2) 关注用户情感——从精神性出发

随着消费市场的日益成熟,消费者越来越不容易被打动。对于各种营销手段,消费者也是日渐麻木。在这时,全球前三大手机厂商之一LG率先跳脱低层次的竞争思维,而是站在一个更高的层面审视品牌建设和营销策略,开始通过情感营销与消费者进行沟通。其在"巧克力"、"冰淇淋"和"曲奇"等产品命名和产品设计上注入情感,赋予其感性色彩。以其试水之作"巧克力一代"为例,"巧克力一代"即是吃着巧克力长大的一代他们伴随着社会飞速发展而成长,有着典型的人群特征,追求时尚,渴望受到关注和尊重,有强烈的炫耀心理,希望成为别人的羡慕对象。针对"巧克力一代"的情感需求,集时尚与个性于一身的LG"巧克力"手机的推出,不仅让受众找到情感归属,也令LG从此找到了情感营销的钥匙。

1.3.7　提倡功能价值分析——经济性

一般来说,产品的功能价值及其经济性是制约和衡量产品设计的综合性指标之一,要达到合理的经济性指标,就要进行功能价值分析,保证功能合理。例如,机器设备零件和零件之间、内构件与外装件之间寿命周期应大致相等(可更换的易损件除外),以使价值系数达到最大。

同时,对于基本功能和辅助功能也要综合权衡。例如,手表的基本功能是计时,至于防水、防磁、防震、夜光、日历、计算器等功能要素则是为了某种需要而加上去的辅助功能。辅助功能的添加必须综合考虑到销售地区消费人员的文化层次、兴趣爱好、经济水平等因素。

若从产品的经济性与时尚性的关系上讲,则有产品的物质老化与精神老化、有形损耗和无形损耗等一系列问题。产品的精神老化和无形损耗同样会在新产品价值和寿命上起着相当重要的作用。所以,产品设计还应当考虑物质老化和精神老化相适应,有形损耗和无形损耗相同步,实用、经济、美观相结合等问题。只有这样,才能达到以最少的人力、物力、财力和时间而收到最大的经济效益,并获得较强的市场竞争力。

2 产品造型美学基础

美学是研究美的存在、美的认识和美的创造为主要内容的学科。至于什么是美,历代美学家都认为这是一个难以确切回答的问题。古希腊著名哲学家柏拉图在对"什么是美"的问题进行了种种讨论之后,觉得没有一个简单的定义可以对这个问题回答得令人信服,最后只有作结论说:"美是难的。""什么是美"这个问题之所以难,主要原因来自两个方面:第一,因为美是具有多层次、多方面联系的概念,仅从任何一个层次或一个方面研究美的本质和含义总是不全面的;第二,美又是主观和客观相互作用的产物,由于审美观的多维性,对于客观存在的同一美,每个人所获得的审美信息不同,产生的感受也是有差异的,因而美又有相对性的一面。这就使"什么是美"这一问题产生了颇多的争论。本章仅结合本课程的特点,探索与产品造型有关的"形式美"和"技术美"等问题。

一般来说,工业产品的美至少有两个显著的特征:一个是产品以其外在的感性形式所呈现的美,一般称为"形式美";另一个是产品以其内在结构的和谐、秩序而呈现的美,一般称为"技术美"。形式美由于是外在的,易感受的,因而生动、具体,有广泛的可理解性。而技术美则是通过结构关系等多方面内在因素所显现出的美,一般不易被人感知,因而具有一定的抽象性。总之,无论是外在易感知的形式美,还是内在的不易感知的技术美,两者的要素是相互联系的,内在的要素可以通过外在的要素显现出来,人们可以通过对外在要素的认识而理解到美的内在要素。在产品造型设计中,只有把这两方面的要素有机地统一起来,才能达到产品真正的美。

2.1 产品造型的形式美法则

形式美是指构成事物的外在属性(如形、色、质等)及其组合关系所呈现出来的审美特性,它是人类在长期的劳动中所形成的审美意识。任何事物都是以某种形式存在的,但不一定都是美的,只有这种形式具有相对独立的审美价值或表现内容,并与内容有机地结合为一个整体时,它才可能显现出形式美。

形式美是美的大门,也是学习美学知识的先导。因此,学习和掌握形式美的基本规律十分必要,它能帮助我们提高审美鉴赏能力和创造能力。形式美法则是人们长期对现实生活中美的形式的探索总结,它体现了形式在美的事物组合中构成必然的内在联系,是人们公认的基本规律,在产品造型设计中必须遵循这些基本规律,但也不能死搬硬套,而要根据不同的对象、不同的条件灵活运用。下面从十个方面来讨论。

2.1.1 比例与尺度

比例,指形体自身各部分的大小、长短、高低在度量上的比较关系,一般不涉及具体量值。比例是人们在长期的生活实践中所创造的一种审美度量关系。在比例学说上,影响最大,也是实践中运用得最多的是黄金分割比例。此外,还有均方根比例、整数比例、相加级数比例、人体模度比例等等。

图2.1是一些造型中常用的比例关系：

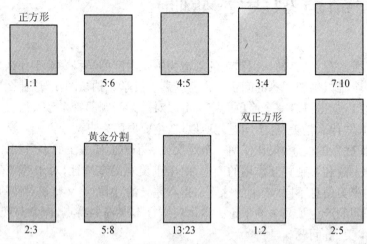

图 2.1　常用比例关系

1) 黄金分割比例

黄金分割比例(见图2.2)是指将一直线段 AB 分成长短两段,使其分割后的长线段与原直线段之比等于分割后的短线段与长线段之比,如图2.1(a)所示。即

$$AC : AB = CB : AC$$

此两线段之比即构成黄金分割关系。

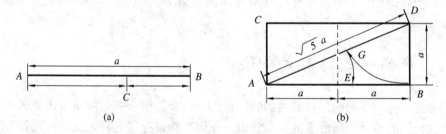

图 2.2　黄金分割比例

用具有黄金分割比例关系的两组线段构成的矩形称为黄金比矩形。求取黄金比矩形一般可以在正方形的基础上进行作图,如图2.3所示。

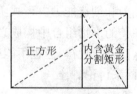
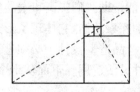

图 2.3　黄金比矩形作法

罗伊那·里德·克斯塔罗在《设计几何学》一书里阐述了黄金分割矩形,并介绍了自然界存在的神奇比例。

对黄金分割的各种偏好并不仅限于人类的审美,它也是动植物这些生命成长方式中各种显眼的比例关系的一部分。在生物成长方式的比例中存在一种趋势,努力接近黄金螺旋线比例,但是并没有达到准确的螺旋线的各个比例。按照图 2.2(b)所示的黄金分割作图法,可以得到如图 2.4 所示接近于海螺的螺旋线型,这种黄金螺旋线可以广泛地应用在美学设计中。图2.5就是一个典型的平面图形设计。

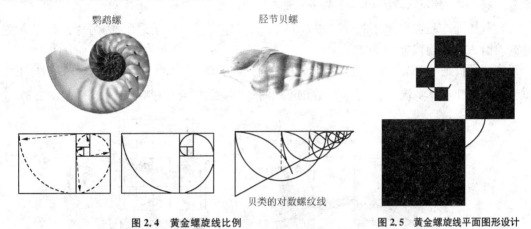

图 2.4　黄金螺旋线比例　　　　　　　　图 2.5　黄金螺旋线平面图形设计

圆和正方形也可以进行黄金比例分割,得到了优美,具有韵律感的图形。在造型设计中应用黄金分割后的比例图形,更加具有视觉美感(见图 2.6)。

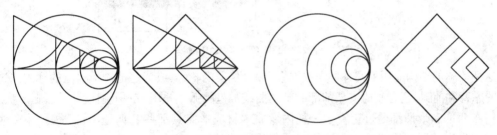

图 2.6　圆和正方形的黄金比例分割

2) 均方根比例

均方根比例是指由 $1:\sqrt{2}$、$1:\sqrt{3}$ 等一系列比例形式所构成的系统比例关系。由均方根边比关系所构成的矩形称为均方根矩形。均方根矩形的作图方法常采用外接法或内分法,如图 2.7所示。

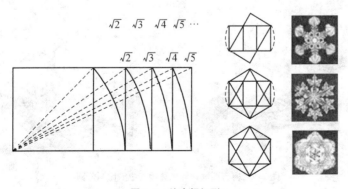

图 2.7　均方根矩形

$\sqrt{3}$矩形是由$\sqrt{2}$矩形的对角线,作为半径画出的弧线相交点的垂直延长线所构成,同理$\sqrt{3}$,$\sqrt{4}$,$\sqrt{5}$也是这样推导,$\sqrt{3}$矩形具有构成一个正六棱柱结构的特性。一个正六边形可以由一个$\sqrt{3}$矩形构成,以它的中心为轴旋转这个矩形使各顶角重合,就可以构成这个正六边形。我们也能在雪花晶体的形状、蜂巢和自然界许多地方找到。

在现代工业产品造型设计中,$\sqrt{2}$、$\sqrt{3}$、$\sqrt{5}$三个特征矩形已被广泛采用,因为这几种比例关系比较符合人们的现代审美需要。

巴塞罗那椅是一件以简单正方形为单元格,进行构成各种比例的一曲交响乐。椅子的长度、宽度和高度都相等,本身就是个立体。在钢框架的坐垫上的皮革矩形都符合$\sqrt{2}$矩形(见图2.8)。

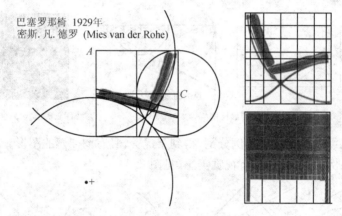

图 2.8　巴塞罗那椅中的比例

这把椅腿的结构应用书写体"x"形构造了一个优美的轮廓,成为这把椅子永恒的标志。这把椅子的靠背和前腿,还有座椅支架前部的基本曲线都是圆弧。并用另一个圆设计了后腿形状。

柯布西耶和米斯都受过迈克尔·托内弯曲木材成形家具那些几何造型的影响,并在他们自己的作品中使用了简化的类似形体。这个休闲椅的镀铬钢管支架是一个弧形滑动装置,位于简单黑色底座上,可以向前向后滑动。枕头也是一个圆柱体的几何体。弧形框架还可以从底座上拿下来,作为一把摇椅。这个矩形的宽度正好是椅架那段弧形的直径,这个底座正好同细分过程中产生的那个正方形相吻合,所以,长椅可以被分解为和谐的黄金分割矩形,如图2.9所示。

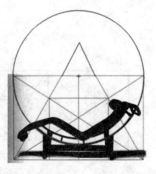

图 2.9　柯布西耶设计的休闲椅中的比例分割

在工业设计的优秀成果中,暗含着许多比例,设计师别有用心地将比例应用其中,值得我们学习。ALESSI 设计的起瓶器,如图 2.10 所示,它整体的高与宽的比例约为 0.618,脸与头发的比例接近 $1:\sqrt{2}$,肩膀各圆比例大约:$1:\sqrt{2}$、$\sqrt{3}:2$,裙子右侧的弧与肩膀圆恰好相切,与手臂的比例约为 $\sqrt{2}$。

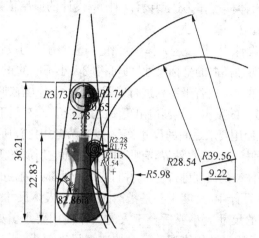

图 2.10 ALESSI 设计的起瓶器中暗含的比例

3)整数比例

整数比例是以正方形为基本单元而组成的不同的矩形比例。按正方形的毗连组合就自然形成一种外形比例为 $1:2,1:3,\cdots,1:n$ 的长方形。整数比例是均方根比例中的特例,如 $1:2=1:\sqrt{4}$,$1:3=1:\sqrt{9}$。这种比例具有明快、匀整的美,工艺性好,适合现代化大生产的要求,因而在现代工业产品造型设计中使用也很广泛。在造型设计中,大于 1:3 的比例一般较少采用,因为它们易产生不稳定感。

4)相加级数比例

相加级数比例是指由中间值比例所得的比例序列,又称弗波纳齐级数。由相加级数构成边比关系的矩形称为相加级数比矩形。

相加级数比例的基本特征是前两项之和等于第三项(例如 1,2,3,5,8,13,21…)。相邻两项之比为 1:1.618 的近似值,比例数字越大,相邻两项之比就越接近于黄金比 1:1.618(例如 2:3=1:1.5,3:5=1:1.67,5:8=1:1.6…)。

相加级数比例表现为一种渐进的等加制约性,易取得整体的良好比例关系,产生有秩序的和谐感。在现代工业产品造型设计中也常被设计者所采用。

5)人体模度比例

人体模度比例是以人体尺度为基础,选定人的上升手臂、头顶、脐、下垂手臂四个部位作为基准点,测出它们与地面的标定距离为 226,183,113,86(单位:cm),利用这四个基本尺寸,再分别标出相应的其他数值,即形成两套弗波纳齐级数,如图 2.11 所示。

第一套为:183,113,70,43,27,17…称为"红尺"。

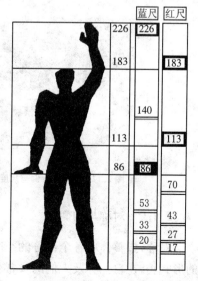

图 2.11 人体模度比例(cm)

第二套为：226,140,86,53,33,20…称为"蓝尺"。

在这些数值中分别包含着黄金比(70：113＝1：1.618)、整数比(113：226＝1：2)、近似相加级数比(27：43：70：113：183)等比例关系。由此可以看出,人体具有造型设计中广泛使用的几种比例关系,以人体模度作为造型设计中比例设计的原始依据,无疑将能得到人与造型物之间更加和谐的关系。

在现代工业产品造型设计中,若选定人体模度作为造型物比例设计的基础,可将"红尺"和"蓝尺"的标定尺寸作为纵向和横向的坐标尺寸,即可构成大小不同的正方形和长方形,再以这些正方形和长方形作为基本单元组成若干系列进行构图,这样,不仅能在形式上创造出多样而和谐统一的比例,同时还能以最少的基本数值创造出更多的形体组合,有利于组合化和标准化工作。

尺度,指产品形体与人使用要求之间的尺寸关系,以及两者相比较所得到的印象,它是以一定的量来表示和说明质的某种标准。在自然界,有些动物是按照它所属的那个科的尺度和需要来建造环境,而人却应按照不同体型的尺度进行生产,并且应该处处都把内在的尺度运用到对象上去。

在现代工业产品造型设计中,尺度主要是指产品尺寸与人体尺寸之间的协调关系,因为产品是供人使用的,所以它的尺寸大小要适合于人的操作使用要求。如操纵手柄、旋钮等操作件,它们的尺寸就应与人手的尺寸相协调等等。按造型尺度要求,无论造型物大小差别多大,但它们的操纵手柄的尺寸都应该是一致的。例如,台钻和摇臂钻尽管形体大小相差很悬殊,但它们的操纵手柄尺寸都是一样的,这就是造型尺度的要求。因此,造型尺度是衡量产品造型美与否的最基本的要素之一。

比例与尺度相辅相成,良好的比例常常是以尺度为基础的,而正确的尺度感也往往是以各部分的比例关系显示出来。单纯考虑造型比例而忽视造型尺度,就会造成尺度失真,甚至影响人的使用,即使是良好的比例也不能显示其美。如果只重视尺度而不去推敲比例关系,同样不能形成美感。所以,在造型设计中,比例和尺度应进行综合分析和研究。

比例与尺度不仅衡量了产品的形式美,而且保障了产品的宜人与舒适性,鼠标的尺寸与手的尺寸相协调,洗衣机的高度则是按照普通人身高进行设定(见图2.12、图2.13)。

图 2.12　鼠标的比例与尺度　　　　　　图 2.13　洗衣机的比例与尺度

2.1.2　对称与均衡

对称,指整体中各个部分的空间和谐布局与相互对应的形式表现。对称是一种普遍存在的形式美,在自然界及人们的日常生活中是常见的,如人体及各种动物的正面,花木中对生的叶子,汽车的前视图等。

　　对称的表现形式主要有镜面对称、点对称和旋转对称三种。在现代工业产品造型设计中多见于镜面对称,其中常用的是以铅垂线(面)为对称线(面)的左右对称,其次是以水平线(面)为对称线(面)的上下对称等。

　　对称式造型在视觉上能产生一种重复的共性因素,具有一种定性的统一形式美,能给人以庄重、稳定、威严的感觉。一般来说,产品造型保持一定的对称性是一种美,但是单纯的对称,没有变化,则会显得单调呆板,如图 2.14 所示。

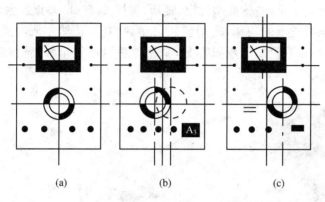

(a)　　　　　　　　(b)　　　　　　　　(c)

图 2.14　对称

　　从该仪表面板布局的三种形式看,图 2.14(b)或图 2.14(c)显然比图 2.14(a)好,因为它们基本保持了对称的形式而又不拘泥于对称形式。这就是均衡形式的效果。

　　均衡,是对称形式的发展,是一种不对称形式的心理平衡形式。均衡的形式法则一般是以等形不等量、等量不等形和不等量不等形三种形式存在,如图 2.15 所示。

图 2.15　均衡

　　利用均衡形式造型,在视觉上使人感到一种内在的、有秩序的动态美,它比对称形式更富有趣味和变化,具有动中有静、静中寓动、生动感人的艺术效果,是产品设计中广泛采用的造型形式之一。

　　从外观形式上看,均衡是对于对称的破坏。然而,均衡形式支点的两边体量矩是相等的,因此,实质上它又是对称的保持,并隐含着对称的形式法则。所以有人把均衡称为对称形式的发展,对称是最简单的均衡形式。

　　对称与均衡形式之所以使人产生审美感受,这不仅与人的活动方式有关,而且也与人的视觉过程有关。人的眼睛在浏览整个物体时,目光是从一边向另一边运动的,当两边的吸引力相同时,便产生视觉上的平衡。

　　对称是一种严肃、庄重、有条理的静态美,一般宜表现庄严性或纪念性产品或作品,也适用于会场或某种仪式的总体布局。

　　均衡是打破静止,追求一种动感的美,一般宜用于轻松、活泼、富于变化的场合或要求得到这种气氛的产品。

对称与均衡这一形式美法则在实际运用中,往往是对称和均衡同时使用。有的产品可总体布局用对称形式,局部用均衡法则;有的可总体布局用均衡法则,局部采用对称形式;有的产品由于功能需要决定了造型必须对称,但在色彩配置及装饰布局中可采用均衡法则。总之,要综合衡量、灵活运用,以增强产品在视觉上产生的活泼感及美感。

对称的图形带给人静态美的享受,旋转对称的风扇不仅造型美,而且具有形意象征的极大魅力(见图 2.16(a));该款台灯为了表达视觉上的均衡感,灯的底座采用块状结构,并用黑色装饰,使其分量十足,整体造型稳定、轻巧(见图 2.16(b));该款台灯整体造型采用对称的形式,为了追求视觉上的均衡,运用色彩以达到均衡:虽然左侧功能部分体积较大,然而采用白色,减轻量感,右侧属于承重部分,采用黑色以增强量感,整体组合在一起则达到了均衡(见图 2.16(c))。

(a)风扇　　　　　　　(b)台灯　　　　　　　(c)台灯

图 2.16　产品设计的对称与均衡

2.1.3　稳定与轻巧

稳定是指造型物上下之间的轻重关系。稳定的基本条件是,物体重心必须在物体的支撑面以内,其重心愈低、愈靠近支撑面的中心部位,其稳定性就愈大。稳定给人以安全、轻松的感觉,不稳定则给人以危险和紧张的感觉。在造型设计中,稳定表现有实际稳定和视觉稳定两个方面。

实际稳定——是按产品实际质量的重心符合稳定条件所达到的稳定。

视觉稳定——是以造型物形体的外部体量关系来衡量它是否满足视觉上的稳定感。

一般情况下,增强造型物稳定感的方法有降低重心、底面落地、空间减少、多用直线和梯形、下部饰深暗色等。

轻巧也是指造型物上下之间的轻重关系,即在满足"实际稳定"的前提下,用艺术创造的方法,使造型物给人以轻盈、灵巧的美感。在形体创造上一般可采用提高重心,缩小底部支承面积,作内收或架空处理,适当地多用曲线、曲面等。在色彩及装饰设计中,一般可采用提高色彩的明度、利用材质给人以心理联想、标牌及装饰带上置等方法。

稳定与轻巧是一个问题的两个方面,设计者应综合权衡,恰当处理。下面以一正方形来说明获得稳定与轻巧的几种基本方法,如图 2.17 所示。

由图 2.7 可看出,正方形经过如图 2.17(a)、(b)、(c)的艺术处理则稳定感增强;若经过如图 2.17(d)、(e)、(f)、(g)的艺术处理则轻巧感增强。工业产品种类繁多,在运用稳定与轻巧形式法则时要与该产品的物质功能相一致,下面扼要分类介绍。

1) 既要求实际稳定,又要求视觉稳定

这类产品多指各类大中型机床设备和建筑工程机械等。因该类产品体形较大,人参与操

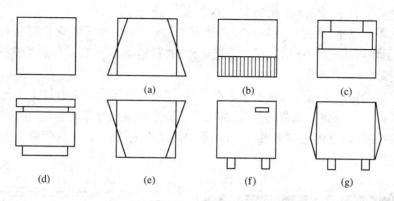

图 2.17 稳定与轻巧

作时多直接可见其运行状态,所以操作者易对它们产生一种恐惧感。如摇臂钻床,按其物质功能要求,其基本形态为"┌─"形[图 2.18(a)]。若简单地采用这种纯物质功能的设计方法,尽管技术处理使其满足实际稳定的需要,但在视觉感受上,悬伸的臂始终给人一种要倾斜的感觉。如果在立柱下部增加床脚支承板或工作台,使其呈"└─"字造型[见图 2.18(b)],其视觉稳定感就会大大加强。

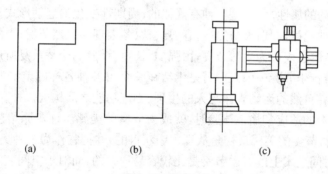

图 2.18 摇臂钻床

对于视觉稳定感差或需要加强视觉稳定感的造型对象,可采用色彩对比方法,降低造型物下部的明度以增加其重量感来达到加强稳定感的目的;也可将装饰标牌下置,通过增加造型物下部的形来达到加强稳定感的目的。

2)要求实际稳定且视觉感受轻巧

这类产品多指体量较小、稳定感较强的各类家用电器、办公用品、台式仪器仪表等。它们多安放于比较安静、雅致的居室或办公室内,它们与人接触频繁,且与多类不同产品或配套系列产品安放在一起,所以必须考虑到它们与人的亲切和谐感,否则会使居室或办公室显得单调。

图 2.19 中的吸尘器重心设定在该款吸尘器重心设定在产品的 1/3 处,满足了产品的稳定要求,但是整体造型采用动感的流线设计,以细腻、亮丽的反光材质来搭配,再加上纤细的把手,不仅体现出产品的活泼与灵巧,更为其增添了一份空灵之美。

图 2.19 吸尘器设计

3) 既要求实际稳定和视觉稳定,又要求有速度感

这类产品多指汽车、摩托车等具有较高速度的运输工具,为了体现它们独具的性格特点,除了要求稳定外,还应表现出高速运动的特性,如客车的车身造型常采用长条梯形体以增加稳定感。

客车速度感的营造不再仅仅依靠于水平车身的"动态线",而是随着加工工艺的进步,车身外形发生了质的变化。如图 2.20 所示的两款客车造型均是充分考虑空气的阻力,车头与车身采用光滑的流线过渡,整体造型清爽利落,稳重中而又不失动感,不仅仅带给人安全的体验,更是带给人美的享受。

图 2.20　稳定而有速度感的汽车造型

2.1.4　节奏与韵律

节奏是事物运动的属性之一,是一种有规律的、周期性变化的运动形式。节奏反映了自然和现实生活中的某种规律,如白天与黑夜,春、夏、秋、冬表现为自然节奏;人的心跳与呼吸表现为生理节奏;工作与休息表现为生活节奏;由强弱、长短、缓急的交替重复所形成的有规律的音响运动,我们称之为音乐节奏……人们就是生活在一个由各种各样的节奏所构成的和谐统一的世界之中。当外界自然的运动规律与人的生理、心理功能之间构成一种和谐的对应关系,表现为人对环境的节奏的适应和愉悦体验时,就成为节奏的美感。许多原始艺术研究专家的研究结果表明:人类对节奏的美感最初是从音乐中获得的,并把它作为一种美感经验确定下来。所以说,人们对于时间艺术上的音乐节奏是比较容易理解的,而对于空间艺术中的形体节奏则较为陌生。就空间艺术而言,最能从节奏上使人获得美感的,莫过于建筑了。人们常说,"建筑是凝固的音乐"。那是因为建筑上的柱子和门窗的反复是充满着节奏感的。比如,当你看到"柱、窗、窗","柱、窗、窗"等形状和尺寸的重复,就会联想到三拍子圆舞曲节奏的再现,同样会享受到一种节奏的美感。在产品造型设计中,节奏的美感主要是通过线条的流动,色彩的深浅间断,形体的高低,光影的明暗等因素作有规律的反复、重叠,引起欣赏者的生理感受,进而引起心理感情的活动。

韵律是一种周期性的律动作有组织的变化或有规律的重复。例如,把一石子投入水中就会出现一圈圈由中心泛开的波纹,这就是一种有规律的周期性变化,具有一定的韵律感。各种编织物经纬交错穿插,构成了有规律的条理和秩序,也给人一种交错的韵律感,如图 2.21 所示。韵律是以节奏为骨干

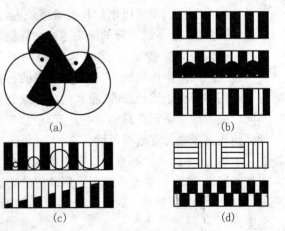

图 2.21　韵律

的,也是节奏的深化。如果说节奏具有一种机械的秩序美,那么韵律则具有丰富的变化美。在形体构成中常采用的韵律形式有:循环韵律[见图 2.21(a)]、连续韵律[见图 2.21(b)]、渐变韵律[见图 2.21(c)]、交错韵律[见图 2.21(d)]。

节奏和韵律有着明显的规律性,这种规律又可以用简单的逻辑程序来反映。在现代工业生产中,由于标准化、系列化、通用化的要求,单元构件的重复、循环和连续,就是节奏和韵律的依据。如图 2.21 所示,后排是一组磁带机,前面是磁盘机,整个形体使人感到规则、整齐、条理。这种形体的重复和连续,使人感受到具有节拍感和连续的韵律美。

节奏与韵律(机柜、灯具)的设计由于结构与功能的需要,相同的插箱大量运用(见图 2.22)。使整个机柜看起来整齐、精致,具有别具一格的风格韵律;图 2.23 的灯具设计通过面与面平扁高低、错落有致的运用,丰富了整体造型,边缘线条造成视觉上的高低起伏更是赋予该灯具的韵律美感。

图 2.22 机柜的节奏与韵律

图 2.23 吊灯的节奏与韵律

2.1.5 调和与对比

调和,指两个或两个以上的构成要素间存在较大差异时,通过另外的构成要素的过渡、衔接,给人以协调、柔的感觉。调和强调共性、一致性。

对比,是突出同一性质构成要素间的差异性,使构成要素间有明显的不同特点,通过要素间的相互作用、烘托,给人以生动活泼的感觉。对比强调个性、差异性。

调和与对比是人们生产、生活中广泛存在的普遍形式美法则。有调和才具有不同事物的类似一致性,有对比才能突出相同事物中的个别现象。在产品造型设计中,调和与对比主要指线型(如曲直、粗细、长短等)、形状(如大小、宽窄、凸凹、棱圆等)、色彩(如浓淡、明暗、冷暖等)、排列(如高低、疏密、虚实等)等方面。

1) 线的调和与对比

造型设计中的线主要是指产品的轮廓线、结构线、装饰线、风格线等。而落实到几何要素上则只有曲线和直线之分,因而线的调和与对比则多体现在曲与直、长与短、粗与细、横与竖等方面。产品若以直线为主,则转折部分宜采用少量的弧线或小圆角过渡,形成以直线为主,又有直线与曲线对比的调和效果。若是突出竖线构成产品风格,则轮廓线、结构线、装饰线都应从属于这一风格,其他线型只能起烘托作用。图 2.24 整个造型物的各立面上都以竖线为主,包括门把手的设计,装饰条贯穿在整个机身,使整个机柜显得挺拔高大而壮观,为了丰富线型的变化,机柜顶部侧边及过渡边,由横向及倾斜的装饰色带来勾勒,有力地强调了机身的层次感,同时横向的标牌也为线型关系上的横与竖作对比,增强了统一风格下的变化,使造型更加生动与丰富。

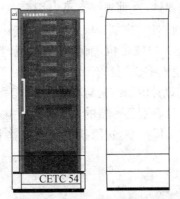

图 2.24　线的调和与对比

如图 2.25 所示,产品若以直线为主,遇有直线部分则尽量使之自然过渡,形成以斜线为辅,起到对比的调和效果。若遇某个形体或装饰图案与主体线型不协调时,也可采用如图2.25所示的方法变通。

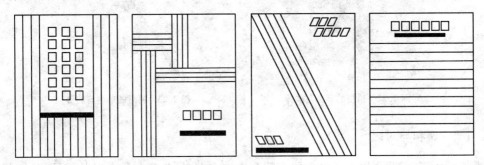

图 2.25　线的调和与对比

2) 面的调和与对比

面一般都是通过具体的形来表现的。面的调和与对比一般是通过改变面的形状大小或位置关系来达到的。图 2.26(a)的对比效果是明显的,若经过图 2.26(b)或图 2.26(c)的中间过渡处理,则可达到调和中有对比的效果。

图 2.27 所示图例是某产品正立面,中间的分割线使该立面分为两部分。图 2.27(a)的分割方式突出对比(面积)效果,图 2.27(b)的分割方式则突出调和效果。

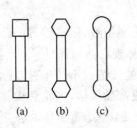

(a)　(b)　(c)

图 2.26　面的调和与对比(1)

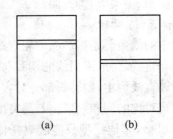

(a)　(b)

图 2.27　面的调和与对比(2)

图 2.28 所示采用方与圆对比的手法,以达到既有对比又有协调的效果。同时,形体本身的变化也比较含蓄,刚柔相济,有较好的视觉效果。这种"方中有圆,圆中寓方"的对比调和手段是造型设计中普遍使用的方法,它不仅适用于造型的整体处理,也适用于造型的局部处理。

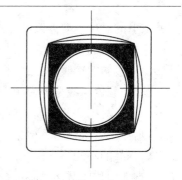

图 2.28　面的调和与对比(3)

3）色彩的调和与对比

详见第 5 章。

4）材质的调和与对比

材质的调和与对比效果处理得是否恰当,虽不能改变大型机械设备的总体视觉效果,但它能使人产生丰富的视觉心理感受,对于小件的日用工业品,表面材质处理的好坏往往直接影响产品的外观效果,如照相机的机身处理成粗犷的黑色,上部则处理为光泽的银色,由于机身所占面积较大而统调整体,上部光泽的银色所占面积较小而形成对比效果,同时机身处理成凸凹点状的质感表面使人在使用时不易滑落。一般来说,材质的调和与对比多表现为天然与人造、有纹理与无纹理、有光泽与无光泽、细腻与粗犷、软与硬等。产品造型中的材质美往往比色彩美给人以更深刻的印象。

如图 2.29 中的椅子设计,其金属材质的硬度显然是与柔软的纤维织物是成对比的,但两者质感对比的同时,金属底座的刚性更好的映衬出布料的柔软与亲和,两者的结合缓和了质感的对抗,削弱了金属的冰冷,为产品增添了一份温馨之感。

图 2.29　座椅的材质

5）虚实关系的调和与对比

虚实关系的调和与对比主要表现为凹与凸、空与实、疏与密、粗与细等。实的部分通常为重点表现刻画的主题,虚的部分起衬托作用,有"此处无声胜有声"的效果。如图 2.30 所示,电子仪器面板上仪表和旋钮的安排采用上繁下简、左右空旷的布局,形成虚实对比的效果,给人以轻巧自然的感觉,并且繁中均衡有变,整个构图清爽利落,具有较好的视觉效果。若改为下繁上简,则有增强稳定感的视觉效果。但对于这种水平方向较长的造型物来说,因为自身稳定感较好,所以采用上繁下简以产生轻巧感较好。

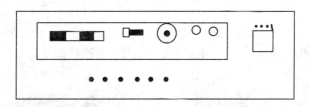

图 2.30　虚实对比

6）系统风格的调和与对比

在人们的日常生活和工作中,物品很少是单独使用的,因此,无论是设计一件产品还是购买一件物品,都应考虑到设计或购买的这件物品必须与原有的物品及固有的环境在总体上相协调,而在局部关系上形成对比,这就是系统风格的调和与对比的问题。系统风格的调和与局部关系上的对比主要涉及线型风格、色彩格调、环境因素等。

值得指出的是,调和与对比只存在于同一性质的因素之间,如线的曲直、粗细,形状的方圆、大小,色彩的冷暖、明暗,材质的光泽、粗糙等。不同性质因素之间不存在调和与对比的关系问题,如颜色与线型等。

调和与对比是相对而言的。在同一形态里调和因素增强,对比效果自然就减弱;调和因素减弱,则对比效果自然就增强。自然界就是一个既有调和又有对比的世界。在实际运用中,既要根据产品的不同要求来处理,又要权衡两者的关系。一般多采用整体调和、局部对比来突出统一性,采用整体对比、局部调和的方法则较难掌握。

2.1.6　统一与变化

统一是指同一个要素在同一个物体中多次出现,或在同一个物体中不同的要素趋向或安置在某个要素之中。统一的作用是使形体有条理,趋于一致,有宁静、安定感,是为治乱、治杂、治散的目的服务的。

任何一种完美的造型,必须具有统一性。事物的统一性和差异性,由人们通过观察而识别。当统一性存在于事物之中时,人有畅快之感。一切物像欲成其为美,必须统一,这是美的基本原理。但只有统一而无变化则无趣味,且美感也不能持久。其原因是人的精神和心理无刺激之故。所以,虽说统一能治乱、治杂,增加形体条理、和谐、宁静的美感,但过分统一就会显得刻板、单调。

变化是指在同一物体或环境中,要素与要素之间存在着的差异性;或在同一物体或环境中,相同要素以一种变异的方法使之产生视觉上的差异感。变化的作用是使形体有动感,克服呆滞、沉闷感,使形体具有生动活泼的吸引力,是为减轻心理压力、平衡心理状态服务的。

变化是刺激的源泉,能在乏味呆滞中重新唤起活泼新鲜的兴味,但是必须以规律作为限制,否则必导致混乱、庞杂,从而使精神上感觉烦躁不安,陷于疲乏。故变化必须从统一中产生。

在造型设计中,无论是形体、线型还是色彩、装饰都要考虑到统一这个因素,切忌不同形体、不同线型、不同色彩的等量配置,必须有一个为主,其余为辅,为主者体现统一性,为辅者起配合作用,体现出统一中的变化效果。简单地说,就是"求大同,存小异"。具体的方法就是,统一中求变化,变化中求统一,它不仅适用于一件产品,也同样适用于一种环境、一个车间、一个房间的布局。

图2.31中两款产品,整体颜色都采用以某一种颜色为主(图(a)白色,图(b)黑色),相对颜色为辅(图(a)浅灰,图(b)银色),统一中求变化,使得产品稳重而又丰富。

(a) 医疗产品　　　　　　　　　　　(b) 打印机

图2.31　统一与变化

2.1.7 主从与重点

所谓"主",即主体部位或主要功能部位,对设计来说,是表现的重点部分。一般来说,这部分是加工部分,是主操作部分,是人的观察中心。而"从"则是非主要功能部位,是局部、次要的部分。主从关系非常密切,没有从也无所谓主。没有重点,则显得平淡;没有一般,也不能强调和突出重点。重点的突出,靠对重点的渲染来强调,靠一般因素的映衬来烘托。主体的效果靠局部处理来反映和加强,这也是统一变化法则的体现。

造型物的主从关系,一般都由使用功能要求而定。在造型中突出主体,有意识地减弱次要部分,是最易求得整体统一的方法。如图 2.32 所示为电烫斗的造型设计,图 2.32(a)的主体——烙铁与次要部分——把手,呈环状封闭联结,主、次不明显且造型呆板。又因主、次色彩明显地分隔,使两者的协调统一感较差;而图 2.32(b)采用一侧开口联结,主、次间有共性的线性处理和色彩过渡,使把手与烙铁之间自然过渡,浑然一体,显得活泼、自然,显然其效果比图 2.32(a)好。

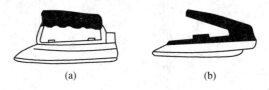

(a)   (b)

图 2.32 主从与重点

在研究主从与重点的问题中,视觉中心的问题是不容忽视的。所谓视觉中心是指人的视线环视物体时,为了不使视线不停地游荡,利用物体上最明显、最有吸引力的部分,使观察者第一眼就形成强烈的、深刻的印象。这个视觉反应最敏感的部分常称为视觉中心。比如,我们凝视白墙或白纸,我们会发现白墙或白纸上的某个斑点起先并不惹眼,但后来却吸引住了我们的视线,这个斑点就形成了白墙或白纸的视觉中心。

产品造型设计中需要设置一个或几个能表现产品特征的视觉中心。产品的视觉中心是指在视觉平面内,零、部件形成的点、线、面的位置、大小、方向、形状、色彩与另一平面的差别而形成的一种空间力,这种空间力吸引着人们的视线去衡量、去吸收,而不让其在视觉平面内飘浮不定。产品视觉中心设置的好坏可直接影响到产品形象的艺术感染力。

产品视觉中心的形成,一般可采用以下几种方法:

(1) 利用形、色、质的对比与衬托,突出需要表达的重点。

(2) 利用射线或动感强的形式对视觉的诱导,形成视觉中心。

(3) 将需要突出表现的重点部分,设置在与视平线等高或接近的位置上。

一般来说,产品的视觉中心往往不止一个,但必须有主次之分。主要的视觉中心必须最突出,最具有吸引力,而且只能有一个,其余为辅助的次要的视觉中心。

2.1.8 过渡与呼应

过渡是指在造型物的两个不同形状或色彩之间,采用一种既联系两者又逐渐演变的形式使它们之间相互协调,从而达到和谐的造型效果。形体过渡的基本形式一般可分为直接过渡和间接过渡两种。

直接过渡形式,即转折处没有利用联系两者的第三面而产生逐渐演变的效果,因而棱角清晰,轮廓线肯定,但也给人产生一种坚硬、锋利感而缺乏亲近感。

间接过渡是现代工业形式是现代工业产品广为采用的一种基本形式。如果采用大半径的圆弧面来过渡,虽然柔和感增强,但轮廓线易模糊不肯定,并会产生臃肿和软绵乏力之感。

至于过渡斜面的大小可视具体产品而定。如产品的立体修棱和倒角都属斜面过渡的范畴,它既能满足工艺要求,也能达到审美目的。

图 2.33 中,以某一款机柜的右视图为例,分别采取直线、斜面及圆角过渡,所营造出不同的视觉感受。

呼应是指造型物在某个方位上(上下、前后、左右)形、色、质的相互联系和位置的相互照应,使人在视觉印象上产生相互关联的和谐统一感。

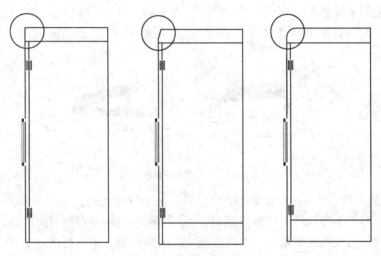

图 2.33   机柜的不同过渡方式

图 2.34 是几个小轿车的造型简图,它们在前脸和尾部的形体关系上以及前后指示灯都能前后呼应,增强了整车的前后联系,并使整车具有协调完整的统一感。试想,如将三种汽车的头尾形式分别对调,则会失去完整的统一感。所以,产品造型设计中的呼应关系是不能忽略的。

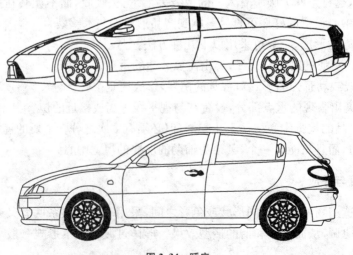

图 2.34   呼应

2.1.9 比拟与联想用技术

比拟是比喻和模拟,是事物意象相互之间的折射、寄寓、暗示和模仿。联想是由一种事物到另一种事物的思维推移与呼应。比拟是模式,而联想则是它的展开。

比拟与联想在造型中是十分值得注意的,它是一种独具风格的造型处理手法,处理得好,能给人以美的欣赏。处理不当,则会使人产生厌恶的情绪。例如,熊猫是珍贵动物,而有些垃圾桶采用熊猫的形态则会给人产生不好的联想。

工业产品形态的构成,除满足其功能要求外,还要求其形态给人们以一定事物美好形象的联想,甚至产生对崇高理想和美好生活的向往。这样的造型设计就能满足物质、精神两方面的需要。而这样的造型设计,通过比拟与联想的艺术手法即可获得。图2.35是苏南某研究所设计的珍珠奶液瓶的造型,它耐人寻味,韵律欢快,能给使用者产生一种超凡脱俗的美好联想。图2.36(b)是人们日常生活中常见的形态,它们中有些就是从人体几何形态[见图2.36(a)]中抽取而构成的,这些形态源于生活而高于生活,更具有典型性。造型设计工作者就是通过对自然形态的提炼、概括、抽象、升华,运用比拟与联想的创造使造型设计的形态具有神似,而非形似,置形态于似与不似之间,给人以回味和再创造。

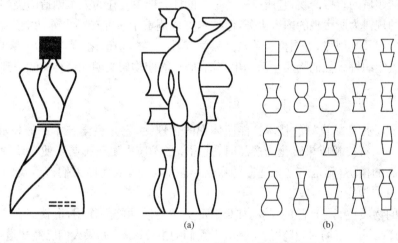

图2.35 比拟与联想(1)　　　　　　图2.36 比拟与联想(2)

2.1.10 单纯与风格(个性)

单纯是指造型物的高度概括而给人以鲜明清新的结构轮廓印象。构造简单的图形既便于识别,又便于记忆,这是人所共知的。人们在视觉心理上倾向于将复杂形态单纯化,以增强秩序感和整体感效果,一件好的产品造型,无论从远处看还是从近处看都能给人以鲜明的结构印象,这就是单纯化的意义所在。现代艺术发展的潮流正日益向单纯化和个性化方向发展。在产品造型设计中,单纯化、个性化的产品不仅符合时代审美要求,也适应现代工业发展的要求。现代先进的生产方式要求产品造型简练明快。产品造型中获得单纯和谐的方法是削枝强干,即省略次要,强调重点。风格是指产品造型中的一种格调,这种格调是通过某种可以认识的方法与别的格调相区别的,它是由造型物中那些显而易见的所有个性特点综合起来所形成的。

一般情况下,不同时代或不同文化有着不同的风格,每个设计者都有他自己的风格。风格的概念与某种一致性概念一样,必须渗入产品造型设计的每一个阶段中去,以最清楚、最完美的方式来显示某种特性。产品造型的风格大多取决于设计者的个性,它是建立在不同方法和不同结果之间的一系列选择的基础之上的。要把一件产品设计得有个性特征,设计者要充分认识造型物在社会生活和个人生活中的地位,了解与每种产品类型相适应的应该是什么样的形式。如果仅在细部结构过分装饰,就会失去现代工业产品单纯简洁的特点,失去产品设计的个性特征。

2.2　产品造型的技术美要求

历来美学家多认为美有三种基本形态:自然美、社会美、艺术美。在科学技术高速发展的今天,工业产品中许多美的因素是通过先进的加工技术而得到的,如精加工的光亮,电镀处理的光泽等。它们都超出了自然美、社会美、艺术美的研究范畴,因此,提出技术美作为美存在的第四种基本形态是符合历史发展规律的。

技术美是科学技术和美学艺术相融合的新的物化形态,它是通过技术手段把形式上的规律性、内容上的目的性相统一,使之成为工业产品物质功能的感性直观。技术美和艺术美虽然都是人工创造的美,但技术美是物质生产领域的直接产物,它所反映的是物的社会现象;艺术美是精神生产领域的直接产物,它所反映的是人的社会现象。作为人工创造的美的共同性,两者都要运用美的规律为所表现的内容服务,但技术美更侧重于研究产品由纯功能形态向审美形态转化的基本内容及其规律,力图把有关自然科学与社会科学知识化、美学化,最终目标是实现按照美的规律去组织好人们的物质生活和生产活动,从而使物质文明和精神文明得到协调的发展。

2.2.1　功能美

功能美是指产品良好的技术性能所体现的合理性,它是科学技术高速发展对产品造型设计的要求。当科技新成果转化为产品时,其物化形态应由工程师与工业设计师共同完成,它不是已有形态的模仿,而是与之相适应的崭新形态的创造,从而使人们产生美的遐想,使人们对科学技术更加神往。

产品的物质功能是产品的灵魂,如果产品失去物质功能的作用,也就失去了其存在的意义。当一种新产品推向市场时,其功能美是吸引人们的主要因素,如果人们已经知道一个产品技术性能不好,就不会从华丽的装饰中感到美,如三轮车无论怎么装饰在使用者心目中始终没有小轿车美。所以,技术上的良好性能是构成产品功能美的必要条件。例如,飞机的功能美并不完全体现在造型的审美价值上,更主要的是它们在使用和运动过程中所表现的动态特征和功能特征的共同目的上,在于它所体现的创造性地运用自然规律而达到的与人的活动方式的和谐关系上。人们对火箭的欣赏正是赞美着自身超越自然的智慧和力量。因此,火箭的形态才能成为人们审美的物化形式,才能成为时代力量的象征符号。1879 年,当第一辆汽车问世时,当这种没有马的马车出现在人们的面前时,人们发出阵阵赞叹,欣赏的正是它的物质功能,赞美的正是科学构想转化为产品这一技术过程的代价。第一代工业设计师米斯·凡·德洛(Mies Van Der Rohe,1886—1969)曾说过:“当技术实现它的真正的使命时,它就升华为艺术。”产品的功能美正是体现着这种技术的升华。

2.2.2　结构美

结构美是指产品依据一定原理而组成的具有审美价值的结构系统。结构是保证产品物质功能的手段,材料是实现产品结构的基础。同一功能要求的产品可以设计成多种结构形式,若选用不同的材料,其结构形式也可产生多种变化。一般的说,结构形式是构成产品外观形态的依据,结构尺寸是满足人们使用要求的基础。而产品的结构美正是通过结构形式和结构尺寸来实现的。如一张桌子,当选用金属材料作框架时,其结构形式就不能沿用传统的木桌式样,而应与现代生活节奏相合拍,改楔接为铰接或螺钉联结;就结构尺寸而言,无论采用什么形式,其高度必须保证在 78~80 cm,因为这是由人体尺寸所决定的,若脱离这一基本要求,无论什么结构形式都谈不上美。一般来说,产品结构的合理性不仅构成产品外观形态的美,同时也直接影响着材料的利用率和产品使用效能的充分发挥。当然,研究探讨并实现产品结构美也存在着一定的约束条件,如物质功能、材料选用、工艺条件、价格成本等。但在这种约束条件下也存在一个自由度空间,它足够一名设计者显示创造性设计风格。

研究产品结构美的目的在于改变过去某种程度的"功能件堆砌"的设计方法,提倡通过内在形态的合理搭配,显示设计者对自然规律和审美观的一定了解和科学知识的应用。依据一定的工作原理把产品组成一个既满足产品物质功能需要又具有审美情趣的结构系统,提高产品的艺术欣赏价值。

2.2.3 工艺美

工艺美是指产品通过加工制造和表面涂饰等工艺手段所体现的表面审美特性。任何产品要获得美的形态必须通过相应的工艺措施来实现,而工艺美的获得主要是依靠制造工艺和装饰工艺两种手段。

制造工艺主要是指产品通过机械精整加工后所表露出的加工痕迹和特征。机械产品的精整加工主要有精车、精刨、精铣、精磨、铲刮、抛光等方法,以及各种无切削加工,如滚压加工,外圆表面的滚花、压光等。产品通过机械加工,尤其是精整加工后,材料表面在有润滑油保护的情况下可以保持长期光洁,但在无润滑油保护的情况下易产生氧化或锈蚀。

装饰工艺主要指对成型产品进行必要的涂料装饰或电化学处理,以提高产品的机械性能和审美情趣。涂料装饰是对各种金属或非金属材料表面进行装饰的一种简单易行、运用灵活的工艺手段,各种材料都可以采用涂料装饰的方法而获得不同的外观效果。涂料装饰既可改变原有物质的颜色,起到保护产品、美化产品和环境的作用,同时也能给人以舒适美丽的感觉,因此它是工业产品表面装饰中广泛采用的方法。电化学处理是运用电离作用与化学作用使金属表面平整光洁或使某种材料表面获得其他材料的表面镀层或氧化层,从而改善表面性质和外观质量,达到保护和装饰美化的目的。电化学处理方法很多,主要有电抛光、电镀、氧化处理等。

2.2.4 材质美

材质美指选取天然材料或通过人为加工所获得的具有审美价值的表面纹理,它的具体表现形式就是质感美。质感美一般是通过工艺手段实现的,所以说质感美也是工艺美的深化。质感按人的感知特性可分为触觉质感和视觉质感两类。

触觉质感是通过人体接触而产生的一种快适的或厌恶的感觉。如丝织的绸缎、精美的陶瓷制品、珍贵的毛皮等,给人细腻、柔软、光洁、温润、快适的感觉;而粗糙的墙面、未干的油漆、锈蚀的器物等,则给人粗乱、粘涩、厌恶的感觉。

视觉质感是基于触觉体验的积累,对于已经熟悉的物面组织,仅凭视觉就可以判断它的质感而无需再直接接触;另一方面,对难以触摸到的物面组织(如望远镜中的星球表面、显微镜下的细胞组织、橱窗里的展品等),只能通过视觉的观察与触觉的体验结合起来,进行经验类比、遥测估计。因此,视觉质感相对于触觉质感有间接性、经验性和遥测性,也就具有相对的不真实性。在造型设计中,利用视觉质感的这一特性,可以通过装饰的手段,达到材质美的目的。在具体的视觉质感设计中,还应注意到远距离和近距离、室内和室外、固定物体和运动物体、主体表面和背景表面、实用的和装饰的等不同条件制约下,视觉质感的特点和变化。

2.2.5　舒适美

舒适美是指人们在使用某产品的过程中,通过人机关系的协调一致而获得的一种美感。工业产品离不开人的操作使用,因此,每种产品都必须使人们乐于接近使用它们。在使用中,充分地感受人与机械的协调一致性。以常用的座椅为例,它的基本功能是支撑人体,按人机工程学的理论,人体最不均衡的部位是腰椎,它最容易疲劳。那么座椅的设计,首先要考虑使腰椎得到充分的休息。当然,椅子还必须使身体大部分重量落到臀部,双腿能舒适地搁置于地面,靠背还要恰当地支撑胸椎和肩胛骨,这样在使用上一定会感到舒适,坐这样的座椅工作,效率必然也会随之提高。

产品设计通过舒适美的研究,使人与机器的关系更加和谐,并把劳动过程变为劳动者自我美育和精神享受的过程,充分发挥人机关系的使用效能。因此,在产品设计及技术管理中,产品舒适美指标的高低与工作效率的高低有着直接的关系。一般来说,舒适美主要是通过人的生理感受(如操作方便、乘坐舒适、不易产生疲劳等)和心理感受(如形态新颖、色彩调和、装饰适当等)两方面来体现的,其中更侧重生理上的感受。

2.2.6　规范美

规范美是指产品设计要符合一定的规范要求,在标准化、通用化、系列化的基础上所体现的统一、协调的美感。

现代工业产品设计的基本要求之一就是造型物要适应现代化生产方式的要求。为此,很多工业产品也都规定了自己的型谱系列。这样,标准化、通用化、系列化的设计原则就成为工业产品设计必须参照执行的准则。

所谓标准化,是指使要求相同的产品和工程,按照统一的标准进行投产和施工。标准化也就是制定和实施技术标准的工作过程。

所谓通用化,是指在同一类型、不同规格或不同类型的产品中,提高部分零件或组件彼此相互通用程度的工作。

所谓系列化,则指在同一类型产品中,根据生产和使用的技术要求,经过技术和经济分析,适当地加以归并和简化,将产品的主要参数和性能指标按照一定的规律进行分档,合理安排产品的品种规格,以形成系列。

一方面,由于产品造型设计中应用美学原则和艺术规律具有很大的灵活性,而且已随时代的发展而变化。因此,设计过程中可能与原有的标准或产品的系列化、通用化产生矛盾或不协调,对于这种情况,应该通过艺术手段减弱不协调因素,并在线型风格、主体色彩、装饰设计等方面形成独特的风格,从而使它达到统一和谐。另一方面,在制定标准和系列时,也应该在可能的情况下,不要作过于硬性死板的规定,留有余地,只有这样才能促使产品造型设计在满足规范化要求的基础上,形象更加丰富多彩,并更有利于创造出符合时代要求的新产品。

2.3 产品造型的视错觉问题

2.3.1 视错觉概念

错觉是心理学上的一种重要现象,是指人们对于外界事物的不正确的、错误的感觉或知觉。错觉一般可分为视觉错觉、听觉错觉、触觉错觉、味觉错觉等。在产品造型设计中侧重于视觉错觉的研究。

视错觉是指视感觉与客观存在不一致的现象,简称错视。人们观察物体时,由于物体受到形、光、色的干扰,加上人们的生理、心理原因而误认物象,会产生与实际不符的判断性的视觉误差。例如,筷子放进有水的碗里,由于光线折射,看起来筷子是折的;体胖者穿横条衣服显得更胖,体瘦者穿竖条衣服显得更瘦等,这些都是与实际不符的视错觉现象。视错觉是客观存在的一种现象,在造型设计中,要获得完美的造型,就需要从错视现象中研究错视规律,从而达到合理地利用错视和矫正错视,保证预期造型效果的实现。

视错觉一般可分为形的错觉和色的错觉两大类。形的错觉主要有长短、大小、远近、高低、残像、幻觉、分割、对比等。色的错觉主要有光渗、距离、温度、重量等。鲁迅在一次涉及衣着美时说过:"胖子要穿竖条子的,竖的把人显得长,横的把人显得宽。"又说:"人瘦不要穿黑衣裳,人胖不要穿白衣裳。"前一句话指的是形的错觉问题,而后一句话指的则是色的错觉问题。本节主要讨论的是形的错觉问题,关于色的错觉问题,在第5章中介绍的色彩的感觉就包含这方面内容,这里不再赘叙。

2.3.2 视错觉现象

1)长度错觉

长度错觉是指等长的线段在两端附加物的作用下,产生与实际长度不符的错视现象。如图 2.37 所示,当附加物向外时,感觉偏长;向内时,感觉偏短。这是因为眼睛被附加物强制向其延伸方向扫描运动的结果。

图 2.38(a)为长度相等、互相垂直的两直线,但看起来垂直线比水平线长。其原因是眼球作上下运动较迟钝,而作左右运动比上下运动容易,由于它们所需的时间和运动量不相等,所以产生这种误差。为了取得等长的视觉效果,可将垂直线缩短,使垂直线与水平线长度之比为 14:15,如图 2.38(b)所示。

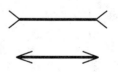

图 2.37　长度错觉

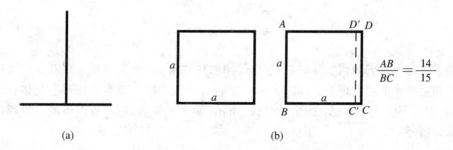

(a)　　　　　　　　　　　　(b)

$$\frac{AB}{BC} = \frac{14}{15}$$

图 2.38　长度错觉

2) 分割错觉

分割错觉是指图形受分割线分格后而产生的与实际大小不等的错视现象。图 2.39(a)中两个形状相同、大小相等的长方形,由于中间水平线和竖线所产生的惯性诱导,被横线分割的显得略宽,被竖线分割的显得略高。但这种分割线超过四条以上,则有可能诱导视线向分割相反方向延伸,渐渐地产生加宽感和加高感的错觉,如图 2.39(b)所示。如两个大小相同的正方形,看起来好像画横线的显得高些,画竖线的显得宽些。

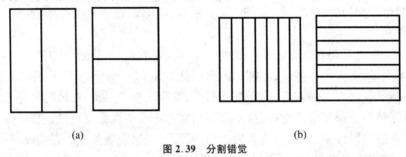

图 2.39 分割错觉

分割错觉产生的原因,是分格线有引导视线沿分割方向作敏捷快速移动的结果。一般来说,间格分割越多,加高或加宽感就越强。

3) 对比错觉

对比错觉是指同样大小的物体或图形,在不同环境中,因对比关系不同而产生的错觉。图 2.40(a)、(b)中同样大小的圆因对比关系不同,左边的显得大,右边的显得小;图 2.40(c)中五条垂直线段是等长的,但由于各线段所对的角度不同,则感觉自然不同;图 2.40(d)中左、右两圆弧因分隔刻度线在圆内、圆外,而显得左边的圆弧小,右边的圆弧大。

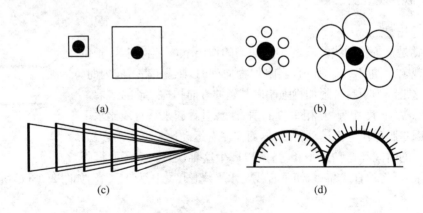

图 2.40 对比错觉

4) 透视错觉

透视错觉是指人们观察物体时,在透视规律的作用下,由于人们所处观察点位置的高低、远近的不同而产生的错觉现象。如图 2.41(a)所示,改变观察点观察该五等分物体,由于透视变形关系,则有下大上小之感;如图 2.41(b)所示,两个人等高,但距视点近的人显得高,距视点远的人显得矮。

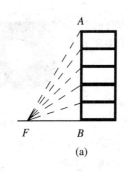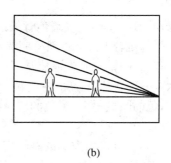

(a)　　　　　　　　　　　　　　(b)

图 2.41　透视错觉

5) 变形错觉(也称干扰错觉)

变形错觉是指线段或图形受其他因素干扰而产生的视错觉现象。图 2.42(a)中一斜线被两平行线隔断,看起来好像有错开的感觉,c 线好像是 a 的延长线;图 2.42(b)是一组 45°倾角的平行线,因受其他线段干扰,看起来不平行的感觉很明显;图 2.42(c)、(d)因受射线干扰,平行线发生弯曲,其弯曲方向倾向于射线发射方向。

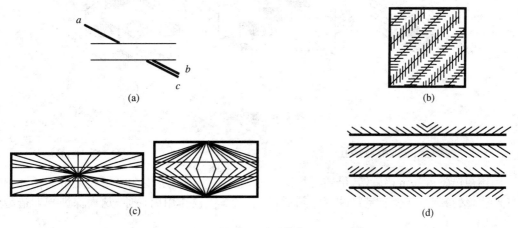

(a)　　　　　　　　　　　　　　　　　　(b)

(c)　　　　　　　　　　　　　　　　　(d)

图 2.42　变形错觉

图 2.43(a)的直线,因受弧线干扰,直线显得不直,其弯曲方向与干扰的弧线方向相反;图 2.43(b)的正方形受一组成钝角的线干扰,平行线变得不平行了;图 2.43(c)的正方形受折线干扰发生变形,看起来像梯形。

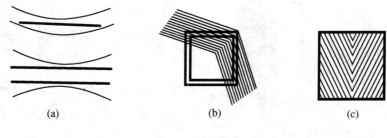

(a)　　　　　　　　　　(b)　　　　　　　　　　(c)

图 2.43　变形错觉

6) 光渗错觉

白色(或浅色)的形体在黑色或暗色背景的衬托下,具有较强的反射光亮,呈扩张性的渗出,这种现象叫光渗。由光渗作用和视觉的生理特点而产生的错觉叫光渗错觉。

图 2.44　光渗错视

图 2.44 所示左右两等大正方形中有两个相等的圆,但由于光渗错觉看起来白色的圆显得大,黑色的圆显得小。

7) 翻转错觉

眼睛注视位置不同,可得出虚实的翻转变化。图 2.45(a)中,观察 A 面,右边为一实体棱柱,观察 B 面,则左边为一实体棱柱,图 2.45(b)也为翻转图形:若看 A 面在前时,则是一个正阶梯,若视 B 面在前时,则成为一个倒挂阶梯;图 2.45(c)也是一个翻转图形,若视 G 点为凹进时(各立方体上顶面为黑色),则为六个立方块,若看 G 点为凸出时(各立方体下底面为黑色),则为七个立方块。

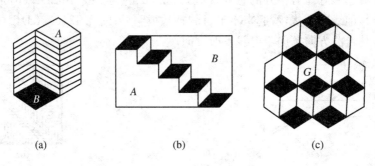

(a)　　　　　　　　　(b)　　　　　　　　　(c)

图 2.45　翻转错觉

2.3.3　视错觉的利用与矫正

利用视错觉就是将错就错,借错视规律来加强造型效果。矫正视错觉就是事先预计到错觉的产生,借错视规律使造型物改变实际形状,结果受错视作用而还原,从而保证预期造型效果的实现。

1) 分割错视的利用与矫正

在造型要素中,哪一要素给人的印象强烈,则视线就会被这一要素所吸引,从而产生增强该要素,减弱其他要素的视觉效果。图 2.46(a)所示机框的中间水平线给人的印象强烈,则产生横向的稳定感;图 2.46(b)所示机框的中间垂直竖线给人的印象强烈,则产生竖向的高耸感。

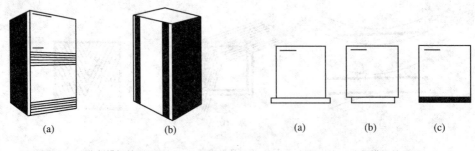

(a)　　　　　　　　(b)　　　　　　　　　　　　(a)　　　　(b)　　　　(c)

图 2.46　分割错视的利用(1)　　　　　　　　图 2.47　分割错视的利用(2)

图 2.47 是运用横向分割来改变形象高度的比例关系。图 2.47(a)突出底部,增加稳定

感,图 2.47(b)收缩底部,增强形象的高矗感与轻巧感。图 2.47(c)用颜色分割,底部施以深色,一方面改变形象的比例,同时又加强形象的稳重感。

在仪器仪表面板上增加横向分割色带,一方面加强了面板的变化,另一方面使横向加宽的视觉感加强,从而使该面板更为均衡稳定,如图 2.48 所示。

2) 变形错视的利用与矫正

图 2.49(a)是由于变形错觉而产生的塌腰现象。若如图 2.49(b)所示将转角处改为小圆角,将平面设计成稍向外鼓的曲面,那么变形错觉所产生的塌腰现象就能得到矫正。

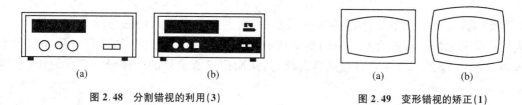

(a)	(b)		(a)	(b)

图 2.48 分割错视的利用(3)   图 2.49 变形错视的矫正(1)

如图 2.50 所示的汽车,图 2.50(a)中腰线和车身侧壁亮条都处理成了直线,因受前后窗及窗棂延长线的干扰显得腰线和亮条下凹,整个车身欠丰满,线型缺乏弹性;图 2.50(b)中把汽车的腰线和侧壁亮条作向上微微隆起的处理,造型则显得丰满、有力。

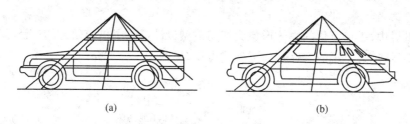

(a)   (b)

图 2.50 变形错视的矫正(2)

3) 对比错视的利用与矫正

图 2.51 是两个大小相同的手表表盘面,放在不同大小的表套之中,产生图 2.52(a)的盘面比图 2.52(b)大的效果。

4) 光渗错视的利用与矫正

由于光渗错觉而产生的面积不等现象,若需在视觉感受上达到两面积相等,则必须将浅色的做小些,或深色的做大些,才能达到等大的视觉效果,如图 2.52 所示。

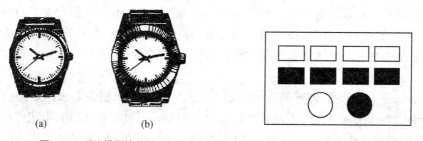

(a)   (b)

图 2.51 对比错视的利用   图 2.52 光渗错视的矫正

在客观现实中,错视现象很多,上面所列举的只是其中的一部分。在产品的造型设计中,应注意利用和矫正各种错视现象,以便符合人们的视觉习惯,取得良好的造型效果。

3 形态构成

3.1 概述

形态构成是产品造型设计的基础训练之一,它主要是启发人们的想象力和创造力,培养人们理性判断的直观能力和一定的造型技巧,使设计者对美的形态创造有较深入的艺术修养,对立体形象的直观感有较强的鉴赏能力,从而使得所设计的产品形态变化万千,丰富多彩。

3.1.1 形态

形态,是造型设计中常用的专业术语,是人们从视觉语言的角度研究表达物体形象的一种习惯用语。所谓形态,是指形体内外有机联系的必然结果。态者,态度也。形态者,内心之动形状于外也。

在现实世界中,千变万化的物体形象为产品造型设计提供了借鉴研究的广泛基础,也是形态构成取之不尽、用之不竭的宝库。为了叙述方便,按图3.1分类介绍。

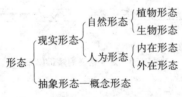

图3.1 形态的分类

自然形态是指自然界客观存在,有自然力所促成的形态,如山峰、河流、浪花、彩虹、树木、花草、飞禽、走兽等。

人为形态是指人类为了某种目的,使用某种材料、应用某种技术加工制造出来的形态,如生活用品、艺术作品、劳动工具以及各类建筑物等。

概念形态是概念元素的直观化。概念形态只是形态创造之前在人们意念中的感觉。例如观察立体时,感觉到棱角上有点,任意两点间感觉到有线,一多边形有面的感觉,多边形移动一段距离会感觉到似乎有一立体。这些点、线、面、体都是概念化的,它们的不同组合称之为概念形态。

工业产品都是人为形态,即都是为了满足人们的特定需要而创造出来的形态。在人为形态中又可分为内在形态和外观形态两种。内在形态主要是通过材料、结构、工艺等技术手段来实现的,它是构成产品外观形态的基础。不同的材料、不同的结构、不同的工艺手段可产生不同的外观形象,所以说,内在形态直接影响着产品的外观形态。外观形态是指直接呈现于人们面前,给人们提供不同感性直观的形象。同一功能技术指标的产品,外观形态的优劣往往直接影响着产品的市场竞争力。工业设计研究的主要内容之一就是在满足产品功能技术指标的前提下,如何使产品具有美的形态,使其更具市场竞争力。

一般来说,工业产品的内在形态主要取决于科学技术的发展水平,并通过工程技术手段加以实现。而外观形态则可以认为是一种文化现象,它不仅具有一定的社会制约性,而且与时代的、民族的和地区的特点相联系,也就是人们常说的"风格"。产品造型的风格来源于作者的精神个性,是设计者精神个性在产品设计中的创造性的物化形态,它是通过点、线、面、色彩、肌理等造型设计语言表现的一种形式,并通过材料、结构、工艺加以实现。当然,产品的内在形态和外观形态是相互制约和相互联系的。

综上所述,可以认为产品造型设计是一个系统工程,需要很多人、多学科知识的相互配合,同时也要求设计师知识面广,思路宽。在设计一件产品时,首先要以审美情趣(来自对自然形态和已有的人为形态的感知)确定产品雏形,以形式美法则和技术美要求完善产品形态,以物质技术手段加工产品,最后是以市场竞争力和使用效能来衡量其优劣。这就是说,工程技术人员应该学习一些美学知识和造型设计基本理论,以便设计出更多更好的产品,满足社会和人们的需要。

3.1.2 构成

构成就是按照一定的原则将造型要素组合成美好的形态,是抛开功能要求的抽象造型。

构成的概念形成于 1918 年前苏联的"构成主义"运动和德国的包豪斯,但是构成的起源则可追溯到远古时代。我国的龙凤艺术也是一种构成,因为龙凤实际上是不存在的,只是人们根据美好的想象,把多种飞禽走兽分解、变化、重新组合的艺术创造。

众所周知,任何产品的造型都可以分解成若干形态要素的组合,都可以找出其构成法则,就像任何乐曲都可以分解成七个基本音符的组合一样。一首优美的乐曲若分解成基本音符来评价,它和低劣的乐曲也没有什么不同。同样,一个好的产品造型若分解成基本要素来分析,它和平庸的产品造型也没有什么两样。所以,好的产品造型取决于对基本要素的组合能力和组合技巧,而这种组合能力的提高和组合技巧的掌握,必须在现代构成理论的指导下进行大量构成技能的训练,并在科学技术与美学艺术相结合的综合训练中,陶冶艺术情操,提高艺术修养,积累大量的形象资料,才能为现代工业产品造型设计提供广泛可靠的发展基础。

传统概念中的构成包括平面构成、立体构成和色彩构成三个方面的内容,通常也称为三大构成。三大构成是工业造型设计的理论基础,但也随各专业特点的不同而有所侧重。本章所谈的形态构成侧重于三大构成中立体构成的内容。平面构成内容插入第 4 章"标志与设计"中介绍。色彩构成单列一章(第 5 章),定名为"产品色彩设计"。

3.1.3 构成技能

构成技能是指将自然形态分解、变化、打散、抽象、提炼、升华及其重新组合的能力和技巧。概括起来有以下三个方面:

1) 感性构成

感性构成,是建立在主观感觉基础上,依靠对感性知识的积累而进行的一种从意到形的构成技能。人们由于受到某种因素的启发或刺激,产生创作灵感,在脑海中会豁然浮现某种新形态,将其捕捉住,并记录下来(例如用石膏、泥土、硬纸做出来),不断加以变化,待量的累积达到一定程度,新的创造就成为可能。只有具备了广泛的可供筛选的构成形象资料,才能优选出实用、经济、美观的造型方案。一般来说,可供筛选的构成形象资料越多越广,造型设计的质量就越高,速度就越快,应变能力就越强。感性构成一般不受到社会性、生产性、经济性的束缚,能最大限度地充分发挥艺术想象力和形态创造力。不过它会受到人们的审美爱好、艺术修养、对自然物观察的敏锐程度以及鉴赏能力和理解、消化、吸收能力的限制。

2) 理性构成

理性构成,是在综合考虑功能、结构、材料、工艺等方面要求的基础上,探索符合时代审美要求、富有民族风格内涵的创造活动,它既包括在感性构成基础上考虑社会性、时代性、生产性、经济性的再构成,也包括从功能出发的构成,从内部结构出发的构成,以及从材料或加工工艺出发的构成等独立构成技能。它能为现代工业产品造型设计提供大量的、更为可靠逼真的形象资料。

3) 模仿构成

模仿构成,是以自然形态为构成的基本要素,并进行必要的抽象、演变、提炼、升华,使形态既脱离了纯自然形,又保留了其形态实质,带有一种联想和暗示的感情表现。以生物形态为例,模仿构成一般可分为三个阶段。

第一阶段:是对生物形态原型进行研究,吸收其对技术要求有益的部分而得到一个生物模型。

第二阶段:是将生物模型提供的资料进行数学分析,并使其内在联系抽象化,并用数学语言把生物模型"翻译"成一般意义的数学模型。

第三阶段:是通过物质手段,根据数学模型制造出可在工程技术上进行试验的试验模型。

值得指出的是,模仿构成不是简单的机械模仿,而是在反复实践中的再创造,使最终构成物的形态与生物原型神似而不是完全的形似。

构成在表现形式上是以抽象表现为侧重的,如火车、轮船、坦克、飞机、家用电器等,都是将自然形态经过分解,提取形态要素后,再重新组合成抽象形态。正是由于构成的抽象性,也就更带普遍性,在造型设计中也就更加体现了广泛的适用性。

3.2　形态构成要素

任何产品都是占据三维空间的实体,每个造型物实体都是以具体的形象向人们传递信息,工业产品这种传递视觉信息的媒介称为构成要素。它主要包括几何要素、美感要素和材料要素三个方面。

3.2.1　几何要素

1) 点

(1) 点的概念

几何学中的点,是只有位置,而无大小和形状。在造型设计中,点是以抽象形态的意义来建立其概念的,因而它有大小、有形状、有独立的造型之美和组合构成之美的形态价值。

产品上的点,不是以自身的大小而论,而是指同周围形体与空间的比例比较而言。只要是一定比例条件下的细小形象,起到点的作用的形,均可视为点。如旋钮与机器设备相比较称为点;飞机与宇宙空间相比也称为点。点按照其形状不同，一般可分为直线型、曲线型与字母型三类，如图 3.2 所示。

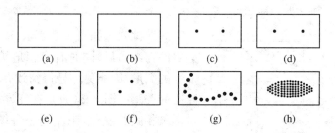

图 3.2 点的概念

直线型点给人以坚实、严谨、稳定、安静的感觉。曲线型点给人以丰满、圆润、充实、运动的感觉。字母型点给人的感觉介于直线型和曲线型之间。

（2）点的感知心理

一般来说，点给人以醒目、集中的感觉，并有引导视线收敛、突出的作用。"万绿丛中一点红"，这一点极为醒目、突出，如图 3.3 所示。

图 3.3 点的感知心理

一个平面无点，则显得单调、平淡[见图 3.3(a)]。

面上只有一个点时，它成为焦点，并具有集中视线，形成视觉中心的效果[见图 3.3(b)]。

面上均势排列两点时，视线则会在这两点之间作无休止的来回移动[见图 3.3(c)]。

面上两点若大小不同，则视线即由大点向小点移动，产生强烈的运动感[见图 3.3(d)]。

面上并列三个等量的点，则视线在三点之间移动后，最后停留在中间的点上，形成视觉停歇点[见图 3.3(e)]。

面上三点不在同一条直线上，则隐隐感觉各点间好像有线相连，存在三角形[见图 3.3(f)]。

当许多点作等间隔排列时，有线的感觉[见图 3.3(g)]。

当许多点作相对集中排列时，有面的感觉[见图 3.3(h)]。

（3）点的排列组合

单调排列　许多等同形状、等同大小的点均匀排列，其视感是单调而无生趣的。但有时由于画面成分复杂，这种组合可以取得秩序、规整、不散漫的效果，并能显示出严谨、庄重的气氛，如图 3.4 所示。

间隔变异排列　许多等形等量的点作有规律而变异其间隔的排列，则可稍减其沉静呆板之感，并仍能保持其秩序与规整。在实际运用中往往将同作用、同性质的点分段归纳、规整排列，中间留出较明显的间隔，形如音乐中的"休止符"的意义，如图 3.5 所示。

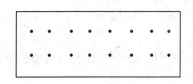

图 3.4 点的单调排列

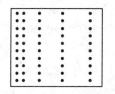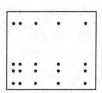

图 3.5 点的间隔变异排列

大小变异排列　　成组的点不仅按间隔排列,而且大小产生变异,整幅画面不仅保持了一定的秩序性,而且更显活泼、可爱,如图3.6所示。

紧散调节排列　　如图3.7所示,画面新颖有趣,并能按功能要求作出归纳、布局,既美观、活泼,又突出重点,富有规律。

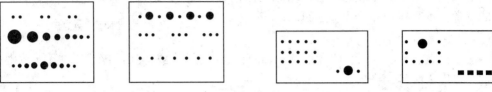

图3.6　点的大小变异排列　　　　　　　　　　图3.7　点的紧散调节排列

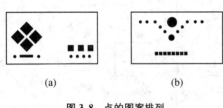

(a)　　　　　　(b)

图3.8　点的图案排列

图案排列　　如图3.8所示,按功能需要,将点作必要的归纳布局,同时有意识地排成图案纹样或象征性的图形,则能更加显得精致有趣,给人一种独具匠心的美感。图3.8(a)是在变异排列的基础上,通过形量相间的变化,来获得一种图案美;图3.8(b)则通过左右对称、上下均衡的构成布局来获得另一种图案美。

点的组合排列形式对于仪器、仪表以及机械设备控制台的面板设计有很好的启发作用,通过点的组合排列练习,可以提高仪表显示装置及操纵控制旋钮等布局艺术,美化产品造型。

2) 线

(1) 线的概念

在几何学中,线是点运动的轨迹,它没有宽度。在造型设计中,线有形状,有粗细,有时还有面积和范围。

造型设计中的线一般可分为几何形态线和构成效果线两类。几何形态线一般指直线、曲线、复线三种;构成效果线一般指结构线、风格线、装饰线三种。如图3.9所示。

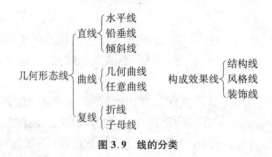

图3.9　线的分类

(2) 线的感知心理

水平线　　给人以平稳、开阔、寂静的感觉,并有把人的视线导致横向、产生宽阔的视觉效果,但也有平淡之感。

铅垂线　　给人以高耸、挺拔、雄伟、刚强、崇高的感觉,并有把人的视线向上、向下引伸的视觉效果,但也有高傲、孤独之感。

倾斜线　　给人以散射、活泼、惊险、突破、动的感觉,并有把人的视线向发散扩张方向引伸或集中方向收缩的视觉效果,但也有不安定感。

折线　给人以起伏、循环、重复、锋利、运动的感觉。折线富于变化,在造型中适当地运用折线,可取得生动、活泼的艺术效果。有规则的弯折具有节律感,而无规则的弯折虽变化活泼但也有跳动和混乱的感觉。

子母线　即在粗线两侧或某一侧附加细线或曲线而形成的复线,如图3.10所示。子母线具有直线和曲线的共同特征,刚直而富有柔和感,是装饰线中广泛采用的基本线型。

图 3.10　子母线

几何曲线　具有渐变、连贯、流畅的特点,且按照一定规律变化与发展。在造型设计中,抛物线、双曲线以及椭圆曲线的应用较多。

任意曲线　具有一种自由、奔放的特点。波纹线则具有起伏、轻快、活泼、律动的感觉,它是造型设计中应用较多的一种任意曲线。

风格线　是指造型物区别于其他产品的整体线型格调的外观视觉轮廓,如图3.11所示。

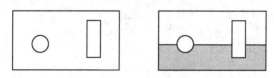

图 3.11　风格线

结构线　是指为了满足产品结构需要而显露在外的线,如箱体和箱盖结合处所显露在外的线等。一般来说,产品在满足其功能结构要求的基础上应尽量与产品的系统风格线型相一致。

装饰线　是指体现装饰作用的附加线,如镶条、色带等。装饰线型要与系统风格线型相一致,同时也要注意与结构线型相协调。

一般来说,直线刚劲、简明,具有力量感、方向感、硬度感和严肃感,故称为硬线。在造型设计中,表现强硬多用直线,它既体现了直线型的风格,又体现了一种力的美。

曲线柔和、温润、丰满,似春风,似流水,似云彩,给人一种轻松、愉快、柔和、优雅的感觉,故称为软线。在造型设计中,表现柔和的产品多用曲线,它既体现了曲线型的风格,也体现了柔的美。

产品造型设计中,各种线型的运用既要体现时代的气息,又要体现产品自身的风格,还要兼顾产品所处的系统环境和本产品的系列风格。

(3) 线在造型设计中的作用

直线有统贯其他元素的作用。如图3.12(a)所示,两个孤立的元素,按其功能要求,它们的位置只能作如此安排,画面给人一种零散的感觉。若用一条深浅适宜的直线把两者贯穿起来,就能使孤立无关的两个元素连成整体,彼此有所呼应,如图3.12(b)所示。

直线有分割大面的作用。图3.13(a)是一个机箱的正立面,该面空无一物,显得呆板、空乏。如果加上几条横线,就把大面分散开了,打破了空乏无趣的感觉。

直线有调整视线的作用。如图 3.13(b)所示是横宽竖矮的机台,加上一些垂直线,即可削弱上述太宽太矮的感觉。

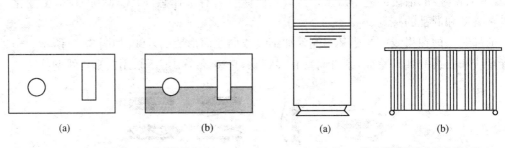

图 3.12　线在造型设计中的作用(1)　　　　图 3.13　线在造型设计中的作用(2)

3) 面

(1) 面的概念

在几何学中,面是线运动的轨迹,是无界限、无厚薄的;而在造型设计中的面却是有界限、有厚薄、有轮廓的。造型设计中的面可分为平面和曲面两种,如图 3.14 所示。

图 3.14　面的分类

面一般是以具体的形来表示的,同一个面如果取形不同,给人的感知心理作用也不同,如图 3.15 所示。

(2) 面的感知心理

水平面　有平静、稳定的感觉,有引导人的视线向远处延伸的视觉效果。

铅垂面　有庄重、安定、严肃、高耸、挺拔、雄伟、刚强、坚硬的感觉。如横宽竖窄,则引导人的视线作左右横向的视觉扫描;如竖高横窄,则引导人的视线作上下纵向的视觉扫描。在铅垂面中,又分为正平铅垂面和斜向铅垂面,前者显得更庄重、稳定、严肃,后者却稍具活泼变化。但斜向铅垂面使用时,面积不宜过大,且必须与正平铅垂面配合使用,一般以偶数为宜。

倾斜面(即与水平面倾斜的平面)　具有活泼的动感。如向外倾斜,则有轻巧、活泼感,同时又有不规整、不稳定、零乱颠覆的视觉效果;向内倾斜,如直立的棱锥或棱台表面,则有稳定、庄严及呆滞的感觉。

几何曲面　变化有序、连贯流畅,具有规整流动的感觉。多用于盖、罩、壳类产品的造型设计。在日用小工业品中应用较广。

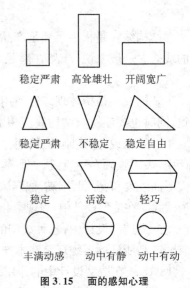

稳定严肃　高耸雄壮　开阔宽广

稳定严肃　不稳定　稳定自由

稳定　活泼　轻巧

丰满动感　动中有静　动中有动

图 3.15　面的感知心理

任意曲面　自由奔放,统一有变,具有起伏轻快的感觉。多用于盖、罩、壳类产品的造型设计。

4) 立体与空间

产品的形状无论多么复杂,都可以分解为一些简单的基本几何体,所以基本几何体是形态构成的基本单元。基本几何体可分为平面立体和曲面立体两类。

平面立体的表面是由平面围成,具有轮廓明确、肯定的特点,并给人以刚劲、结实、坚固、明快的感觉。

曲面立体的表面是由曲面与曲面、曲面与平面所围成,在视觉感受上,曲面立体的轮廓线不够确切、肯定,常随观察者位置的变化而变化。它给人以圆滑、柔和、饱满、流畅、连贯、渐变、运动的感觉。

立体的心理感觉是以外轮廓线的感知特性所确定的,同时还以其体量来衡量,厚的体量有庄重结实之感,薄的体量有轻盈、轻巧之感。

空间　是指占据一定空间的实体之围。实体增大则空间缩小,反之亦然。所以研究立体形态的视觉效果不能抛开空间的概念。空间按其构成方式一般可分为闭合空间、限位空间和过渡空间三类。

闭合空间　是指主要空间界面是封闭的形态。例如,在载人车辆的内部和建筑物的室内空间,四面封闭,空间界面的限定性很强,因而空间感也很强。造型设计中对于这种限定空间的比例分割、色彩设计,以及外部空间联系的处理等都是很重要的;否则,易使人产生压抑感。

限位空间　是指部分空间界面敞开,对人的视线阻力不强。例如,建筑物的走廊、门廊,机器设备的挡板等。

过渡空间　是指闭合空间、限位空间和外部空间三者之间所配有的一定过渡形式的空间,同时也指封闭空间或限位空间自身大小、方向的一定过渡形式的空间。它与实体形态的过渡方法相似,是处理好空间的协调、统一关系的有效手段。

空间形式具有象征和暗示的意义。巨大的空间给人以敬畏感,适当空间给人以亲切舒适感,而过分低矮、狭小的空间则给人以压抑感。

3.2.2　美感要素

1) 力感

力感,是形态通过视觉作用在心理上产生的一种超越感。人们观察物体时,若各方向视力线相互抵消,则视觉效果均衡。若某种形态打破了这种视觉效果,就会产生某种力作用的心理感受。比如,人们观察一个被压凹的乒乓球时,总是习惯于把它与原乒乓球进行直观比较,并联想出是某种力使它改变了原形。再如,哥特式建筑伸向高处的三角形尖塔,就是利用其引导实现上升,迫使人们的注意力从地球的局限中摆脱出去,而产生尽力向上,抵制地球引力,冉冉升起的感觉。这种心理联想和感受就是形态所表现的力感。

2) 动感

动感,是借助于形态的变化,使静止的物体给人产生一种动的感受。例如,在45%斜线上画一个圆,人们就会联想到某斜坡上放一个球而产生滚动的感觉。再如,在电扇中轴端面装饰几条旋转线,尽管电扇是静止的,但看上去仍有旋转运动的感觉。动物的跳跃与搏斗、植物的发芽与生长、人的运动与舞姿都是积累动感形态的形象资料。

3）量感

量感，是指心理上对于观察物的轻重、多少在数量上和程度上的感觉。量感的产生取决于材料的选择和面饰的处理。例如，用钢材制作的庞大机器，就会使人产生一种沉重感。而用塑料、玻璃制作的用品，则使人产生轻盈、灵巧感。另外，同一种材料制作的产品，若给以不同的面饰处理，对人产生的心理量感也是不同的。例如，玻璃钢制作的雕塑，若在表面饰以细石微粒，同样能给人产生类似岩石的沉重感和坚硬感。

4）质感

质感，是指物体表面的配色与组织结构给人产生的视觉联想和感受。通常情况下，质感是指物体的表面肌理给人产生的视觉联想和感受。

肌理按感受分可分为视觉肌理和触觉肌理；按形成分可分为天然肌理和人工肌理。

视觉肌理　是一种无需用手摸、用眼看即能感觉到的肌理。它包括物体表面、表层纹理及色彩图案，通常采用绘制、印刷的方法得到。

触觉肌理　是指用手摸而感觉到的纹理。它包括物体表面的光滑或粗糙，平整或凹凸，坚硬或柔软等，也称立体肌理。触觉肌理一般通过切削、模压、雕刻等工艺手段或其他机械加工方法得到。

天然肌理　如木材的纹理、皮革的花纹、大理石的纹样等。

人工肌理　即是按照人的意图制作的图案纹样，如凹凸细粒、抛砂表面、刻石纹理、网状纹理、球状纹理、手轮滚花等。

在工业产品上，广泛使用人工肌理。不同的肌理，使人产生不同的感觉效果。例如，细腻光亮的表面，给人以轻快、柔和的感觉，但过分光亮则易产生强光感。粗糙无光的表面，给人以含蓄感。在产品的造型设计中，处理好产品表面肌理，是取得良好造型效果的重要方面。建筑物的表面粘贴瓷砖，为的是增强其肌理美；高级木制家具通常涂以清漆，是为了显示其本质的肌理美；现代家具的塑料贴面多仿天然木质纹理，是为了再现木纹的肌理美。肌理不仅给人以平面的量感，同时也给人以纵深的体感。

5）空间感

空间感是形态作用于视觉后所产生的一种心理扩张感或压缩感。例如，商店在货架上安装镜面，利用镜面的成像，形成心理空间的扩张，使人觉得店面比原来大多了，心理空间就超越了其物理空间。

6）色彩

色彩是无彩色的黑、白、灰和有彩色的红、橙、黄、绿、青、蓝、紫等的统称。色彩给人的视觉感受主要是由色相、明度、纯度三要素所构成。色彩三要素的不同比例配制，可产生千变万化的色彩效果。关于色彩的基本知识和视觉感知效果将在第5章"产品色彩设计"中讨论。

3.2.3　材料要素

立体形态的构成离不开材料。自然界可用于构成的材料是非常丰富的，若按材料的品种类别来分，主要有金属材料、非金属材料、天然材料和涂饰材料等。金属材料主要分为有色金属和黑色金属两大类。非金属材料主要有塑胶、橡胶、陶瓷、纸和非金属基复合材料等。天然材料主要有沙石、泥土、木材等。涂饰材料主要有油漆、颜料、涂料等。

一般来说，金属材料都具有良好的机械强度，可涂装性能好，但加工成型较困难，常用于需要操作运动或结构精度要求较高的构件上。非金属材料种类繁多,尤其是泡沫塑料更是理想的、很有发展前景的构成材料,它的优点是取材方便、价格低廉、质轻易携带、加工方便。天然材料中的黏土、木材也是常用的材料,对于中型或大型的型体,用木材做骨架,再上黏土,也能达到预想的构成效果。涂饰材料一般是构成实体形态后再涂装,以观看色彩效果。一般对于粗制的构成可采用彩色粉笔或颜料涂装以观看初步效果,这样比较经济;对于比较精细的或静止的构成物可采用油漆涂装。当然,一些质感效果好的材料也可以不经涂饰。

3.3　形态构成方法

在立体形态中,方体(立方体、长方体)、球体(包括椭球体等)、柱体(方柱体、圆柱体等)是基本的单元形体。如何将这些基本单元形体处理出我们想要的立体造型,就需要我们运用适当的方法,进行创造性的设计活动。造型的方法我们归纳总结为——加法、减法、组合法,如何灵活的运用这些方法,需要遵循美学的理念和规律,对称、重复、渐变、平衡、对比、节奏和韵律,以及比例等。

3.3.1　直棱体与曲面体

直棱体与曲面体是形态构成中最简单的形体,我们称之为单一形体。看似简单的形体,却是产品造型设计中的主要形态构成元素。首先对直棱体、曲面体各自形体的特性进行认识,才能灵活应用于形态设计当中。

直棱体的特性体现在它的长宽高上。不同尺寸设定的直棱体表现出的体态可能是庄重、高大,也可能是单薄、轻巧。若是将三个不同体态的直棱体组合在一起,如图 3.16 能够巧妙地构造出三维形体的空间感,这对以后复杂形体的设计能够建立良好的视觉审美感,例如说比例与尺度、均衡等。

图 3.16　三个直棱体的组合形态

所谓形态的组合就是指几个独立的形态组成一个有机的整体。任何复杂的形态都是由相对简单的形态所构成的,将几个简单的形态单元进行组合,这是创造复杂形态的一种方法,这些形态单元可以是互不相同的,也可以是相同的。在这个过程中,我们主要考虑形态与形态之间的关系,强调形态组合的合理性和整体性。

这些形体在特征方面有着本质的不同,然而可以通过形体组合,使其各个形体达成统一性。如图 3.17 通过组合形态后,使体块群组更具有立体感,这会给你带来整体构成感。所有的结合部位都要体现出一定的结构性。各个方向力的平衡应当被建立起来。

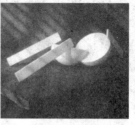

图 3.17　直棱体与曲面体的组合形态

从任何位置看,该设计应当既有趣又有立体感。设计要达到统一的效果,则要求每一个部分与其他任何部分都密切相关,并且每一个设计关系在整体中都起到作用。

3.3.2　凸面体与凹面体

凸面和凹面是创造灵巧的形态。以有机形式为基础,探索单一的、特定形式的各种属性。凸面是凸形体块或形态的表现,可以被挤进凹空间。凹面表现了负空间,可以被挤进凸形体块或形体(见图 3.18)。

图 3.18　凹凸面体

3.3.3　切割与重构

1) 切割构成

切割构成与组合构成是相对而言的。用分解组合的观点看问题,任何物体都可以通过基本构成要素组合而成。同样,任何物体也都能以某一基本形体为基础,通过切割而获得。为了陈述的方便,把构成物比较明显地表现出某一基本形体特征的形体称为切割构成体。

如图 3.19 所示,该形体反映矩形轮廓特征比较明显,就将这类形体的形成过程称之为切割构成。切割构成又以块面切除、形体修棱为主要表现形式。

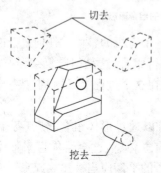

图 3.19　切割构成　　　　　　　　　　图 3.20　块面切除

块面切除 保持构成物基本几何体形态特征,通过切除部分块面,使之克服呆板,达到生动、变化的视觉效果,如图 3.20 所示。块面切除能使构成物保持某一基本几何体原有形态特征,突出线型风格,便于加工制造。但有时也易产生棱边锋利、刺激的感觉,一般情况下需再经形体修棱的方法加以克服。

形体修棱 切除构成物面与面之间形成的尖角,使之与整体线型风格相一致,有缩小对比的效果,如图 3.21 所示。

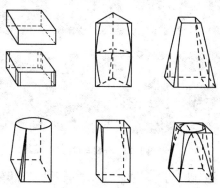

图 3.21 形体修棱(1)

形体修棱一般可分为全修棱、异面修棱和圆角修棱三种,如图 3.22 所示。

图 3.22(a)为全修棱形式,该图是平面磨床上磨头的实物图。这种修棱形式易与直线型为主调的造型风格相协调,且易体现力感,在大型机械设备上使用较为广泛。

图 3.22(b)为异面修棱形式,该图是某仪器上连接罩实物图。这种修棱形式不但合理解决了两个截面之间形状的自然过渡,而且也增加了过渡面的变化,使造型更加生动自然。

图 3.22(c)为圆角修棱形式。这种修棱形式与小圆角过渡形式的效果类同。

图 3.22 形体修棱(2)

2) 分割与重构

所谓分割就是将一个整体或有联系的形态分成独立的几个部分;重构则是将几个独立的形态重新构建成一个完整的整体。这两者是一种互逆的关系。在这里,我们仍然选择基本单元体作为分割对象,单元体即几何体是各种形态中最基本、最单纯的形态,通过对这些形态的分割或重构,更容易创造出新的立体形态,更好地体现分割与重构的效果。

经过分割,然后对分割后的单体在进行组合、重构,这个也称作分割移位。被分割的体块是有一个整体分割而成,因而具有内在的完整性,所以分割后的体块之间通常具有形态和数理的关联性和互补性,很容易形成形态优美、富有变化的作品,这也是此种造型方式的特征。

分割时,要充分利用不同的形式,挖掘尽可能多的组合、重构造型,可以使用贴加、分离和翻转。

(1) 贴加:分割体之间具有形态、数理的关联性。

（2）分离：分割体在形态上有互补和呼应。

（3）翻转：分割体的断面形态对称而富于变化。

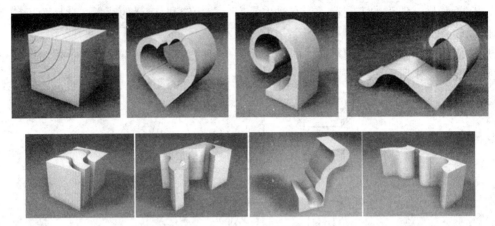

图 3.23　分割与重构

　　分割与重构实际上是一种"破"与"立"的过程。"破"可以理解为"破坏"、"突破"，"破坏"本身并不是目的，通过"破坏"行为，来产生偶然或刻意的形态，这是形态创造的一个途径。通过"破坏"可以使失去活力的形态重现新的生机，在此基础上再加以变化，从而创造出新的形态，也就是达到"立"。"突破"则是对既定框架的一种超越，是事物的一种成长，也就是一种创新。所以我们说"破"也是一种创造形式，不破不立，"破"壳而出，这是经由蜕变而获得新生，从而展现出新的形象与本质。

　　3）切割与积聚

　　在工业设计中，产品立体形态的创造是有一定的规律可循的，这一创造规律和自然界中的形态构成规律有着相似之处。总的来说，无论何种形态，它们的构成基本上按照"分割"和"积

图 3.24　切割

聚"这两个基本规律进行的。"分割"在形态表现上可以认为是"失去"或"分离"，在体量上表现为"减少"。"积聚"在形态表现上可以认为是"组合"或"合成"，在体量上则表现为"增加"。在大自然中，蜂窝、鸟巢的形态就是典型的积聚形式。从一粒种子成长为一棵大树，从一个细胞发展为某种'生物形体，它们的形态变化过程也是"积聚"的过程，在体量上表现为"增加"。尽管我们在观察它们时不能明显地感觉到，这是因为这种积聚过程的发生是在一个较长时间内进行。但从原始形态发展成新的形态这一过程来看，无疑是形态积聚的结果。反之，从树木的枯萎或凋零，动物的死亡和消失，岩石的风化与腐蚀等现象来看，也可以认为是形态的"分离"或"减少"。如图 3.24、图 3.25 所示。

图 3.25　积聚

　　对工业产品立体形态的创造,同样符合形态的"分割"和"积聚",这两个基本规律。如我们日常生活中的一些家用电器、交通工具、家具、房屋建筑等,在这些千变万化的形态形成过程中,一些形态的形成以分割为主;而另一些形态的形成可能以积聚为主;还有些较为复杂的形态,其构成规律可能是这两种形式的结合应用。

　　在研究产品立体形态的构成规律中我们发现,绝大部分的产品形态的构成均是以抽象的几何形态为基础的,而几何形态是人们从大自然的形态中概括提炼出来的。因此,产品几何形态的构成规律也必然会与自然中形态构成的普遍规律有内在的联系。

3.3.4　扭变构成

　　扭变构成是指以某一基本形体为基础,通过扭曲、压变、弯变等形式使之形成一种新的构成形态。

　　(1)扭曲　使形体两端断面的方位发生错动所引起的形态变化称为扭曲,如图 3.26 所示。

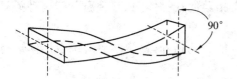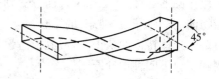

图 3.26　扭曲

　　(2)压变　形体一段受外部压力作用而产生变形称为压变,如图 3.27 所示。

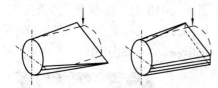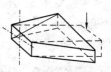

图 3.27　压变

　　(3)弯变　使原形体的轴线产生弯曲变形,且沿轴线产生渐变效果的变形称为弯变,如图 3.28所示。

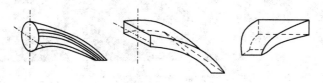

图 3.28　弯变

　　如图 3.29 所示的产品设计,扭曲使形体柔和富有动感;膨胀使形体具有弹性和生命力,表现出内力对外力的反抗;倾斜即是运动,它意味着发展、前进、美好的精神状态。虽然产品造型是静止的,但可以依靠曲线、折线以及形体在空间部位的转动及线形的动势来取得。

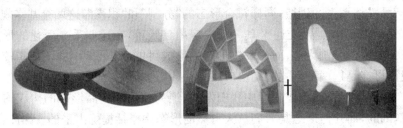

图 3.29　扭变构成的产品设计

3.4　形态设计

3.4.1　形态设计

"形态"包含了两层意思的内容。所谓"形"通常是指一个物体的外形或形状。如我们常把一个物体称作圆形、方形或三角形。而"态"则是指蕴涵在物体内的"神态"或"精神势态"。形态就是指物体的"外形"与"神态"的结合。

从对单一形体特征的认识,过渡到形态设计能力的培养,逐步学会对综合形体进行造型。我们所用到了以下四种设计原则。

a. 运用形式美法则

形式美法则是人类在创造美的形式、美的过程中对美的形式规律的经验总结和抽象概括。主要包括:对称均衡、单纯齐一、调和对比、比例、节奏韵律和多样统一。研究、探索形式美的法则,能够培养人们对形式美的敏感,指导人们更好地去创造美的事物。掌握形式美的法则,能够使人们更自觉地运用形式美的法则表现美的内容,达到美的形式与美的内容高度统一。下面的学生作品,是在形态设计中应用形式美法则的呢? 如图 3.30 中的应用。

图 3.30　形式美法则

b. 仿生的应用

仿生物形态的设计是在对自然生物体,包括动物、植物、微生物、人类等所具有的典型外部形态的认知基础上,寻求对产品形态的突破与创新。仿生物形态的设计是仿生设计的主要内容,强调对生物外部形态美感特征与人类审美需求的表现。下面的学生作品,应用了哪些仿生物的形态呢? 如图 3.31 仿生的应用。

图 3.31 仿生

c. 文化元素的应用

文化元素的应用需要在设计过程中,调动一种或多种文化元素或文化符号,进行提炼、完善,并通过解构、重组等艺术手法来完成思想或情感初衷的设计。这里的"形"经过了提炼与简化,"态"势更要表现出该元素所暗含的文化底蕴。如图 3.32 文化元素的应用。

图 3.32 文化元素

d. 注入情感

对产品的"形"注入情感,其实也就是说对产品的颜色、材质、外观、点、线、面等元素进行整合,使产品可以通过声音、形态、喻意、外观形象等各方面影响人的听觉、视觉、触觉从而产生联想,达到人与物的心灵沟通从而产生共鸣的表达方式。这需要提取生活中的情感诉求,将它的寓意通过"形"表达出来。如图 3.33 情感的应用。

图 3.33 情感

从设计的角度看,形态离不开一定物质形式的体现。以一辆自行车为例,当我们看到两个车轮时,就能感受到它是一种能运动的产品,脚蹬和链条揭示了产品的基本传动方式和功能的内涵,而车架的材料、连接形式等不仅反映出了产品的基本构造,同时也强调了产品的外形势态。因此,在设计领域中产品的形态总是与它的功能、材料、机构、构造等因素分不开的。人们在评判产品形体时,也总是与这些基本要素联系起来。因而可以说,产品形态是功能、材料、机构、构造等要素所构成的"特有势态"给人的一种整体视觉形式。

3.4.2　产品形态构造

产品形态构造的基本形式可以分为以下几种:多体组合、单体切割、多体过渡。

1) 多体组合

(1) 叠加组合

形体在某个基础形体上平稳地叠加而形成的组合形态称为叠加组合(见图3.34)。

(2) 接触组合

形体与形体之间以线或面相接触而形成的组合形态,称之为接触组合。形体结合过程中,各形体便有了接触。按接触间的要素性质的不同可分为面、线、角的接触;按接触的形体的类型不同还可分为重复、近似和对比接触(见图3.35、图3.36)。

图3.34　叠加组合　　　　　图3.35　接触组合(1)　　　　　图3.36　接触组合(2)

(3) 渐变组合

形体与形体组合时,其形体本身或组合具有逐渐变化的形态称之为渐变组合(见图3.37)。

(4) 镶入组合

一个形体的一部分镶入到另一个形体之中,形成新的组合形态,称为镶入组合(见图3.38、图3.39)。

图3.37　渐变组合　　　　　图3.38　镶入组合(1)　　　　　图3.39　镶入组合(2)

2) 单体切割

某个独立的单一形体假想被面切割而构成的形态,称为单体切割。单体切割分为硬切割和软切割。

　　(1) 硬切割：用假想的平面去切割某个形体而获得的产品形态的方法(见图 3.40、图 3.41)。

　　(2) 软切割：用假想的曲面去切割某个形体而获得的产品形态的方法(见图 3.42)。

图 3.40　硬切割(1)

图 3.41　硬切割(2)

图 3.42　软切割

3) 多体过渡

　　形体与形体之间，经过体面转换，以和缓渐变的方式，由一个面过渡到另一个面的组合方式叫多体过渡。多体过渡与叠加、连接不同之处在于，它无明显的组合迹象，似乎是一个完整的形体。当形体接触在一起，融合成一个新形体时就需要过渡(见图 3.43、图 3.44)。

图 3.43　多体过渡(1)

图 3.44　多体过渡(2)

3.4.3　产品的形态空间

　　空间的丰富性是现代产品形态的重要特征，通过改造体块、引入面片、重塑边缘、融合元素等创造空间的设计手法来实现。形态空间中以具备虚空间特性的形态最具内涵，其能够以间接的方式表现空间的丰富层次。

　　(1) 改造体块

　　体块是三维形态中的基本元素，在不改变体块原有基本形态性质的前提下，可改造成具有新的空间特征的体块(见图 3.45)。

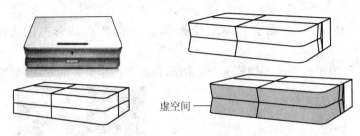

图 3.45 改造体块

（2）引入面片、线型

面片和线型本身具有体现空间不封闭、通透的特点,引入面片或是线型可以给产品带来丰富的空间,改变产品形态的单一性(见图 3.46)。

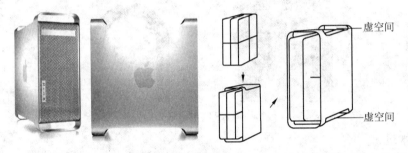

图 3.46 引入面片、线型

（3）重塑边缘

产品形态边缘往往是比较容易忽视的设计关注点。在产品形态形成的过程中,利用形态边缘来提高整个产品的空间性,可以起到事半功倍的效果,同时增加形态的内涵(见图 3.47)。

（4）融合元素

将两个(或两个以上)形态元素用曲面连接的方式融合形成新的形体,创造新的形态空间。如图 3.48 所示。

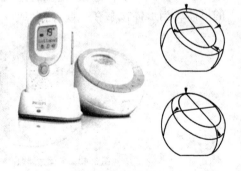

图 3.47 重塑边缘

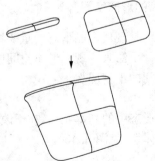

图 3.48 融合元素

（5）调整轴线

每一个产品都通过轴线来控制其形态所表现出的力的平衡。通过改变产品形态的轴线，改变原来的力平衡，可形成具有活力的产品形态。如图 3.49 所示。

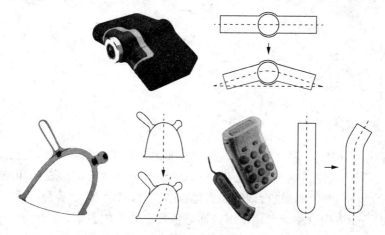

图 3.49　调整轴线

（6）赋予曲线

直线在大多数情况下表现出的特征是平衡、安定。与直线相对应的是曲线，它所表现的是事物受力的影响产生的运动状态。所以在以直线为主要特征的产品形态中添加曲线形态，就能产生动感，增加产品的活力。如图 3.50 所示。

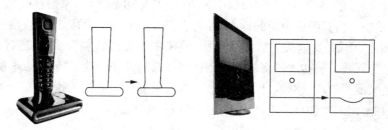

图 3.50　赋予曲线

4 标志与设计

4.1 标志的概述

4.1.1 标志的概念

标志是一种用于人类交流的信息符号,是一种非语言形式的交流工具,是大众传播的重要手段。在经济发达、市场规范的现代社会里,标志已经成为一种约定俗成、不可或缺的传媒工具,并且人们以法律的形式对其进行规范和管理,让它在经济活动、社会公共活动、日常生活等人类社会生活的各个方面有序地发挥作用。标志依靠它独有的直观、通俗、形象化的特点,拥有克服语言障碍、时间空间延展性较强等优势,在视觉传达设计中占有重要地位。例如,人们购买商品时会辨认商品标志;操作机器时要首先看清操作程序标志和警告标志;在地铁站、商场等公共场所行动,要依靠指示路标的帮助;在马路上行车要遵守交通指示标志等等。

4.1.2 标志的起源与发展

标志的来历,可以追溯到上古时代的图腾(英文 Tag 的音译)。原始社会的人类用动物、植物或其他自然物作为其氏族血统的标志,并把它们当作祖先来崇拜,这种被崇拜的对象或符号就叫做"图腾"。例如,女娲氏族以蛇为图腾,夏禹的祖先以黄熊为图腾,还有的以太阳、月亮、乌鸦的形象为图腾。最初人们将图腾雕刻在居住的洞穴和劳动工具上,后来就作为战争和祭祀的标志,后又成为族旗、族徽。国家产生之后,又衍变成为国旗、国徽。

古代人们在生产劳动和社会生活中,为方便联系、标示意义、区别事物的种类特征和归属,不断创造和广泛使用各种类型的标记,如路标、村标、碑碣、印信纹章等。广义上说,这些都是标志。在古埃及的墓穴中曾发现刻有制造者的标志图案和姓名的器皿;在古希腊,标志已在社会生活中广泛使用;在罗马和庞贝以及巴勒斯坦的古代建筑物上都曾发现刻有石匠专用的标志,如新月、车轮、葡萄叶以及类似的简单图案;欧洲中世纪士兵所戴的盔甲,头盖上都有辨别归属的隐形标记,贵族家族也都有家族的徽记;中国自有作坊店铺,就伴有招牌、幌子等标示性质的早期标志,唐代制造的纸张内印有暗纹标志。我国具有近代商标特点并能见其图形的朝代大约在宋朝。当时山东济南一家专造"功夫针"的刘记针铺,在针的包装纸上印有兔的图形,并写有"认门前白兔儿为记"的字样作为"商标",刘记针铺还在门前立一石兔作为标志(见图 4.1)。

图 4.1 宋朝刘记针铺商标

到 20 世纪,公共标志、国际化标志、商业标志开始在世界普及。随着社会经济、政治、科技、文化的飞跃发展,如今,经过精心设计策划、具有高度实用性和艺术性的标志,已被广泛应用于社会生活的各个领域,在人类社会全球化发展与进步的进程中发挥着不可低估的作用。

4.1.3 标志的意义与价值

在科学技术普及同化的形势下,不同国度、不同种族、不同语言的人们之间的交流越来越频繁,联系越来越紧密,人们运用各种各样方便的技术手段为自己的这种沟通需要服务。印刷、摄影、平面媒体等视觉传达的信息传递方式愈加被人们宠爱,地位亦日益重要。这种形象化的、非语言的传送方式具有了和语言传送相抗衡的竞争力量,可以说两者在信息传递中各显其能。而标志则是形象化视觉传达中一个独立的重要门类。

人们看到烟的上升,就会想到下面有火。烟就是有火的一种自然标记。在通讯不发达的时代,人们利用烟(狼烟)作为传送与火的意义有关联的(如火急、紧急、报警求救等)信息的特殊手段。这种人为的"烟",既是信号,也是一种标志。它升得高、散得慢,形象鲜明,特征显著,人们在很远的地方都能很快看到。这种非语言传送的速度和效应,是当时的语言和文字传送所不及的。今天,虽然语言和文字传送的手段已十分发达,但像标志这种令公众一目了然,效应快捷,并且不受不同民族、国家、语言文字束缚的直观传送方式,是现代快节奏、大信息量的社会更加需要的,标志仍然有着其他任何传送方式都不可替代的价值。

标志,是表明事物特征的记号。它以单纯、显著、易识别的物象、图形或文字符号为直观语言,除标示什么、代替什么之外,还具有表达意义、情感和指令行动等作用。

标志,作为人类直观联系的特殊方式,不但在社会活动与生产活动中无处不在,而且对于国家、社会集团乃至个人的根本利益,越来越显示出极其重要的独特功用。标志的表达弥补了文字表达的间接性、地域性劣势,以一种视觉化的、更加感性的方式传递信息。例如,国旗、国徽作为一个国家形象的标志,具有任何语言和文字难以确切表达的特殊意义。公共场所标志、交通标志、安全标志、操作标志等,对于指导人们进行有秩序的正常活动、确保生命财产安全,具有直观、快捷的功效。商标、店标、厂标等专用标志对于发展经济、创造经济效益、维护企业和消费者权益等具有重大实用价值和法律保障作用。各种国内外重大活动、会议、运动会以及邮政运输、金融财贸、机关、团体以及个人(图章、签名)等几乎都有表明自己特征的标志,这些标志从各种角度发挥着沟通、交流和宣传作用,推动社会经济、政治、科技、文化的进步,保障各自的权益。随着国际交往的日益频繁,标志的直观、形象、不受语言文字障碍等特性极有利于国际的交流与应用,因此国际化标志得以迅速推广和发展,成为视觉传送最有效的手段之一,成为人类共通的一种直观联系工具。

4.1.4 标志设计中应注意的问题

标志设计,特别是商标设计,必须遵守《中华人民共和国商标法》中的规定,除此之外,还应注意以下问题:

1) 名称

一个出色完美的商标,除了要有优美鲜明的图案,还要有与众不同的响亮动听的牌名。牌名不仅影响今后商品在市场上的流通和传播,还决定商标的整个设计过程和效果。如果商标有一个好的名字,能给图案设计者更多的有利因素和灵活性,设计者就可能发挥更大的创造力;反之,则可能带来一定的困难和局限性,也会影响艺术形象的表现力。因此,确定商标的名称应遵循顺口、动听、好记、好看的原则,要有独创性和时代感,要富有新意和美好的联想。如"蒙牛"牌乳制品,该音平仄顺口,行书字体流畅潇洒,并给人以新鲜奶源的联想,为企业和产品性质树立了明确的形象。又如"捷安特"牌自行车,象征着"快捷、安全"之意,体现了商品独特的性能和品质形象。

2) 图案

各国名称、国旗、国徽、军旗、勋章,或与其相同或相似者,不能用作商标图案(见图 4.2)。国际国内规定的一些专用标志,如红"十"字、民航标志、铁路路徽等,也不能用作商标图案。此外,用动物形象作为商标图案时,应注意不同民族、不同国家对各种动物的喜爱与忌讳。

联合国标志　　　　　　　　　　　中国国徽

图 4.2　不能用作商标的图案

4.2　标志的类型与特征

4.2.1　标志的功能类型与特征

1) 政府和国际组织机构标志

政府部门在国际交往中代表了国家形象。国家权力机关和行政机关使用专门的标志,这类标志都有其专属的指示功能和规定含义,在使用上有不可侵犯的严肃性,是和国家利益联系在一起的。例如国旗、国徽、党旗、党徽、团旗、团徽、市徽等,这些标志的设计能从一个侧面反映出国家、城市的精神面貌、文明程度和文化底蕴。此类标志的特征主要是鲜明的地方性特色、明确的象征性含义以及使用的持久性。

世界各国政治、经济和文化的发展状况在一定程度上制约着其文化艺术的发展水平。相反,文化艺术的发展状况也从一个人文的角度反映出一个国家政治经济发展水平。因此,除了标志本身传递信息的基本功能之外,在国际工业、商业、文化和社会活动中,人们愈加重视标志的设计水平对塑造自身形象的关键作用。信息化使世界差异逐渐缩小,国际交流更加频繁,树立国际组织机构形象在国际交往和公务活动中显得更加重要。此类标志的特征主要是国际化的风格、宽泛的适用性以及时间、空间的延展性(见图 4.3)。

图 4.3　各国议会联盟第 96 届大会

2）公共信息标志

公共信息标志是用于公共场所的指示符号，具有显著的记号作用，故又名公共标记。公共信息标志是法规、规则等内容的形象化表达，是现代社会管理的具体体现。

交通的飞速发展使各国各地区的人们交往日益频繁，但语言和文字的差异给人们造成了很多障碍和不便，公共信息标志能够克服这种障碍，逐渐被全世界认同并推广使用。

公共标志按其功能可分为公共系统标志和公共标识。

（1）公共系统标志

公共系统标志是社会公共场所管理法规的形象化，是无形的警察、无声的向导，它包括交通系统标志、场馆等系统标志。交通系统标志包括交通指示灯、交通指示牌、路名指示牌、导游牌等。场馆系统标志包括大楼系统标志、运动会系统标志、展览会系统标志等（见图 4.4～图 4.6）。

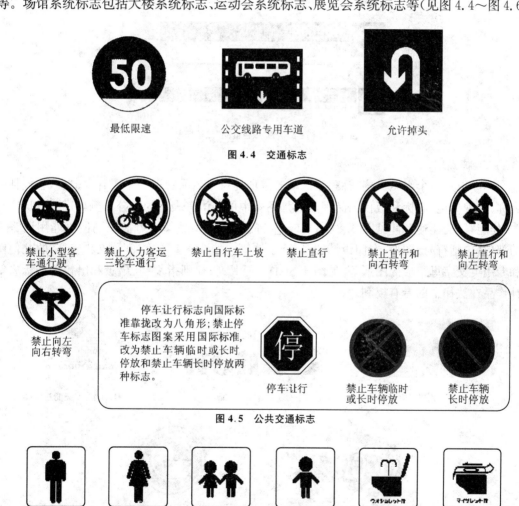

最低限速   公交线路专用车道   允许掉头

图 4.4 交通标志

禁止小型客车通行驶   禁止人力客运三轮车通行   禁止自行车上坡   禁止直行   禁止直行和向右转弯   禁止直行和向左转弯

禁止向左向右转弯

停车让行标志向国际标准靠拢改为八角形；禁止停车标志图案采用国际标准，改为禁止车辆临时或长时停放和禁止车辆长时停放两种标志。

停车:让行   禁止车辆临时或长时停放   禁止车辆长时停放

图 4.5 公共交通标志

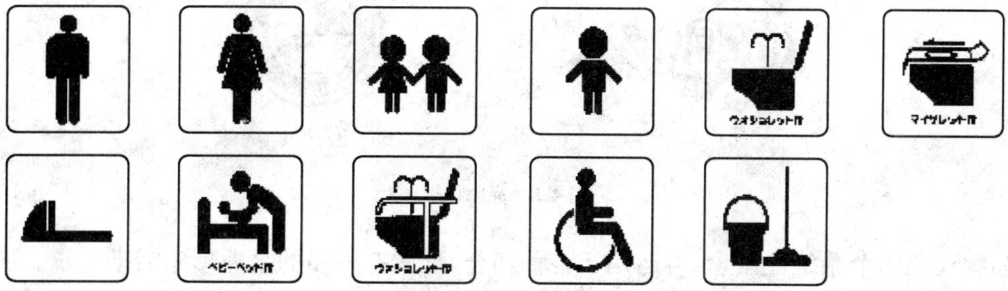

图 4.6 日本的公共标志

（2）公共标识

公共标识是与公共系统标志配套服务的相关图形符号,包括产品的使用标志、质量标志、安全标志、操作标志、储运标志、等级标志等。

公共信息标志具有高识别性、指意明确性和国际性等特征(见图4.7)。

图4.7　中国农业部"绿色食品"工程标志

3）品牌标志

品牌标志是一个组织机构或商品、活动的象征性符号。品牌是一个集合性概念,它包括品牌名称、品牌标记、商标和版权。品牌名称是品牌中可用语言表达的部分。例如,照相机有"尼康"、"佳能"、"美能达"等[见图4.8(a)~(c)]。品牌标记是品牌中可被识别但不能用语言表达的部分,包括符号、图形、专门设计的颜色、字体等。如"鳄鱼"的鳄鱼形象,"宝马"的几何图案和专用英文字母组成的图形等[见图4.8(d)、(e)]。版权则指复制、出版和出售这些标志等设计作品在法律上的专有权利。

　(a) 日本 "尼康"　　　　　(b) 日本 "佳能"　　　　　(c) 日本 "美能达"

　(d) "鳄鱼"标志　　　　　(e) "宝马"汽车标志

图4.8　品牌标志

品牌还是一个系统性概念,可运用于各种场合,形成有秩序的企业形象活动系统。而作为该品牌信息的接受者,因此获得了一个完整的品牌概念,并在其心目中树立起了企业形象。品牌不仅具有区别的功能,而且具有综合形象的象征功能。商品的品牌化倾向为市场营销人员、视觉传达设计师提供了新的具有战略意义的思考途径。

品牌标志可以分为组织品牌标志和商品品牌标志两种类型。

(1) 组织品牌标志

组织品牌标志是企业形象的体现方式之一。通过组织品牌标志,把企业的理念、性质、规模、产品的主要特性等要素传达给社会公众,以便识别和认同。因此组织品牌标志具有象征企业信誉和代表企业的产品、观念、行为的作用。

组织品牌标志一般包括交通组织标志、制造组织标志、文化组织标志、管理组织标志、金融组织标志、流通组织标志等(见图 4.9)。

　　(a) 欧佩克(石油　　　　　　(b) 亚太经济　　　　　　(c) 中科院大气物理
　　　　输出国组织)　　　　　　　　合作组织　　　　　　　　　研究所标志

图 4.9　组织品牌标志

(2) 商品品牌标志

商品品牌标志,又称商标,是指通过注册的商品标志,受到国家法律的保护。商品品牌标志是企业的代表形象,是产品的质量象征,也是企业的信誉保证,一般包括洗涤用品、化妆用品、文化用品、服装用品、食品、电器用品等标志。品牌标志具有独特性、准确性和冲击力等特征(见图 4.10)。

　　　(a) 汰渍　　　　　　　　　　　　(b) 日本 "三洋电机"

图 4.10　商品品牌标志

4.2.2　标志的形式类型与特征

1) 文字型标志

这类标志通常对标志对象的名称或简称缩写文字进行变形和装饰,文字成为标志的主体要素。例如,美国戴尔公司的标志直接采用名称"DELL"为标志元素,将其中一个字母"E"做了一些角度上的调整,打破了四个字母的规整呆板,增加了生动的趣味。美国可口可乐公司的英文标志可称字体变形的经典之作。这种类型的标志数量相当大,还有很多成功的范例,如德国的西门子、美国的雅虎以及英国的维京唱片等等(见图 4.11)。

(a) 美国　戴尔　　　　　　　(b) 美国　可口可乐　　　　　　(c) 德国　西门子

(d) 美国　雅虎网站　　　　　　(e) 英国　维京唱片

图 4.11　文字型标志

2) 具象型标志

所谓具象的图像是和抽象图像相对应的。具象图像通常是对某种具体的形象进行描绘的图像,或者对某种具体形象的适当变形、夸张的描绘,人们能够通过图形辨认出所描绘的对象。而具象型标志是指使用具象图形作为标志图案的标志。这种类型的标志给人非常直观、形象的第一印象,具体的形象往往给人带来某种场景感。例如,图 4.12(a)中某公司标志是一幅由大海、岛屿、海鸥组成的风景画,图 4.12(b)的标志是简笔画风格的一双手,而图 4.12(c)的动物园标志就以卡通手法画了两只长颈鹿。

(a)　　　　　　　　　　(b)　　　　　　　　　　(c)

图 4.12　具象型标志

3) 抽象型标志

运用抽象的图形作为图案的标志这里称作抽象型标志。这种类型的标志广泛运用于现代标志设计中。抽象型标志符合现代人简约化的审美趋向。抽象图案比写实性的具象图案有更为广泛的适应性,并且在与科技化、现代化的大环境背景的配合上也更具亲和力。抽象型标志的例子很多,如图 4.13 所示。

图 4.13　抽象型标志

4）几何型标志

确切地说,几何型标志也应属于抽象型标志的范畴,而这里几何型标志是专指那些专门运用典型的几何图案作为元素的标志。例如,直接运用矩形、圆形、三角形等几何图形排列组合而成的标志图案,如图 4.14 所示。

图 4.14 几何型标志

当然,生活中看到的标志往往不能够简单地划分为这四种类型中的某一种,通常都是综合性质的,可有两个以上的归属。这种分类,只是帮助我们分析、比较形式纷繁多样的标志各自的类型特征。

4.3 标志的设计原则

4.3.1 辨识性

标志既然是表明事物特征的记号,是一种商品或组织的形象代号,它的设计就必须遵循高度辨识性的原则,即此标志独特的视觉形象能够和其他任何一个标志不雷同、不混淆。没有达到辨识要求的标志,不仅本身基本的功能不能实现,而且还可能损害其他类似标志的形象(见图 4.15)。

(a) 和路雪   (b) 玛氏巧克力

(c) 日本 铃木

图 4.15 标志的辨识性

4.3.2 注目性

在纷繁众多的标志中,一个标志能够吸引人的视线、让人们关注它就是具备了注目性。任何一个标志的拥有者都希望自己的标志能够脱颖而出,能够获得更多的注视,这便是标志设计中的注目性原则。一个新兴的未成熟的标志应该在设计时充分考虑标志本身的注目性因素，而一个十分成熟的深入人心的标志在注目性方面往往会有先天优势。图 4.16(a)中"柯尼卡"的彩虹半圆图案配合固定字体的标志，在注目性方面就十分成功。图 4.16(b)的标志由两个几何图形描绘的小孩形象组成，也十分醒目。图 4.16(c)的"摩托罗拉"标志非常简单，但因为这个品牌标志早已深入人心，也具有相当高的注目性。

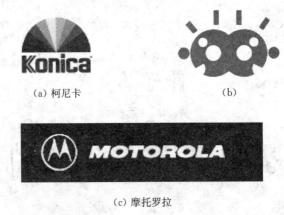

(a) 柯尼卡　　　　　　　　　　　　　(b)

(c) 摩托罗拉

图 4.16　标志的注目性

4.3.3　通俗性

标志是在大众生活中流通使用的，而不是局限于社会的某一个小范围、某一种层次的人群中使用。各种类型的标志通常情况下都是完全开放型的，完全面向公众的，面向各种年龄层次、职业特点、文化层次的人们。因此，标志设计中必须坚持通俗性原则。这种原则简言之即通俗易懂，让绝大多数的人能够看懂，能够理解，以达到通畅传达信息的功能[见图 4.17(a)、(b)]。设想如果一个面向中国市场的电器品牌的标志用了意大利文，而又完全没有中文的解释，这样的标志在中国市场上流通时一定会有很多阻碍，影响产品自身的推广。

(a) 中国台湾　统一　　　　　　　　　　(b) 米其林轮胎

图 4.17　标志的通俗性

4.3.4　适用性

适用性是指标志应具有较为广泛的适应能力。标志适用性的原则是根据在不同载体和环境中展示、宣传标志的需要所决定的。要求标志能适用于放大或缩小，适用于在不同背景和环境中的展示，适用于在不同媒体和变化中的展示。因为在标志的使用中，会出现各种情况，例如在户外大型广告牌中，一个标志需要放得很大，而在公司的信签纸、名片中标志又需要缩得相当小；又如服装的标志需印制在各种式样、各种质地、各种颜色的服装上；有些企业在不同的媒体中做广告,标志则需要适用于平面媒体、电视媒体和户外媒体等等。这些都需要在标志设计初期纳入考虑范围(见图 4.18)。

(a) 美国"MTV"标志

(b) 印制在纺织物上的标志

(c) 做成充气囊的标志

(d) 网页上的标志

(e) 平面海报上的标志

图 4.18　美国"MTV"音乐电视频道的标志在各种环境的应用

4.3.5　信息性

标志的信息传递有多种内容和形式。其信息内容有精神层面的,也有物质层面的;有具体的,也有抽象的;有企业组织的,也有产品的;有原料的,也有工艺的。其信息成分有单纯的,也有复杂的。标志信息传递的形式有图形的,有文字的,也有图形与文字结合的;有直接传递的,也有间接传递的。人们对信息的感知有直接的,也有间接的;有明确的,也有含蓄的。一般而言,标志信息的处理与调节,应尽量追求以简练的造型语言,表达出内涵丰富且有明确侧重、容易被观者理解的效果(见图 4.19)。

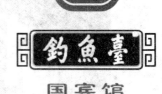

（a）德国　威娜美发产品　　　　　（b）环球公司　　　　　（c）中国　钓鱼台国宾馆

图 4.19　标志的信息性

4.3.6　美学性

如果单从功能考虑，而全然不顾标志的美学意义，那么所谓标志设计也就名存实亡。既然是视觉传达的一种形式，是一门图形艺术，那么标志的审美价值在标志设计中是举足轻重的。在信息爆炸的今天，在无数参差不齐的标志充斥人们眼球的情形下，标志的美学作用往往成为一个标志成功与否的首要因素。一个优秀的标志在满足了传递信息的基本需要的同时，它的形象不仅代表了一个企业、一种产品，甚至会成为一种文化代言、一种精神载体。美国的快餐连锁"麦当劳"就是一个最好的范例，黄色的大"M"图形的标志将美国人诚实、热情、认真的工作态度传播到世界各地，黄色的大"M"图形甚至成为年轻人追逐的时尚符号（见图 4.20）。

图 4.20　美国　麦当劳

4.3.7　时代性

标志设计的时代性原则应包含两个方面的含义：一是标志的设计应该符合当下时代潮流的要求；二是标志应随着时代的变迁而适当调整自己的形象。第一个方面的意思是指，标志设计要能够敏感地抓住某个时代人们的审美口味和时尚要求。反之，一个标志的图形和当时社会的集体审美倾向格格不入，甚至背道而驰，则难以深入人心，甚至会让人们产生抵触和厌烦的心理。第二个方面其实是更高层次的要求，我们看到一些跨国集团在百年的发展历程中，标志的形象也发生了多次变迁。纵观下来，不同时代的标志无非是迎合那个时代社会的审美口味，从标志变化中向公众传达企业不断前进、紧跟时代的含义（见图 4.21～图 4.24）。

图 4.21 拜耳公司标志变迁

图 4.22 壳牌标志变迁

图 4.23 三菱标志变迁

1900   1910   1922

1940   1953   1960

图 4.24 美国西屋电器公司标志变迁

4.4　标志设计的构思手法

4.4.1　表象手法

采用与标志主体直接关联而具典型特征的形象为设计元素。这种方法以一种直接的方式传达信息，意义明确、一目了然，易于观者迅速理解和记忆。例如美国苹果电脑公司的标志就是一个被咬了一口的苹果(见图4.25(a))，瑞士的雀巢公司的标志是一个鸟巢里的鸟儿家庭(见图4.25(b))。

(a) 美国　苹果电脑

(b) 瑞士　雀巢

图 4.25　标志的表象手法

4.4.2　象征手法

采用与标志内容有某种意义上的联系的事物图形、文字、符号、色彩等，运用比喻、形容等方式象征标志对象的抽象内涵。象征性标志往往采用已为社会约定俗成地认同的关联物象作为有效代表物。这种构思方法运用范围较广，很多标志对象都可采用这种方式进行设计。例如红"十"字的图案代表了医疗救护组织(见图4.26)。

美国"红十字会"标志

图 4.26　标志的象征手法

4.4.3　寓意手法

采用与标志含义相近似或具有寓意性的形象，以映射、暗示、示意的方式表现标志的内容和特点。例如，摩托罗拉的标志图案像一对展开的羽翼，象征着通信行业无限自由的概念(见图4.27(a))。又如，中国银行的标志图案是一个中国古代钱币的图形，用古钱币寓意现代的银行业(见图4.27(b))。

(a) 摩托罗拉

(b) 中国银行

图 4.27　标志的寓意手法

4.4.4 视觉冲击手法

以对观者的视觉冲击力为主旨,采用并无特殊含义和具体形态的图形、符号、色彩等作为设计元素,追求视觉上的强烈、醒目效果,往往这种手法的自由度相对较大,在意义的表达上没有那么直接明了,并非所有的标志都适于运用这种构思方法。但如果这种方法运用得成功,设计出来的标志作品可能会成为经典之作(见图4.28)。

(a) 美国 网络软件标志　　(b) 意大利某展会标志　　(c) 美国某运动服装标志

图 4.28　视觉冲击手法

4.4.5 名称变形手法

有相当数量的标志设计采用对象的名称和简写(或缩写)名称的固定字体(或变形字体)为元素,这样的标志利于将标志图形与品牌名称联系在一起,让人们记住标志的同时也记住了名称(见图4.29)。

(a) 中国台湾 明基　　　　　　　　　(b) 佳洁士

(c) 奇巧　　　　　　　　　　(d) 李牌服装

图 4.29

4.5 标志构成的表现手法

4.5.1 秩序化手法

均衡、均齐、对称、放射、放大或缩小、平行或上下移动、错位等有秩序、有规律、有节奏、有韵律地构成图形,给人以规整感(见图4.30)。

图 4.30　秩序化手法

4.5.2　对比手法

色与色的对比,如黑白灰、红黄蓝等;形与形的对比,如大中小、粗与细、方与圆、曲与直、横与竖等,给人以鲜明感(见图 4.31)。

图 4.31　对比手法

4.5.3　要素和谐手法

标志设计中的各个元素互相和谐的构成,可全用大中小点构成,阴阳调配变化;也可全用线条构成,粗细方圆曲直错落变化;可纯粹用块面构成;也可点线面组合交织构成,给人以舒适感、个性感和丰富感(见图 4.32)。

图 4.32　要素和谐手法

4.5.4 矛盾空间手法

将图形位置上下左右正反颠倒、错位后构成特殊空间,给人以新颖感(见图4.33)。

图4.33 矛盾空间手法

4.5.5 共用形手法

两个图形合并在一起时,相互边缘线是共用的,仿佛你中有我,我中有你,从而组成一个完整的图形(即1+1=1),如太极图的阴阳边缘线共用,给人以灵巧的奇异感受(见图4.34)。

图4.34 共用形手法

4.5.6 装饰手法

在标志中运用丰富的色彩、图案、文字等元素进行装饰,产生典雅、精致、古典等感觉。给人的印象包括内涵丰富、高雅冷静、历史悠久等。运用装饰构成手法的标志艺术审美性较高,设计难度也较其他要高出许多,需要设计者具备专业的美术技能(见图4.35)。

图4.35 装饰手法

4.6 CI 设计简介

4.6.1 CI 的概念

CIS的定义是企业形象识别系统,英文为"Corporate Identity System",简称CI。它是针对企业的经营状况和所处的市场竞争环境,为使企业在竞争中脱颖而出而制定的策略实施。

CI 分为 MI(理念识别,Mind Identity)、BI(行为识别,Behavior Identity)和 VI(视觉识别,Visual Identity)三个部分,相辅相成。企业需要确定核心的经营理念、市场定位以及长期发展战略。MI 是企业发展的主导思想,也是 BI 和 VI 展开的根本依据。MI 并不是空穴来风,它是经过对市场的周密分析及对竞争环境的细致观察,结合企业当前的状况来制定实施的。BI 是经营理念的进一步延伸,也是 MI 的确切实施,具体体现在公司机构设立、管理制度制定、员工激励机制等方面。VI 是企业综合信息的视觉管理规范,在市场经济体制下,企业竞争日趋激烈,加上各种媒体不断膨胀,消费者面对的信息日趋繁杂,如何将企业的实力、信誉、服务理念传达给受众,是 VI 实施的重要任务,也是 MI、BI 的具体体现。一个优秀的企业,如果没有统一的视觉管理规范,不能让消费者产生认同感和信任感,企业的信息传播效果就会大打折扣,对企业本身来说,也是一种资源浪费。

4.6.2 CI 的起源

CI 古已有之,只是到了近代,随着市场经济的不断发展,企业竞争不断加剧,企业为了有效控制过程运作中企业信息的传递,逐渐形成了完善的 CIS 系统。中国几千年龙的造型,就是历代王朝为了显示自己的权威,创造掌权机构在百姓心中的地位而实行的识别系统。最早将 CIS 作为一个系统而列入企业营运活动之中的,可追溯到 1914 年,德国著名设计师彼得·贝伦斯为 AGE 公司设计的电器商标,并成功应用于各种经营活动,成为 CIS 的雏形。1955 年,美国 IBM 公司率先将企业形象识别系统作为一种管理手段纳入企业的改革之中,开展了一系列有别于其他公司的商业设计行动。20 世纪 70 年代,随着世界商业活动的日趋频繁,CI 之风吹遍全球,其中属日本应用得较为成功,并逐渐形成了自己独特的风格。20 世纪 80 年代初,CI 登陆我国,一些具有远见卓识的企业领导率先引入识别系统,从最早的"太阳神",到"康佳"、"海尔",都通过 CI 设计使企业建立了良好的形象,也成为最早的受益者。

4.6.3 CI 导入的方式

新成立的实力较强的企业,建议直接导入 CIS 系统,通过周密、完整的策划,确定市场定位、实施准则和标准的视觉规范,使企业设立之初就以全新的形象出现在受众面前,从而赢得市场先机。新设立的中小型企业,可以使用渐进法导入。由于 CI 前期导入成本较高,而且实施过程如果规模较小,反而会增加成本,因此对资金不太充裕的小企业会成为一种负担。针对这种企业可以先初步导入 VI 系统,小规模、小范围的应用,等企业日渐成熟、规模扩大后再进一步实施。已经经营多年较成熟的企业,已基本确立了市场定位和发展方向,公司内部也能协调配合,可以只导入 VI 视觉识别系统,将原有的资源整合利用,优势互补,发挥企业的优势,对内获得员工认同,对外树立企业形象。

4.6.4 VI 和 CI 的区别

VI 是企业视觉识别系统,它是 CI 工程中形象性最鲜明的一部分,以至于很多人会错误地把 VI 当作 CI 的主体。VI 包括核心要素和应用要素两个方面。

作为 CI 一部分的 BI 是企业理念的行为表现方式。BI 主要包括市场营销、福利制度、教育培训、礼仪规范、公共关系、公益活动等内容。在 CI 的传播过程中最重要的媒体,不是电视、报纸、电台、杂志等信息载体,而是企业中的人。企业中的人是 CI 的执行者与传播者,他们在生产经营的过程中,通过自己的行为将企业自身形象展示给社会、同行、市场,展示给目标客户群,从而树立了企业的形象。BI 正是对企业人的行为进行规范,使其符合整体 CI 形象的要求。

　　形象一点说,CI 就是一支军队,MI 是军心,是军队投入战争的指导思想,是最不可动摇的一部分;VI 是军旗,是军队所到之处的形象标志;而 BI 则是军纪,它是军队取得战争胜利的重要保证。

　　VI 系统的基本要素包括企业名称、企业品牌标志、企业品牌标准字体、企业专用印刷字体、企业标准色、企业象征图案、企业宣传标语口号、市场营销报告书等。VI 系统的应用要素包括事物用品、办公器具、办公设备、招牌、旗帜、标志牌、建筑外观、橱窗、衣着制服、交通工具、产品包装、广告传播、展示陈列规划等。

　　CI 设计范例如图 4.36 所示。

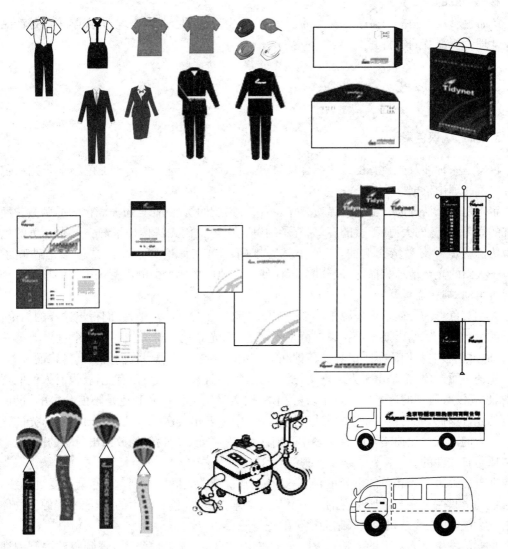

图 4.36　中国某清洁公司 CI 设计

5 产品色彩设计

瑞士现代色彩大师约翰内斯·伊顿说:"色彩就是生命,因为一个没有色彩的世界在我们看来就像死去一般。色彩是从原始时代就存在的概念,是原始的、无色彩光线及其相对物无色彩黑暗的产儿。"生活环境里不能没有色彩,人类产品不能缺少色彩,没有色彩的产品是残缺的产品,是没有魅力和感染力的。

产品的造型主要是由形态、色彩两个基本要素组成的,产品色彩对人的感觉、情绪都有着特别显著的影响。产品所散发出的个性特征及其所具有的功能(主要是心理功能),大部分是由色彩来完成的。

产品色彩设计是一门多学科交叉的创造活动,物理学、生理学、心理学、美学等都是产品色彩设计理论所涉及的学科。

5.1 产品色彩的形成

5.1.1 认识色彩

色彩是一种涉及光、物、视觉的综合现象,光、物、眼三者的关系构成了色彩学研究和色彩设计实践的理论依据。

宇宙是一个浩瀚而神秘的世界,它对人不仅有物质的诱惑,而且还充满色彩的刺激。面对橘红的朝阳、碧蓝的大海、鹅黄的春草、五彩的鲜花……我们无法按捺平静。五光十色的色彩景观仿佛就是一支激情交响曲,正如小林秀雄(日本)在评论莫奈时说:"色彩是破碎了的光……太阳的光与地球相撞,破碎分散,因而使整个地球形成美丽的色彩……"色彩让整个世界变得生动、神秘而可爱。

人类对色彩的最初认识来源于朴素的视觉体验。在视觉体验中,人们得出这样的结论:没有光就没有色。约翰内斯·伊顿说:"色是光之子,而光是色之母。光——这个世界上第一个现象,通过色彩向我们展示了世界的精神和活生生的灵魂。"这说明我们所看到的绚丽多彩、千变万化的美丽景象,都是由于光的作用。没有光,物体就失去色彩;没有光,就没有人们的视觉活动,也就没有所谓的色彩感受。所以,美术家颜文梁先生说:"光和色是不能分家的,世上有无色的光,没有无光的色。"早在古希腊时期,大哲学家亚里士多德就认为:光即色彩,光的存在导致色彩的形成。比他略早的恩培多克勒则认为:光照耀下的物体均放射出色彩的微粒,它们的传播是直线性的。

在五彩缤纷的光和色的世界里,凡是具有正常视觉的人既能看到色彩也能感受到光线,然而普通的人只注意光与色所呈现的结果。从这个意义上说,色彩产生的途径是:光源→物体→眼睛→大脑,即色彩是光刺激眼睛而产生的视觉感受。

色彩的发生是光对人的视觉和大脑发生作用的结果。光进入眼睛,遇到眼球内侧的视网膜,就产生了刺激。这个刺激通过视神经传达到支配大脑视觉的视觉中枢,从而产生出颜色的感觉。因此,色彩感觉不但受光性质本身的影响,而且还受人的生理及心理感觉的影响。现代人类对色彩这种本质的认识是历代科学家,特别是历代的物理学、化学、生理学、心理学以及美学等方面的科学家孜孜不倦地探求和努力的结果。

17 世纪,牛顿等科学家建立了与其他科学同样完整的色彩理论,促使 19 世纪西方色彩理论的空前活跃。1810 年,龙格发表了色彩球体系统理论,歌德在同一年写出了《色彩论》,叔本华于 1816 年发表了论文《论视觉与色彩》,化学家谢弗勒尔于 1839 年发表了《论色彩的同时对比规律与物体固有色的相互配合》等,这些理论认识彻底改变了传统的色彩观念,为艺术家在色彩视觉方面的开拓提供了理性指导。

色彩大师约翰内斯·伊顿曾说:对色彩的认真学习是人类的一种极好的修养方法,因为它可以导致人们对内在必然性的一种知觉力。要掌握这个必然性,就是要去体验整个自然界生物的永恒规律;要认识这个必然性,就是要抛弃个人的任性固执,去遵循自然规律,适应人类环境。

5.1.2　产品的色与光

早在 1666 年,英国物理学家牛顿就已经揭开了光的神秘的面纱:把一束白色日光从狭缝导入暗房,并使这束白光穿过玻璃棱镜,棱镜就将白光分离成红、橙、黄、绿、青、蓝、紫七种颜色的光(见图 5.1 及彩图 1)。

图 5.1　七色光的出现

当这些光投照在白色墙壁上时,在黑暗之中就看到了与彩虹有相等颜色秩序的光谱色(见表 5.1)。

表 5.1　光谱标准色的波长范围(nm)

颜　色	红	橙	黄	绿	蓝	紫
标准波长	700	620	580	520	470	420
波长范围	640～750	600～640	550～600	480～550	450～480	400～450

这个划时代的实验确定了光与色的关系。当折射的光碰到白色的墙壁而出现美丽的色带,这种光的散射就是光谱。

光谱现象的出现,说明太阳光是由光谱中的色光构成的。光从空气透过玻璃质再到空气,在不同介质中产生两次折射,由于折射率的大小不同和三棱镜各部分的厚薄不同,从而将原来的白色光分解成红、橙、黄、绿、青、蓝、紫七种颜色的光。

光是属于一定波长范围内的一种电磁辐射。电磁辐射的波长范围很广,最短的如宇宙射线,其波长只有 $10^{-14} \sim 10^{-15}$ m。在电磁辐射范围内,能够引起视觉的最适宜的刺激是电磁光谱中一定范围内的光波,即 $380 \sim 780$ nm 之间的光波,称可见光谱。电磁波的振动频率与波长成反比,可见光谱中红色一端的长波每秒振动 400×10^{12} 次,紫色一端的短波每秒振动 800×10^{12} 次。在电磁辐射范围内,还有紫外线、X 射线、γ 射线以及红外线、无线电波等。可见光、紫外线和红外线是原子与分子的发光辐射,称为光学辐射。X 射线和 γ 射线等是激发原子内部的电子所产生的辐射,称为核子辐射。电振动产生的电磁辐射称为无线电波。

在可见光谱中包含着多种多样不同波长的色光,人眼能分辨 150 多种光波,因而具有多种多样的色彩感觉,其中主要的是红、橙、黄、绿、青、蓝、紫七种色彩感觉。红色的波长为 700 nm,黄色为 580 nm,绿色为 520 nm,蓝色为 470 nm,不同波长光波的折射系数不同。

人对色彩的感觉是由光的刺激引起的,而接受光刺激的器官是人的眼睛。眼睛是人的视觉器官。图 5.2 是人的眼球剖面图。瞳孔后面是晶状体,瞳孔与晶状体之间有一空隙,空隙充满液体。晶状体后面又有一个大空隙,也充满了液体。眼球的内壁叫视网膜。视网膜由神经连接大脑。当眼睛注视外界物体时,物体反射的光线通过眼睛的角膜、水晶体及玻璃体的折射,使物像聚焦于视网膜中心窝部位,视网膜的感光细胞将收到的色光信号转化为视神经冲动,经视觉神经传送至大脑皮层的视觉中枢,从而产生了图像与色感。

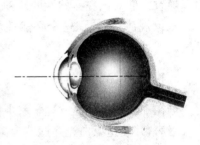

图 5.2　人的眼球

色彩一方面离不开光,另一方面也离不开具体的物体,色彩和物体是不可分割的整体。没有具体的物体,也就没有具体的色彩。由物理学已经知道,物体表面对色光的吸收与反射各有不同。当白色的光线照射在不同的物体上时,由于物体表面性质不同,对光的吸收和反射也不同,各自吸收一部分色光,同时也反射一部分色光。这反射出来的色光,就是人们所看到的物体呈现的颜色。红色的物体正是由于太阳光中的橙、黄、绿、青、蓝、紫六种色光都基本被吸收,而把红光反射出来的结果;黑色的物体是由于照射在这种物体上的色光基本上全部被吸收的缘故;白色的物体则是对太阳光的色光基本全部反射;灰色的物体则是对照射在物体上的各种色光部分地吸收与反射的结果。因此,物体的色彩就一一呈现了。

色彩的种类非常多,据统计,人眼能辨别的色彩数就高达七千万种。

同样,产品的色彩也可以是千变万化的。不同的色彩,形成的表现特征也各不相同;不同特征的质地材料,产生出无限变化的色彩效果。其实质都是由于产品本身表面对光的吸收和反射不同。

5.1.3　色彩的变化

1) 固有色

固有色是指物体在日光照射下所呈现的颜色。

从色彩学角度来看,物体具有选择吸收光的能力,既它们固有的某种反光能力。长期以来,在人们的感觉中,色彩是与某个物体的形象联系在一起的,无法将两者截然分开,如玫瑰红、湖泊蓝、草原绿、沙土黄等。物体在正常的白色日光下会呈现出固定的色彩特征,人们也就不知不觉地形成了这样一个习惯概念:色彩是物体固有的,不同的物体给人以不同的色彩感觉是因为它们本身具有不同的固有色。

　　然而,这种固有色的概念只是相对的。物体的色彩是随着照射光的波长成分变换而变化的,当红色的花朵拿到绿光的环境里,就会因没有红光的反射而呈现黑色;将一张白纸放到红光下照射,因为只有红光的反射,所以白纸就会呈现出红色。所以,物体色并不是固定不变的,固有色的概念来源于物体固有的某种反光能力以及外界条件的相对稳定。

　　由色彩的定义可知:色彩感觉与光、人眼的生理机能和人的精神因素有关。当发光体改变所发出的光,眼睛的明暗适应、色相适应及人体生理节奏的变化,都能引起固有色彩的变化。因此严格说来,"固有色"的概念是不科学的,因为它忽略了各种因素对色彩的不同程度的影响。

　　由于光源的色彩成分、照射角度与距离的不同,以及物体对色光吸收与反射性能的不同,因此固有色一般在间接光源下比较明显,在直接光源下就会减弱;物体表面对光的反射差,物体的固有色比较明显;物体表面对光的反射强,物体的固有色比较弱;平面物体的固有色比较明显,曲面物体的固有色比较弱;离视点近的物体的固有色比较明显,离视点远的物体的固有色比较弱。

　　另外,当光源、环境发生变化时,固有色也会发生某些变化而形成新的色彩倾向。

　　一般所指物体的固有色是在标准光源的环境下,视觉正常的人所看到的色彩。这里的标准光源和环境是指漫射日光,有部分云彩的北面天空的光线,视线周围不允许有色彩强烈的物体反射,物体照射度应均匀,且不小于 1 000 lx。

　　2) 光源色

　　光源色是指光源本身的色彩倾向。不同光源照射同一物体,会产生不同的色彩变化。

　　光源可分为自然光和人工光两大类。自然光包括日光、月光等,一般主要指日光。人工光包括灯光、火光等,这里主要指人造的各种灯光。各种光都有各自的色彩特征:早晨、傍晚的阳光往往呈红、橙或金黄色,中午的阳光往往呈白色;常见的白炽灯发黄色的光,日光灯发乳白色的光,水银灯发带蓝色的白光;其他因实际需要经过人工处理的光源色,它们的差异就更大了。

　　光源色在色彩关系中是占有支配地位的。由于光源色的不同,同一受光物体所呈现的颜色也会发生变化。一个白色物体,如果用红色的光源去照射它时,这个白色物体的受光部分就呈现红色;如果光源色是蓝色,则这个白色物体的受光部分呈现蓝色。所以,一个物体在受光之后的色彩倾向是由光源色来决定的。

　　3) 环境色

　　环境色是指物体所处环境的色彩。它是由环境色光影响而产生的色彩。物体在不同的环境色影响下,会发生不同的色彩变化。所以,我们看到的一切物体的色彩,一方面来自于它的固有色;另一方面,任何物体都存在于某一具体环境之中,它既受到当时的光源色的影响,也受周围环境色的影响。例如,一组白色的石膏几何体,在普通电灯作光源照明下,衬布和背景为蓝色时,白色的石膏几何体的受光部分略呈黄色调,环境色呈蓝色调;若采用碘钨灯或其他高亮度灯作光源时,台布和背景换成红色的丝绒布,白色的石膏几何体的受光面马上就会变成青白色,而环境色呈淡红色。

　　环境色对物体色彩的影响是不容忽视的。为了能真实地表现物体并突出主体,必须对环境从明暗、颜色等方面进行适当的选择和布置,使物体置于一个比较理想的环境之中。

　　固有色、光源色和环境色是形成色彩关系的三个因素,三者结合在一起,相互作用,形成一个和谐统一的色彩整体。

　　4) 色彩的透视变化

　　色彩的透视变化是指物体的色彩会随着人眼视点的透视变化而变化。

　　我们有这样一些经验,在室外,特别是在空旷地或野外,发现物体在不同的距离范围内,色彩会发生变化。如远处的山峰呈青蓝色,近处的山呈绿色、黄色等,这种现象即为色彩的色相透视;近处的红旗颜色鲜艳、纯正,远处的红旗颜色淡弱、灰蒙,近处的物体如树木等颜色饱和、纯真,远处的物体如房子、树木、山峰等颜色虚淡,这种现象即为色彩的纯度透视;两个颜色深浅对比较强的物体,当逐渐远离时,两个颜色的深浅对比度变弱,这种现象即为色彩的明度透视。色彩上的这些变化称为色彩的透视变化。色彩产生透视变化的原因,主要是空气中的尘埃和空气层的薄厚引起的。近处物体与视点之间的空气层比较薄,对物体颜色影响小;远处物体与视点之间的空气层比较厚,对物体的色彩影响大。所以,当物体距离视点愈远时,色相就偏冷,色彩的纯度就会降低,浅色物体明度减弱,深色物体明度提高;相反,当物体距视点愈近时,色相就会偏暖,纯度提高,浅色物体明度增强,深色物体明度减弱。

5.2　色彩的基本原理

5.2.1　色彩的属性

　　所谓色彩的属性,即色彩本身所具有的性质。色相、明度、纯度称为色彩的"三要素",是色彩最基本的属性,也是研究色彩的基础。

　　1) 色相

　　色相也叫色别,是指色彩的具体面貌,也指特定波长的色光呈现出的色彩感觉。色相是色彩中最突出、最主要的特征,因而也是区分色彩的主要依据。不同波长的光刺激人的视觉,从而形成不同的色感。如柠檬黄、淡黄、玫瑰红、翠绿、湖蓝等。在生活中看到的各种丰富多彩的色彩都有它一定的色相。色相,主要用来区别各种不同的色彩。辨别色彩的色相,第一是观察,第二是比较。如大红、朱红、曙红、玫瑰红等,它们的色相是在相比之下而产生、在相比之下有所区别的。

　　光谱中的红、橙、黄、绿、蓝、紫色为六种基本色相。将首尾两端的红色和紫色相接,便组成了最简单的六色相环。色相环中各色相似均等的距离分割排列。如果在这六色之间分别增加一个过渡色相,即红橙、黄橙、黄绿、蓝绿、蓝紫、紫红各色,就构成了十二色相环。在十二色相环之间继续增加过渡色相,就会组成一个二十四色相环。它们的颜色过渡更加微妙、柔和而富有节奏。

　　2) 明度

　　明度也称为亮度、光度或鲜明度,指色彩本身的深浅程度。明度有两种含义:一是指同一种色相因光量的强弱而产生不同的明度变化,如同一种色彩可有明绿、绿、暗绿等由明到暗的色彩变化;二是指各种色相之间的明度会有差别,如在红、橙、黄、绿、青、蓝、紫七种颜色中,黄色最亮,蓝色较暗,其他几色的明度处于亮与暗之间。

　　白色是反射率最高的颜色,在某种色彩里加入白色,可提高混合色的反射率,即提高明度;

而黑色的反射率最低,在其他色彩中加入黑色,混合色的明度便降低。

如把纯白色的明度定为100,纯黑色的明度定为0,根据测定,下列各种色彩的明度分别为:

黄色:78.9;　　　　　　　　　　　　黄橙及橙:69.85;

黄绿及绿:30.33;　　　　　　　　　红橙色:27.33;

青绿色:11.00;　　　　　　　　　　纯红色:4.93;

青色:4.93;　　　　　　　　　　　　暗红色:0.8;

青紫色:0.363;　　　　　　　　　　紫色:0.13。

明度的产生有以下几种情况:

(1) 同一色彩因光源的强弱和投影角度的不同而产生明度强弱的差异或因物体的起伏造成明度的差异。

(2) 同一色相因混入不同比例的黑、白、灰色而形成不同的明度变化。

(3) 在同样的光源下,不同色相的明度变化和差异。

3) 纯度

纯度也称彩度、饱和度,是指色彩的鲜浊或纯净程度,取决于色彩波长的单一程度。可见光谱中的各种单色光为极限纯度。在有彩色中,红、橙、黄、绿、蓝、紫六种基本色相的纯度最高。在这些色彩中加入黑、白、灰以及其他色彩时,纯度就会降低,加得越多纯度越低。

当一种颜色加入白色时,它的纯度与明度成反比,即纯度降低,明度升高;而加入黑色时,纯度与明度成正比,即纯度降低,明度也降低。黑、白、灰本身是没有色彩倾向的色,属于无彩色,无彩色是没有色相、没有纯度,只有明度的差别,故纯度为零。

不同的色相,不但明度不同,而且所能达到的纯度也各不相同,这是由人的眼睛对不同的波长光辐射的敏感度引起的。视觉对于红色光波的反应最为敏锐,因此红色的纯度最高;而对绿光的反应相对迟钝,所以绿色的纯度最低;其他颜色居中。

色相的明度、纯度关系如表5.2所示。

表 5.2　色相的明度、纯度关系

色相	红	黄红	黄	黄绿	绿	蓝绿	蓝	蓝紫	紫	红紫
明度	4	6	8	5	5	4	3	4	4	
纯度	14	12	12	10	8	6	8	12	12	12

5.2.2　色彩的体系

为了更全面、更科学、更直观地表述色彩的概念,运用色彩及其构成规律,规范色彩的使用,需要把色彩三要素按照一定的秩序和内在联系,以立体而又有明确标号的方式排列到一个完整而严密的色彩表述体系中,这种表述的方法和形式称为色彩的"体系"。这种体系借助三维的空间架构来同时表述出色相、纯度和明度三者之间的变化关系,简称它为"色立体(表色体系)"。

在18世纪的欧洲,色彩学家们就试图以客观的分类法,把色阶变化标准化,寻找巧妙的配色方法,以使色彩配置达到科学化。这种尝试最早是二次元的结构,利用一个圆形或多角形来表达色彩的秩序和相互关系。后来,由于色彩三属性的提出,逐渐形成了具有三度关系的立体模型,即色立体。

色立体是将色彩依明度、色相和纯度三种关系,系统地排列组织成一个立体形状的色彩结构。其基本结构近似于地球仪,南、北两极为垂直的轴线,是以明度为变化的中心垂直直轴,往上明度渐高,以白色为顶点,往下不同明度的灰等差顺次排列,最底端为黑色。这一表明明暗的垂直轴称为无彩色轴,是色立体的中心轴,构成明度序列。赤道上以无彩色轴为中心,将各色相依红、橙、黄、绿、蓝、紫等差环列成一放射状的结构,构成色相环。由色相环向内沿水平方向按等差纯度排列起来,愈接近明度轴,纯度愈低,愈远离明度轴,纯度愈高,构成了各色相的纯度序列。这样,就把数以千计的色彩依明度、色相、纯度严格地组织起来,构成了色立体。在这个色立体中,每一横截面可以标志出各色相在同明度时的纯度变化。各纵剖面上则可以看到一对补色间的不同明度和纯度的变化。

色立体能使我们更好地掌握色彩的科学性、多样性,使复杂的色彩关系在头脑中形成立体概念,为更全面地应用色彩、搭配色彩提供理论根据。

自1772年朗伯特(Lambert)的颜色金字塔形色立体出现后,各式各样的色立体随之产生。色立体的建立,对于色彩研究的标准化、科学化、系统化及实际设计有着举足轻重的作用。最具代表性的是美国的孟塞尔(A. H. Munsell)色立体(1905)和德国的奥斯特瓦德(W. Ostwald)双重圆锥形色立体(1916),以及综合以上两者优点的日本P. C. C. S色立体(1964)。它们虽模型各异,却出自相似的原理。

1) 孟塞尔表色体系

孟塞尔色立体最早在1905年由美国著名色彩学家、画家孟塞尔创立,1915年出版了《孟塞尔色彩图谱》一书。1029年和1945年两度经美国国家标准局、美国光学学会修订,从而成为目前国际上普遍采用的颜色分类与标定法。该体系由色相、明度、纯度三属性构成,其色相环以红(R)、黄(Y)、绿(G)、蓝(B)、紫(P)为五个基本色。

孟塞尔色立体的中心轴由非彩色构成,所以又称无彩轴。依明度序列,上白下黑,分11阶段垂直放置。从黑到白这11阶段的明度序列分别用N_0,N_1…表示。

有色彩则用与此等明度的灰色表示明度,用1/,2/,3/…表示。以红(R)、黄(Y)、绿(G)、青(B)、紫(P)五色为基础,等距离地布列在周围。再将它们五个的中间色相:黄橙(YR)、黄绿(YG)、青绿(BG)、青紫(BP)、红紫(RP)分别插入上述五色中间,这样首先有了具有10个基本色相的色相环。然后,再进一步把这10个色相各自从1到10等距离划分为10个小格,这样总计共有100个小格,小格之间的色相存在着细微的渐变差异,最终形成了具有100个色相的孟塞尔色相环。每一个基本色相两边中的小格,用1~10数字表示,比如1R,2R…10R,而各个基本色处于中间第5号,用5R,5YR,5Y…表示,也可以把它们概略地写成R,YR,Y…孟塞尔色相环属补色色环,色相环直径两端的色彩为互补色(见图5.3)。

把孟塞尔色相环水平放置(与无彩轴垂直),用直线把每一色相与无彩轴相连,即得该色相的纯度轴。可以看出,越接近无彩轴,其色彩纯度越低;离无彩轴越远,纯度越高。各色相能达到的最高纯度和明度是不同的,不同色相对应的最高纯度如表5.3所示。

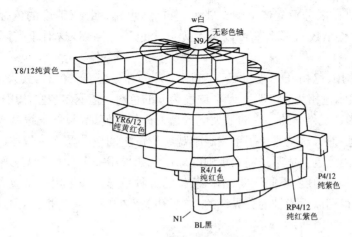

图 5.3　孟塞尔色立体模型示意图

表 5.3　孟塞尔色立体的不同色相对应的最高纯度表

色相	红	橙	黄	黄绿	绿	蓝绿	青	青紫	紫	紫红
纯度	14	12	12	10	8	6	8	12	12	12

纯度以无彩轴处为零,用等间隔距离来划分纯度等级,每一等级用/0,/1,/2,…,/14 表示。最高纯度是纯红色(C=14)。

孟塞尔色立体中各基本色相(用 H 表示)的不同明度(用 V 表示)和纯度(用 C 表示)之间的对应关系如表 5.4 所示。

表 5.4　孟塞尔色立体中各基本色相的不同明度和纯度之间的对应关系

色相 H	明度 V						
	2	3	4	5	6	7	8
5R	6	10	14	12	10	8	4
5YR	2	4	3	10	12	10	4
5Y	2	2	4	6	8	10	12
5YG	2	4	6	8	8	10	8
5G	2	4	4	6	6	6	6
5BG	2	6	6	6	6	4	2
5B	2	6	8	6	6	6	4
5BP	6	12	10	10	8	6	6
5P	6	10	12	10	8	6	4
5RP	6	10	12	10	10	8	6

这样,再扩展到所有 100 个色相,孟塞尔色立体就包含了几乎所有需要的色彩,每一色都可在这个色立体中找到它们相应的位置。色立体标明了足够多的色彩,因为即使是经过

专门训练的人也难以区分色立体上的相邻色。再者,色相、明度、纯度的色标如果不是仅局限于整数(如任意位小数),那么就可以标示无限个色彩。当然,这对于实际应用已无任何意义。

　　孟塞尔色立体用"色相(H)、明度(V)、纯度(C)"的标记来表述色彩,其表述方法是 H.V/C。如 5Y6/5 即表示色相为 5Y、明度为 6、纯度为 5 的色彩。孟塞尔色立体用这样的方法来表示某一具体的色彩是很科学的。它的最大优点是无论何人何地,只要根据其表示符号即可配制出相当准确的色彩来,这就避免了单用眼睛观察所产生的偏差及文字叙述的困难。但由于各色的纯度不同,因此此色立体不是完全规则的球体。如果用一个垂直于无彩轴的平面来剖切这个球体,得到的是同明度、不同纯度、不同色相的各种色彩。如果用一个包含无彩轴的平面来剖切色立体,可得到以无彩轴为分界线的、成互补关系的两组同色相、不同纯度和不同明度的许多色彩。

　　孟塞尔色立体是从心理学的角度,根据人的视觉特性制定出来的色彩分类和标定系统。但由于当时条件所限,孟塞尔颜色样品等级在编排上不完全符合视觉等距的原则,因此这个色系也存在着一定的缺陷。目前国际上采用的,是对上述色系进行了修正的"孟塞尔新标系统"。

　　2) 奥斯特瓦德表色体系

　　奥斯特瓦德色立体由德国物理化学家、诺贝尔化学奖获得者奥斯特瓦德创立,1933 年他出版了《色彩的科学》一书。奥斯特瓦德色相环以黄(Y)、橙(O)、红(R)、紫(P)、群青(UB)、绿蓝(T)、海绿(SG)以及叶绿(LG)8 种为基本色相,将每一基本色相分为 3 等份(以 1、2、3 为标号,其中 2 为代表色相)以组成 24 色相环。该色相环按谱色顺序作逆时针排列,但又按顺时针方向自黄至叶绿将各色以 1~24 编号标定。

　　奥斯特瓦德色立体的明度中心轴共分 8 级,以 a、c、e、g、i、l、n、p 8 个字母标定,每个字母表示特定的含白量和含黑量,如表 5.5 所示。

表 5.5　奥斯特瓦德色立体的明度等级表

符　号	W	a	c	e	g	i	l	n	p	B
含白量(%)	100	89	56	35	22	14	8.9	5.6	3.5	0
含黑量(%)	0	11	44	65	78	86	91.1	94.4	96.5	100

　　以明度轴为底边作一等腰三角形的等色相面,以明度为轴心旋转一圈即形成奥斯特瓦德色立体,如图 5.4 所示。等色相面上角 W 表示纯白,下角 BL 表示纯黑,外角表示纯色,三角形上半部分为明色,下半部分为暗色。色彩的表达方式是"色相/含白量/含黑量",每一色彩的纯色量+含白量+含黑量=100%。例如,14pn 即表示色相面编号为 14 的蓝色,查表 5.5 可知,其含白量符号 p 为 3.5%,含黑量符号 n 为 94.4%,蓝色量则为 100%-3.5%-94.4%=2.1%,因而该色为深藏青色。在色三角中,a 与 pa 连接线(及其平行线)上各色含黑量相等,成为等黑系列;p 与 pa 连接线(及其平行线)上各色含白量相等,成为等白系列;与中心轴平行的纵线上各色纯度相等,成为等纯度系列;不同色相面上同一色区的各色其含白、含黑、含纯色量相等,因而为等色调系列。(见图 5.4、图 5.5)

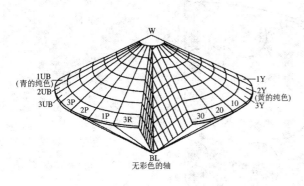

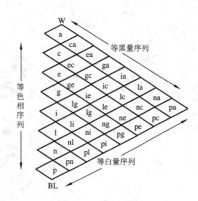

图 5.4 奥斯特瓦德色立体图   图 5.5 奥斯特瓦德单色相面明度、纯度变化

3) 日本色彩研究体系

日本色彩研究体系(P.C.C.S)是日本色彩研究所制定的色立体体系。色相以红、橙、黄、绿、蓝、紫 6 个主要色相为基础,并调成 24 个主要色相,标以从红到紫的序号,如图 5.6 所示(彩图 2)。其间分 9 个阶段的灰色,纯度与孟塞尔体系相似。色的表示法是色相、明度、纯度。其特点是用圆内的虚线三角形和实线三角形来分别代表三色为色光三原色和颜料三原色(彩图 3)。

在图 5.6 中记号 1 为红、2 为黄调的红、3 为橙红、4 为橙、5 为黄调橙、6 为黄橙、7 为红调黄、8 为黄、9 为绿黄、10 为黄绿、11 为黄调绿、12 为绿、13 为蓝调绿、14 为蓝绿、15 为绿调蓝、16 为蓝、17 为紫调蓝、18 为紫蓝、19 为蓝调紫、20 为蓝紫、21 为紫、22 为红调紫、23 为红紫、24 为紫调红。此色相环又叫等差色环,因为它比较侧重等色相差的感觉。

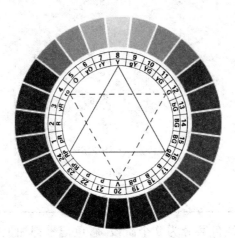

图 5.6 日本色研表色体系图

1965 年,日本色彩研究所研究的色彩体系不仅有 24 色相环,还有 12、48 色相环,被称为"完全的补色色相环"。由于参照了孟塞尔表色体系,同样可以归纳为 10 个颜色的色相环。

日本色彩研究体系主体的明度值参照了孟塞尔表色体系,但为 9 级,白在最上端,黑在最下端,中间配置等差的灰色 7 级,整个明度阶段依序为 1.0、2.4、3.5、4.5、5.5、6.5、7.5、8.5 以及 9.5 等数值,如图 5.7 所示。

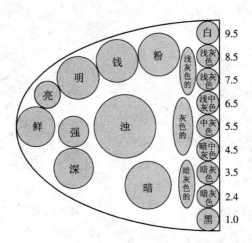

图 5.7 日本色研表色体系主体的明度值图

日本色彩研究体系的纯度分为 11 个色调,如表 5.6 所示。

表 5.6 日本色彩体系纯度划分

名　　称	彩度色阶	色调缩写
鲜的(Vivid)	9S	v
明的(Bright)	7S、8S	b
亮的(High Bright)	7S、8S	hb
强的(Strong)	7S、8S	s
深的(Deep)	7S、8S	dp
浅的(Light)	5S、6S	lt
浊的(Dull)	5S、6S	d
暗的(Dark)	5S、6S	dk
粉的(Pale)	1S~4S	p
浅灰的(Lightgrayish)	1S~4S	ltg
灰的(Grayish)	1S~4S	g
暗灰的(Darkgrayish)	1S~4S	dkg

彩色阶段由无彩色到纯色共分为 9 个阶段,彩色记号都加上"S"(Saturation,纯度的缩写),以便与孟塞尔表色体系区别(彩图 4,彩图 5)。

日本色彩表色法是以色相、明度、纯度的顺序表色的。如 2R-4.5-9S,2R 表示色相,由色相环得知为红色,4.5 表示稍低的明度,9S 表示最高的纯度,本颜色为纯红色。

日本色研表色体系的最大特征是加入色调的概念。一般在色彩的三要素中,色相比较容易区别,而明度和纯度则较难区别,因此,日本色研表色体系将明度的高低和彩度的强弱并在一起考虑,便有了调子的产生。日本色研体系把无彩色分为 5 个色调,即白(White)明度阶段为 9.5,色调的缩写为 W;浅灰(Lightgray)为 8.5 及 7.5,简称 LTGY;中灰(Meiumgray)为

6.5、5.5 及 4.5,简称 MGY;暗灰(Darkgray)为 3.5 及 2.4,简称 DKGY;黑(Black)的明度为 1,简称 BK。

5.2.3 色彩的构成

1)色彩的混合

通常的色彩,大多数是混合色。将两种或两种以上的色彩相混在一起,构成新色彩的方法叫做色彩混合。色彩的混合主要有三种:加色混合、减色混合和中性混合。加色混合和减色混合是混合后再进入视觉的,而中性混合则是在进入视觉之后才发生的混合。

(1)加色混合

加色混合又称为色光混合。将两种或两种以上色光投照在一起,会产生一种新色光,且新色光的明度等于相混各色的明度之和。加色混合的特点是:混合的色彩越多,色彩的明度越高。将三原光红光、绿光、蓝光混合可以获得丰富多彩的彩色光。例如,

红+绿=黄;　　　　　　红+蓝=品红;

蓝+绿=青;　　　　　　红+绿+蓝=白。

其中,黄色、品红色、青色是色光的第一次间色光,白色光是色光的第二次间色光。

加色混合的结果是改变色相的明度,而纯度不变。这种加色混合的方法及效果对设计工作极其有用,如日常见到的舞台灯光多是运用此原理,把色光的三个基本色重叠,配置变化组合而成。

(2)减色混合

减色混合主要是指颜料的混合,或物体色的混合。色彩的三原色,即红色、黄色、蓝色混合,得到灰暗的黑色,明度降低。这正与加色混合的结果相反,即混合的颜色越多,色彩的明度就越低。

颜料的红、黄、蓝作减色混合可得:品红+黄=橙;黄+湖蓝=绿;湖蓝+品红=紫;品红+黄+湖蓝=黑。颜料、染料、涂料的混合都属于减色混合。

红、黄、蓝三种颜料按不同的比例混合可产生多种颜色,但由于颜料含有多种杂质,饱和度较低,因而不可能调配出所有的颜色,一般调出的颜色都要比理论上的色彩纯度低。现在在电脑设计软件中就没有这些烦恼,可以随心所欲地调配各种颜色。

(3)中性混合

中性混合是基于人的视觉生理特征所产生的视觉色彩混合。混合后的色相变化与加色混合相同,但明度不像加色混合那样越混合越亮,而是相混各色的平均明度,所以称之为中性混合。中性混合包括旋转混合和空间混合两种。

旋转混合　是将两种或多种颜色并置于一个圆盘上,并使之快速旋转,产生的色彩混合的现象,称为旋转混合。

空间混合　是将两色或多色并列,在一定距离再看时,眼睛会自动地将它们混合为一种新的色彩,是一种依空间距离产生新色彩的方法。色彩面积的大小以及人眼的观察距离是色彩空间混合产生的基本条件。空间混合受到空间距离以及空气清晰度的影响,也叫"色彩并置"。这种混合在一定距离内往往可以将不同的鲜艳色彩转化为含灰的和谐色彩。

(4)原色

原色也称第一次色,是指色彩中不能再分解的基本色。原色能合成其他色,而其他色不能

还原出原色。原色有两种类型:色光三原色与颜料三原色。色光三原色为红、绿、蓝;颜料三原色为品红、黄、青。色光三原色有其标准,如红色为 700 nm、绿色为 546.1 nm、蓝色为 435.8 nm;而颜料三原色的标准是品红为 C＝0、M＝100、Y＝0、K＝0;黄为 C＝0、M＝0、Y＝100、K＝0;青为 C＝100、M＝0、Y＝0、K＝0。只要是自然界中呈现出来的各种色彩,基本上都可以用三原色相互混合而调配出来。

(5) 间色

间色也称第二次色,是由三原色中的任何两种原色相混合后所产生的颜色。间色也只有三种,即橙色、绿色、紫色。

间色:红＋黄＝橙色;

　　　黄＋蓝＝绿色;

　　　红＋蓝＝紫色。

(6) 复色

复色也称第三次色,是由三间色中的任何两种相调配所产生的颜色。在任何一种复色中均可找到红、黄、蓝三原色的成分,只不过有一种原色的成分较多。如橙绿色中黄的成分多,橙紫色中红的成分多,紫绿色中蓝的成分多;如红色＋蓝色产生紫色,红色多时称它为红紫色,蓝色多时,称它为蓝紫色。

复色:橙(红＋黄)＋绿(黄＋蓝)＝橙绿;

　　　橙(红＋黄)＋紫(红＋蓝)＝橙紫;

　　　紫(红＋蓝)＋绿(黄＋蓝)＝紫绿。

自然界的一切景物,由于受光源和不同环境的影响,色彩是千变万化丰富多彩的。它们所呈现出来的色彩,由于形态、色相、空间、质感和明暗的不同,很少见到单纯的红、单纯的绿或单纯的蓝,总是带有各种不同的色彩倾向,如偏红、偏黄、偏紫等,所以人们看到的色彩基本上都是原色、间色、复色的各种混合色。

(7) 补色

补色又称为余色、对顶色、对比色。三原色中任何一原色与其他两原色混合成的间色之间互不补色关系。如红色与绿色(黄色加蓝色后产生的),黄色与紫色(红色加蓝色后产生的),蓝色与橙色(红色加黄色后产生的)都是补色,它们间的关系是补色关系(参看图 5.6)。

补色:红＋蓝＝紫,为黄色的补色;

　　　蓝＋黄＝绿,为红色的补色;

　　　黄＋红＝橙,为蓝色的补色。

在绘画中补色关系必然是对比关系,但对比色不一定是补色。例如黑色与白色,虽然明度上是对比色关系,但它们不是补色关系。

补色的特点是对比强烈,色彩跳跃、新鲜、响亮,在画面中可以更加强烈、更加生动地衬托主体。

色彩的互补是客观现象,在自然界中普遍存在着。如橙黄色的秋色与蔚蓝色的天空,绿茵茵的草地、树林与在其中的红衣少女,金黄色的麦浪与青紫色的阴影等,都形成了强烈的对比。所以,补色关系在绘画、摄影、电视节目制作以及灯光的布置上,都有很重要的作用。

(8) 调和色

凡两种色相较接近,性质相差不远,放在一起较谐调的色彩称调和色。同类色和类似色都是调和色。

（9）极度色

极度色是指一些属于无色系统的色彩,如黑、白、灰、金、银。因为光带里找不到纯黑与纯白,故称白色为"赤外色",称黑色为"紫外色"。它们属于中性色,与其他各色都容易协调。

2）色彩的对比

将相对的要素配列在一起,通过相互比较以达到两者抗拒的状态,称为对比。

色彩的对比,就是色彩本身受其他色彩的影响而产生与原来单独看时不一样的现象。色彩学领域中的对比现象极为丰富繁杂,通常人们不会只看到单一的色彩,往往因周围其他色彩的作用与之比较,使人产生冷/暖、强/弱、浓/淡等各种不同的对比感觉。色彩三属性的色相、明度和纯度均有对比现象,而三者之中又可能相互出现在同一造型之中。另外,在色彩的知觉反应中,还存在同时对比与继续对比。总之,人们是在对比的现象中感觉色彩的。

研究色彩之间的对比,通常在同一色彩面积内,进行明度与明度、色相与色相、纯度与纯度等方面的比较。色彩通过对比,能起到影响或加强各自表现力的效果,甚至产生新的色彩感觉。不同程度的色彩对比,造成不同的色彩感觉,如:

最强对比使人感觉刺眼、生硬、粗犷、强烈;

较强对比使人感觉明亮、生动、鲜明、有力;

较弱对比使人感觉协调、柔和、平静、安定;

最弱对比使人感觉模糊、朦胧、暧昧、无力。

（1）同时对比与连续对比

① 同时对比

将两个以上颜色并置在一起时,因色彩间相互影响的结果所产生的对比现象就叫同时对比,即同时出现的对比现象。

同时对比时,由于视觉残象的作用,两色彼此把自己的补色加到对方色彩上。如大面积红色背景上黑字会呈现略带绿味的灰色;如果背景是绿色的,黑字会呈现略带红味的灰色;红背景上的绿色块,红的显得更红,绿的显得更绿。这些现象均为两邻接的色彩同时对比所引起的。

同时对比的相邻两色能产生以下效果:

a. 愈接近邻接线,彼此的影响愈显著,甚至引起色渗现象。

b. 并置的色彩为补色关系时,两色纯度增高,并显得更为鲜明。

c. 高纯度与低纯度相邻接时,纯的更纯,灰的更灰。

d. 高明度与低明度色相邻接时,亮的更亮,暗的更暗。

e. 无彩色与有彩色之间的对比,无彩色向有彩色的补色变化,而有彩色的色相基本不受影响。

鉴于以上同时对比时三属性之间的变化,在应用色彩时,必须考虑到每一相邻色彩的色相、明度和纯度的对比关系,把色彩对比所产生的影响因素完全考虑进去,才能有效地控制色彩的效果。

② 连续对比

连续对比即时间上的对比或相继出现的对比现象。当我们先注视一块色,然后迅速将目光移至另一块色时,会发现看到的不是第二块色的实际色相,而是前一块色的补色与后见之色所形成的加法混色。如先凝视红色,再看黄色时,就会将红色的补色绿色加在黄色上,成为带绿味的黄色。这种补色残象即是连续对比的现象。

连续对比产生的效果是:

a. 先见到的色彩刺激(残存一段时间)影响着后见到的色彩,纯度高的色彩比纯度低的色彩影响力强。

b. 如先后两个色彩为补色时,则会增加后一色彩的纯度,使之更鲜明。

(2) 色相对比、明度对比、纯度对比

① 色相对比

色相对比即因色相之间的差异而形成的对比。

在色环上最能看出其中的关系,各色相由于在色相环上的距离远近不同,形成了不同的色相对比。以 24 色环为例,取 1 色为基色,则可把色相对比分成同种色、类似色、对比色以及补色等多种类别。

a. 同种色相对比　色相之间在 24 色相环上间隔角度在 5°以内的一对色相的对比为同种色相对比。在色立体中,即等色相面上的任何色之间的对比。这种基本相同的色相差,只能构成明度及纯度方面的差别,是最弱的色相对比。

b. 类似色相对比　色相之间在 24 色相环上间隔角度在 45°左右以内的一对色相的对比为类似色相对比,如黄与黄绿、蓝与蓝绿的色相对比。这种类似色相的色相差是弱对比。

c. 对比色相对比　色相之间在 24 色相环上间隔角度在 100°以外的一对色相的对比为对比色相对比,如红与黄绿、红与蓝绿的色相对比。对比色相的对比是色相的强对比。

d. 互补色相对比　色相之间在 24 色相环上间隔角度在 180°左右的一对色相的对比为互补色相对比,或色环上的两色相混合为黑灰色时,两色相就是互补色相,如红与绿、蓝与橙、黄与紫的色相对比。互补色相对比是最强的色相对比。

② 明度对比

明度对比即因色彩的明度差别而形成的色彩对比。

明度对比在色彩构成中占有重要地位,因为它比其他任何对比的感觉都强烈。1 个明度阶段的知觉度,相当于 3 个纯度阶段的知觉度,故影响画面的效果最大,也是形体感、光感的关键所在。在绘画中用素描表现复杂的色彩关系,把丰富的色彩拍成黑白照片,都是把复杂的色彩关系还原为明度关系。

如果将明度从黑到白等差分成 9 个阶段,从而形成明度序列,最深为 1,最亮为 9,则 1~3 为低明度,4~6 为中明度,7~9 为高明度。明度间在 3 级以内的对比弱,相差 4~5 级的对比较强,6 级以上为明度强对比,跨越 9 级为最强的明度对比。

③ 纯度对比

纯度对比即因纯度高低不同的颜色并置所产生的对比现象。

造成纯度差是在各色相中加入不同量的黑、白、灰或对比色而得到的。纯度对比同样可以用明度对比中分级差的办法加以比较。将各色相从纯到灰的纯度分成 12 个阶段,把不同阶段的纯度色彩相互搭配,根据纯度之间的差别,可形成不同纯度对比的纯度九调或纯度序列。

纯度对比的视觉作用低于明度对比的视觉作用,大约 3~4 个阶段的纯度对比的清晰度相当于 1 个明度阶段对比的清晰度。所以,1 个纯度序列相差 8 个阶段以上才为纯度的强对比,相差 5 个阶段以上、8 个阶段以内为纯度的中对比,相差 4 个阶段以内为纯度的弱对比。

（3）冷暖对比和面积对比

① 冷暖对比

色彩能使人感觉到凉爽或温暖,主要来自人的生理和心理感受。进入红橙色的房间,人们会觉得温暖,进入蓝色的房间,会觉得有寒意,这种现象本来与自然温度无关,而是蓝色可使血液循环降低,红橙色可使血液循环增加的缘故。

因此,依据心理作用的关系,将色彩分为冷色与暖色。在色相环中,以黄绿和紫色两个中性色为界,一边是红、橙、黄等暖色,以橙色为最暖;一边是蓝绿、蓝、蓝紫等冷色,以蓝色为最冷。

橙与蓝是冷暖的极色对比,也正好为一组补色,是色相中的补色对比。实际上冷暖对比有时也兼具色相对比的效果。

冷暖的极色对比是冷暖的最强对比,愈接近中性色黄绿色或紫色,冷暖对比愈弱。

色彩的冷暖对比,还受明度及纯度的影响。白色反射率高,感觉冷;黑色吸收率高,感觉暖;明度5的灰色为中性。高纯度的冷色显得更冷,高纯度的暖色显得更暖,由于纯度的降低,明度向中明度靠近,色彩的冷暖也随之向中性转化。

② 面积对比

面积对比指各色块在构图中所占面积大小而形成的色彩对比。色彩面积对比与色彩本身属性虽然没有直接关系,但对色彩效果的作用非常大。同形、同面积的红色与绿色并置在一起,视觉很难接受,然而调整两色的面积比例后,两色对比效果削弱了,"万绿丛中一点红",则美不胜收。

不同的颜色,当双方面积在 1∶1 时,色彩的对比效果最强;当双方面积相差悬殊时,色彩的对比效果减弱。

3）色彩的调和

一般说来,色彩是不能单独存在的,当人们观看某一色彩时,必然受该色彩周围其他色彩的影响,从而产生比较的关系。当两种或两种以上的色彩,有秩序、谐调地组织在一起时,能使人产生愉快、满足的色彩搭配就叫"色彩调和"。

不言而喻,调和在视觉上可使人产生美感。当色彩的搭配不调和时,经过调整使之调和,便可构成和谐而统一的整体,获得符合目的的美的、和谐的色彩关系,色彩调和的目的就在于此。

（1）以色相为主配色的调和

① 同一色相配色的调和

指在色立体中同一色相面上的调和。由于同一色相面上的各色均为同色相,只是加黑、白或灰的程度不同而形成纯度变化的深浅色彩,它们间的配色完全是单一色相的变化,不存在色相间的对比,所以极易调和,画面效果单纯、文静、稳定、温和,是统一性很高的配色。但因缺少色相的对比,也容易显得单调、平淡,以至不调和,所以应在明度及纯度上加以变化,才能得到良好的配色。

② 类似色相配色的调和

类似色相的配合比同种色相的配合增加了色相的变化,但色相与色相之间所含的某些共同性或相似性因素(如黄与黄绿,其中都含有黄色成分,因而显得和谐统一、雅致),又增强了较明显的对比,丰富、活泼,是极容易产生统一性及稳定感而又略显变化的配色。如果加强类似色的明度、纯度,即可构成优美、统一、和谐的色彩效果。

类似色相配合,在选择色相范围时应注意色相之间的差异,色相间隔在色环上若小于30°,两色接近同种色;超过60°,两色则近于对比色。类似色相之间这种不明确的色彩关系很容易变得不调和,必须借助明度、纯度或面积等其他调和因素来改变色彩关系,获得调和。

③ 对比色相配色的调和

对比色相的色相感要比类似色相对比鲜明,如红与蓝、蓝与黄、红黄蓝、橙绿紫、橙与绿、绿与紫等,对比效果鲜明、强烈、饱满,能使人兴奋、激动、不易单调,但处理不好则容易杂乱。若想对比色相得到调和的配色,应在两色之一的明度或纯度上加以变化,如浅粉红与蓝、蓝灰色与黄等,或是调整面积比例,从而构成审美价值很高的以色相对比为主的调和配色。

④ 互补色相与色的调和

位于色相环上的两端,互成180°角的互补两色相配,是对比最强烈的配色。互补色相的配色能满足视觉全色相的要求,即互为对立又互为需要。但若处理不当,容易产生眩目、喧闹、不雅致、不含蓄或过分刺激等不调和的感觉。要使互补色相得到调和的效果应做到以下几点:

a. 改变某一色相的明度或纯度使其减弱,以缓和对比关系,转化为主从关系,达到调和。

b. 改变面积的对比。

c. 在两色间加中性色(黑、白、灰、金、银),这样,便可得到更丰富、完美、强烈、清晰、漂亮以至戏剧性的色彩效果。

(2) 以明度为主配色的调和

仅凭色相的选择来达到配色的调和是不够的,还必须考虑到明度与纯度的关系。明度是配色美的主要因素,画面构图中的明暗分布及明暗差异,是引发各种不同感情的主要因素。

实际上,画面上各色的明度差相等或相近时,配色很难调和,明度差至少要有1个阶段以上的差异。明度差在1~2个阶段,称为"类似明度"的调和,有融合的效果;明度差在3~5个阶段以上,称为"对比明度"调和,是应用范围最广的配色;明度差在8个阶段以上,失去了色彩之间明度上的内在联系,两色间便产生炫耀现象或不调和的现象(无彩色黑、白除外)。

明度差与色相差和纯度差成反比关系:明度差愈小,色相差和纯度差应愈大;反之,明度差愈大,色相差和纯度差就愈小。

(3) 以纯度为主配色的调和

纯度在配色上具有强调主题、制造活泼效果的功用,也是决定画面强烈、微弱、朴素、华丽等效果的重要因素。色彩的纯度愈高,独立性愈大,就愈不容易调和。

红与绿的同一或类似纯度的配色,如果将其中一方纯度降低或提高,形成高纯度与低纯度的配色,有鲜艳、突出主体的效果。高纯度与低纯度或无彩色相配,很容易获得调和的色彩效果。

纯度的调和与其他配色因素的关系:

a. 色相差与纯度差成正比关系。即色相差小,纯度差也要小;色相差大,纯度差也要大,才能调和。

b. 纯度差与明度差成反比关系。即纯度差大时,明度差要小;纯度差小时,明度差要大。

c. 纯度与面积成反比关系。即纯度高时,面积要小;纯度低时,面积要大。

高纯度、大面积的底色,配以小面积的色彩时,容易出现不稳定的情况,除非要表现闪烁的效果,否则不易得到调和。因此,大面积的背景色彩,最好避免使用高纯度的颜色,以免因纯度太高而刺激过强,造成不调和的画面,并容易使人产生厌倦、疲劳。

（4）色彩面积配色的调和

色彩面积是影响配色调和或不调和的主要因素之一。在配色时,除注意色彩的三属性关系,避免使色彩的面积相等外,还要注意:

① 各色面积的结构、形态及色彩空间的分配,通常是相同大小的两个面积,高明度与高纯度的色彩面积在视觉感觉上会大些。

② 色彩的面积由小变大时,通常明度会随之增高而纯度会降低;反之,色彩面积由大变小时,明度会降低而纯度会增高。

如果在一幅色彩图中使用了比例不同的色彩面积,使一种色占支配地位,另一种色处于被支配地位,称之有绝对优势的色彩调和,“万绿丛中一点红”的配色就是成功的一例。

（5）秩序调和

秩序调和是色立体中线上的色彩的调和,是渐进变化递调的意思。把不同明度、纯度或色相的色彩组织起来,形成渐变的或有节奏、有韵律的色彩效果,使过分刺激、杂乱无章的色彩柔和起来,有条理、有秩序、和谐地统一起来,称为“秩序调和”。彩虹的光谱色就是一例。

① 色相秩序调和

依照色环上红、橙、黄、绿、蓝、紫排列顺序而成的色彩的秩序变化为色相秩序调和,它是色立体圆周线上同明度、同纯度的色相的秩序调和。

② 明度秩序调和

像明度系列一样,由明至暗地变化其明度的色彩的秩序变化为明度秩序调和,它是色立体垂直线上同色相、同纯度、不同明度的秩序调和。

③ 纯度秩序调和

像纯度系列一样,由高、低纯度的次序移动变化而得的色彩的秩序变化为纯度秩序调和。它是色立体垂直通过无彩色色轴,即直径线上同色相、同明度、不同纯度的色彩的秩序调和。

④ 色调秩序调和

同时考虑色相、明度、纯度关系的色彩的秩序效果。

⑤ 补色对秩序调和

a. 补色对互混秩序 将一对补色互相混合,使其渐变,之间的明度和纯度向低发展。之间所分等级愈多,调和感愈强。

b. 补色对加黑（白、灰）形成秩序调和 将补色对分别与黑（白、灰）色混合,形成秩序,之间所分等级愈多,调和感愈强。

5.3 色彩与心理

5.3.1 色彩心理表现类型

1）色彩的表情

在视觉艺术中,表情的特征是色彩领域中重要的研究对象之一,理解和熟悉色彩给人的心理感应和形成表情特征的原因,有助于系统、完整而全面地理解色彩,自如地运用色彩,为设计创作开拓广阔的空间。

表情是面部肌肉的变化,这种外在的形式可以表达出内心的情感和心理活动。色彩的表情是人们主观感受赋予色彩的生命意义,在色彩学的概念中,它只是一种借喻,人们以往的视觉经验和对环境色彩的体验会不知不觉地融进自己的主观情感。色彩之所以有表情,能引起人的情绪变化,是因为人们长期持续地生活在充满色彩的世界里,人的视觉无时无刻不与色彩发生作用,色彩的显现总是依附于有一定确切形状和意义的物体之上。人们在观察物体时往往最容易记住色彩,久而久之,积累了大量的视觉经验。当这些经验的某一部分与外界色彩的刺激发生某种对应时,就会产生情绪和生理上的微妙变化。

大自然的色彩熏陶是人类形成色彩感情的最根本、最重要的基础条件。远古时期人们对色彩的认识只停留在主观感受上,经过长期的生活体验和生产经验,色彩才逐渐引起人们的种种联想,产生出许多情感象征意义来。

不同国家和地区、不同民族对色彩有着不同的好恶。

红色　在中国,红色被认为是吉祥、喜悦的色彩,喜庆时多用红色;在新加坡,红色表示繁荣和幸福;在日本则表示赤诚;但在英国,红色则被认为是不干净、不吉祥的颜色。

黄色　在信仰佛教的国家中,黄色受到欢迎;而在埃及,则被认为是不幸的颜色,因此举办丧事时,都穿黄色。

绿色　在信仰伊斯兰教的国家中最受欢迎;而在日本,绿色则被认为是不吉祥的。

青色　在信仰基督教的人们中,青色意味着幸福和希望;而在乌拉圭,则意味着黑暗的前夕,不受欢迎。

紫色　在希腊,紫色被认为是高贵、庄重的象征;而在巴西,紫色表示悲伤。

黑色　在博茨瓦纳,黑色是积极的色(因此国旗上也有黑色);而在欧美许多国家中,黑色则是消极色,是办丧事用的色。

白色　在罗马尼亚,白色表示纯洁、善良和爱情;而在摩洛哥,白色却被认为是贫困的象征。

另外,在美国,颜色可以代表大学的某些专业,如橘红色代表神学,白色为文学,绿色为医学,青色为哲学,紫色为法学,橙色为工学,粉红色为音乐,黄色为理学,黑色为美学等。在泰国,人们喜欢按日期穿着不同色彩的服装,星期一穿黄色,星期二穿红色,星期三穿绿色,星期四穿橙色,星期五穿青色,星期六穿紫红色,星期日穿红色等。

在我国的传统京剧脸谱中,红色表示忠耿,黄色表示干练,白色表示奸险,黑色表示憨直,绿色表示凶狠,等等,可以认为是与历史传统有关。另一方面,在我国民族风俗上,黑色与白色是用来表示哀伤,穿这种颜色服装的人大多出现在葬礼活动中。而欧洲人则不同,黑色被看做庄重,白色被看成纯洁,婚礼、宴会等场合着黑色、白色礼服的人最多见。

2) 色彩的象征

色彩的象征特性既是历史积淀的特殊文化结晶,又是约定俗成的文化现象,并且在社会行为中起到标志和传播的双重作用,同时,又是生存于同一时空氛围中的人们共同遵循的色彩尺度。自然界色彩的熏陶,人类对色彩的认知、运用,是人们形成色彩感情象征意义的最根本的基础。

(1) 红色

红色,是暖色系的代表,它的色性很暖,最易使人产生热烈、兴奋的感觉,是一种极富积极性的色彩。

红色光由于波长最长,给视觉以迫近感和扩张感,故称为前进色。发光体辐射的红色光传导热能,使人感到温暖。这种经验的积累,使人看到红色都产生温暖的感觉,因此红色也被称作暖色。

红色容易引起人们的注意、兴奋和激动,也容易引起视觉的疲劳。红色能给人以艳丽、芬芳、甘美、成熟、青春和富有生命力的印象,是能使人联想到香味和引起食欲的色。

红色是兴奋与欢乐的象征,不少民族均以红色作为喜庆的装饰用色。由于红色具有较高的注目性与美感,使它成为旗帜、标志、指示和宣传等的主要用色。此外,由于血是红色的,于是红色也往往成为预警或报警的信号色。

红色是既具有强烈的心理作用,又具有复杂的心理作用的色彩。在设计应用中,大面积红色的使用是很少见的,原因是其过于兴奋、热烈的感觉会使人感到烦恼和易于疲劳。但是纯色的红在小面积的商标上使用得较多,它可以增加商标的注目性,并能增添主调的趣味性。此外,低纯度、高明度的红色具有一定的美感。

(2) 橙色

橙色的色性在红、黄两色之间,既温暖又明亮。许多作物、水果成熟时的色均为橙色,因此它给人以香甜、可口的感觉,能引起食欲并使人感到充足、饱满、成熟、愉快。

橙色能给人以明亮、华丽、健康、向上、兴奋、温暖、愉快、芬芳和辉煌的感觉。

橙色也给人以庄严、渴望、贵重、神秘和疑惑的印象。

橙色属前进色和扩张色。橙色的注目性也相当高,也被用作信号色、标志色和宣传色,但也同样容易造成视觉的疲劳。

(3) 黄色

与红色光相比,眼睛较容易接受黄色光。

黄色光的光感最强,能给人以光明、辉煌、灿烂、轻快、柔和、纯净和希望的感觉。

由于许多鲜花都呈现出美的娇嫩的黄色,也使它成为表示美丽与芳香的色。希腊传说中的美神穿黄色衣服,罗马结婚的礼服为黄色,中国古代帝王的专用色是黄色,因而,黄色有神圣、美丽的含义。由于黄色又具有崇高、智慧、神秘、华贵、威严、素雅和超然物外的感觉,所以帝王及宗教系统以黄色作宫殿、家具、服饰、庙宇的修饰色。

成熟的庄稼、水果、精美的点心也呈现出黄色,于是黄色又能给人以丰硕、甜美、香酥的感觉,是能引起食欲的色。

黄色光的波长差不易分辨,有轻薄、软弱等特点。由于植物、人面色灰黄就意味着病态,所以黄色也有表示酸涩、颓废、病态和反常的一面。

(4) 绿色

人眼对绿光的反应最平静。在各种高纯度色光中,绿色是能使眼睛得到较好休息的色。

绿色是农业、林业、畜牧业的象征色。绿色是最能表现活力和希望的色彩,因此也是表现生命的色。植物种子的发芽、成长、成熟等每个阶段都表现为不同的绿色。因此,黄绿、嫩绿、淡绿、草绿等就象征着春天、生命、青春、幼稚、成长和活泼,并由此引申出了滋长、茁壮、清新、生动等意义。植物的绿色,不但能给视觉以休息,还给人以清新的空气,有益于镇定、疗养、休息与健康,所以绿色还是旅游、疗养、环保事业的象征色。

绿色还代表和平。

(5) 蓝色

蓝色能使人联想到天空、海洋、湖泊、远山、冰雪和严寒,使人感到崇高、深远、纯洁、透明、无边无涯、冷漠和缺少生命活动。蓝色是后退的、远逝的色。

最鲜艳的天蓝色是典型的冷色。蓝色、浅蓝色和白色结合使用代表冷冻行业。宇宙和海洋都呈现蓝色。而在这些地方,人类的了解还是比较少的,仍是神秘莫测的处女地,是现代科学探讨的领域。由此蓝色也成为现代科学的象征色,蓝色代表着高科技。深蓝色还给人以冷静、沉思、智慧和征服自然的力量。

(6) 紫色

眼睛对紫色光的知觉度最低,纯度最高的紫色明度很低。

在自然界和社会生活中,紫色较少见。紫色可给人以高贵、优雅、奢华、幽静、流动和不安等感觉。灰暗的紫色意味着伤痛、疾病,因此给人以忧郁、阴沉、痛苦、不安和灾难的感觉,不少民族把它看作消极和不祥之色。但是,明亮的紫色如同天上的霞光、原野上的鲜花,使人感到美好和兴奋。高明度的紫色,还是光明与理解的象征,优雅且高贵,很具美的气氛,有很大的魅力,是女性化的色彩。

在某些场合,粉紫色和冷紫色还具有表现死亡、痛苦、阴毒、恐怖、低级、荒淫和丑恶的功能。

黄与紫的强烈对比含有神秘性、印象性、压迫性和刺激性。

(7) 土色

土色指的是土红、土黄、土绿、赭石、熟褐一类可见光谱上没有的复色。

它们是土地的色,深厚、博大、稳定、沉着、保守和寂寞。它们又是动物皮毛的色,厚实、温暖、防寒;它们还是劳动者和运动员的肤色,刚劲健美。土色是很多植物的果实与块茎的色,充实饱满,肥美,给人以温饱和朴素的印象。土色经适当调配,可得到较美的色彩,具有朴实、肃静的特点。

(8) 黑色

黑色,是无彩色。黑色对人的效率的影响有消极与积极两大类。

消极类　如黑夜,往往使人感到失去方向,失去办法,而产生阴森、恐怖、烦恼、忧伤、消极、沉睡、悲痛、不幸、绝望和死亡等印象。

积极类　黑色能使人得到休息,因此有沉思、安定、稳重和坚毅的印象。

黑色又可象征权力和威严,经转化可为严肃尊贵的意义。古时的黑漆衙门和刑吏的皂服,均取此色;外神甫、牧师、法官等都穿黑衣。西方上层人物的黑色燕尾服作为礼服,则又有渊博、高雅、超俗等含义。

黑色与其他色组合时,往往能使组合得到较好的效果,可以使另一色的色感、光感得到充分的显示,因此是很好的衬托色。

黑白组合,光感强、朴实、分明,但有单调感。

(9) 白色

白色是光明的象征色,是无彩色。白色具有明亮、干净、卫生、畅快、朴素和雅洁的特征。白是冰雪、云彩的色,因此使人有寒冷、轻盈、单薄和爽快的感觉。

卫生事业中大量应用白色,便于保持干净卫生,因此白色也是医疗卫生事业的象征色。

中国在举办丧事时,以白色作为装饰色,以表达对死者的尊重、同情、哀悼和缅怀。

出于白色与丧事具有的这种联系,因此,白色又具有哀伤、不祥、凄凉和虚无的感情。

西方,特别是欧美,白色是结婚礼服的色,以此表示爱情的纯洁与坚贞。

(10) 灰色

灰色介于黑白之间,属中等明度的无彩色或低纯度色。

在生理上,灰色对眼睛的刺激适中,属视觉不易疲劳的色。又由于它的明度中等和无彩度或低彩度,因此心理反应平淡,给人以乏味、休息、抑制、枯燥、单调、沉闷、寂寞和颓丧的感觉。

灰色可以用三原色来混合,因此灰色的成分较丰富。含有某种色彩倾向的灰色能给人以高雅、精致、含蓄和耐人寻味的感觉,因而具有较高的审美价值。

人们对色彩的反应以及色彩所产生的情感,虽然与生理、心理有较大的关联,但是,文化的影响对色彩的情感同样具有作用。不同民族的历史、宗教、风格等会产生不同的色彩情感,如果再把个人的地位、性格、年龄等因素考虑进去的话,那么色彩的情感就显得更加复杂和微妙了。例如,在我国,汉民族和某些少数民族把红色看作为喜庆的象征,习惯用红色的服饰来装扮新娘和新房,红双喜作为新婚的标志;而西方有些民族新娘要穿白色的礼服。黑色有庄重和神秘的感觉,只有在庄重的场合才穿黑色的礼服;而有些民族,却把黑色视为不吉利的颜色,象征死亡与恐怖。

3) 色彩的联想

色彩的联想是人脑的一种积极的、逻辑性与形象性相互作用的、富有创造性的思维活动过程。当人们看到色彩时,能联想和回忆某些与此色彩相关的事物,进而产生相应的情绪变化,我们将它称之为"色彩的联想"。

色彩在人的生理上的反应可能是一种被动反应,但的确是直接的;而在心理上所产生的联想可能是一种主动的反应,但却是间接的。色彩的联想有具象联想和抽象联想两大类。

红色　　具象的联想为:火、血、太阳;
　　　　抽象的联想为:喜气、热忱、青春、警告。

橙色　　具象的联想为:柳橙、秋叶;
　　　　抽象的联想为:温暖、健康、喜欢、和谐。

黄色　　具象的联想为:橙光、闪电;
　　　　抽象的联想为:光明、希望、快乐、富贵。

绿色　　具象的联想为:大地、草原;
　　　　抽象的联想为:和平、安全、成长、新鲜。

蓝色　　具象的联想为:天空、大海;
　　　　抽象的联想为:平静、科技、理智、速度。

紫色　　具象的联想为:葡萄、菖蒲;
　　　　抽象的联想为:优雅、高贵、细腻、神秘。

黑色　　具象的联想为:暗夜、炭;
　　　　抽象的联想为:严肃、刚毅、法律、信仰。

白色　　具象的联想为:云、雪;
　　　　抽象的联想为:纯洁、神圣、安静、光明。

灰色　　具象的联想为:水泥、鼠;
　　　　抽象的联想为:平凡、谦和、失意、中庸。

色彩的联想有许多因素的影响:

(1) 年龄和性别　不同的性别、不同的年龄段,对色彩的联想也不同。

(2) 经验和阅历　一般来说,阅历越丰富,经历的事越多,色彩感性积累就越丰富。

(3) 职业和爱好　人的职业和爱好也会影响人对色彩的联想和好恶。在职业中接触最多的色彩,容易对其产生偏爱的色彩联想。

(4) 性格和气质　气质分为胆汁质、抑郁质、多血质、粘液质四大类型。胆汁质者多为精力充沛、性格急躁的人,偏爱对比强烈、明快、偏暖的色彩;抑郁质者优柔寡断、怯懦抑郁,偏爱朴素柔和的色彩;多血质者多活泼热情、活跃、有朝气,偏爱鲜艳和对比明快跳跃的色彩;粘液质者比较理智、沉静,喜爱深沉、调和的色彩。

(5) 文化素质和受教育水平　一般文化素质较高,有修养的人,多喜爱纯度相对较低、含灰的色彩,而且色彩的差异比较微妙,呈现的倾向以调和、柔和、稳重的色调为多,搭配也比较协调,联想的色彩偏重抽象联想。

此外,体质的差异,人的心情,情绪的变化,也会影响或改变心中的色彩意义。比如,体弱、不好动者偏好冷而和谐的色彩。当然也有例外,比如有人喜爱与自己性格和气质相反的色彩等。

5.3.2　色彩感觉

色彩的感觉是由于某种颜色经常和某具体的形象、事物、环境等联系在一起,逐渐形成了人对某些颜色的情绪和联想,从而也形成了某些颜色的象征性。色彩的感觉有一个逐渐形成的过程,往往与一个人的年龄、生活经历、知识修养等有关。比如,儿童的色彩心理主要是受周围环境、食物、玩具、服饰等具体颜色的影响;成年人则较多地根据社会生活实践而抽象的结果。这样,随着年龄的变化或者文化、职业等的不同,形成了人的不同的色彩偏爱。有人做过统计:儿童大多喜欢鲜艳的红色、黄色,4～9岁的儿童则喜欢绿色,青年人喜欢明快、活泼的颜色,中老年人则喜爱比较深沉、稳重的颜色等等。

在许多情况下,不同的色彩会给人以不同的感受和联想,人们把这种对色彩所引起的情感变化和联想称为"色彩的感觉",并利用色彩的这一特性来表达感情、制造气氛等。

1) 色彩的形象感

由于色彩有冷暖的概念,有前进、后退的层次感,有与丰富的生活经验相联系的各种感觉,因此,色彩就给人一定的形象感。

抽象派画家曾对色彩与几何形的内在联系作了专门研究,他们认为:

正方形的内角都是直角,四边相等,显示出稳定感、重量感和肯定感,还有垂直线与水平线相交显示出的紧张感,这与红色所具有的紧张、充实、有重量、确定的性质是相契合的,因此,红色暗示正方形;

正三角形的60°的内角及三条等边,有着尖锐激烈、醒目的效果,而黄色的性质也明亮、锐利、活泼,缺少重量感,这两者也是基本吻合的,因此,黄色暗示正三角形;

橙、绿、紫是三间色,它们也与相应的几何形吻合:橙暗示梯形,绿暗示圆弧三角形,紫暗示圆弧矩形。

(1) 色彩的质地感

色彩的质地感最初启示于形体的质感。任何一种形体,其表面皆体现出特定的质感和大致的色彩。经过长期的实践,人们将一定的色彩与一定的质感联系起来,从而感到色彩也具有质感。

驼灰、熟褐、深蓝等明度低、感觉重、纯度高的色给人以粗糙淳朴感;淡黄、浅白灰、粉红、绿黄等明度高的色,使人感觉轻盈;纯度低的色给人以圆润、丰满的感觉。

（2）色彩的软与硬

色的柔软与坚硬和色的纯度、明度有关。中等纯度、高明度的色有柔软感;纯度过高或过低,明度的色有坚硬感;纯度高、明度高的色与纯度低、明度低的色介于两者之间。白色与黑色有坚硬感,灰色有柔软感。

实际上,软与轻的关系密切,软的物体外形具曲线,有一定的弹性,因此色块形状可多采用曲线;硬与重的关系较密切,硬的物体一般多具直线,或者是有规律的曲线。如要用相同的图案同时作出软、硬的感觉,则具有一定的难度。

（3）色彩的厚与薄

浅亮的色感到薄,深厚的色感到厚;平滑的色感到薄,粗糙的色感到厚;透明的色感到薄,不透明的色感到厚。

（4）色彩的冷与暖

红、橙、黄等色称为暖色,蓝、青等色称为冷色。白色是冷色,黑色是暖色。

按照一般的常识,暖的配色使用暖色,冷的配色使用冷色。但是,也可以通过整体的冷色来表现暖的效果,整体的暖色来表现冷的效果。前者是通过色彩本身的冷暖感来反映冷暖效果,而后者却是通过色彩的搭配关系来达到冷暖效果,所以后者的难度较大。

（5）色彩的轻与重

色彩的轻重感主要决定于色彩的明度。明度高的色使人感觉到轻,明度低的色使人感觉到重。明度相同时,纯度高的色感到轻。色相冷的色也有轻的感觉,如浅蓝、白、粉紫、淡黄等。纯度低的色和暖色等,色层较厚,表面显得粗糙,使人有重的感觉。

（6）色彩的干与湿

由于生活经验的关系,蓝、绿和黄绿等色给人以湿感,而红、橙、赭石以及灰等色则给人以干燥的感觉。

2）色彩的抽象感觉

（1）兴奋与沉静

由于暖色系的色给人以兴奋感,所以也称作兴奋色;冷色系的色给人以沉静感,所以也叫沉静色。如果它们的纯度降低,这种感觉也会降低。

就明度而言,明度高的色易引起兴奋,明度低的色给人以沉静感。

白、黑及纯度高的色给人以紧张感,灰及低纯度的色给人以舒适感。

（2）华丽与朴素

华丽的配色与强的配色相似,由纯度和明度均较高的一些明快的色组合而成;朴素的配色与弱的配色类似,由明度低、纯度低的色配合而成。纯度高的紫、红、橙、黄具有较强的华丽感,而蓝、绿和明度较低的冷色具有朴素和雅致感。

使用色相差较大的纯色和白、黑配色时,因具有一定的明度差和纯度比而表现出华丽感。

（3）活跃与忧郁

色彩的活跃与忧郁是以色彩的明度高低为主,以色彩的纯度高低、色相冷暖为辅而产生的作用于人的一种感觉。暖色的高纯度和高明度显得很活跃,灰暗的冷色显得忧郁。

白色与其他纯色组合时,有活跃感。黑色是忧郁的,灰色是中性的。

5.4　产品形态与色彩

1) 产品形态的特性

形态一般即形象、形式和形状。许慎《说文解字》释:形,象也;态,意也。《辞海》中解释为形状和神态。英语、德语中称形态为 FORM,法语中称为 FORME,意相同。现在的"形"又包含诸多含义:① 物体的模样,形体;② 姿态;③ 样子、状态等。"形"相当于形状、形态、容貌等词,因此简单定义为:"形是我们所能感受到的物体的样子。""形"通常表现为单纯的点、直线、曲线、三角形、方形、矩形、圆形、椭圆形、球体、圆柱体、圆锥体等,以及它们的综合和变化,这些纯粹数学上和几何学上的单元,并不是映入我们眼里就定了形的,它同时受到生理和心理上的影响。过去知觉的形和记忆的形常和目前的新经验、新印象相互交替,从而产生各种感觉,这就是"态"的含义。因此,我们说,形态是形的富有表情的模样。与形体相比较,前者是一种较虚伪的形的概念,后者则为一种较实的形的概念,其中包含了体量和内在质量的概念。

从"形态"的含义中知道,形态一般是指感官上的感觉。作为人造形态的不同的产品,对于视觉感官都有其不同的感受,产品形态都具有某种特定表情的模样,不同的产品所呈现的表情模样亦不一样。人们接触不同表情模样的产品时,在生理上和心理上也都会因此而产生不同的反应。产品设计中,要赋予产品何种性格的表情,就要在形态上表现。

产品设计是以决定工业产品形态上的特性为目的的活动。形态上的特性不是意味着外观,而是指从生产者和使用者双方的立场来考虑某一物品改变成统一的东西这样一种结构的机能的关系。作为产品设计应是向着更好的功能,更符合人体工学的原则,更合理的经济效益。在满足物质功能要求的同时,对精神功能方面包括美学功能、象征功能、教育功能等诸多功能因素的需求得到满足,并且考虑到产品与环境、生态、能源、伦理准则等的关系。设计的目的不仅仅是为了使人们生活的便利,更是为了生活的舒适、健康、效率,为人们创造一个美好的生活环境,向人们提供一个新的生活模式。因为设计行为是个人的活动,同时又是社会性的活动。

作为产品的形态,就不仅仅是美学意义上的形态,它的形成由功能包括物理功能和生理功能的需要决定。产品设计中的形态也并非通常意义上所说的形式、形状了。此外,设计的对象更多地直接参与人类的生活和生产活动,不同于那些纯精神生产的艺术,所以,设计的形式不称为艺术形象,而特称为形态。设计形态的创造,也就不同于常说的"艺术造型"而称之为"设计造型"。

因此,形态在设计中主要是指视觉形态,也包括触角、听觉、感觉等。这个形态是与内在质量相吻合,使生产者和使用者同时得到满足的形。

日本中村吉郎在他所著的《造型》一书中提到:"一般人们刚看到物体时,色彩给人感觉的分量是 80%,形体感觉的分量是 20%,这种状态持续 20 s,到 2 min 以后,色彩占 60%,形体占 40%,到 5 min 以后,形体和色彩才各占 50%。"几乎所有的形态都是具有色彩的。色彩是构成形态的必要元素,有色形态远比无色形态更易吸引常人的注意,根据科学家的推测,色彩给人的心理感觉比形态更为强烈。

色彩学是介于科学与艺术的综合学科,其科学的根据,包含物理学、化学、生理学及心理学;而艺术的范畴,则在于色彩的应用表现上。日籍物理学家、诺贝尔奖获得者利根川教授说过,就创作的层次而言,科学家与艺术家在心灵上是彼此互通的,在寻找新的领域上,科学家需要艺术家的启示,而艺术家须有科学家做研究的理性态度。

色彩是一种富有象征性的形成媒介,色彩用于产品,犹如衣服用于人类,对产品的风格有决定性的影响。我们在构造形态中,恰当运用色彩的表情,能够使我们设计的形态也具有多种感觉。中国戏剧脸谱是形与色搭配最适当和谐的典型范例,它不但用色描绘出脸谱的造型,更借助形的流畅性来强调色彩的突出效果,如红脸表示忠臣、白脸表示奸臣等,色彩搭配无懈可击。当然,消费对象个体的不同,对色彩的喜好也不尽相同,地理、气候、文化的差异,以及一个时期的流行色,都反映出各种人群的心理状态及其对社会文化价值的认同。

产品的色彩是指产品外观所表现出来的颜色,即产品本体的固有色。同时也包括材料本身的质感,如玻璃透明的感觉、金属电镀的色泽。工业产品良好的色彩设计能使产品造型更加完美,提升产品的外在魅力,超限度展现产品的内在品质,并最快传递视觉传达方面的各类信息。产品色彩设计对人的生理、心理也有一定的影响,宜人的色彩能使人精神愉快,情绪稳定,并可以提高工作效率。

2) 产品形态的色彩表现

(1) 产品色彩设计的方法

众所周知,任何色彩都是与一定的形态相联系的,绝不存在无形态的色彩现象。而色彩是为形态服务的,它要突出和加强形态,使形态更加富于表情、更加完美。因此,色彩与形态不能各自为政、自成体系,而应相辅相成,融为一体。其具体的手段有:

① 加强 用色彩加强形态的体积效果,如立体的形态在不同的面上用不同的冷暖色处理,就会增强它的体积效果。像我国的古建筑,受光的屋顶部分都盖上暖色的黄色琉璃瓦,背光的屋檐部分都绘着蓝绿色的冷色彩画和斗拱,这就增强了建筑的立体感和空间效果。

② 丰富 用色彩丰富形态,以求加强效果,对形态比较单一的形象,可以利用不同形状的色块来改变造型效果,使形态增加欣赏趣味和时间美。

③ 归纳 用色彩归纳、整理和概括形态,使形象单纯。如遇造型的形象十分复杂,为了谋求整体的统一,乱中求整,可以将色彩复杂的形体概括为整体性很强的单纯色彩关系,以求收到单纯、明快和大方的效果。

④ 对比 对于很小的形态,为了增加其感人的强度,可以运用强烈的色相对比和冷暖对比,以求达到预期的目的。因此,在处理较小的形态时,往往使用强烈对比的色彩。

⑤ 划分 用色彩可以减轻形态的笨重感,其主要办法是采用划分的方式,使形式产生轻快感。

⑥ 陪衬 用色彩可以烘托、陪衬和加强主体形象,使形象主次分明。主要手段就是用对比的方法来反衬。诸如运用明度对比、色相对比、彩度对比、面积对比等手段来达到预期的效果。

设计产品、处理形态时也可以在这些方面对色彩进行考虑,不同的色彩,不同的形态,就会产生不同的心理感受;不同的视觉位置,不同的视觉环境,都会因之而产生不同的心理影响。作为设计者,研究形态的色彩必须考虑到多种因素。现代科学技术的发展,为产品色彩的多样性提供了可能性,然而色彩的多样性又使工业产品的形态更加丰满。

（2）产品色彩设计的功能

在实际的产品设计中，色彩的使用对形态的体现有着诸多辅助功能，一般有以下几个方面：

① 以色彩结合形态对功能进行暗示。例如，电器的按键涂覆各种色彩以传递强调、暗示等功能信息。

② 利用色彩的感情效果，对产品的功能加以反应。例如，照相机一般采用黑色亚光机身，表达了相机稳重、精密、高档次的感觉，另一方面也与相机机体要求低反光的功能相适应。

③ 用色彩的联想进行诱导或象征。例如，红色用于"警戒"，黄色表示"注意"、"小心"，绿色代表"畅通"，中国的邮政系统均采用绿色。

随着感性化设计时代的到来，产品的彩色化倾向也日益明显，人们可以突破原有的习惯，出奇的进行色彩设计。像"苹果"电脑透明艳丽的外观，一改过去理性的、沉闷的灰白味道，赋予新产品以感性化、个性化的意味和面貌。

（3）产品色彩设计的依据

产品的色彩设计应时刻考虑到产品最终商品化的完成，在实施色彩计划过程中要将商品化思想贯穿始终，用以指导产品色彩的选定，具体可从以下几个方面考虑：

① 符合企业形象的色彩应用。

② 同一产品形态，用不同的色彩表现，形成产品纵向系列。

③ 系列产品配色，使用统一色彩与一些装饰性细节，使各产品之间产生某种联系，形成系列感。

④ 以色彩区分模块，体现产品的组合性能和功能分区。

⑤ 以某种有标准的用色为参考进行同类产品的调和配色。

⑥ 以销售成绩好的产品为参考进行配色。

⑦ 推广流行色。

⑧ 对可能选用产品者进行其色彩喜好分析。

⑨ 恰当、及时运用季节感的配色。

5.5 产品配色与管理

1）产品的配色

产品配色的基本原则有：

（1）总体色调的选择

色调是指色彩配置的总倾向、总效果。任何产品的配色均应有主色调和辅助色，只有这样，才能使产品的色彩既有统一又有变化。色彩愈少要求装饰性愈强，色调愈统一；反之，则杂乱难以统一。产品的主色调以1～2色为佳，当主色调确定后，其他的辅助色应与主色调协调，以形成一个统一的整体色调。

色调的种类很多，不同的色调，对人的生理和心理产生不同的作用。如：

明调：明快、亲切；

暗调：庄重、朴素、压抑；

暖调：温暖、热情、亲切；

冷调:清凉、沉静;

红调:兴奋、热情、刺激;

黄调:明快、温暖、柔和;

橙调:兴奋、温暖、烦躁;

蓝调:寒冷、清静、深远;

紫调:华丽、娇艳、忧郁。

因此,色调的选择应满足下列要求:

① 满足产品功能的要求　每一产品都具有其自身的功能特点,在选择产品色调时,应首先考虑满足产品功能的要求,使色调与功能统一,以利产品功能的发挥,如军用车辆采用草绿色或迷彩色,医疗器械采用乳白色或浅灰色,制冷设备采用冷色,消防车采用红色,机器人采用警戒色,这些色调都是根据产品功能的要求而选择的。

② 满足人—机协调的要求　产品色调的选择应使人们使用时感到亲切、舒适、安全、愉快和美的享受,满足人们的精神要求,从而提高工作效率。例如,机械设备与人较贴近,色调应是对人无刺激的明度较高、纯度较低的色彩,使操作者精神集中,有安全感,不易失误,提高效率。因此,选择的色调应有利于人—机协调的要求。

③ 适应时代对色彩的要求　不同的时代,人们的审美标准不同。例如20世纪50年代,色彩倾向于暗、冷的单一的色;20世纪60年代逐渐由暗向明、由冷向暖,由单一到两套色或多色方向发展;而目前工业产品的色彩则向偏暖、偏明、偏低纯度的方向发展,多用浅黄、浅蓝、浅绿色,使产品具有更加旺盛的生命力。为此,必须预测人们在不同的时代对某种色彩的偏爱和倾向,使产品的色彩满足人们对色彩爱好的变化,赶上时代要求,使产品受到人们的欢迎。

④ 符合人们对色彩的好恶　不同的国家和地区对色彩有不同的爱好,因此在产品设计时应了解使用对象对色彩的好恶,使产品的色调符合当地人们的喜爱,在商品市场上才有竞争力。

(2) 重点部位的配色

当主色调确定后,为了强调某一重要部分或克服色彩平铺直叙、单调,可将某个色进行重点配置,以获得生动活泼、画龙点睛的艺术效果。工业产品的重点配色,常用于重要的开关,引人注目的运动部件和商标、厂标等。

重点配色的原则有:① 选用比其他色调更强烈的色彩;② 选用与主色调相对比的调和色;③ 应用在较小的面积上;④ 应考虑整体色彩的视觉平衡效果。

(3) 配色的易辨度

是指背景色(即底色)和图形色或产品色和环境色相配置时,对图形或产品的辨认程度。易辨度的高低取决于两者之间的明度对比。明度差异大,容易分辨,易辨度高;反之则易辨度低。

经科学测量,同一色彩与不同色彩配置时,其易辨度是不同的。

清晰的配色如表5.7所示。

表5.7　清晰的配色

顺序	1	2	3	4	5	6	7	8	9	10
背景色	黑	黄	黑	紫	紫	蓝	绿	白	黑	黄
图形色	黄	黑	白	黄	白	白	白	黑	绿	蓝

模糊的配色如表 5.8 所示。

表 5.8 模糊的配色

顺序	1	2	3	4	5	6	7	8	9	10
背景色	黄	白	红	红	黑	紫	灰	红	绿	黑
图形色	白	黄	绿	蓝	紫	黑	绿	紫	红	蓝

对仪器、仪表、操纵台等的色彩设计,易辨度的优劣,将对安全而准确的操作、工作效率的提高和精神上的享受都有很大的影响。

(4) 配色与光源的关系

产品有其本身的固有色,但被不同的光源照射时,所呈现的色彩效果各不相同,因此在配色时,应考虑不同的光源对配色的影响,如表 5.9 所示。

表 5.9 不同的光源对配色的影响

配 色	对配色的影响			
	冷光荧光灯	3 500W 白光荧光灯	柔白光荧光灯	白炽灯
暖色 (红、橙黄)	能使暖色冲淡或使之带灰色	能使暖色暗淡,使浅淡的色彩及淡黄色稍带黄绿色	能使鲜艳的色彩(暖色或冷色)更为有力	加重所有暖色,使之更鲜明
冷色 (蓝、绿和黄绿)	能使冷色中的黄色及绿色成分加重	能使冷色带灰色,并使冷色中的绿色成分加强	能使浅色彩和浅蓝、浅绿等冲淡,使蓝色及紫色罩上一层粉红色	使一切淡色、冷色暗淡及带灰色

只有当色光与所配色的色相相吻合时,才能使所配的色泽更鲜明,否则将发生配色的失真。故在色彩设计时,应考虑光源色对产品固有色的影响,以达到配色的预想效果。

不同的光源所呈现的色光不同,对产品自身颜色在其环境中形成的色彩效果也各不相同。如:

① 太阳光 呈白色光、自然光,较真实地展现产品固有色。

② 白炽灯 呈黄色光、暖光,展现产品色彩时依据固有色的不同,其色彩倾向也不一样,一般情况下为固有色与黄光的混合色,偏暖。

③ 荧光灯 呈蓝色光、冷光,展现产品色彩时依据固有色的不同,其色彩倾向也不一样,一般情况下为固有色与蓝光的混合色,偏冷。

产品造型、结构、功能要求与色彩统一的内在联系,是配色成功的重要条件。有些产品由于功能的特殊要求,使得色彩设计中的美学要求变为次要,而着重追求功能的特殊要求。例如,救火车选用红色以提高注目性和紧迫警示性,而军用战车多选取与具体环境相适应的各种保护色。

配色的决定可以有各种出发点,但首先必须明确该产品的配色主要起什么作用,要达到什么目的,也就是要首先考虑配色的功能,这是配色最基本、最重要的原则。

(5) 配色与材料、工艺、表面肌理的关系

相同色彩的材料,采用不同的加工工艺(抛光、喷砂、电化处理等)所产生的质感效果是不同的。如电视机、录音机等的机壳色彩虽一样都是工程塑料(ABS),但由于表面肌理有的有颗粒,有的是条状或平整有光泽的等,因此它们所获得的色泽效果是不同的。又如机械设备,根

据功能和工艺的要求,对某些部件可采用表现金属本身特有的光泽,既显示金属制品的个性和自然美,也丰富了色彩的变化。

因此,在产品配色时,只要恰当地处理配色与功能、材料、工艺、表面肌理等之间的关系,就能获得更加丰富多变的配色效果。

2) 产品色彩的管理

产品的色彩管理就是从企业总体目标出发,在产品规划、设计、营销、服务等多个企业活动的所有环节中,以理性的、定量的方法对使用的色彩进行统一控制管理。色彩管理实际上是一个技术性过程,即将已定案的色彩计划在严格的技术手段下付诸实施,使最终产品能准确地体现设计意图、传递信息。真正地实施色彩管理,有赖于建立全社会甚至国家的标准规范,尤其是异地执行的色彩标准。

产品色彩的管理主要应从以下几个方面考虑:

(1) 产品色彩的功能性原则 产品的功能是产品存在的前提,产品功能的传达是通过一些视觉符号来实现的。色彩只是视觉符号的一种,并不直接传达这一现实的功能。但是,正如包豪斯时期就已经指出的那样:"形式必须服从于功能,并还应提示功能。"也就是说,通过色彩这一视觉符号所实现的传达必须衬托形态所传达的功能内容,甚至能补充形态的功能传达。这就是在产品设计的色彩规划中不能不考虑的色彩功能性原则。

(2) 产品色彩的环境性原则 任何产品都不是孤立的存在的,都有它特定的使用环境和安置场所。产品设计的本质就是要协调"人—机—环境"之间的关系,因此,在产品色彩设计时,不得不考虑它与环境之间的关系。

(3) 产品色彩的工艺性原则 产品作为商品的出现,必然与生产相联系。生产中所采用的工艺技术将很大程度地影响到产品的色彩设计,产品的色彩规划因此也就具有非自由性和非直观性的特点。

(4) 产品色彩的流行性原则 流行色是社会群体色彩嗜好的集中表现,并且所嗜好的色彩将随时代的变迁而不断改变。而产品决定消费者购买的依据在很大程度上取决于产品的色彩,产品流行色的正确预测和选定,对于产品的生产和销售具有巨大的影响。因此,产品色彩的流行性原则也是在产品设计中必须认真对待、至为重要的原则。

(5) 产品色彩的象征性原则 一个产品所含有的各个层次的象征性与消费者所持的文化,包括宗教、政治等意识形态取得充分协调,就会使消费者与该产品产生不可抗拒的亲和力。所以,在产品的色彩规划中必须充分考虑文化上的喜好与禁忌。

(6) 产品色彩的嗜好性原则 工业产品的色彩是一种有特殊文化价值的色彩,而色彩的嗜好是人类的一种特定的心理现象。对色彩的不同嗜好,会形成产品不同的色彩;对产品不同的色彩会形成因赋予色彩的不同而具有的文化价值也不一样。因此,在产品设计中就不能不考虑色彩嗜好的不同。

(7) 产品色彩的审美性原则 一个真正美的产品是审美功能与实用功能高度结合的产物。只有当产品的审美形式与产品的实用功能相结合,才是创造了产品的真正的美、具体的美,即技术美。产品色彩规划的审美性原则表明,不仅要追求单纯的形式美,更重要的还在于与产品特性相关的功能美、工艺美、环境美,以及与文化、社会特性相关的象征美与流行性等的高度结合。

5.6　产品色彩设计图例

(1) 彩图 6　法国高速列车车身色彩计划,郎科罗设计。

(2) 彩图 7　法国雷诺小汽车色谱预测方案,郎科罗设计。

(3) 彩图 8　郎科罗为日本东京汽车企业所作的产品色彩形象方案。

(4) 彩图 9　雅马哈摩托车色彩配色方案,郎科罗设计。

(5) 彩图 10　法国农用机械的色彩设计方案,郎科罗设计。

(6) 彩图 11、12　郎科罗为菲利普公司生产的女性美容剃毛器所作的色彩形象设计方案。

(7) 彩图 13　除毛器色彩方案,上海博路工业设计有限公司设计。

6 人机工程设计

6.1 概述

6.1.1 人机工程学名称及定义

人机工程学是研究"人—机(泛指人造的物品)—环境"的一门交叉性学科。在我国,由于资料来源及研究、应用的侧重点不同,所以译名也不尽相同,如把美国的"Human Engineering"译为"人类工程学"或"人体工程学";前苏联及东欧国家的"Engineering Psychology"一般译为"工程心理学";日本的相应学科译为"人间工学"等。目前国际上较为通用的名称是采用西欧各国的命名"Ergonomics",这个单词是 1950 年 1 月 14 日在英国剑桥大学召开的一次会议上,由世界各国著名学者共同创造的,它是由希腊语中的两个词根"Ergon"(工作、出力)和"Nomics"(规律、正常化)构成的。这个词的基本含义是"工作规律"或"出力正常化",所以在我国也有将该学科命名为"人类工效学"或"工效学"的。本书将这一学科定名为"人机工程学"(简称"人机学"),主要是依据钱学森在"系统科学、思维科学和人体科学"一文中提出的"人机工程学"这一术语,并结合该学科的自身特点以及与工业设计的关系而命名的。目前,该术语已被我国广大科技工作者所接受,并成为工程技术界较为通用的名称。

人机工程学研究的中心问题是优化人机关系,把人的因素作为产品设计的重要参数,从而为产品设计提供一种新的理论依据和方法。为了对人机学的认识更加明确,下面将国际人类工效学学会(International Ergonomics Association, IEA)界定本学科研究的范围引录如下:"人机工程学是研究人在某种工作环境中的解剖学、生理学和心理学等方面的各种因素,研究人和机器及环境的相互作用;研究在工作中、家庭生活中和闲暇时间内怎样统一考虑工作效率,人的健康、安全和舒适等问题的学科。"由此可见,人机学的研究范围很广,涉及的学科领域很多,是一门多学科相互渗透的交叉性学科。本章介绍的仅是与工业设计有关的部分内容。

6.1.2 人机工程学的发展简史

自有人类以来,人的生活就离不开器具,因此从一开始出现人类,也就有了原始的人机关系,而把人机关系作为一门科学加以研究和应用则是近代的事。从总体上看,人机学的研究和发展大致可划分为三个阶段:

第一阶段是以"人如何适应机器"为特点进行研究的。其中比较典型的是"铁锹作业试验研究"。1898 年,美国学者泰勒(Frederick W. Taylor)曾对铁锹的使用效率进行研究,他用形状相同而铲量不同的四种铁锹(每次可铲重量分别为 5 kg、10 kg、17 kg 和 30 kg),分别去铲同样一堆煤(见图 6.1)。试验结果,用 10 kg 的铁锹铲煤效率最高。进而他又研究了怎样操作、怎样组织操作才能省

图 6.1 铁锹作业试验

力、高效,并于 1903 年发表了"论工厂管理"的论文,开创了人机学研究的先河。继之,吉尔布雷斯夫妇(Frank B. Gilbreth)通过高速摄影机将建筑工人的砌砖动作拍摄下来,并对其中有效动作和无效动作进行分析研究,提出合理方案,从而使工人的砌砖速度提高了近 3 倍。泰勒和吉尔布雷斯的试验研究成果为人机学的建立奠定了基础。

第二阶段是以"机器如何适应人"为特点进行研究的。科学技术的发展,使机器的性能、结构越来越复杂,人与机器的信息交换量也越来越大,尤其是第二次世界大战期间,由于战争的需要,武器装备愈趋复杂(如美国制造的轰炸机上各种仪表及操纵控制装置已达一百多个),这样单靠人去适应机器已很难达到目的,不但影响武器效能的发挥,而且还经常发生事故。据统计,美国在第二次世界大战中飞机事故率的 80% 是由于人机工程方面的原因造成的。因此人们在加强操作技能适应性训练的同时,又不得不聘请解剖学家、生理学家、心理学家为机器设计出谋献策,提供适合操作人员生理、心理需要的设计参数。于是就相继出现了"实验心理学"、"人体测量学"等学科。1957 年,美国的麦克考·米克发表了第一部关于人机学的专著《人类工效学》,标志着这一学科已进入了较为成熟的阶段。

第三阶段是以"人—机—环境"系统为特点进行研究的。即在充分考虑人与机相互关系的同时,还要考虑到各种环境因素(如声、光、气体、温度、色彩、辐射等)以及在高空或水下作业的生命保障系统等。这样,就把人机相互适应的柔性设计提高到人—机—环境的系统设计高度,以求得到最佳的人机系统综合使用效能。

我国人机学研究起步较晚,大约在 20 世纪 60 年代开始于尖端军事领域的研究,并侧重于生命保障系统,而普及于一般军事领域和民用领域的研究应用大约在 20 世纪 80 年代初,但发展速度非常快,近年来已有许多院校开办专业或设置课程,一些企业也设置了实验室或研究所,人机学的硕士生、博士生也相继走上了工作岗位。总之,人机学在我国的发展形势是喜人的。

6.1.3　人机工程学的研究内容

人机学研究的主要内容就是"人—机—环境"系统,简称人机系统(Human-machine System)。构成人机系统三大要素的人、机、环境,可看成是人机系统中三个相对独立的子系统,分别属于行为科学、技术科学和环境科学的研究范畴。根据系统学第一定律可知:系统的整体属性不等于部分属性之和,其具体状况取决于系统的组织结构及系统内部的协同作用程度。因此,研究人机学应该做到既研究人、机、环境每个子系统的属性,又研究人机系统的整体结构及其属性,力求达到人尽其力,机尽其用,环境尽其美,使整个系统安全、高效,且对人有较高的舒适度和生命保障功能,最终目的是使系统综合使用效能最高。

综上所述,可将人机学研究的主要内容归纳为人的因素研究、机的因素研究、环境因素研究以及综合因素研究四个方面。

1) 人的因素方面

(1) 人体尺寸参数　主要包括动态和静态情况下人的作业姿势及空间活动范围等,它属于人体测量学的研究范畴。

(2) 人的机械力学参数　主要包括人的操作力、操作速度和操作频率,动作的准确性和耐力极限等,它属于生物力学和劳动生理学的研究范畴。

(3) 人的信息传递能力　主要包括人对信息的接受、存储、记忆、传递、输出能力,以及各种感觉通道的生理极限能力,它属于工程心理学的研究范畴。

（4）人的可靠性及作业适应性　主要包括人在劳动过程中的心理调节能力、心理反射机制，以及人在正常情况下失误的可能性和起因，它属于劳动心理学和管理心理学研究的范畴。

总之，人的因素涉及的学科内容很广，在进行产品的人机系统设计时应科学合理地选用各种参数。

2）机的因素方面

（1）操纵控制系统　主要指机器接受人发出指令的各种装置，如操纵杆、方向盘、按键、按钮等。这些装置的设计及布局必须充分考虑人输出信息的能力。

（2）信息显示系统　主要指机器接受人的指令后，向人作出反馈信息的各种显示装置，如模拟显示器、数字显示器、屏幕显示器，以及音响信息传达装置、触觉信息传达装置、嗅觉信息传达装置等。无论机器如何把信息反馈给人，都必须快捷、准确和清晰，并充分考虑人的各种感觉通道的容量。

（3）安全保障系统　主要指机器出现差错或人出现失误时的安全保障设施和装置。它应包括人和机器两个方面，其中以人为主要保护对象，对于特殊的机器还应考虑到救援逃生装置。

3）环境因素方面

环境因素包含内容十分广泛，无论在地面、高空或在地下作业，人们都面临种种不同的环境条件，它们直接或间接地影响着人们的工作、系统的运行，甚至影响人的安全。一般情况下，影响人们作业的环境因素主要有以下几种：

（1）物理环境　主要有照明、噪声、温度、湿度、振动、辐射、粉尘、气压、重力、磁场等。

（2）化学环境　主要指化学性有毒气体、粉尘、水质以及生物性有害气体、粉尘、水质等。

（3）心理环境　主要指作业空间（如厂房大小、机器布局、道路交通等）、美感因素（如产品的形态、色彩、装饰以及功能音乐等），此外还有人际关系等社会环境对人心理状态构成的影响。

4）综合因素方面

综合因素不能简单地理解为各分支因素的总和，而是它们在整体化后所构成的新质，也是系统的综合使用效能。值得强调的是，在这个系统中，人始终是决定性因素。综合因素主要应考虑以下几方面情况：

（1）人机间的配合与分工（也称"人机功能分配"）　人机功能分配，应全面综合考虑人与机的特征及机能，使之扬长避短，合理配合，充分发挥人机系统的综合使用效能。表6.1列出人与机的特征机能比较，可供设计时选用参考。

根据列表分析比较可知，人机合理分工为：凡是笨重的、快速的、精细的、有规律的、单调的、高阶运算的、操作复杂的工作，适合于机器承担；而对机器系统的设计、维修、监控、故障处理，以及程序和指令的安排等，则适合于人来承担。

（2）人机信息传递　是指人通过执行器官（手、脚、口、身等）向机器发出指令信息，并通过感觉器官（眼、耳、鼻、舌、身等）接受机器反馈信息。担负人机信息传递的中介区域称之为"人机界面"（见图6.2）。

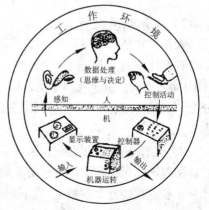

图6.2　人机系统

表 6.1　人机特征机能比较

比较内容	人 的 特 征	机器的机能
感受能力	人可识别物体的大小、形状、位置和颜色等特征,并对不同音色和某些化学物质也有一定的分辨能力	接受超声、辐射、微波、电磁波、磁场等信号,超过人的感受能力
控制能力	可进行各种控制,且在自由度、调节和联系能力等方面优于机器,同时,其动力设备和效应运动完全合为一体,能独立自主	操纵力、速度、精密度、操作数量等方面都超过人的能力,但不能独立自主,必须外加动力源才能发挥作用
工作效能	可依次完成多种功能作业,但不能进行高阶运算,不能同时完成多种操纵和在恶劣环境条件下作业	能在恶劣环境条件下工作,可进行高阶运算和同时完成多种操纵控制,单调、重复的工作也不降低效率
信息处理	人的信息传递率一般为 6 bit/s 左右,接受信息的速度约 20 个/s,短时间内能同时记住信息约 10 个,每次只能处理一个信息	能储存信息和迅速取出信息,能长期储存,也能一次废除。信息传递能力、记忆速度和保持能力都比人高很多
可靠性	就人脑而言,可靠性和自动结合能力都远远超过机器,可处理意外的紧急事态。但工作过程中,人的技术高低、生理及心理状况等对可靠性都有影响	经可靠性设计后,其可靠性高,且质量保持不变,但本身的检查和维修能力非常微薄,不能处理意外的紧急事态
耐久性	容易产生疲劳,不能长时间地连续工作,且受年龄、性别与健康状况等因素的影响	耐久性高,能长期连续工作,并大大超过人的能力

由图 6.2 不难看出,人机界面至少有三种,即操纵系统人机界面、显示系统人机界面和环境系统人机界面。本章所讨论的正是围绕这三种人机界面进行的,尤其侧重于前两种。目的是使人与机器的信息传递达到最佳,使人机系统的综合效能达到最高。

(3) 人的安全防护　人的作业过程是由许多因素按一定规律联系在一起的,为了共同的目的而构成一个有特定功能的有机整体。因此,在作业过程中只要出现人机关系不协调,系统失去控制,就会影响正常作业,轻则发生事故,影响工效,重则机器损坏,人员伤亡。为了保证人员的作业安全,国标 GB5083—85《生产设备安全卫生设计总则》规定,应该首先采用直接安全技术措施,把生产设备设计成不存在任何的危险。

6.1.4　人体尺寸及其应用

1) 人体测量尺寸介绍

人体尺寸是人体测量学工作者辛勤劳动的结晶,它对工业产品设计、作业空间设计以及各类机具设计都有重要意义。我国于 1988 年 12 月 10 日发布了《中国成人人体尺寸》标准(GB1000—88)。由于我国幅员辽阔、人口众多,人体尺寸的地域差异也较大,因此,该标准又分为"全国统一人体尺寸标准"和"分区人体尺寸标准"两个系列,其主要数据摘录于表 6.2 和表 6.3。

2) 人体尺寸的比例计算法介绍

随着国际贸易和国内外旅游业的不断扩大,在产品设计中,不同国家、不同民族的人体尺寸是不容忽视的重要参数之一,下面介绍一些常用的具有实际参考意义的计算公式。

(1) 中国人体尺寸比例计算法

设中国成人站立时(立姿)身高为 H mm,则中国成人人体各部分尺寸如图 6.3 所示。

表6.2 我国人体主要尺寸及体重

测量项目			男(18~60岁)			女(18~55岁)		
			5%	50%	95%	5%	50%	95%
主要尺寸	立姿(mm)	1. 身高	1 583	1 678	1 775	1 484	1 570	1 659
		2. 眼高	1 474	1 568	1 664	1 371	1 454	1 541
		3. 肩高	1 281	1 367	1 455	1 195	1 271	1 350
		4. 肘高	954	1 024	1 096	899	960	1 023
		5. 手功能高	680	741	801	650	704	757
		6. 上臂长	239	313	338	262	284	308
		7. 前臂长	216	237	258	193	213	234
		8. 大腿长	428	465	505	402	438	476
		9. 小腿长	338	369	403	313	344	376
		10. 最大肩宽	393	431	469	363	397	438
	坐姿(mm)	11. 坐高	858	908	958	809	855	901
		12. 眼高	749	798	847	695	739	783
		13. 肩高	557	598	641	518	556	594
		14. 肘高	228	263	298	215	251	284
		15. 臀膝距	515	554	595	495	529	570
		16. 膝高	456	493	532	424	458	493
		17. 小腿加足高	383	413	448	342	382	405
		18. 坐深	421	457	494	401	433	469
		19. 下肢长	921	992	1 063	851	912	975
		20. 臀宽	295	321	355	310	344	382
	其他(mm)	21. 手长	170	183	196	159	171	183
		22. 足长	230	247	264	213	229	244
体重(kg)			48	59	75	42	52	66

表6.3 我国六区域人体尺寸及体重

性别	项目	东北、华北区		西北区		东南区		华中区		华南区		西南区	
		M	S_d	M	S_d	M	S_d	M	S_d	M	S_d	M	S_d
男(18~60岁)	1. 体重(kg)	64	8.2	60	7.6	59	7.7	57	6.9	56	6.9	55	6.8
	2. 身高(mm)	1 693	56.6	1 684	53.7	1 686	55.2	1 669	56.3	1 650	57.1	1 647	56.7
	3. 胸围(mm)	888	55.5	880	51.5	865	52.0	853	49.2	851	48.9	855	48.3
女(18~55岁)	1. 体重(kg)	55	7.7	52	7.1	51	7.2	50	6.8	49	6.5	50	6.9
	2. 身高(mm)	1 586	51.8	1 575	51.9	1 575	50.8	1 560	50.7	1 549	49.7	1 546	53.9
	3. 胸围(mm)	848	66.4	837	55.9	831	59.8	820	55.8	819	57.6	809	58.8

注：S_d——标准差；M——均值。

(2) 日本人体尺寸比例计算法

设站立时身高为 H mm,则人体各部分尺寸与身高的比例关系为：

眼高＝$11/12 H$；　肩高＝$4/5 H$；　　　　肩宽＝$1/4 H$；

手指高＝$3/8 H$；　人体重心高＝$5/9 H$；　举手指尖高＝$3/4 H$。

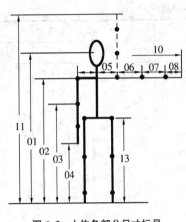

	男	女
01 眼 高=	0.93 H	0.93 H
02 肩 高=	0.81 H	0.81 H
03 肘 高=	0.61 H	0.61 H
04 中指尖高=	0.38 H	0.38 H
05 肩 宽=	0.22 H	0.22 H
06 上 臂 长=	0.19 H	0.18 H
07 前 臂 长=	0.14 H	0.14 H
08 手 长=	0.11 H	0.11 H
09 足 长=	0.15 H	0.15 H
10 两臂展宽=	1.10 H	0.99 H
11 指尖举高=	1.26 H	1.25 H
12 坐 高=	0.54 H	0.54 H
13 下 肢 长=	0.52 H	0.52 H

图 6.3　人体各部分尺寸标号

(3) 欧美男女尺寸比例算法

男女因生理特点不同而在体型上有较大的差异。女子身体各部分的比例与男子不同,其手臂和腿较短,躯干和头部占的比例较大,骨盆较宽,肩膀较窄,如表 6.4 所示。

表 6.4　男女各部分尺寸与身高的比例

项　目	百分比		项　目	百分比	
	男	女		男	女
两臂展开长度比身高	102.0	101.0	前臂长度比身高	14.3	14.1
肩峰至头顶高度比身高	17.6	17.9	大腿长度比身高	24.6	24.2
上肢长度比身高	44.2	44.4	小腿长度比身高	23.5	23.4
下肢长度比身高	52.3	52.0	坐高	52.5	52.8
上臂长度比身高	18.9	18.8			

3) 人体尺寸应用中应考虑的因素

人体尺寸因地域、性别、年龄、职业、健康状况等的不同,存在较大的差异,因而一件用品的某项设计,可能有的人使用起来很方便,而有的人则感到难以使用。为了尽量减少这种现象产生,人体测量学工作者根据人体尺寸一定的分布规律,借助正态曲线的概率分配来进行计算。用"平均值"来决定基本尺寸,用"标准差"作为尺寸的调整量,用"百分位"来选择最大比例的人群适用范围等。

(1) 平均值　平均值表示全部被测数值的算术平均值,它是测量值分布最集中区,也是代表一个被测群体区别于其他群体的独有特征。如美国成年男性身高平均值为 1 748 mm,而日本成年男性身高平均值则为 1 669 mm,这个数值能反映某地区、某种族的身高情况,但不能作为设计产品和工作空间的唯一依据。因为按平均值设计的产品尺寸只能适合于 50% 的人使用,另有 50% 的人不适合。

(2) 标准差　标准差表明一系列变化数距平均值的分布状况或离散程度。标准差大,表示各变数分布广,远离平均值;标准差小,表示变数接近于均值。一般来说,任何一个设计都不可能完全同时满足所有人的使用。因此一般只能根据需要按一部分人体尺寸进行设计,这部分尺寸只占整个分布的一部分,这部分被称为适应度。例如,适应度 90% 是指设计适应 90% 的人群范围,而对 5% 身材矮小和 5% 身材高大的人则不能适应(见图 6.4)。

人体尺寸一般符合正态分布,由正态分布规律可知。

(3) 百分位　百分位表示在某一人体尺寸范围内,使用者中有百分之几等于或小于该给定值。例如,中国成人男子身高95百分位为1 775 mm,它表示这一年龄组男性成人中身高等于或小于1 775 mm者占95%,大于此值的人只占5%。通常情况下,紧急出口的尺寸应取95百分位或99百分位,以便个子大的人能出得去,而公共汽车上拉手的高度尺寸则应取5百分位或2.5百分位,以便个子小的人能够得着。

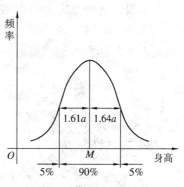

图 6.4　人体身高正态分布

6.2　显示器设计

显示器的功用是将机器的工作状态显示给操作者。根据操作者接受信息显示感觉通道的不同,显示器一般可分为视觉显示器、听觉显示器、触觉显示器和嗅觉显示器等。

从设计的角度来看,视觉通道最为重要,它接受外界信息量可达人接受信息总量的85%,另外15%左右的信息量则是通过听觉、触觉、嗅觉等感觉通道获得。因此,视觉显示器设计是显示器设计的重点。

6.2.1　视觉显示器

1) 视觉显示器的类型和特点

视觉显示器是指人通过视感觉而获得信息的装置。按其显示信息方式的不同,分为模拟显示器、数字显示器和屏幕显示器三类。

(1) 模拟显示器　指用模拟量来显示机器工作状态各参数的装置,如指针式仪表、信号灯等。模拟显示器的特点是,所显示的信息比较形象和直观,使人对模拟量在全程范围内所处的位置一目了然,并能显示出偏差趋势。该类显示器多用于监控装置和各类仪表。由于这类显示器多是通过指针和刻度的相对位置来判读的,有时还要作内插估计,所以认读的精度和速度低于数字显示器。

(2) 数字显示器　指直接用数码来显示机器工作状态各参数的装置,如汽车里程表、飞机高度仪等。数字显示器的特点是,显示准确、简单,并能直接显示各参数具体的量值。因此,数字显示器使人的认读速度快、精确度高,且不易产生视觉疲劳。但是,当数值经常或连续变化时,由于没有足够长的读取时间,数字显示器不如模拟显示的指针移动式显示器好。

(3) 屏幕显示器　屏幕显示器综合了模拟显示器和数字显示器的特点,它既能显示机器工作过程中的某一特定参数和状态,又能显示其模拟量值和趋势,还能通过图形和符号显示机器工作状态及各有关参数,是一种功能综合性的信息显示装置,具有重要的用途和广泛的发展前景。

2) 视觉显示器设计的生理学基础

(1) 视野　指人在头部和眼球均不转动的情况下所能看到的空间范围。视野一般可分为常态视野和色觉视野两种。

常态视野,指人眼对黑背景上的白色物像的平均视野范围。一般以正常人两眼的综合视野来表述。图6.5中,人双眼形成的视野范围大致为一椭圆形,如图6.5(a)所示。人眼在上下方向的最大视野范围大约为 125°,即以视水平线为准,最大仰角为 50°,最大俯角为 75°,如图 6.5(b)所示。人眼在左右方向的最大视野范围以单眼计,以视中心线为准,向外侧为 100°,向内侧为 60°,两眼外侧视野范围即为最大视野范围,如图 6.5(c)所示。

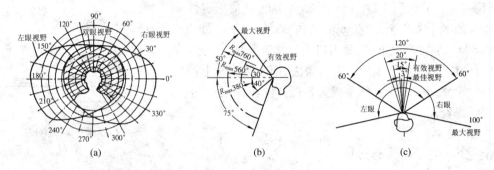

图 6.5　双眼静视野

　　色觉视野,指各种颜色在黑背景条件下,人眼所能看到的最大空间范围。由于各种颜色对人眼的刺激不同,人眼的色觉视野也不同。如图 6.6 所示,图 6.6(a)为垂直方向的视野范围,图 6.6(b)为水平方向的视野范围。由图 6.6 可见,人眼对白色的视野最大,而对绿色的视野最小。

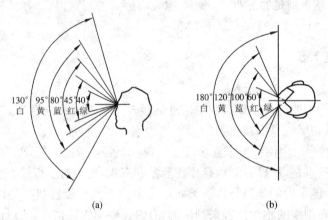

图 6.6　人眼对不同颜色的视野

　　(2) 视距　指人眼观察物体的正常距离。人眼的视野范围大致为一椭圆形,那么人眼的视距范围则大致可看成为一个放射状的空间椭球体的一部分。若忽略两眼间的距离,那么人眼的视野即为一定半径所画的空间轨迹球体。据有关研究资料记载,在观察各种显示仪表时,人眼的最佳视距半径约为 560 mm,最大视距半径约为 760 mm,最小视距半径约为 380 mm。若视距半径过大或过小,对认读速度和准确性均不利,因此,在设计时应充分注意这些方面。
　　(3) 视力　指人眼识别物体细部结构的能力,也称分辨最近距离两点的视敏度。视力一般可分为中心视力(认清物体形状的能力)、周边视力(视网膜周边部分所能感受到的范围)、夜视力(在暗处能辨别物体形状的能力)、主体视力(辨别物体大小、远近和空间立体形象的能力)和色视力(辨别各种颜色的能力)等。
　　视力的好坏与人的生理条件有关,也与被看物体周围环境有关,如亮度、对比度(物体与背景在颜色或亮度上的对比)和炫光(物体表面产生的刺眼的强烈光线)等。这些相关条件及因素在仪表刻度、指针设计及颜色匹配时都应认真考虑。

（4）人眼的运动规律　　人眼的水平运动比垂直运动快,即先看到水平方向的东西后看到垂直方向的东西,对水平方向的尺寸和比例的估计要比垂直方向准确得多。人眼的视线习惯于从左到右和从上到下运动,看圆形内的东西总是沿顺时针方向来得迅速。当眼睛偏离视中心时,在偏离距离相同的情况下,人眼对左上象限的观察力优于对右上象限,对右上象限的观察力又优于对左下象限,右下象限最差(见图6.7)。

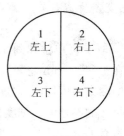

图6.7　人眼运动规律

（5）视觉适应　　参见第5.2节。

（6）视觉错　　参见第2.3节。

3）视觉显示器的设计

视觉显示器类型很多,就机械产品而言,目前应用最广的仍是指针式显示器。下面就围绕指针式显示器的有关参数介绍如下,以供设计和选用时参考。

指针式显示器是由指针和刻度的对应关系而显示机器各种状态下参数的仪表。设计或选用时,应重点考虑仪表盘形式、仪表盘大小、刻度线及分度单位、文字符号、指针形状、色彩匹配等因素。

（1）仪表盘形式

指针式仪表的表盘形式可分为圆形、直线形和其他形三类(见图6.8)。

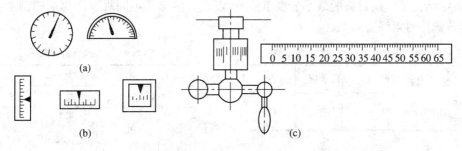

图6.8　模拟式仪表刻度盘形式

斯莱特(R. Sleight)曾就竖形、水平形、半圆形、圆形、开窗形等五种形式的刻度盘的读数误差做过调查测试,其结果如图6.9所示。

① 刻度盘的形式　　刻度盘的形状主要取决于设备的精度要求和使用要求。由图6.9可见,开窗式刻度盘为最好(同样条件下其误读率最低),以下依次是圆形刻度盘、半圆形刻度盘和水平直线形刻度盘,而竖直直线形刻度盘最差。竖直直线形仪表用于一般设备上误读率虽较高,但用于飞机的高度显示其准确率和速读率又最为有效。这是因为仪表指针的显示与飞机实际飞行高度的意义一致,概念统一且直观性强。所以仪表刻度盘形式的选用要注意其功能特点。

② 刻度盘的大小　　刻度盘大小与其标记数量和

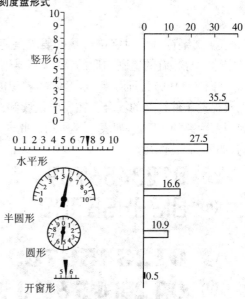

图6.9　模拟式仪表形式与误读率的关系

人的观察距离有关,一般随它们的增减而变化。这可从对圆形刻度盘的实验结果得到证实,见表6.5。

③ 分度单位和刻度线　刻度盘上各刻度线之间的距离称分度单位。分度单位的尺寸一般在 1～2.5 mm 之间选取。必要时可取 4～8 mm,但最小不得小于 0.5 mm。刻度线代表一定的测量数值,分长刻度线、中刻度线和短刻度线三种。图 6.10 给出了分度单位和刻度线最小尺寸的参考值。刻度盘上的分度单位和刻度线大小与观察距离、刻度盘大小、形状、材料等因素有关。

表 6.5　观察距离和标记数量与刻度盘直径的关系

刻度标记的数量	刻度盘的最小允许直径(mm)	
	观察距离为 500 mm 时	观察距离为 900 mm 时
38	25.4	25.4
50	25.4	32.5
70	25.4	45.5
100	36.4	64.3
150	54.4	98.0
200	72.8	129.6
300	109.0	196.0

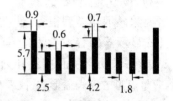

图 6.10　刻度线最小尺寸单位(mm)

表 6.6 给出了不同材料的最小分度单位值,表 6.7 给出了不同观察距离下的刻度线参考值,设计或选用时可综合参考。

表 6.6　使用下列材料时分度单位的最小值

材料名称	钢	铝	黄铜	锌白铜
分度单位(mm)	1.0	1.0	0.5	0.5

表 6.7　刻度线的长度

观察距离(m)	长度(mm)		
	长刻度线	中刻度线	短刻度线
<0.5	5.5	4.1	2.3
0.5～0.9	10.0	7.1	4.3
0.9～1.8	20.0	14.0	8.6
1.8～3.6	40.0	28.0	17.0
3.6～6.0	67.0	48.0	29.0

④ 文字符号　对字符形状的要求是简单显眼,分辨率高。因此可多用直线和尖角,突出各字体本身特有的笔画和形的特征,不要用草体和装饰。图 6.11 为数字的四种形体,图 6.11(a)和图 6.11(b)为推荐字体,形体的辨识度高。图 6.11(c)和图 6.11(d)则不太适用于读数以及视觉条件较差的场合。在便于认读和经济合理的条件下,字符应尽量大。一般字符高度为观察距离的 1/200,如表 6.8 所示。此外,还要注意照明情况和背景的亮度对字符粗细的影响,如表 6.9 所示。

(a) 0123456789

(b) 0123456789

(c) 0123456789

(d) 0123456789

图 6.11　数字字体

表 6.8　刻度盘上的字符高度

视　距(m)	字符高度(mm)
<0.5	2.3
0.5～0.9	4.3
0.9～1.8	8.6
1.8～3.6	17.3
3.6～6.0	28.7

表 6.9　不同照明条件对字符粗细的影响

照明和背景亮度情况	字　体	笔画宽：字高
低照度下	粗	1：5
字母与背景的亮度对比较低时	粗	1：5
亮度对比值大于 1：12（白底黑字）	中粗～中	1：6～1：8
亮度对比值大于 1：12（黑底白字）	中～细	1：5～1：10
黑色字母于发光的背景上	粗	1：5
发光字母于黑色背景上	中～细	1：8～1：10
字母具有较高的明度	极细	1：12～1：20
视距较大而字母较小的情况下	粗～中粗	1：5～1：6

⑤ 指针形状　指针形状要单纯、明确，不应有装饰，指针以尖顶、平尾、中间等宽或呈狭长三角形为好。图 6.12 中的几种指针形状可供设计时参考。指针长度要合适，针尖不要覆盖刻度记号，一般要离开刻度记号 1.6 mm 左右，如图 6.13 所示。圆形刻度盘的指针长度不要超过它的半径，需要超过半径时，超过部分的颜色应与刻度盘面的颜色相同。指针的颜色与刻度盘颜色应有鲜明的对比，但指针与刻度线的颜色和字符的颜色应该相同。

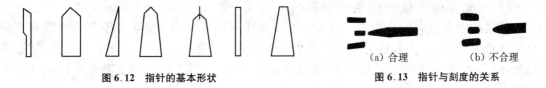

图 6.12　指针的基本形状　　　　　　　图 6.13　指针与刻度的关系

6.2.2　听觉显示器

用语言和音响来传达听觉信息的装置，称为听觉显示器。听觉显示的载体——声波，应在人耳能感知的频率范围内。如果声波超出人耳感知的频率范围，其装置则属声波传感器，例如超声波探测器和水声探测器等。这里仅介绍与人机工程设计有关的，且在工业上常用的音响报警装置的设计和选用。

1）听觉显示器的类型与特点

工业上常见的听觉显示装置有以下几种：

（1）蜂音器　声压级最低，频率也较低，它柔和地呼唤人们注意，一般不会使人紧张或惊恐，适用于较宁静的环境（50～60 dB）中。

（2）铃　它比蜂音器有较高声压级和频率，常用于具有较高强度噪声的环境中。

（3）角笛　声音有吼声（声压级 90～100 dB，低频）和尖叫声（高声强、高频）两种，常用于高噪声环境中。

（4）汽笛　声频及声强都较高，适合于紧急事态音响报警装置。

（5）报警器　声音强度大，频率由低到高，发出音调有升降，不受其他噪声的干扰，与汽笛结合能发出具有方向性的声音。此外，还有钟声等报警装置。表 6.10 是不同报警装置的强度范围和主要频率。

表 6.10　一般音响报警装置的强度范围和主要频率

使用范围	装置形式	平均声压级(dB)		可听到的主要频率 (Hz)
		距装置 2.5 m 处	距装置 1 m 处	
用于较大区域或高噪声场所	1 in* 铃	65～77	75～83	1 000
	6 in 铃	74～83	84～94	600
	10 in 铃	85～90	95～100	300
	角笛	90～100	100～110	5 000
	汽笛	100～110	110～120	7 000
用于较小区域或低噪声场所	低音蜂音器	50～60	70	200
	高音蜂音器	60～70	70～80	400～1 000
	1 in 铃	60	70	1 100
	2 in 铃	62	72	1 000
	3 in 铃	63	73	650
	钟	69	78	500～1 000

注：* 1 in=2.54 cm。

2) 听觉显示器设计的生理学基础

听觉是由声波刺激耳膜而产生的感觉，人耳能否听到声音，与发音体的频率和声强有关。正常情况下，人耳能分辨出声音的强弱、高低以及声源的方向和远近。所谓"正常情况下"是指声音传送应在人耳接受信息的生理极限范围之内。它主要涉及以下几方面内容：

（1）可听范围　通常情况下，人耳接收声波传入的途径主要是靠空气传导。即声波振动鼓膜引起外、内淋巴液振动，使基底膜细胞兴奋，经听觉神经传入中枢而感知。人耳的适宜刺激是空气振动的疏密度，人耳能感知的频率范围应在 16～20 000 Hz，其中对 500～4 000 Hz 的频率较敏感。作为音响讯号显示的频率宜选在 1 000～3 000 Hz。

（2）辨别声频能力　人耳对频率的辨别率较强，大于 4 000Hz 的频率，相差 1％就能加以区别。这是由于不同声波使基底膜上不同纤维产生共振的原因，低音使长纤维产生共振，高音使短纤维产生共振，传到大脑皮质不同部位，得出不同的音调感觉。

（3）辨别声强能力　人耳对声强的辨别力不甚灵敏，声强与人的主观感觉的响度，不是比例关系，而是对数关系。当声强增加 10 倍时，主观感觉的响度只增加 1 倍；当声强增加 100 倍时，响度只增加 2 倍，以此类推。

声强用声压级(dB)来表示。表 6.11 列出了不同环境下的声压级(dB)，表 6.12 列出了不同声压级给人耳的感觉及对人体的损伤。在设计或选用时可综合参考。

（4）辨别声音的方向和距离　人可根据声音到达两耳的强度和时间先后来判断声源的方向。对高音是根据声强差、对低音是根据时刻差来判断声音的方向。判断声音的距离，主要靠人的主观经验。实验表明，人耳对声音的辨别能力是，左右方向的声源易辨认，前后方向的声源不易辨认。当强度相同的两个听觉信息同时输入时，听者对所要听的一个信息的觉察力将降低 50％。若两个听觉信息输入有先后，则听者可能辨认先到的信息。当两个听觉信息强度明显不同时，不管它们出现的先后，听者将辨认其中较强的一个。

表 6.11 某些环境的声压与声压级

环 境	声压(Pa)	声压级(dB)	环 境	声压(Pa)	声压级(dB)
刚能听到的微音	0.000 03	0	在公共汽车上	0.2	80
心脏跳动	0.000 063	10	急行火车	0.63~2.0	90~100
树叶沙沙声	0.000 2	20	冲床附近	2	100
轻声耳语	0.000 63	30	锻造车间	0.63~63	90~130
图书馆	0.002	40	大炮声	20	120
安静办公室	0.006	50	喷气飞机(距5 m处)	200	140
普通交谈	0.02	60	火箭、导弹	>200	>140
繁华街道	0.063	70			

表 6.12 声压级与人耳感觉

声压级(dB)	对人体的影响	人耳主观感觉	声压级(dB)	对人体的影响	人耳主观感觉
0	安全	刚能听到	90~100	听觉慢性受损	很吵闹
10~20	安全	很安静	110~120	听觉较快受损	痛苦
30~40	安全	安静	130~140	其他生理受损	很痛苦
50~60	安全	一般可以	150~160	其他生理受损	听觉损伤
70~80	安全	吵闹			

(5) 听觉的适应和疲劳 在声音连续作用的过程中,听觉敏感度会随着时间的延长而降低,这叫做"听觉适应"。若声强不大,作用时间又不太久,一般在声刺激停止后的 10~20 s,听觉敏感度就会恢复到原来的水平。若声强很大,作用的时间很长,就不仅是听觉适应问题,还会引起听觉疲劳。听觉疲劳后,要经过几小时,直至几天,才能恢复听觉敏感度,严重的甚至引起听力减退或丧失。

(6) 声的掩蔽效应 强的声音可以掩盖另一个弱的声音,尽管弱的声强远远超过听阈,但仍然听不见。对于两个音调接近的声音,人耳所能听到的不是两种频率的声音,而是被低频调制了的单频声音。所谓调制频率,就是原来两种频率之差。上述现象叫做"掩蔽"。一个声音的听阈因另一个声音的掩蔽作用而提高了的现象叫做"掩蔽效应"。例如,听觉正常的人,在嘈杂的环境中谈话,就会因此而变成"准耳聋";在冲压车间或纺织车间内很难听清他人讲的话。图 6.14 所示为 6 种声波掩蔽效应曲线。由图 6.14 可知,在 200 Hz、400 Hz、800 Hz 等不同频率,强度分别为 100 dB、80 dB、60 dB、40 dB、20 dB 的纯音作掩蔽声时,其他纯音要被听到所应具有的听阈值。例如图 6.14(b),400 Hz、60 dB 的掩蔽声所形成的效应曲线。可以看到 1 200 Hz纯音若要被听到,其声压级要高于 29 dB。掩蔽声去掉之后,掩蔽效应并非立即消除,而是需要一定的恢复时间,这种现象叫做"残余掩蔽"。声音的掩蔽现象,对听清语言有严重妨碍,当环境声的声级超过说话声级 10~15 dB时,必须全神贯注才能听清说话内容,随着环境声级的提高,语言的清晰度也逐渐降低。

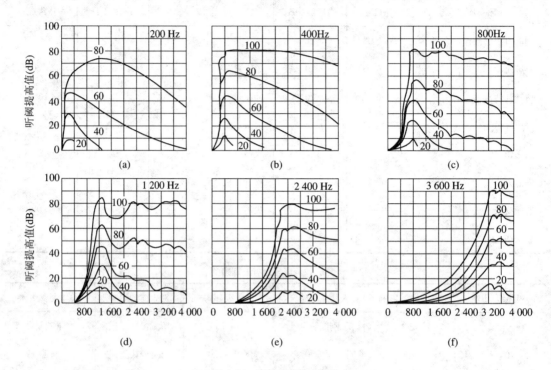

图 6.14　声的掩蔽效应曲线

3）听觉显示器设计

听觉显示器具有反应快、方向无限制的特点,当用语言通话时,应答性良好,故被广泛利用。听觉信号具有强迫注意的性质,所以特别适合于报告紧急情况。当操作者分心时,它可以随时提醒其注意,保持警觉性。听觉通道传递简单的和短促的信息效果较好,而视觉通道用于传递复杂和较长的信息效果较好。如果把视觉信号与听觉信号结合起来,那么信号觉察率还要高得多。实验研究表明,听觉反映正确率为 91%;视觉反映正确率为 89%;两者同时输入时,反映正确率为 95%。

（1）选择听觉显示的要求

① 视觉显示装置过多或视力负担过重,且又允许用听觉显示装置来代替时,可选用听觉显示。如现代飞机上使用的无线电导航设备,就是一种听觉显示器。它由两道互成直角的定向无线电射束产生信号,一道射束发送以字母 A 为代表的莫尔斯电码(短线—长线),另一道射速发送以字母 N 为代表的电码(长线—短线)。如果飞机在射束上或正好在两道交叉束之间飞行,就会产生信息,发出平稳的音调。如果飞机向左或向右偏离航向太远,就会听到 A 或 N 的嘶嘶声,而听不到平稳的音调。

② 信息超出视觉感知的最佳范围或需要提醒操作注意的场合。听觉信号具有引起不随意注意的特点和容易传递言语信息的优点,因此在设计听觉显示器时必须考虑言语联系这一重要的中介工具。例如,在机器上用一段言语录音来代替文字信号,当出现故障时,从扩音器向操作者反复报告:"××部件发生故障。"在操作中也可以利用言语信号来指挥,其效果不亚于视觉显示。

③ 某些重要信息需加强的场合,可将听觉显示器与视觉显示器同时作用,组成视听双重报警信号,以防重要信息漏脱。表 6.13 列出视觉和听觉感受信息特点比较,可供综合参考。

表 6.13 视觉和听觉感受信息特点比较

比较内容	听 觉	视 觉
接 收	无须直接探索	需要注意和定位
速 度	快	慢
顺 序	最容易保留	容易失去
紧 急 性	最容易体现	难以体现
干 扰	受视觉影响小	受听觉影响大
符 号	有旋律的、语言的	图形的、文字的
灵 活 性	可塑性最大	有可塑性
适 合 性	时间信息优势 有节奏的资料 警戒信号	空间信息优势 已存储的资料 常规多通道核对

④ 噪声环境下一般不宜单独采用听觉显示。若必须采用时,可将声频与声强超出或明显有别于噪声。

（2）听觉显示器的音响选择范围

① 音响信号必须保证使位于信号接收范围内的人员能够识别,并按照规定的方式作出反应。因此,音响信号的声级必须超过听阈,最好能在一个或多个倍频范围内超过听阈 10 dB 以上。

② 音响信号必须易于识别,特别是在有噪声干扰的情况下,音响信号必须能够明显地听到,并可与其他噪声和信号区别,因此,音响传达和报警装置的频率选择应在噪声掩蔽效应最小的范围内。例如,报警信号的频率应在 500～3 000 Hz。其最高倍频带声级的中心频率与干扰声中心频率的区别越大,该报警信号就越容易识别。当噪声声级超过 110 dB 时,最好不用声信号来做报警信号。

③ 为引起人注意,可采用时间上均匀变化的脉冲声信号,脉冲重复频率不低于 0.2 Hz 和不高于 5 Hz,脉冲持续时间和脉冲重复频率不能与随时间周期性起伏的下扰声的脉冲持续时间和脉冲重复频率重合。

④ 报警装置最好采用变频的方法,使音调有上升和下降的变化。例如紧急信号,其基频应在 1 s 内由最高频（1 200 Hz）降至最低频（500 Hz）,然后消失,再突然上升,以便再次从最高频降至最低频。这种变频声可使信号变得特别刺耳,可明显地与环境噪声和其他声信号相区别。

4）信号灯设计

信号灯是用光信号产生信息,并通过人的视觉通道传递信息的发光型装置,其设计必须符合视觉通道的要求,以保证信息传递的速度和质量。与视觉密切相关的是信号灯的亮度,强光信号比弱光信号易于引起注意,因此,若要吸引操纵者的注意,则其亮度至少两倍于背景的亮度,同时,背景以灰暗无光为好。作为警戒、禁止、停顿或指示不安全情况的信号灯,最好使用红色;提请注意的信号灯用黄色;表示正常运行的信号灯用绿色;其他信号则用白色或别的颜色。表6.14所列的是当前用于我国电工成套装置中的指示灯颜色。

表6.14　指示灯的颜色及其含义

颜　色	含　义	说　明	举　例
红	危险或告急	有危险或须立即采取行动	(1) 润滑系统失压; (2) 温升已超(安全)极限; (3) 有触电危险
黄	注　意	情况有变化,或即将发生变化	(1) 温升(或压力)异常; (2) 发生仅能承受的短时过载
绿	安　全	正常或允许进行	(1) 冷却通风正常; (2) 自动控制运行正常; (3) 机器准备启动
蓝	按需要指定用意	除红、黄、绿三色之外的任何指定用意	(1) 遥控指示; (2) 选择开关在"准备"位置
白	无特定用意	任何用意	作正在"执行"用

闪光信号较之固定光信号更能引起注意,常用于下列情况:① 引起操纵者进一步注意;② 需要操纵者立即采取行动;③ 反映不符指令要求的信息。此外还可用作速度的快慢或情况紧急的指示。

信号灯的形象最好能与其所代表的意义有逻辑上的联系。如用"⇨"代表方向;用"×"或"⊖"表示禁止;用"!"表示警觉或危险;用较快的频率表示快速度;用较慢的频率表示慢速度等。

信号灯应安设在显眼的地方,特别是性质重要的信号灯要置于最佳视区内,可分散装置在仪表盘上,也可集中在一起,用标识牌标出信号灯的性质和所属位置,以供操纵人员及时准确地掌握生产过程的情况或产生故障的具体位置。

6.2.3　触觉通道显示

1) 触觉特征

在操作过程中,接触是人的动作的基础,尤其是在不能用视觉作出判断的情况下。例如在黑暗中,动作须以触觉为依据而进行。触觉与视觉、听觉相比,具有以下特征:

(1) 敏感度随部件而异,并与温度感觉、痛觉有关,因此,触觉判断是综合性的。

(2) 适应迅速,当手(或身体其他部位)接触到物体时,能够根据判断立即转为操作。

(3) 有立体感,可以感知物体的长度、大小、形状等。

触觉显示是根据物体表面的不同形状和肌理,并多与视觉、听觉等配合而形成的一种综合显示。它是人机系统信息交换中不可缺少的一环。如飞机上各种操纵杆的功用就是利用触觉显示而使人感知的。再如盲文,就是利用凸凹点进行组合,盲人通过触摸而感知信息,进行"阅读"。

2)形状编码

对不同用处的控制器,设计成多种多样的形状,通过触觉感知而作出操作判断,常称为形状编码。图 6.15、图 6.16 所示各种手柄和旋钮,由于形状结构不同,操作者即能通过对不同形状的触觉而感知其不同的用途。利用触觉显示传递信息因受生理条件所限,其信息传递量远不如视觉和听觉多。在工业产品显示器设计中只能作为辅助和补充的手段。

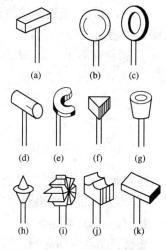

图 6.15　操作杆握柄的形状编码

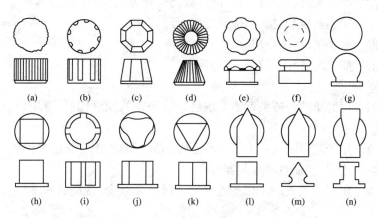

图 6.16　旋钮的编码

3)对使用触觉通道的建议

(1)对形状知觉而言,触觉的精确度低于视觉,且分辨时间较长,并有可能导致错误结果,有一定的局限性,只适用于视觉通道负荷过重的情况下,用以减轻视觉通道的负荷。能被触觉辨认的客观物体,除应有一定形状外,还应有一定大小,能被手指触及,同时物体的形状应有利于保持清洁,不易沾染灰尘。

(2)无论是几何形状、数字还是拉丁字母外廓,都应是立体的。

(3)若有可能,在系统设计时,同样功能的控制器应固定在以操作者躯干为参考系的同一方位,以减少操作者的思索,从而提高工效。

(4)除了一些禁止随便乱动的控制器(如事故紧急制动装置)外,控制器的形状和大小应适合操作者的操作,使操作者感到舒适和使用方便。

(5)如果按钮(或其他控制器)不能通过视觉通道立即发现和找到,而需通过触摸觉感知,且主要是利用触觉通道,那么按钮之间应有一定间距,以免互相混淆。垂直排列的控制器应相距 120 mm,水平排列者应相距 200 mm。

(6)如有可能,每个控制器在面板上的位置应适合大多数操作者的心理和使用习惯。例如,水平排列的按钮,停止键应装在人的左手边;垂直排列的按钮,启动键应装在下面等。

(7) 控制板在机器上的位置,应保证对按钮(旋钮、开关等)的操作符合操作者手的生理解剖特点(如手指适于向前,手掌适于向下)。按钮方向指示(如左—右)对手来说应很明确(如掌心向下,拇指在右手左边;掌心向上,拇指在右手右边等)。

6.3 控制器设计

6.3.1 控制器的类型

控制器是指人通过某种装置操纵控制一台机器或一个设备系统的专用机具。控制器类型很多,分类方法也不尽相同。一般来说,常见的分类方法有以下几种:

1) **按运动方式分**

旋转控制器   如曲柄、手轮、旋塞、旋钮、钥匙等。

摆动控制器   如开关杆、调节杆、杠杆键、拨动式开关、摆动开关、踏板等。

按压控制器   如钢丝脱扣、按钮、按键、键盘等。

滑动控制器   如手闸、指拨滑块等。

牵拉控制器   如拉环、拉手、拉圈、拉钮等。

2) **按功能分**

开关控制器   用简单的开或关就能实现启动或停止的操纵控制,常用的有按钮、踏板、手柄等控制器。

转换控制器   用于把系统从一个工作状态转到另一个工作状态的操纵控制,常用的有手柄、选择开关、选择旋钮、操纵盘等控制器。

调整控制器   用于使系统的工作参数稳定地增加或减少,常用的有手柄、按钮、操纵盘和旋钮等。

紧急停车控制器   用于要求在最短时间内产生制动效果,启动要十分灵敏,具有"一触即发"的特点。所用的控制器与开关控制器基本相同,但此类控制器,无论是在仪表盘上还是在控制台上,都不宜与开关控制器布置在一起,以免紧急操作时发生混乱。

3) **按人体操作部位分**

手动控制器   凡是用手操作使用的装置都属手动控制器,如各种旋钮、按键、手柄、转轮等(见表6.15)。

脚动控制器   凡是人用脚操纵的装置都属于脚动控制器,如脚踏板和脚踏钮等(见表6.16)。

表 6.15 手操纵的控制器类型

手 握 方 式		手 握 方 式	
名　称	示意图(举例)	名　称	示意图(举例)
手指接触		三指捏住	
手接触		手抓住	
双指捏住		手握住	

表 6.16 脚操纵的控制器类型

脚 踏 方 式	
名　称	示意图(举例)
整个脚踏	
脚掌踏	
脚掌或脚跟踏	

6.3.2 控制器设计的生物力学基础

1）手操纵力

手操纵力的大小与人体姿势、着力部位、用力方向和用力方式都有关系。在设计控制器时，操纵力所依据的指标应当低于一般人的力量水平，而按照力量较弱的人的水平进行设计。这样，在紧急情况下才不致因为负荷大而影响操纵动作。当然，也不是用力越小越好。如果操纵杆丝毫没有阻力，就很容易被碰移，而且操纵时，操作者不能从动作中感觉出操纵量的大小，从而影响操作的准确性。

（1）坐姿操纵时的手操纵力　手臂操纵力的一般规律是：左手的力量小于右手；拉力大于推力；手臂处于侧下方时，推、拉力量都较弱；手臂处于正下方时，其向上和向下的力量都较大，且向下的力量大于向上的力量（见图 6.17）。图中 6.17 不同角度和方向的操纵力数值参见表 6.17。

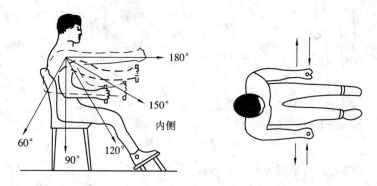

图 6.17　手臂的操纵力测试图

表 6.17　手臂在不同角度和方向上的操纵力(N)

手臂的角度	拉　力		推　力	
	左　手	右　手	左　手	右　手
	向　后		向　前	
180	230	240	190	230
150	190	250	140	190
120	160	190	120	160
90	150	170	100	160
60	110	120	100	160
	向　上		向　下	
180	40	60	60	80
150	70	80	80	90
120	80	110	100	120
90	80	90	100	120
60	70	90	80	90
	向内侧		向外侧	
180	60	90	40	60
150	70	90	40	60
120	90	100	50	70
90	70	80	50	70
60	80	90	60	80

(2) 站姿操作时的手操纵力　图 6.18 为站立操作姿势时,手臂在不同方位角度上的拉力和推力。从图 6.18 可知,手臂的最大拉力产生在肩的下方 180°和肩的上方 0°的方向上。同样,推力最大的方向是产生在肩的下方 180°和肩的上方 0°方向上。所以,以推拉形式操纵的控制装置,安装在这两个部位时将得到最大的操纵力。图 6.18 中还为站姿操作的把手设计提供了适宜的设计参数。

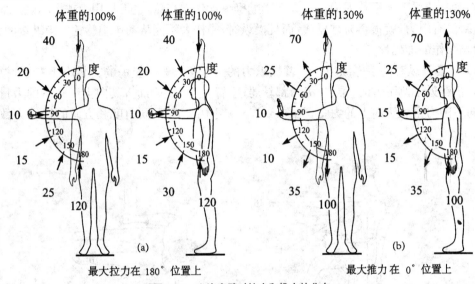

图 6.18　立姿直臂时拉力和推力的分布

(3) 握力　一般人的右手握力约 380 N,左手握力约 350 N。但是,一般青年男子右手瞬时最大握力有 560 N,左手有 430 N。握力与手的姿势和持续时间有关,当持续一段时间后,握力显著下降,如保持 1 min 后,右手平均握力约 280 N,左手约 250 N。

(4) 拉力和推力　在站姿手臂水平向前自然伸直的情况下,男子平均瞬时拉力为 703 N,女子平均瞬时拉力为 386 N(见图 6.19)。当手作前后运动时,拉力(向后)要比推力(向前)大[见图 6.19(a)]。瞬时最大拉力可达 1 100 N,连续操作的拉力最大约 300 N。当手作左右方向运动,则推力大于拉力,最大推力约 400 N[见图 6.19(b)]。

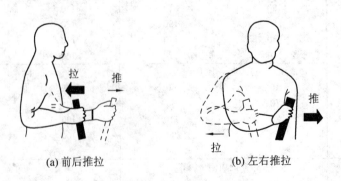

图 6.19　推力和拉力

(5) 扭力　图 6.20 为双臂作扭转的三种不同操作姿势。直立操作时平均扭力男子为(389 ±130)N,女子为(204±80) N;屈身操作时平均扭力男子为(555±249) N,女子为(272

±141) N;弯腰操作时男子为(962±342) N,女子为(425±200) N。

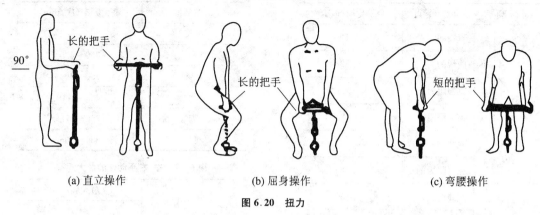

(a) 直立操作　　　　　　　　　(b) 屈身操作　　　　　　　　　(c) 弯腰操作

图 6.20　扭力

2) 脚操纵力

脚出力的大小,与人的姿势、脚位置和方向有关。下肢伸直时的脚力大于弯曲时的脚力。坐姿有靠背支撑时,脚出力最大。立姿时脚的出力比坐姿时的出力大。一般坐姿时,右腿最大蹬力平均可达 2 620 N,左腿为 2 410 N。据测定,膝部伸展角度在 130°～150° 或 160°～180° 时,腿的蹬力最大。脚处于不同位置上所产生的最大蹬力见图 6.21。在坐姿的情况下,脚的伸出力大于屈曲力,见表 6.18。

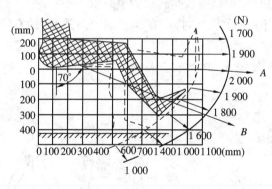

图 6.21　脚的蹬力

表 6.18　脚的操纵力比较

脚　别	屈曲力(N)		伸出力(N)	
	男	女	男	女
右　脚	338	239	488	351
左　脚	305	213	430	305

3) 人的操纵速度和频率

在操纵控制装置设计中,根据人体动作选择不同的运动轨迹,对于准确灵活地操作具有重要意义。确定动作的运动轨迹时应综合考虑动作速度和动作频率这两个基本因素。表 6.19 给出了操作者各部位每动作一次所需的平均时间,可用这些数据说明动作速度的大小。表 6.20 给出了人体各部位动作的最大频率,它是以每分钟最多动作的次数来计算的。表 6.21 给出了两只手不同动作时,每秒钟所能达到的最大频率。

表 6.19　人体各部位动作一次所需的平均时间

动作部位		动 作 特 点	最少平均时间(s/次)
手	抓取	直线的	0.07
		曲线的	0.22
	旋转	克服阻力	0.72
		不克服阻力	0.22
脚		直线的	0.36
		克服阻力的	0.72
腿		直线的	0.36
		脚向侧面的	0.72~1.45
躯干		弯曲	0.72~1.62
		倾斜	1.26

表 6.20　人体各部位动作的最大频率

动作部位	最大频率(次/min)
手指	204~406
手	360~430
前臂	190~392
臂	99~344
脚	300~378
腿	330~406

表 6.21　左、右手动作的最大频率

动作种类	最大频率	
	右手	左手
旋转(r/s)	4.8	4.0
推压(次/s)	6.7	5.3
打击(次/s)	5~14	6.5

　　值得指出的是,操作者的操作速度和频率还与操纵机构的形状、大小以及持续操作时间等因素有关,表 6.22 给出了最大转动频率和手柄长度之间的关系。由表 6.22 可看出,手柄长度为 60 mm 时,最大转动频率可达到最高。除此以外,手柄越长则转动频率越低。

　　图 6.22 表示手操作时合理的轨迹范围。当一只手操作时,应在水平面内向外 60°的直线方向[见图 6.22(a)];两只手同时操作时,应在水平面内两侧分别约 30°的直线方向[见图 6.22(b)];若用于精确调整,则以沿中轴线方向为好[见图 6.22(c)]。

表 6.22　手柄与转动频率之间的关系

手柄长度(mm)	最大转动频率(r/min)
30	26
40	27
60	27.5
100	25.5
140	23.5
240	18.5
580	14

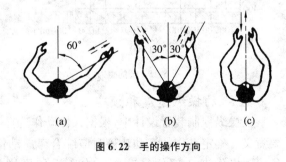

图 6.22　手的操作方向

6.3.3　控制器设计

1) 手动控制器

　　人的手部是感知触觉信息的主要部位,也是操作、使用产品的主要部位。因此,手的结构尺寸、活动范围(也称控作空间)以及施力等因素是设计手动控制器的主要依据。

　　(1) 人的上肢及手的活动范围

　　人的上肢活动范围的测定,是以人的站点固定不动,以肩关节为圆心,手臂长为半径所划出的球面形空间。若两臂同时活动,则其空间范围即为一个近似的椭球体(见图 6.23)。图中阴影区是推荐的最佳活动范围。

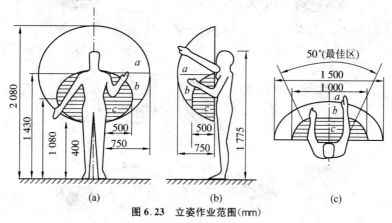

图 6.23 立姿作业范围(mm)

手在空间的最大作业范围一般定为,以减去手掌长度后的手臂为半径所画的圆弧范围。凡在这个范围内布置作业,一般均可保证人作业时,能很好地抓握操纵控制器和进行其他工作。图 6.24 是手掌活动范围的两视图,图 6.25 给出的是正常人的手部结构尺寸。

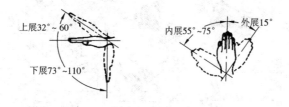

图 6.24 手掌活动范围

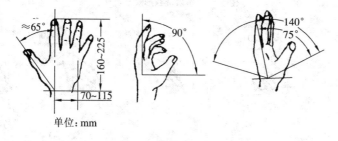

图 6.25 手部结构及活动范围

(2) 手动控制器的造型尺度

控制器的设计与选用,必须使操作状态与人的手部尺度相适应,才能达到使用效率最高。根据有关实验研究成果,提供一些有关参数,以供设计和选用时参考。

① 旋钮 旋钮是用手指捏住拧转来实现控制的。根据功能要求,旋钮可以旋转一圈(360°)。一圈以下或不满一圈,可以连续多次旋转,也可以定位旋转。旋钮的形状可分为圆形旋钮、多边形旋钮、指针形旋钮和手动转盘等,其中圆形旋钮是最常用的(见图 6.26)。圆形旋钮还可做成两个或三个同心层旋钮,但要设计得当,否则操作时容易产生上下层旋钮的无意碰触干扰(见图 6.27)。图 6.28 给出了按操纵力要求的旋钮设计尺寸,可供设计选用时参考。

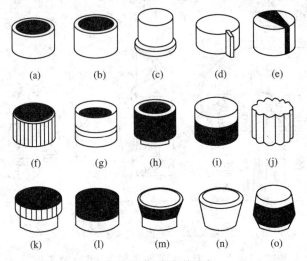

图 6.26　常见旋钮的形式

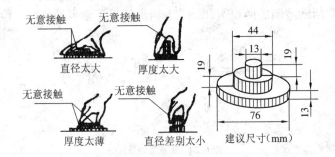

图 6.27　多层旋钮形式及尺寸

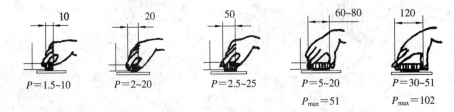

图 6.28　旋钮尺寸与操纵力

(1) 两位数字表示最有利和最大的值　(2) 尺寸单位:mm;力的单位:N

② 按键　按键是用手指按压进行操作的。一般按键突出盘面高度为 5~12 mm,升降行程为 3~6 mm,键与键的间隙不小于 0.6 mm。

按键的颜色应根据其功能决定:表示停止、断电或发生事故的按键应为红色;启动或通电的按键,应优先用绿色,不能用绿色时,允许用白灰或黑色键;按下为开,抬起为停或进级的,优先用黑色键,忌用红色键。按键设计一般应避免图 6.29 所示的几种情况。

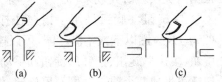

图 6.29　按键设计应避免的情况

③ 操纵杆 操纵杆是手握住进行操作的。人的手部握柄,主要是靠手的屈肌和伸肌的共同协作。由图6.30可看出,掌心部位肌肉最少,指球肌,大、小鱼际肌的肌肉最丰富,是手部的天然减震器。因此,在设计操纵杆手柄时(尤其是振动性强的手柄)要防止形状丝毫不差地贴合于手的握持空间,尤其是不能贴紧掌心。如果掌心长期受振,很容易引起生理疲劳,甚至引起痉挛。表6.23给出了操纵杆的型式及相关尺寸,可供设计时参考。

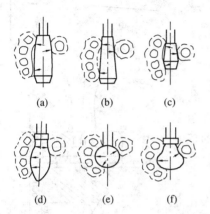

图6.30 操纵杆握杆与手掌的关系

表6.23 操纵杆的尺寸

操纵杆	型式	建议采用的尺寸(mm)
D	一般	22~32(不小于7.5)
D	球形	30~32
L S	扁平形	S不小于5

④ 曲柄(也称摇把) 曲柄具有快速回转和连续调节的特点,一般用于需要较大控制力操纵的控制器。曲柄的直径一般为25~75 mm,曲柄的长度愈大,旋转半径就越大,即占据的操作空间也大。表6.24给出了手轮及曲柄的有关尺寸及使用特点,可供设计时参考。

表6.24 手轮及曲柄的尺寸

手轮及曲柄	应用特点	R(mm)
R R	一般转动多圈	20~51
	快速转动	28~32
	调节指针到指定刻度	60~65
	追踪调节用	51~76

⑤ 手轮 手轮的功用相当于双手操作的旋钮,若将手轮按上握把,其功用与曲柄类同(见图6.31)。因此,从总体上看,手轮和曲柄具有某些相似的特点和适宜使用的场合。它们的主要区别在于一个是以双手操作为主,一个则以单手操作为主。一般来说,手轮的转轮宜取直径在150~250 mm,握把的直径宜取在20~50 mm。单手的操纵阻力为20~130 N,双手的操纵阻力可适当加大,但最大不宜超过250 N。

⑥ 拨动开关 一般用于快速接通、断开和快速就位的场合(见图6.32)。拨动开关的操作力推荐为2~5 N,用手指操作时最大用力为12 N左右,用全手操作时的最大用力为21 N左右。为了迅速可靠地识别拨动手柄的动作位置,可把它的一半涂上颜色,或用特殊的记号或字母来表示各种动作的位置。

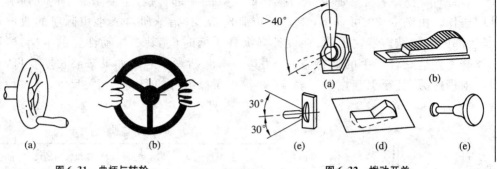

图 6.31　曲柄与转轮　　　　　　　图 6.32　拨动开关

2) 脚动控制器

在操作过程中,一般在下列情况时考虑选用脚控制器:需要连续进行操作,而用手又不方便的场合;无论是连续性控制还是间歇性控制,其操纵力超过 50~150 N 的情况;手的控制工作量太大,仅用手控制不足以完成控制任务时。

(1) 人的下肢及脚的活动范围

人的下肢活动范围分立姿和坐姿两种情况。由于人在立姿状态下操作时,下肢要承受全身的重量,并要保持人体的平衡和稳定,所以只能用一只脚操作。相比之下,坐姿显然要优于立姿。图 6.33 和图 6.34 分别列出了立姿和坐姿状态下肢和脚的范围和尺寸,可供设计时参考。

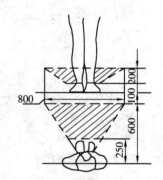

图 6.33　立姿状态下脚操作
适宜范围(mm)

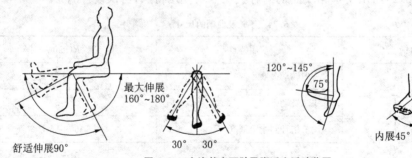

图 6.34　坐姿状态下肢及脚适宜活动范围

(2) 脚动控制器的造型尺度

脚动控制器主要有脚踏板和脚踏钮两类。在设计和选用脚动控制器时,首先要确定人的操作姿势。一般来说,在立姿和坐姿的选择中应尽量采用坐姿。因为坐姿状态下人体容易保持平衡,而且容易出力。用于精确操作时,坐姿显然优于立姿。若采用坐姿操作时,还要进行单脚操作或双脚操作的综合权衡,进而确定脚动控制器的形式。

① 脚踏板　脚踏板可分为双脚操作和单脚操作两种。双脚操作的脚踏板主要有往复式和旋转式两种形式(见图 6.35)。单脚操作的脚踏板主要有脚踏式和脚踩式两种(见图 6.36)。

图 6.37 列出了立姿、立坐姿交替和坐姿操作时的脚踏板设计参数,可供设计和选用时参考。

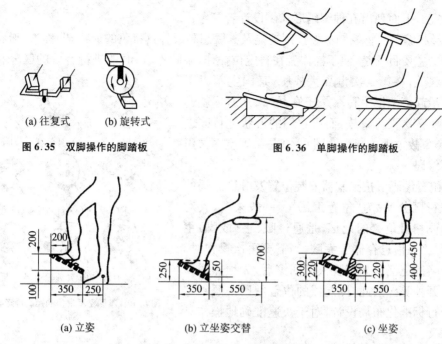

(a) 往复式   (b) 旋转式

图 6.35 双脚操作的脚踏板

图 6.36 单脚操作的脚踏板

(a) 立姿   (b) 立坐姿交替   (c) 坐姿

图 6.37 不同操作姿势下脚踏板的参考尺寸(mm)

在用力大小、速度和准确度方面,一般人的右脚都优于左脚。但是,对于操作频繁、容易疲乏,且不是很重要的操作,应考虑两脚能交替操作。当操纵力过大时,工作座椅也应作相应改动,见图 6.38。表 6.25 给出了脚操纵控制器适宜的用力参考数值。

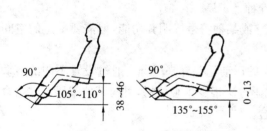

图 6.38 大操纵力下座椅的参考尺寸(mm)

表 6.25 脚操纵器适宜用力参考数值

脚操纵器	用力值(N)
脚休息时脚踏板的承受力	18~32
悬挂的足蹬	45~65
功率制动器	≤68
离合器和机械制动器	≤136
离合器和机械制动器的最大蹬力	273
方向舵	726~1 814
可允许的足蹬力最大值	2 268
创纪录的足蹬力最大值	4 082

② 脚踏钮 是替代手动按钮的一种脚动控制器,如图 6.39 所示。脚踏钮的主要功用一般仅限于开或关的简单操作程序。由于脚踏钮尺寸较小,在盲踏场合不易踏准,因此仅限于操作空间过小不宜采用脚踏板的情况下使用。在大多数情况下,脚踏钮已被脚踏板取代。如牙科医生使用的磨牙器开关,即是仅完成开或关的简单操作程序的脚动控制器。

3) 控制器的编码设计

随着机器设备日趋复杂,控制器的数目及形式也相应增多,为了保证快速、准确地进行操作,人机学者对控制器的编码问题也进行了卓有

图 6.39 脚踏钮

直径:50~80 mm;
位移:12~60 mm

成效的研究。下面列出五种编码形式供设计者参考：

（1）形状编码　将控制器按控制功能及其联想制成各具特色的形状，即称为"形状编码"。形状编码的主要目的是，便于操作者在盲定位操作（眼睛不看）时能进行有效的区分和准确定位。据资料载，在第二次世界大战中，某国空军由于飞行员混淆起落架把手和襟翼开关，在 22 个月内就连续发生了 457 次飞行事故，而将它们的形状进行改进之后，这类事故才大为减少。图 6.40 是某国空军常用的控制器编码。

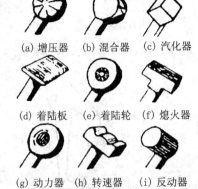

（a）增压器　（b）混合器　（c）汽化器

（d）着陆板　（e）着陆轮　（f）熄火器

（g）动力器　（h）转速器　（i）反动器

图 6.40　某国空军常用的控制器形状编码

（2）位置编码　按控制器安装位置及分区布局的不同来进行区分，称为"位置编码"。一般来说，人对于空间物体相对位置的记忆，是通过眼、手（或脚）主动感知，并将该信息存储于大脑，当需要再次操作时，大脑就会唤起记忆。如夜晚人们回家后，无须照明即可打开灯开关等。因此，控制器的位置编码按照一定的规律进行标准化布局设计，对于快速准确地操作具有重要意义。

（3）大小编码　根据控制器的功能要素将控制器的形状作长度、面积、体积等因素的区分，称"大小编码"。一般来说，较大的长度比较小的长度给人的感知信息要更准确些。有些学者研究发现，手在水平方向的运动与在垂直方向的运动相比较，往往会在垂直方向导致高估。因此提出控制器垂直排列时，间距以 12 mm 为好；当水平排列布置时，其间距就需要更大一些。

（4）颜色编码　控制器的颜色编码一般不能单独使用，要与形状等编码合并使用。颜色只能靠视觉辨认，并且只有在比较好的照明条件下才不致被误认，所以使用范围受到限制。用于控制器编码的颜色一般只是红、黄、橙、蓝、绿五种。

（5）标号编码　在控制器上或其侧旁，用文字或某种符号标明其功能，但需要一定的空间和较好的照明条件，并要求标号简明易辨。

（6）操作方式编码　通过操作控制器的动作的运动觉差异来区分。通过设置不同的运动方向，移动量和阻力等有效区分控制器。这种编码方法很少单独使用，可与其他编码方式组合使用。不能用于时间紧迫或准确度高的控制场合。

6.4　工作台设计

6.4.1　工作台的基本类型

工作台一般由面板和支承部分构成。根据组合形式不同，一般可分为桌式工作台、柜式工作台和平台式工作台三种。

1）桌式工作台

桌式工作台是常见的工作台，它包括各种办公桌、课桌、微机操作台及各类服务性柜台等（见图 6.41）。桌式工作台的特点是结构简单，视野开阔，采光好，桌面上可任意组放各类供操作使用的物品。桌面下方可根据需要任意组合分割出供储备的使用空间。桌式工作台的桌面一般多做成水平的,也可根据需要做成带 10°～20°倾角的斜面。因为桌式工作台在使用时多采用坐姿,所以,在设计和选用时必须充分考虑工作座椅的配套问题。

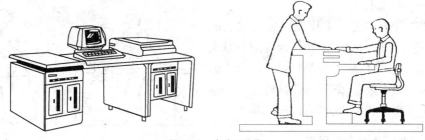

图 6.41 桌式工作台

2) 柜式工作台

柜式工作台是指控制器和显示器均固定安装在面板上的专用工作台。按工作台面板组合形式的不同,一般又可分为直柜式工作台、弯折式工作台和弧面形工作台等。

(1) 直柜式工作台 该形式工作台的支承部分多是一字形排列的箱柜,台面由几块面板按 平面、竖面或斜面组合而成。其特点是台面沿横向尺寸较大,既可单件使用,又可多件组合使用;既可一人操作,又可供多人同时操作(见图 6.42)。

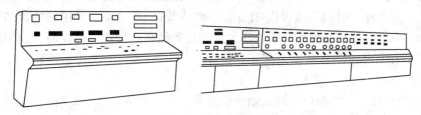

图 6.42 直柜式工作台

(2) 弯折式工作台 该形式工作台是在直柜式工作台的基础上演变而成的。即根据需要把直柜式工作台的左、右两边各弯折一次,形成三面相交的形式。其基本要求是,弯折后各面板的中心距人眼的垂直距离应大致相等,并保证在最佳视野范围内(见图 6.43)。

弯折式工作台的特点是,各面板与人眼和手、脚的距离基本相同,观察效果好且操作较为方便。其高度可根据需要而定,当无须观察和监视工作台以外情况时,可高于操作者的视平线,反之则应低于操作者的视平线。

(3) 弧面形工作台 该形式工作台是在弯折式工作台基础上的进一步变形(见图 6.44)。弧面形工作台的特点是,弧面上布置的各显示器与操作的视距相等,观察时不需调节视距,因而准确、便捷。各控制器与人肢体活动距离一致,因而操作较为方便、快捷。若不需观察和监视台外情况,还可做成球面形。

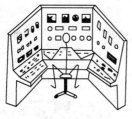

图 6.43 弯折式工作台

图 6.44 弧面形工作台

柜式工作台的操作一般多采用坐姿或站、坐姿。因此在设计时必须充分考虑不同操作姿势的座椅配套问题,同时还应充分考虑到容膝空间问题。

3) 平台式工作台

平台式工作台多见于工厂里供施力加工的工作台,如钳工操作台和木工操作台等。平台式工作台的特点是,结构较为简单且敦实。由于该形式工作台多用于施力加工,因此其造型尺度也不同于桌式工作台和柜式工作台(见图6.45)。

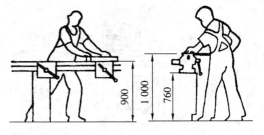

图6.45　平台式工作台(mm)

6.4.2　工作台的造型尺度

1) 操作姿势的选择

人的任何操作动作都是在一定姿势下进行的。姿势不同,肢体活动的空间范围也不同,因此工作台的造型尺度也不同。一般来说,人在工作台上的操作姿势多为立姿、坐姿或立坐姿交替三种。

据测定,人立姿作业的能量消耗约为坐姿操作的1.6倍,若上身倾斜操作时可高达10倍。另外,坐姿操作的准确性通常高于立姿。所以,在工作条件允许的情况下,作业姿势应尽可能地采用坐姿。对于作业时间持续较长,操作精度要求较高,需要手脚并用的场合,更应优先选用坐姿操作。只有在手或脚操作时需要较大空间且要经常改变操作体位的,或没有容膝空间而使坐姿操作有困难的情况下,才宜采用立姿操作。

2) 桌式工作台的造型尺度

桌式工作台一般分为操作型、装配型和服务型三种。其基本操作姿势多为坐姿。

(1) 操作型工作台　其基本特点是,台面上供操作用的各种装置相对固定安放,人在台上仅完成某些操作动作。如微机操作台等。通常情况下,这类操作台的台面应做成水平面向下约15°的斜面,显示屏平面应在正平面向后约15°左右的位置为佳。其他参数可参照柜式工作台的造型尺度。

(2) 装配型工作台　主要是供较小机件的装配或包装等工作使用的。因此,台面必须做成平面,面积也应根据放置机件的大小和数量而定。其高度可参照图6.46和表6.26所列参数选定。图6.46是以男性身高为基础,并取95百分位。

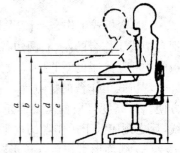

图6.46　坐姿工作面高度

表6.26　不同台面高度适应的操作(mm)

型　号	台面高度	眼睛到被观察物距离	能区分的最小直径	适合范围
a	880±20	120～250	0.5	钟表及精度仪器组装
b	840±20	250～350	1	微型机械及仪表组装
c	740±20	500	10	一般钳工操作
d	660±20	500		包装及较大零件组装

（3）服务型工作台　除了应满足人与物的造型尺度外，还应考虑到与服务对象的相互关系。下面以图 6.47 为例来分析讨论。

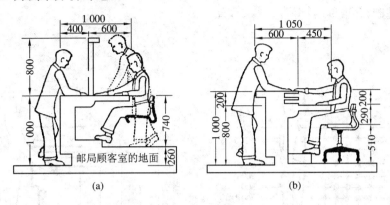

图 6.47　服务型工作台的参考尺寸(mm)

由图 6.48(a)可看出，工作台上都有一屏障，使工作人员与服务对象之间有一种隔离感。室内地面比服务厅地面高出 260 mm，从设计者来说可能是为了让坐着的工作人员与站着的被服务对象视线保持平行。但是，当工作人员站立时就会对服务对象产生一种居高临下感。显然，这种设计是不合适的。图 6.47(b)是经过改进后的工作台，其显著特点是拆除了屏障，从某种意义上讲也消除了工作人员与服务对象的心理屏障，另一方面也扩大了空间，活跃了气氛。室内外地面高度一致，改过去工作人员的俯视为仰视，即使站立工作也仅为平视。在顾客是"上帝"的今天，工作台造型尺度上的这种细小问题，也是值得有关人士思考和借鉴的。

（4）工作台的容膝空间　在设计坐姿工作台时，必须根据脚的正常活动范围在工作台下部设置容膝空间，以保证操作者在作业过程中，腿脚能有方便自然的姿势，减少疲劳。图 6.48 和表 6.27 列出了几种常用的容膝空间尺寸，可供设计参考。

表 6.27　容膝空间尺寸(mm)

符号	尺度部位	尺　寸	
		最小	最佳
a	容膝孔宽度	510	1 000
b	容膝孔高度	640	680
c	容膝孔深度	460	660
d	大腿空隙	200	240
e	容腿孔深度	660	1 000

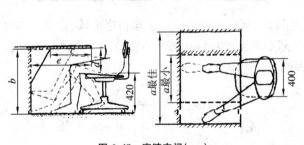

图 6.48　容膝空间(mm)

3) 平台式工作台

在工作场合或家庭事务中，站着操作的工作台并不鲜见，如厨房里的清洗台，工厂里的木工操作台和钳工操作台等。

据有关研究人员对成年男性清洗器皿时肌肉活动的测试结果显示，人在距身体前方200 mm，高为 900 mm 的点位，人体能量消耗最少，越远离这一点，体能消耗就越大(见图 6.49)。一般来说，女性按此高度减去 50 mm 即可。值得注意的是，该测试高度是便于工作的点位，并不是工作台的高度,如烹调台则应减去菜板的高度等。

图 6.50 和表 6.28 列出了立姿操作的台面高度尺寸及其适应范围,可供参考。该图是以成年男性为基础,并取 95 百分位。

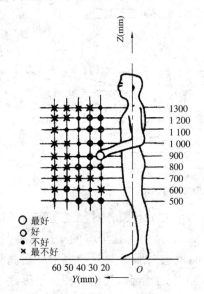

图 6.49　立姿工作点的选择 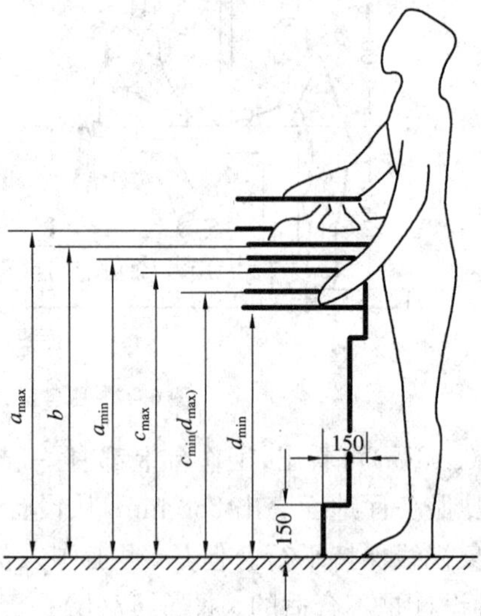　　　　　　图 6.50　立姿工作面高度(mm)

表 6.28　台面高度与适宜操作范围(mm)

符号	台面高度	适应范围
a	1 050～1 150	精细操作
b	1 130	在虎口钳上精心锉磨加工
c	950～1 000	灵巧操作,轻手工工作
d	880～950	用力较大的工作

4) 柜式工作台

柜式工作台是操纵控制装置中普遍采用的工作台,其中尤以直柜式工作台最为常见。直柜式工作台的造型尺度是根据操纵控制装置的功能范围,人体适宜的操作姿势而定。下面分别讨论。

(1) 坐姿操作的直柜式工作台造型尺度图 6.51(a)为视平线在工作台之上,可监视工作台之外的信息,一般用于控制装置和显示装置都不太多的场合。图 6.51(b)为视平线在工作台之间,一般多用于控制装置和显示装置较多的场合。

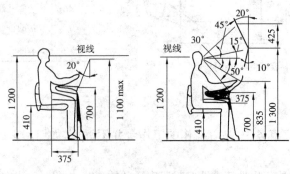

(a) 坐式(视线在控制台之上)　　　　(b) 坐式(视线在控制台之下)

图 6.51　控制台面板的布置及视野(mm)

（2）立姿操作的工作台造型尺度（见图6.52） 通常情况下，单纯采用立姿操作较少，一般多采用立坐姿可交替的操作方式为基础进行设计和布局直柜式工作台。

（3）立坐姿操作的工作台造型尺度（见图6.53） 立坐姿交替操作的优点在于能使操作者在作业中变换体位，从而避免由于身体长时间处于一种体位而引起的肌肉疲劳。由于立坐姿操作的姿势是可变的，而工作台的尺寸是不变的，因此采用立坐姿操作时，首先与工作台相配套使用的座椅在高度方向应是可调节的，以适应不同身高的人使用。其次是椅子必须是可移动的，以便在坐姿改为立姿操作时可方便地向后移动。另外，工作台下部必须设置脚踏板，以便坐姿操作时放脚。通常要求脚踏板的高度也应是可调节的，其调节范围一般在 20～230 mm。

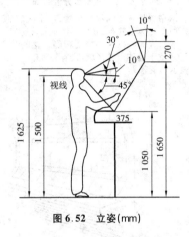

图6.52 立姿(mm)

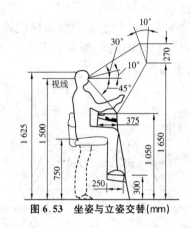

图6.53 坐姿与立姿交替(mm)

6.4.3 工作台面板布局

为了保证工作效率和减少人体疲劳，面板的设计原则应尽可能地让操作者不转动头部和眼睛，更不必移动操作位置，便可方便地操作，并可从显示器上获取全部信息。为此，面板区域的合理划分、控制器与显示器的合理配置就成为首要问题。

1）面板的区域划分

实验结果表明：当视距为 800 mm 时，人的正确认读时间与水平视野的范围有如图6.54所示的关系。

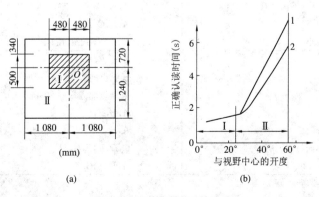

(a)

(b)

图6.54 仪表盘最佳认读区域

由图 6.54(b)中可看出,当水平视野在 20°范围内为有效认读范围,当超过 24°时,其正确认读的时间便急剧增加。因此建议常用的主要仪表应尽可能配置在视野中心 3°范围内,一般性的仪表可布置在 20°～40°范围内,次要的仪表可布置在 40°～60°的范围内,80°以外的视野范围一般不允许布置仪表。

图 6.55 是有关学者对控制器分区布局设计的研究成果(以坐姿为基础)。

图 6.56 是两种控制台面板布局设计的示意图,可供设计布局时参考。图 6.56 中代号含义见表 6.29。

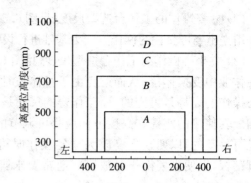

图 6.55　控制器分区布局

A 区域:表示布置最常用的控制装置,这个区域的下限高度恰好位于人体的腰部,频繁操作不易疲劳;
B 区域:表示布置应急操作和需要精确调整的装置,这个区域正好位于最佳视觉区域,最容易观察;
C 区域:表示布置辅助的控制装置;
D 区域:表示布置辅助装置的最大区域。

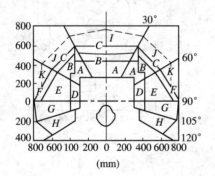 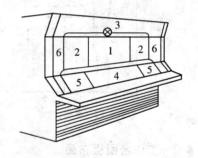

图 6.56　控制台分区布局

表 6.29　操纵器与仪表分区布局对照

操纵器和仪表的特征	建议分布区域(字母与图相对应)
常　用	4,A,D
次常用	5,B,E
不常用	6,C,F,G,H,I,J,K
按仪表进行操作(不向外观察)	A,B,C
要求精确度较高	A,B,C,I,J
视敏度要求较小	D,E,F,G,H,K
按钮	B,C,F,H,I,J,K
操纵杆	操纵点前方 30 mm 区域
手指操作	操纵点前方 50～80 mm
手腕操作	A,B,E,G
操作运动细长	A,B
操作运动按不同特征而有差别	C,D,E,F,G,H
手部用力大于 120 N	A,B,E,G
最常用、最重要者	1
第二级	2
较少用、较次要者	3

2）控制器与显示器的布置方法

控制器与显示器的布置涉及问题很多,但就单项的控制器或显示器的布置一般可采用以下几种方法:

（1）按重要程度配置 即把最重要的控制器布置在最佳操作区域内,以此类推;把最重要的显示器布置在最佳的视域内,以此类推。

（2）按使用频率配置 即把经常使用的控制器布置在最佳操作区域内,把需要经常认读的显示器配置在最佳视区内。

（3）按使用顺序配置 即把控制器的操作顺序按人习惯动作（如水平方向习惯从左到右,垂直方向习惯从上到下等）的顺序进行配置。同时也把显示器的认读顺序按人的视感觉习惯顺序进行配置（如水平方向习惯从左到右,垂直方向习惯从上到下,周围方向习惯按顺时针方向等）。

3）控制器与显示器的配置原则

控制器和显示器在生产操作中常常是组合在一起使用的,两者配合得是否合理影响信息传递的速度和质量。一般来说,控制器与显示器的配置应遵循以下原则:

（1）空间一致性 是指显示器与控制器在空间相互位置关系的一致性（见图6.57）。实验表明:图6.57（a）的排列方式较好,图6.57（b）的排列方式比图6.57（a）稍逊。但如果是三排以上的显示器和控制器,建议一律采用图6.57（b）的排列方式。

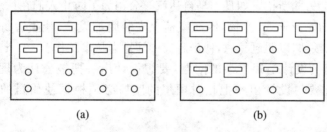

(a)　　　　　(b)

图6.57 控制器与显示器位置一致性举例

（2）运动一致性 是指同一对象的控制与显示,在运动方向上的一致性。一般来说,旋钮顺时针为增加,反时针为减少（见图6.58）。

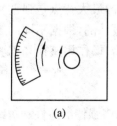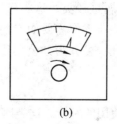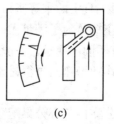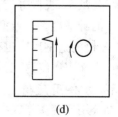

(a)　　　　(b)　　　　(c)　　　　(d)

图6.58 控制器与显示器运动一致性举例

（3）概念一致性 指控制器与显示器编码的意义要和其作用一致。例如,用表示危险的红色指明制动,用表明安全的绿色标明运行等。

（4）通用定型性 通用定型就是人们长期形成的共同习惯,也称习惯定型。例如,收音机顺时针旋转表示音量增大;电闸向上推表示接通、向下表示断开;汽车的离合器踏板在左,制动器踏板在右等。

控制器与显示器的配置应尽可能遵守以上四项原则。若彼此发生矛盾时,应综合考虑,权衡利弊后再进行配置。

6.5　座椅设计

座椅与人们的生活息息相关,无论是工作、学习还是出门旅行、在家休息都离不开座椅。座椅伴随人们的生活已经有几千年的历史了,但是关于座椅的设计问题至今仍是值得研究的课题。从 20 世纪 50 年代初,美国的科甘对整形外科的医用座椅进行研究以后,关于座椅的设计问题已有多位学者进行过系统科学的研究,各种设计参数也相继见于诸多资料。但就目前来看,尚不能说一把真正获得公认的理想的舒适座椅已经问世。这是因为人体的坐姿是个相当复杂的问题。比如,从事长时间体力劳动的人能坐上一只木板凳休息,就会感到非常舒适;而对于常年日工作量 8 h 且取坐姿工作的人(秘书、打字员等),任何一种座椅都不会被认为是完美无缺的。

在西方某些国家还流行一种"适度不舒适"的座椅设计,即某些流动性较大的公共空间(如快餐店等)为加速人员流动,有意识地把座椅设计得不太舒适;另有一些工作场合需要较高的警觉性,也通过把座椅设计得不太舒适,以提高工作人员的警觉性。日本在解决工作人员坐姿工作的警觉性问题上另辟新招。如日本马自达汽车公司为了防止人们在从事单调坐姿工作时打瞌睡,推出一种"功能音乐式"座椅,即在座椅上安装附加设施,让坐者每隔 30 s 听一次音乐,同时振动坐者的腰部,以驱赶睡意,使坐者集中注意力从事工作。

综上所述,座椅的设计是很复杂的问题,要想设计出一把被公认为理想的舒适座椅几乎是不可能的,因此要想设计出一把相对理想的座椅必须根据使用目的进行多种因素的考虑。

6.5.1　座椅的类型与特点

现代工业生产和日常生活中使用的座椅各式各样,但概括起来可分为两类,即休闲型座椅和作业型座椅。休闲型座椅主要是供人们休息用的,如沙发、靠背椅、安乐椅,以及医疗座椅等,火车、汽车、飞机等交通工具上的乘客座椅也属这一类。这类座椅的最大特点是强调坐姿状态下的舒适性。作业型座椅是为了满足人们某项工作需要而专门设计的,根据不同的工作性质,座椅的造型尺度也有不同的要求。一般来说,可分为办公用座椅、操作用座椅和驾驶用座椅。本文仅围绕这三类作业型座椅进行讨论。

1) 办公用座椅

办公用座椅多指在办公室内与办公桌配套使用的座椅。这类座椅多强调舒适性和短距离移动的灵活性,座椅可以旋转,椅脚上安装万向轮,椅背应有腰靠和肩靠的"两点支撑"。必要时,可加扶手,以便小憩时手臂有支撑(见图 6.59)。

2) 操作用座椅

操作用座椅是指操作微机所用座椅,以及与控制台、某些装配检验工作配套的座椅。它的特点是,人坐在座椅上主要是为了完成某些操作动作。由于操作人员多为换班制,因此这类座椅的坐高应为可调节的,其调节范围宜取在 5~95 百分位之间,以适应各班次工作人员的不同

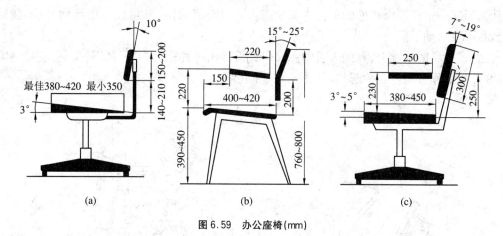

图 6.59 办公座椅(mm)

身高要求,如图 6.60 所示。随着微机的逐步广泛使用,人机学者对微机的工作座椅作了多种形式的研究设计,图 6.61 所示的座椅是所推荐的形式之一。

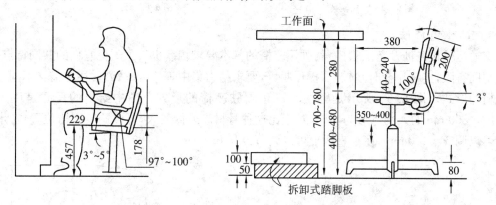

图 6.60 操作座椅(mm)

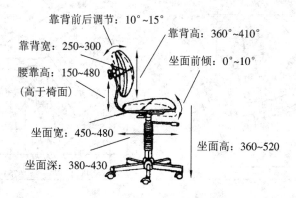

靠背前后调节: 10°~15°

靠背高: 360°~410°

靠背宽: 250~300

坐面前倾: 0°~10°

腰靠高: 150~480
(高于椅面)

坐面宽: 450~480

坐面高: 360~520

坐面深: 380~430

图 6.61 VDT 操作座椅设计尺寸(mm)

图 6.62 为挪威设计师汉司·孟索尔设计的新式座椅——跪式坐具。它的特点是坐面前倾,在坐面前下方有一个托垫来承托两膝;人坐时,大腿与腹部自然形成理想的张开角度,可避免躯干压迫内脏而影响呼吸和血液循环。两膝跪在托垫上,大大减轻了臀部的压力,足踝也得以自由。它的最大好处是使脊柱挺直,骨节间平均受压,避免变形增生,使人体的躯干自动挺

直,从而形成一个使肌肉放松的最佳平衡状态。它没有靠背,背部可以自由活动,但不能后靠休息,且下肢活动不便。

在跪式坐具的基础上,有关人机学者又研究设计出一种称之为"云椅"的坐具,它是将跪式坐具和微机工作台组合在一起的,如图 6.63 所示。

图 6.62 跪式坐具

图 6.63 云椅

3) 驾驶用座椅

交通运输设备涉及范围很广,驾驶用座椅的基本要求相差也较大。但它们的共同特点是,作业空间有限,连续作业时间较长,操作频繁,要求精力集中等。因此,驾驶用座椅又不同于前述座椅的形式。图 6.64 所示是轻便小汽车驾驶座椅的形式。图中给出的尺寸是以身高 1 690~1 800 mm 的人的体形为基础,对于比这种身材高或低的人,可以调节座椅位置,在水平面上可以调节±100 mm,在垂直面上可以调节±40 mm。

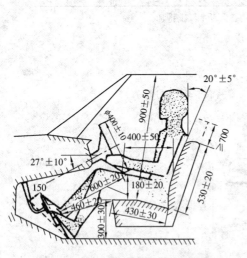

图 6.64 轻便小汽车的驾驶室(mm)

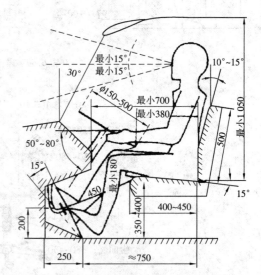

图 6.65 载重汽车的驾驶室(mm)

图 6.65 所示为载重汽车驾驶座椅的形式。图中给出的尺寸对身高在(1 750±50)mm 的驾驶员最佳。座椅位置可以调节,在水平面上可调节±100 mm,在垂直面上可调节±50 mm。

图 6.66 所示为火车司机驾驶用座椅的形式。图中的尺寸是有关人机学者通过实践检验所得的数据。

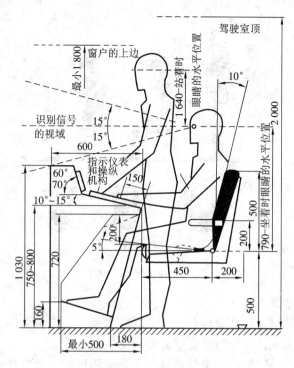

图 6.66　火车头的驾驶室(mm)

6.5.2　座椅设计的人机学基础

人的生活离不开座椅。理想的座椅对人的工作和休息都是十分有益的。因此,了解人在坐姿状态下的有关解剖生理特征,并依据人的坐姿生理特征进行座椅设计,才能减轻坐姿疲劳程度,提高工作效率。

1)人体脊柱及其变形

人体脊柱是由 7 节颈椎、12 节胸椎、5 节腰椎,以及骶骨和尾骨组成,如图 6.67 所示。它们由软骨组织和韧带联系,使人体能进行屈伸、侧屈和回转等活动。由于人体的重量由脊柱承受且由上至下逐渐增加,因而椎骨也是由上至下逐渐变得粗大。尤其是腰椎部分承受的体重最大,所以腰椎最粗大。这就是人体脊柱的基本结构。

图 6.68 为坐姿与腰椎压力表示图。当人体自然站立时,脊柱呈理想的"S"形曲线状,腰椎不易疲劳,如图 6.68(a)所示。当人体取坐姿工作时,往往会因座椅设计的不科学而促使人们采用不正确的姿势,从而迫使脊柱变形,疲劳加速,并产生腰部酸痛等不适症状,如图 6.68(b)所示。如果座椅设计得能让腰部得到充分的支撑,使腰椎恢复到自然状态,那么疲劳就会得到延缓,从而获得轻松舒适感,图 6.68(c)所示。

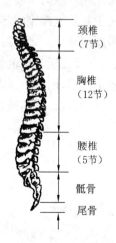

图 6.67　人体脊柱

实验研究证明:如果人体自然放松状态下的人体曲线能与座椅靠背曲线充分吻合,那么座椅舒适度评价值就高。

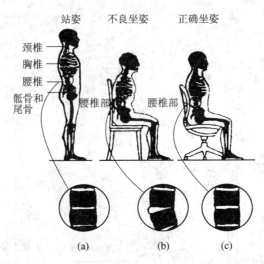

图 6.68 坐姿与腰椎压力

2) 人体坐姿的体压分布

人在坐姿状态下,体重作用在座面和靠背上的压力分布称为坐态体压分布。它与坐姿及座椅的结构密切相关,是设计座椅时需要掌握的重要参数。

座面体压主要分布在臀部,并在坐骨部分产生最大的压力。由坐骨向外,压力逐渐减少。为了减少臀部下部的压力,座面一般应设计成软垫,其柔软程度以使坐骨处支承人体的 60% 左右的重量为宜。

靠背体压主要分布在肩胛骨和腰椎骨两处。该两处的支撑位置通常被称为"腰靠"和"肩靠"。其中腰靠的位置大约在腰椎的第 3~4 节之间,肩靠的位置大约在胸椎的第 5~6 节之间。在设计座椅靠背时必须充分考虑到这两处的两点支撑作用,而腰靠比肩靠更重要。

人在一般的坐姿作业时,由于身体通常需要前倾,只有腰靠起作用,因此可以不设肩靠。而对于非频繁操作的起间歇休息支撑作用的座椅(如办公学习用座椅及餐厅座椅),因人体通常需要间歇后仰,所以一般均应设置肩靠。此外,还有一类主要供人休息用的座椅(如飞机、汽车、火车等交通工具上供旅客乘坐的座椅及安乐椅等),通常均应附加头靠以构成三点支撑。一般情况下,附加头靠的座椅,其靠背均应做成可调节的。据有关人机学者通过测试研究的结果显示,可调靠背的倾角变化与各支撑点位置存在一定的最佳组合关系,如图 6.69 和表 6.30 所示。

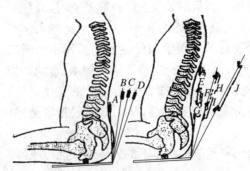

图 6.69 两点支撑的最佳支撑条件

表 6.30 靠背最佳支撑位置和角度

条 件		人体上体与座面夹角(°)	上 部		下 部	
			支撑点高度(mm)	支撑面与座面夹角(°)	支撑点高度(mm)	支撑面与座面夹角(°)
单支撑点	A	90	250	90		
	B	100	310	98		
	C	105	310	104		
	D	110	310	105		
双支撑点	E	100	400	95	190	100
	F	100	400	98	250	94
	G	100	310	105	190	94
	H	110	400	110	250	104
	I	110	400	104	190	105
	J	120	500	94	250	129

3) 坐姿舒适性

坐姿舒适性包括静态舒适性、动态舒适性和操作舒适性。静态舒适性要研究的问题,主要是依据人体测量数据设计舒适的座椅尺寸和调整参数。动态舒适性主要研究座椅的隔振减振设计,重点是座椅悬架机构的动态参数优化设计问题。操作舒适性主要研究座椅与操纵装置之间相对位置的合理布局问题。本节主要讨论静态舒适性问题。

人体正常的腰部是松弛状态下侧卧的曲线形状。在这种状态下,各椎骨之间的间距正常,椎间盘上的压力轻微而均匀,椎间盘对韧带几乎没有推力作用,人最感舒适。人体作弯曲活动时,各椎骨之间的间距发生变化,椎间盘受推挤和摩擦,并向韧带作用推力。韧带被拉伸,致使腰部感到不舒适。腰弯曲变形越大,不舒适感就越严重。图 6.70 为不同体姿时腰椎弧线的变形情况,以松弛侧卧姿势时的腰椎弧线 B 为正常。直立姿或各种坐姿时的腰椎弧线均会产生或多或少的变形,均会有一定程度的不舒适感。因此,尽量使腰椎弧线接近正常的生理弧线是舒适坐姿的前提,也是座椅设计中应遵循的基本原则。

研究坐姿舒适性的目的是为座椅设计服务。通常情况下,座椅主要是

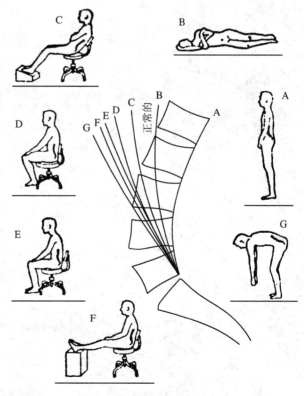

图 6.70 姿势和腰椎的形状

供人们休息或工作时使用的。图 6.71 是有关人机学者推荐使用的休息坐姿和工作坐姿的有关人体关节角度参数,可供设计座椅时参考使用。

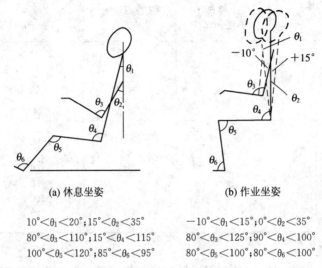

(a) 休息坐姿　　　　　　　　　　　(b) 作业坐姿

$10°<\theta_1<20°; 15°<\theta_2<35°$　　　　$-10°<\theta_1<15°; 0°<\theta_2<35°$

$80°<\theta_3<110°; 15°<\theta_4<115°$　　　　$80°<\theta_3<125°; 90°<\theta_4<100°$

$100°<\theta_5<120°; 85°<\theta_6<95°$　　　　$80°<\theta_5<100°; 80°<\theta_6<100°$

图 6.71　舒适坐姿下的关节角度

7 造型设计表现技法

7.1 概述

工业产品在设计过程中,造型设计是非常重要的一个环节,设计人员要表示自己的设计思想,就必须用一定的方式表达出来,以便与合作者讨论、交流,供决策者评价、审定。众所周知,任何一个产品的设计,最重要的乃是方案的确定,而方案的选定常常需要经过多次的反复讨论与研究。也就是说,任何一种构思、设想,都应采用某种特定的形式描绘出来,这种构思的方案图称之为"效果图",这如同作曲家把旋律写在五线谱上和作家把文章写在稿纸上一样。因此,对于一名产品设计人员来说,除了应具有一定的专业知识及其创造能力、审美能力之外,还应具有一定的表达技能,即通过平面(绘制效果图)或立体(制作模型)的表达方式,逼真地反映出自己的设计意图,以供人们评价和审定。设计中的效果图的正确性与完整性,对设计方案的确定是十分有利的。由于效果图的绘制或模型的制作既省时。费用也不高,对方案的修正或众多方案的比较有着较为重要的意义;否则要待样机制造出来以后才能检验构思方案,审定外观效果,无论是修改还是重新制作都会浪费大量的人力、物力和财力,还会使产品开发周期延长,从而失去与同类产品竞争的宝贵时间。工业产品造型设计的表达方式,一般有平面表示和立体表达两种。

平面表示是在图纸上画出具有立体感的三维物体的形象,即效果图,一般采用透视投影图或轴测投影图。平面表示主要是造型物的形的表现。形的首要问题是造型的轮廓,没有准确的且符合人们视觉习惯的造型物的轮廓,就不能准确地表达出造型物的形象。一般情况下,正投影图表达造型物轮廓准确,但视觉立体感很弱,未经过专门训练的人,不易看懂;轴测图虽具有立体感,但容易产生视觉变形;而透视图则与人们的视觉习惯相吻合,所以,造型设计中多采用透视图的表示方法。本章侧重介绍透视图的绘制方法,并力求使其方法简单化,因而对初学者无特殊要求,甚至毫无绘画经验的人也容易学习、掌握。正因为如此,对理工科院校的学生以及缺乏绘画训练的设计人员尤为适宜,一般都能很快地理解、掌握,并能在较短的时间内达到一定的水平,获得良好的表现效果。

立体表达是按一定的比例做出实物模型。立体模型比平面效果图更能全面地反映实物各部分的结构形状、尺度比例和空间关系等,但模型制作的速度较慢,费用较贵。

在造型设计中,既可单独采用效果图表示,也可单独采用模型表达。若两种表达形式同时使用,一般应先画出若干张效果图,并从中筛选一两个较好的方案,制作成模型。

7.2 透视图

7.2.1 透视概念及常用术语

在现实生活中,由于物体距离观察者的远近不同,反映到人的视觉器官上,就会形成近大远小,越远越小,且最后消失于一点的现象(见图 7.1),这种现象称为透视现象。这种透视现象就相当于人们透过一个平面来视物,而人的视线与该面相交成一个图形(见图 7.2),这个图形就称为透视图。透视图实际上就是以人的眼睛为投影中心的中心投影,故可利用投影的方法,将这种符合人们视觉印象的透视规律在平面上表现出来,这种表现方法叫做透视投影。用透视投影画出的图样较为形象、逼真,符合人们的视觉习惯,因而造型设计中常使用透视图来表达设计者的设计思想与意图。

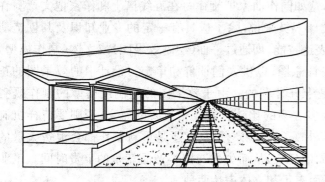

图 7.1 火车站站台的透视图

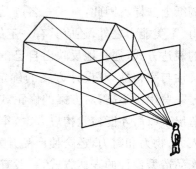

图 7.2 透过平面视物

下面介绍透视投影的有关名词术语(见图 7.3):

(1) 基面(G) 放置物体与观察者站立的平面。

(2) 画面(P) 绘制透视图的平面(垂直于基面)。

(3) 基线($g-g$) 画面与基面的交线。

(4) 视点(S) 观察者眼睛的位置,即投影中心。

(5) 站点(s) 视点在基面上的正投影,即观察者的站立点。

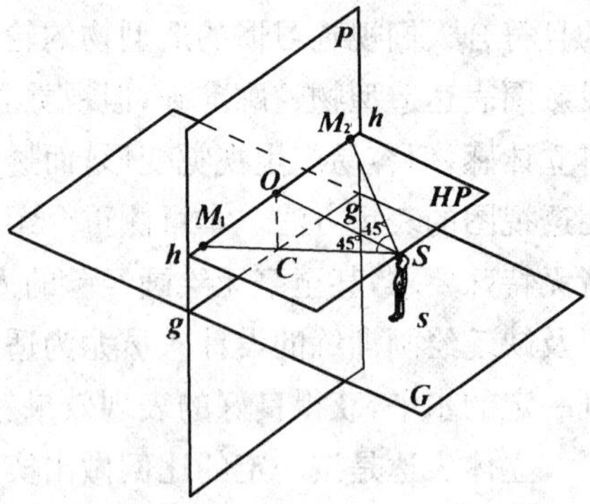

(6) 视平面(HP) 过视点且平行于基面的平面。

(7) 视平线($h-h$) 视平面与画面的交线。

(8) 心点(O) 视点在画面上的正投影,也称主点。

(9) 视距(SO) 视点到心点的距离。

图 7.3 透视名词及符号

(10) 视高(Ss) 视点到基面的距离,即观察者的高度。反映在画面上为视平线与基线之间的距离。

(11) 距点(M) 过视点 S 作直线与 OS 成 $45°$,交视平线 $h-h$ 于 M_1、M_2 点,则 M_1、M_2 点分别称为左距点和右距点。

（12）迹点　直线与画面的交点，如图7.4中的A_0、B_0。

（13）灭点　过视点作已知直线的平行线，该平行线与画面P的交点，即为已知直线的灭点。如图7.4中，已知直线a,b，且$a\parallel b$，过S点作$f\parallel b$，则f与P的交点F_0，F_0则称为直线b的灭点。同理，F_0也是直线a的灭点（请读者自行论证）。图7.4中D_0、E_0点即为D、E点的透视，而灭点F_0则可认为是直线a、b上无穷远点的透视。

（14）全长透视　直线迹点与灭点之间的连线，如图7.4中的A_0F_0、B_0F_0，它们分别是直线a和b的全长透视。

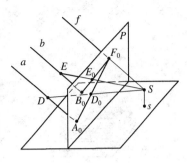

图7.4　灭点及全长透视

7.2.2　透视图的分类

由于物体与画面之间的相对位置不同，因此观察者与物体之间的相对位置也不尽相同，透视图一般可分为三类：一点透视（也称平行透视）、二点透视（也称成角透视）和三点透视（也称倾斜透视）。

1）一点透视

当立方体有一组棱线与画面垂直时，则画出的透视图就只有一个灭点，这种透视称为一点透视，此时立方体有一个平面与画面平行，故而又称平行透视（见图7.5）。

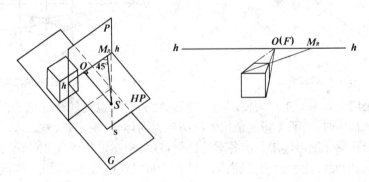

图7.5　一点透视

由于视点的位置不同，立方体的一点透视有九种情况（见图7.6）。图7.6中有的能看见一个面，有的能看见两个面，最多的能看见三个面。一点透视的特点是，与画面平行的线没有透视变化，与画面垂直的线均相交于心点（此时的心点即为灭点）。

一点透视适合于只有一个平面需要重点表达的物体，多用于机床、仪器仪表和家用电器等产品的效果图绘制（见图7.7）。画一点透视图时应特别注意：

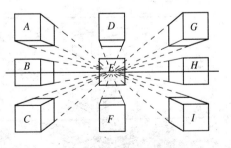

图7.6　立方体的一点透视

物体平面离视中线或视平线不能太近，尤其是物体的主要表现面更不能太接近视中线或视平线（见图7.8）。

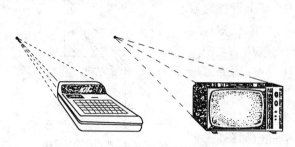

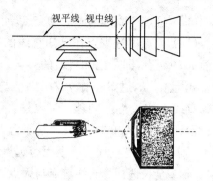

图 7.7   一点透视用于点表达物体的一个平面   图 7.8   物体平面不应离视中线或视平线太近

2）二点透视

当物体有一组棱线与画面平行,另外两组棱线与画面斜交,这样画成的透视图称为二点透视,因为有两个立面与画面成倾斜角度,故又称为成角透视(见图 7.9)。二点透视有两个灭点。由于视点与灭点的位置不同,二点透视可归纳为图 7.10 所示的三种情况。二点透视至少能看见两个面,最多能见到三个面。

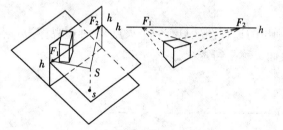

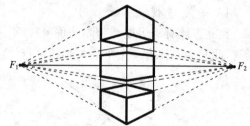

图 7.9   二点透视   图 7.10   立方体的二点透视

二点透视是造型效果图中广为使用的一种透视图,它可以比较全面地表现物体。在用二点透视表现复杂物体时,一般先将复杂物体归纳成大面体,以确定长、宽、高尺寸,画出物体的透视图。在有透视变化的形体中分出各部分比例,然后根据形体的变化绘出具体的轮廓和细部,微小的细部结构允许徒手绘制(见图 7.11)。绘制二点透视图应注意:视点离物体的距离不能太近,视点越近,灭点在视平线上离心点就越近,这样会产生透视变形(见图 7.12)。

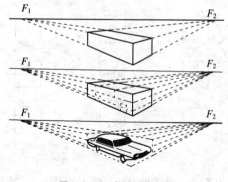

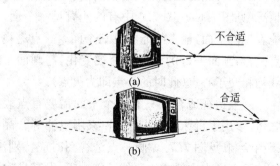

图 7.11   二点透视与应用   图 7.12   灭点位置对透视图的影响

3）三点透视

当物体三个方向上的棱线均与画面倾斜时,这样绘出的透视图称为三点透视。因为三个方向上的平面均与画面倾斜,故又称为倾斜透视(见图 7.13 和图 7.14)。由于三点透视在工业产品设计中不常采用,故不作详细介绍。

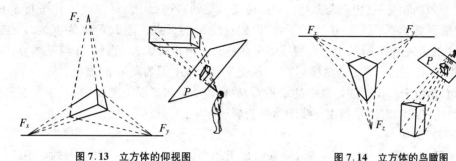

图 7.13 立方体的仰视图   图 7.14 立方体的鸟瞰图

从上述三种透视图的简介可知,下列透视条件的选择恰当与否直接影响着透视图的表现效果:

(1) 透视角度随空间几何元素(点、线、面、体)与视点的相对位置的变化而变动。当空间几何元素不动,视点绕其旋转,或视点不动,几何元素绕其旋转,透视效果都会发生改变。

(2) 视点高度直接影响着视平线距基面的距离,也会影响透视效果。

(3) 视点与画面的距离不同,透视效果也不相同。

(4) 在几何元素、视点、视高不变的情况下,画面的位置改变,透视图的形象不变,但其大小有变。画面在物体前,则透视图缩小;画面在物体后,则透视图放大。

7.2.3 透视图的基本作图方法

绘制造型物的透视图,就是求作造型物上轮廓线的透视。究其实质,乃是确定轮廓线上各点的透视。

1) 视线法

利用视线与画面的交点来确定透视线段上透视点位置的方法称为视线法(见图 7.15)。

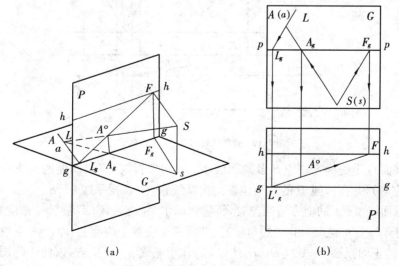

(a)   (b)

图 7.15 视线法求直线上点的透视

分析[图 7.15(a)]：

设空间点 A 属于基面 G 上的直线 L。

延长 L 与画面相交(这里是与基线 $g-g$ 相交)，得到其迹点 L_g；过视点 S 作平行于 L 的视线 SF，与画面交于视平线 $h-h$ 上的 F，F 即为直线 L 的灭点。连 L_gF 即为直线 L 的全长透视，则点 A 的透视必在 L_gF 上。作视线 SA 在基面上的正投影 sa，得到 sa 与基线 $g-g$ 的交点 A_g。过 A_g 作基线 $g-g$ 的垂线与 L_gF 相交于 $A°$ 点，$A°$ 即为点 A 的透视。

由于基面相当于二投影面体系中的水平面，故视线 SA 在基面上的投影 sa 相当于 SA 的水平投影，因此视线法也就是利用视线的水平投影确定点的透视的方法。

作图[图 7.15(b)]：

(1) 将基面与画面分开，上下对齐，使基面 G 上的画面线 $p-p$ 与画面 P 上的视平线 $h-h$ 和基线 $g-g$ 相互平行。

(2) 在基面上延长 L 与 $p-p$ 相交于 L_g，过 L_g 作 $p-p$ 的垂线，使与画面上的 $g-g$ 交于 L'_g。

(3) 在基面上过站点 S，作直线平行于直线 L，交 $p-p$ 于 F_g，过 F_g 作 $p-p$ 的垂线，使与画面上的 $h-h$ 交于 F。

(4) 连 L'_gF，即为直线 L 的全长透视。

(5) 在基面上连 sa(相当于视线的水平投影)，与 $p-p$ 相交于 A_g；过 A_g 作 $p-p$ 的垂线与画面上的 L'_gF 相交于 $A°$。$A°$ 即为点 A 的透视。

图 7.16 是用视线法绘制的立方体透视图。其作图步骤如下：

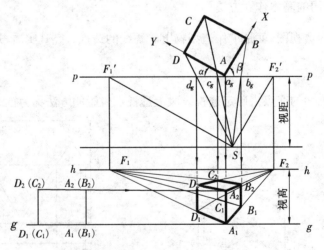

图 7.16　视线法绘制立方体的透视图

(1) 在基面 G 上先确定视点 S 及画面线 $p-p$ 的位置(视点与画面的距离一般可取物体长度的两倍左右)，并在画面 P 的适当位置画出基线 $g-g$ 和视平线 $h-h$。

(2) 在画面线 $p-p$ 的上方适当位置，将物体的水平投影 $ABCD$ 旋转一角度画出(一般常将主要边置于与 $p-p$ 成 $60°$ 和 $30°$ 的角度)。并将 AA 棱置于画面上，即让 A 点位于 $p-p$ 上。同时，将物体的正面投影 $A_1A_2D_2D_1(B_1B_2C_2C_1)$ 作于基线 $g-g$ 上方，以便于作图时利用其确定物体的高度。

(3) 过视点 S 作 SF'_1 平行于 AD，SF'_2 平行于 AB 交 $p-p$ 于 F'_1、F'_2 两点。再由 F'_1、F'_2 作

直线垂直于 $p-p$ 交视平线 $h-h$ 于 F_1 和 F_2，F_1 和 F_2 即为两个灭点。

（4）过 A 点作直线垂直于 $p-p$ 交 $g-g$ 于 A_1 点，并在此作图线上量取物体的实高（图 7.16 中即物体的正面投影 $A_1A_2D_2D_1$ 的高度）得 A_2 点，再过 A_1、A_2 点分别与灭点 F_1、F_2 连线。

（5）过视点 S 分别与 A、B、C、D 连线，与画面线 $p-p$ 相交于 a_g、b_g、c_g、d_g 四点。

（6）过 b_g 点作直线垂直于 $p-p$ 交 A_1F_2 于 B_1 点，交 A_2F_2 于 B_2 点，则 $A_1A_2B_2B_1$ 即为该立方体右侧面的透视图。

同理，过 d_g 点作直线垂直于 $p-p$，可得到该立体左侧面的透视图。C_1 点由 F_1B_1 与 F_2D_1 相交求得，C_2 点由 F_2D_2 与 F_1B_2 相交求得。将可见轮廓线加深，即为该立方体的两点透视图。

2）量点法

利用量点来确定点的透视的方法，称为量点法（见图 7.17）。

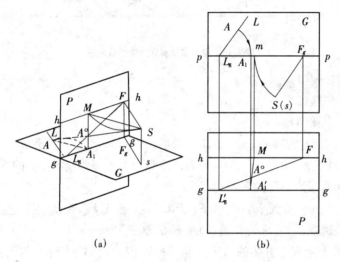

图 7.17 量点法求直线上点的透视

分析[图 7.17(a)]：

设空间点 A 属于基面 G 上的直线 L。直线 L 的全长透视为 L_gF（求作方法与前述视线法相同，故略去）。在基线 $g-g$ 上取点 A_1，使 $A_1L_g=AL_g$，连 AA_1L_g 即为一等腰三角形。点 A 可视为直线 L 与辅助线 AA_1 的交点。过 S 点作 SM 平行于 A_1A，则 M 点为 AA_1 的灭点，此时 M 点亦称为量点。A_1M 即为辅助线 AA_1 的全长透视。因为两直线透视的交点即为两直线交点的透视，所以，A_1M 与 L_gF 的交点 $A°$ 即为 A 点的透视。

作图[图 7.17(b)]：

（1）将基面与画面分开，使画面线 $p-p$ 平行于 $h-h$ 和 $g-g$。

（2）在基面上过视点 S 作直线平行于 L 交 $p-p$ 于 F_g，过 F_g 作直线垂直于 $p-p$ 交 $h-h$ 于 F，过 L_g 作直线垂直于 $p-p$ 交 $g-g$ 于 L'_g，连 L'_gF 即为直线 L 的全长透视。

（3）以基面 G 上的 L_g 为圆心，AL_g 为半径作圆弧，交 $p-p$ 于 A_1，并过 A_1 作直线垂直于 $p-p$ 交 $g-g$ 于 A'_1。同时，以 F_g 为圆心，SF_g 为半径作圆弧，交 $p-p$ 于 m，过 m 点作直线垂直于 $p-p$ 交 $h-h$ 于 M。

（4）连 $A_1'M$ 交 L_gF 于 $A°$，即为所求。

图 7.18 是用量点法绘制的立方体透视图，其作图步骤如下：

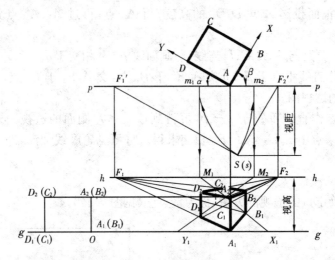

图 7.18　量点法绘制立方体的透视图

（1）同视线法步骤（1）。

（2）同视线法步骤（2）。

（3）同视线法步骤（3）。

（4）分别以 F_1' 和 F_2' 为圆心，SF_1' 和 SF_2' 为半径画圆弧，交 $p-p$ 于 m_2、m_1，再过 m_1、m_2 分别作 $p-p$ 的垂直线交 $h-h$ 于 M_1、M_2，即为两个量点。在基线 $g-g$ 上的 A_1 点向左量取 AD 的实长得 Y_1 点，向右量取 AB 的实长得 X_1 点。

（5）分别连接 Y_1M_2 和 X_1M_1，交 A_1F_1 于 D_1 点，交 A_1F_2 于 B_1 点。连接 B_1F_1 和 D_1F_2，得该立体底平面的透视（一般称为基透视）$A_1B_1C_1D_1$。

（6）在 AA_1 线上量取立方体的真实高度，得 A_2 点。过 A_2 点分别与灭点 F_1、F_2 相连，再过 B_1、D_1 作 $h-h$ 的垂线交 A_2F_2 和 A_2F_1 分别为 B_2、D_2，并连 B_2F_1、D_2F_2，两直线相交于 C_2，即完成作图。加深可见轮廓线，即为该立方体的透视图。

3）距点法

利用与画面成 45°辅助线来确定直线上点的透视的方法称为距点法（见图 7.19）。

分析［见图 7.19(a)］：

设直线 L 为画面垂直线，其灭点为心点 O，OA_g 即为直线 L 的全长透视；自 A 点在基面上作辅助线 AA_1 与画面成 45°，此时，$A_1A_g = AA_g$，自视点 S 作 AA_1 的平行线交视平线 $h-h$ 于 D 点，此时 D 点称为距点。DA_1 即为 AA_1 的全长透视。它与 OA_g 的交点 $A°$ 就是点 A 的透视。由图中可知，三角形 ODS 为一直角等腰三角形，即距点 D 到心点 O 的距离等于视点 S 到画面 P 的距离：$DO = SO$。

作图［见图 7.19(b)］：

（1）在 $h-h$ 上取 $OD = SO_g$，得距离 D。

（2）在 $g-g$ 上取 $A_1'A_g' = A_1A_g$（即直线 L 上点 A 到画面 P 的距离），得 A_1' 点。

（3）连 $A_1'D$ 交 OA_g' 于 $A°$，$A°$ 即为所求。

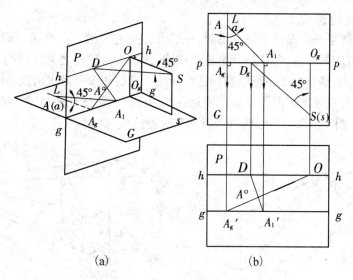

(a)   (b)

图 7.19 距点法求直线上点的透视

本作图步骤与前这二方法相同,故略去作图叙述,读者可自行补充。

图 7.20 是用距点法绘制的立方体透视图。其作图步骤如下:

(1) 先确定视点 S 与画面线 $p-p$ 的位置,并在适当位置画出基线 $g-g$ 和视平线 $h-h$。

(2) 在画面线上方的适当位置,画出立方体的水平投影 $ABCD$;在基线上方(左边)画出立方体的正面投影 AA_gD_gD(作图熟练后可以不画),并画出正立面的透视 add_ga_g。

(3) 过视点 S 作 $p-p$ 垂线得辅助心点 O_g,再作 45°线(或以 O_g 为圆心,O_gS 为半径作圆弧)交 $p-p$ 得辅助距点 D_g,由 O_g、D_g 分别向视平线引垂线得心点 O 和距点 D。

(4) 过正立面透视 add_ga_g 各点分别与心点 O 相连;过 B_2 与 D 相连($a_gB_2=AB$),与 a_gO 相交得 b_g,过 b_g 作 aa_g 的平行线与 aO 相交得 b;过 b 作 ad 的平行线得 bc。再将可见轮廓线加深,即完成该立方体的透视图。

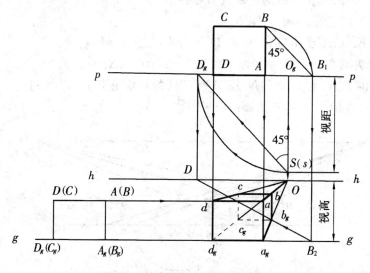

图 7.20 距点法绘制立方体的透视图

4) 圆和曲线的透视

在画圆、抛物线等平面曲线的透视图时,一般可先把它们纳入一个正方形中,然后按其切点定出透视图上对应的切点,并依势光滑连点成线,这种方法被称之为"以方求圆"法。

如图 7.21 所示,是与画面平行的圆的透视画法。它的作图只需求出圆心的位置和直径的大小,即可用圆规直接画出。其他位置圆的透视均为椭圆。为保证透视图形的准确性,至少要求出圆上八个点(见图 7.22)的透视,并依其趋势光滑连成椭圆。

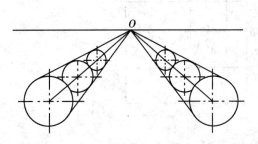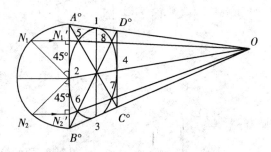

图 7.21　平行于画面的圆的透视　　　　　图 7.22　铅垂圆的透视

如图 7.22 所示,为一铅垂圆的透视作图。先作出圆的外切正方形的透视 $A°B°C°D°$,其中1、2、3、4 四点为圆的外切正方形的切点,经透视后仍为切点。5、6、7、8 四点,是圆外切正方形对角线与圆的交点,经透视后,仍为交点。其作法是:

(1) 以 2 点为圆心,以 $A°2$ 为半径作半圆。

(2) 过 2 点分别作 $2N_1$、$2N_2$ 与 $A°B°$ 成 45°,交半圆于 N_1、N_2 点。

(3) 过 N_1、N_2 作水平线分别交 $A°B°$ 于 N_1'、N_2'。

(4) 分别连接 $N_1'O$ 和连接 $N_2'O$ 交 $A°B°C°D°$ 的对角线于 5、6、7、8 四点。

(5) 依次光滑连接此八点即成圆的透视图。

图 7.23 为圆的中心轴线处于两点透视条件下的透视,其作图方法如下:

(1) 先求出圆的外切正方形的透视 $A°B°C°D°$。

(2) 延长 $F_1 2$ 直线交 $g-g$ 于 K 点。

(3) 分别过 K 点、$A°$ 点作与 $g-g$ 成 45° 的直线,相交于 M 点。

(4) 以 K 点为圆心,KM 为半径作半圆交 $g-g$ 于 N_1、N_2 点。

(5) 分别连接 F_1N_1 和连接 F_1N_2 交 $A°B°C°D°$ 的对角线于 5、6、7、8 四点。

(6) 依次光滑连接八个点,即为圆的透视图。

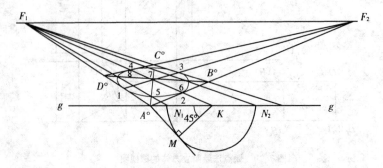

图 7.23　水平圆的透视

图 7.24 所示是位于基面上的花纹图案,它的透视画法是利用"以方求曲"法将其纳入一由正方形组成的网格内,先画出网格的透视,再分别确定各点的透视,并依次光滑连线而成。

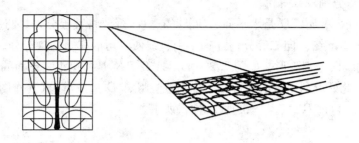

图 7.24　图案的透视

图 7.25 所示为常见位置上圆的透视变化。由图 7.25 中可以看出:铅垂面上的圆的位置越接近视中线,透视压缩就越大。同样,水平面上的圆的位置越接近视平线,透视压缩也就越大。与画面平行的圆,无论远近都不变形,只有大小的变化。

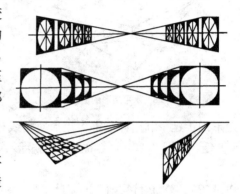

5) 透视图上线与面的分割

在绘制产品效果图时,经常会遇到形体表面上的线或面的分割和延伸问题。掌握透视图上线与面分割及延伸的简捷画法,无疑对简化作图、提高绘图速度是有很大帮助的。

图 7.25　各种位置上圆的透视变化

(1)基面平行线的分割

在透视图中,只有与画面平行的直线,若被其上点分割成一定比例,则其透视仍能保持原比例。而其他位置的直线被点分割后,各线段透视长度比例就不等于原直线的实际长度比。但可以借助于画面平行线,运用平行线截相交直线成比例线段的原理分割透视直线。

如图 7.26 所示,$A°B°$ 为一基面平行线 AB 的透视。欲将 AB 三等分,求其分割点,则作图方法如下:

① 作直线 $A°3 /\!/ h-h$。

② 将 $A°3$ 三等分,得点 1、2。

③ 连接 $3B°$ 交 $h-h$ 于 F。

④ 分别连接 $1F$ 和 $2F$ 交 $A°B°$ 于 $1°$、$2°$ 点,即为 AB 线三等分割点的透视。

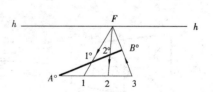

图 7.26　直线的分割

(2) 矩形的分割

① 利用对角线分割矩形　利用过矩形对角线的交点作单边垂线分割矩形的性质,可对矩形进行单向偶数等份。如图 7.27 所示,$A°B°C°D°$ 为基面垂直面 $ABCD$ 的透视,若要将其等分分割,则首先作 $A°B°C°D°$ 的对角线 $A°C°$ 和 $B°D°$,过对角线交点 $I°$ 作铅

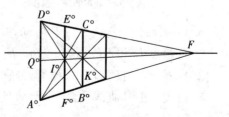

图 7.27　铅垂矩形的等分分割

垂线 $E^°F^°$,即在竖直方向上将矩形等分为二。按此方法重复,即可将矩形分割成所需等份。又,若要将矩形在横向偶数等分,就在作出对角线交点 $I^°$ 后,过 $I^°$ 与灭点 F 相连可得直线 $Q^°K^°$,则矩形被 $Q^°K^°$ 分割成二等份。

如图 7.28 所示,$A^°B^°C^°D^°$ 是水平面 $ABCD$ 的透视,若要将其等分,只要过对角线交点 $I^°$ 向 F_y 引直线便将矩形在 x 向二等分;若向 F_x 引直线便将矩形在 y 向二等分。

② 利用比例线段分割矩形　如图 7.29 所示,$A^°D^°I^°K^°$ 是一铅垂矩形面的透视,欲将其在竖直方向三等分,此处可利用基面平行线的分割方法将 $A^°D^°$ 边三等分(其作图方法与图 7.26 相同),得 $B^°$、$C^°$ 点,再过 $B^°$、$C^°$ 点作铅垂线,便得所求。

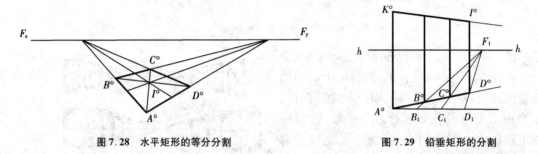

图 7.28　水平矩形的等分分割　　　　　图 7.29　铅垂矩形的分割

③ 矩形的扩延　利用连续等大矩形对角线相互平行的特性,可将某一给定的透视矩形按需要进行扩延。如图 7.30 所示,欲将透视矩形 $A^°B^°C^°D^°$ 按照原大小沿透视方向延伸,其作法如下:

a. 作 $A^°B^°C^°D^°$ 的对角线得交点 $I^°$。

b. 作直线 $I^°F$ 交 $C^°B^°$ 于 $M^°$ 点。

c. 连 $A^°M^°$ 并延长交 $D^°F$ 与 $F^°$ 点。

d. 过 $F^°$ 点作直线垂直于 $h—h$ 并交 $A^°F$ 于 $E^°$ 点,则 $C^°B^°E^°F^°$ 即为所求。

同理可得 $F^°E^°K^°J^°$。

如图 7.31 所示,欲将透视矩形 $A^°B^°C^°D^°$ 连接等大扩延 3 次,其作图方法如下:

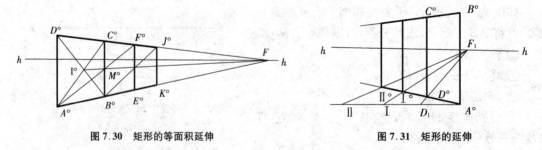

图 7.30　矩形的等面积延伸　　　　　图 7.31　矩形的延伸

a. 自 $A^°$ 点作一直线平行于 $h—h$,并以定长在其上截取等距的三分点 D_1、Ⅰ、Ⅱ。

b. 连接点 $D^°$ 和 D_1 并延长交 $h—h$ 于 F_1 点。

c. 自 F_1 作二直线 F_1Ⅰ、F_1Ⅱ,分别交 $A^°D^°$ 的延长线于点Ⅰ$^°$、Ⅱ$^°$。

d. 过Ⅰ$^°$、Ⅱ$^°$ 作直线垂直于 $h—h$,且与矩形边 $B^°C^°$ 的延长线相交,即得出连续的三个等大矩形。

请读者把图 7.31 与图 7.29 相比较,弄清两者之间的关系。

　　图 7.32 为一水平矩形面的双向扩伸,已知透视矩形 $A^\circ B^\circ C^\circ D^\circ$,要求将其沿 x、y 两个方向同时延伸。首先,连接矩形 $A^\circ B^\circ C^\circ D^\circ$ 的对角点 A°、C°,并延长与 $h-h$ 相交于 F_1 点,F_1 点即矩形一条对角线的透视灭点,也是其他等面积延伸矩形的对角线的透视灭点。据此,连接 $D^\circ F_1$ 交 $B^\circ F_x$ 于 1° 点,1° 点便是所求延伸矩形的角点;过 1° 点作透视线 $F_y 1^\circ$ 交 $A^\circ F_x$ 于点 2°,点 2° 便是所求矩形的另一个角点,这样便求得了一个等大延伸矩形透视 $D^\circ C^\circ 1^\circ 2^\circ$。其余各等大延伸矩形的透视均可按此法求得。

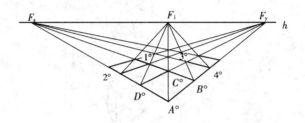

图 7.32　矩形等面积双向延伸

7.2.4　影响透视效果的主要因素

　　由以上叙述可知,物体透视图的表达效果,不仅与观察者和物体之间的位置有关,还与物体和画面之间的相对位置有关,所以,在绘制透视图前,应分析被描绘形体的特点,根据表达要求,选择透视图的类型。为使绘制的透视图形象而逼真地表达形体,获得预期的表现效果,在画透视图时,要处理好观察者、形体和画面三者之间的位置关系,这三者间的位置关系是以观察者的站点、视高以及形体与画面之间的相对位置体现出来的。这些因素的处理是否确当,将直接影响效果图的表达效果。以下就影响效果图表现效果的主要因素作一浅要的分析。

　　1) 站点

　　在选择观察者站点位置时,应注意两点。

　　(1) 视角大小适宜

　　众所周知,当人的头部不动,单眼观察前方某一距离的景物时,眼睛的视线是有一定范围的。根据人机工程学的测定,人在观察景物时,单眼水平视角 α 可达 $120^\circ \sim 150^\circ$,而垂直视角可达 130° 左右(见图 7.33)。而清晰可辨景物的,只在一个以人眼(视点)为顶点,中心视线为轴线,视角(即锥顶角)约等于 60° 的圆锥面内。因此,在选择站点时,应将视角控制在 60° 以内,而以 $30^\circ \sim 40^\circ$ 为最佳。如果视角大于 60°,透视图便开始产生畸形而使物体形象失真。为了简

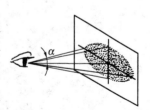

图 7.33　视锥

化起见,将视线与视锥中心线的最大夹角称为视半角,视半角为视角的一半。为获得形象逼真的透视图,条件之一就是应确保视半角小于 30°。如图 7.34 所示,图 7.34(a)中站点 S_1 距离画面较近,水平视角 $\alpha/2$ 已大于 30°,作出的两灭点距离较近,致使形体水平轮廓线的透视急剧收敛而产生透视畸变失真[见图 7.34(b)]。而站点 S_2 的视距较远,水平视半角 $\alpha/2$ 被控制在 30° 以内,这样两灭点的距离较远,形体水平轮廓线的透视收敛平缓,图形舒展大方,视觉感觉良好[见图 7.34(c)]。当然,不是说视半角越小越好。如果视半角过少,灭点相距很远,不但

给作图带来困难,而且形体水平轮廓线的透视过于平缓,接近于正投影,失去透视图的趣味。

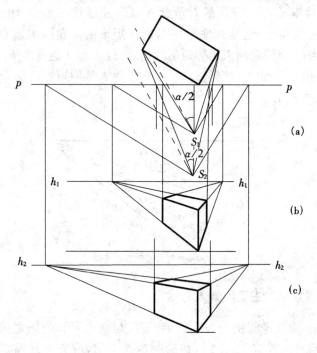

图 7.34　视点的影响

(2) 应充分体现物体的形体特征

在绘制透视图时,要选择最有效的角度去观察形体,才能使透视图充分显示出形体的固有特征。如图 7.35 所示,当站点选择在 S_1 时,形体右边结构被中间高大的结构遮挡,视线看不见,绘制的透视图没有体现出物体的固有特征,是不可取的。当站点选择在 S_2 时,物体的结构均可见到,绘出的透视图较全面地反映形体的结构特征,其效果较好。

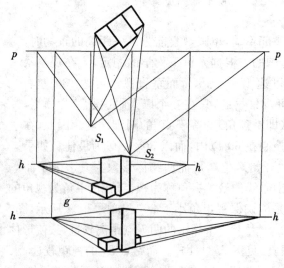

图 7.35　站点的影响

另外,当站点选择不当时,还容易造成透视图形生硬呆板。如图 7.36 所示,当站点选择在 S 点时,所绘出的透视图的形体长宽几乎相等,使图形比例过于均衡,重点不突出,缺乏情趣。

在实际绘制透视图时,经常采用下述方法(见图 7.37)确定站点:首先在形体平面图中确定出画面线 $p-p$,再自形体最左点、最右点分别向画面线 $p-p$ 作垂线,可得形体的画面投影宽度 B;在宽度 B 内选择心点的水平投影 S_g;自点 S_g 作垂线(即中心视线的水平投影),在其上选取 S 点,使 $S_gS≈(1.5\sim2)B$,这样确定的站点 S 可以满足上述各项要求。

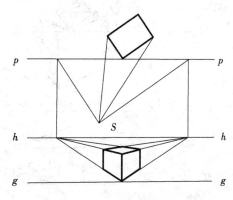

图 7.36 站点选择不佳透视图呆板

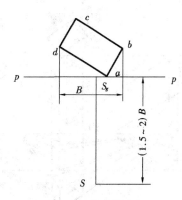

图 7.37 站点的确定

2) 视高

视高,即视平线到基线的距离,一般可按人的身高($1.5\sim1.8$m)确定,有时为了使透视图获得特殊的艺术效果,则可通过降低或升高视高来实现。

在形体、画面、站点等相对位置不变的情况下,降低或提高视平线可获得仰视图、平视图或俯视图。如图 7.38 所示,当视平线低于基线[见图 7.38(a)],绘出的透视图为仰视图;当视平线在基线上方且视高小于物体高度时[见图 7.38(b)],绘出的透视图为平视图;当视高大于物体高度时[见图 7.38(c)],绘出的透视图为俯视图。若将视平线提升得很高,视域将会扩大,绘出的透视图就是通常所说的鸟瞰图。鸟瞰图常用在表现大场景的透视图中。

选择视高应注意控制物体的透视于有效视锥范围内。也就是说要将观察物体时的仰角或俯角控制在 30°范围内,这样画出的透视图较为逼真。如图 7.39 所示,图 7.39(a)中,物体处于有效视锥范围内,透视效果感觉良好;而在图 7.39(b)中,物体处于有效视锥之外,物体底面轮廓线的透视形成尖角,透视失真较大。当视距较短且

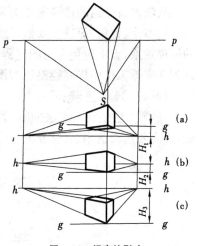

图 7.38 视高的影响

形体又不位于中心视线附近或形体特别高大时,画出的透视图容易畸变失真。在形体高大而视距较近,致使俯角或仰角大于 45°时,宜采用倾斜画面,即将透视画成三点透视。

3) 偏角

偏角就是形体某一垂面与画面的夹角。如图 7.40 所示,是一形体与画面处于几种不同偏角时的透视。从图中可以看出,当偏角为零时,透视变为一点透视[见图 7.40(a)];当偏角较

小时,该垂面的水平轮廓线的灭点较远[见图 7.40(b)、(c)],透视收敛平缓。反之,当偏角较大时,该垂面的水平轮廓线的灭点靠近心点,透视收敛厉害,也容易产生失真[见图 7.40(d)]。因此,在绘制透视图时选定的偏角大小要合适。经验指出:当形体两相邻垂面的透视宽度比约等于实际宽度比时(如图中的偏角 β_1),绘出的透视图效果较好。

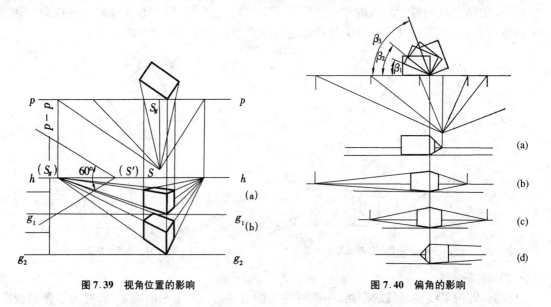

图 7.39　视角位置的影响　　　　　　　　图 7.40　偏角的影响

7.2.5　透视图的简易画法

从前面所介绍的透视基本原理和方法可知,绘制透视图的繁与难主要在于确定灭点、视点(视高、视距、视角)等透视参数。而造型设计的效果图只要能表达出设计意图,能体现所设计的外观效果,力求避免在绘图过程中耗费大量时间,因此,可把透视图的作法简易化、程式化,以利在实际工作中提高绘制透视图的效率。

1)45°倾角透视法

45°倾角法是在量点法的基础上,通过简化的一种较为实用的快速作图方法。值得指出的是,视高要选取适当,否则易产生变形。其绘图方法如图 7.41 所示,步骤如下:

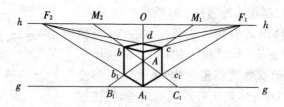

图 7.41　45°倾角透视法

(1)任画一水平线作为视平线 $h-h$,在 $h-h$ 上确定两个点作为灭点 F_1 和 F_2。

(2)取 F_1 和 F_2 的中点为心点 O,再分别等分 OF_1 和 OF_2 得 M_1、M_2 两个量点。

(3)选定适当视高并作基线 $g-g$,由心点 O 作垂线交 $g-g$ 得 A_1 点,由 A_1 向上量取立方体真高得点 A。分别在 A_1 点的左、右以立方体的实长和实宽量取两点 B_1、C_1。

(4)连接 A_1F_1、A_1F_2 和 AF_1、AF_2,再连接 B_1M_1 和 C_1M_2 交 A_1F_2 得 b_1 点、交 A_1F_1 得

c_1 点。

（5）由 b_1、c_1 点向上引垂线得 b、c 点。连接 bF_1 和 cF_2 得交点 d，即完成作图。

2）30°～60°倾角透视法

30°～60°倾角法类同于 45°倾角法，只是在确定量点和心点的位置时有所不同，即把 F_1F_2 的中分点定为量点 M_1，M_1F_2 的中分点定为心点 O，OF_2 的中分点定为量点 M_2（见图 7.42）。图 7.42 是侧重表达右侧面的，若需侧重表达左侧面，则可按同样的方法向右等分。

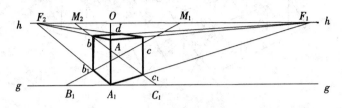

图 7.42　30°～60°倾角透视法

3）平行透视法

平行透视法是在距点法的基础上简化的一种作图方法（见图 7.43），其作图步骤如下：

（1）任作一视平线 $h-h$，在适当位置定出心点 O 和距点 D_h。

（2）选定视高并作基线 $g-g$，在基线上画出立方体正立面的实形 $ABCD$（宜在 OD_h 对称线上），在 A 点的右边量取立方体的宽度并确定 A_1 点。

（3）过 A、B、C、D 四点分别向 O 点连线，再连接 D_hA_1 交 AO 得点 a，过 a 点作 AB 的平行线交 BO 于 b 点，过 b 点作 BC 的平行线交 CO 于 c 点。加深轮廓，即完成全图。

该图例侧重表达正面、顶面和右侧面，若需重点表现正面、顶面和左侧面时，只要将 O 和 D_h 对调即可。

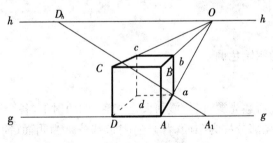

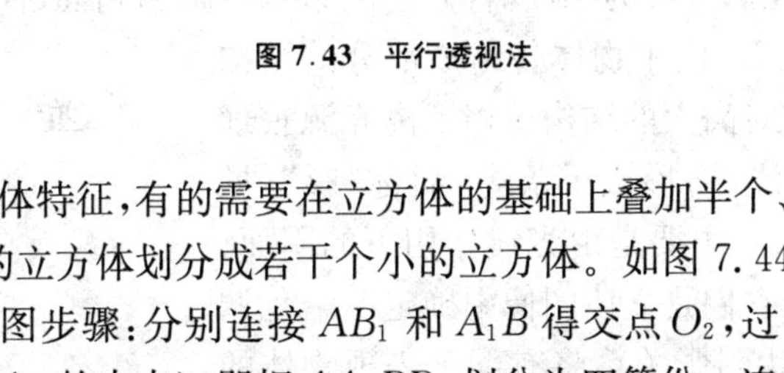

图 7.43　平行透视法

4）倍增分割法

根据所画物体的形体特征，有的需要在立方体的基础上叠加半个、一个或两个同样的立方体，有的则需要把原有的立方体划分成若干个小的立方体。如图 7.44 所示，现以该图右侧面 AA_1B_1B 为例介绍其作图步骤：分别连接 AB_1 和 A_1B 得交点 O_2，过 O_2 作 AA_1 的平行线得 NN_1，再连 O_2m（m 为 AA_1 的中点），即把 AA_1BB_1 划分为四等份。连接 NO_4（以 O_4 为 BB_1 的中点）交 A_1B_1 的延长线于 q_1，过 q_1 作 AA_1 的平行线交 AB 的延长线于 q。用相同的作图方法连接上顶面，即向右增加了半个立方体。类推，倍增一个、一个半、两个向左的立方体作图方法相同。

图 7.45 所示为一货车的透视图起稿过程。先是作出一立方体的两点透视图，并分割成若

干小立方单元,叠加出所需的长度,而后按此货车的正立面和侧立面图形,往上嵌入,进行挖、减、增、添,尺寸大小按比例在网格上对配。这种方法习惯上也称为"网格法"。

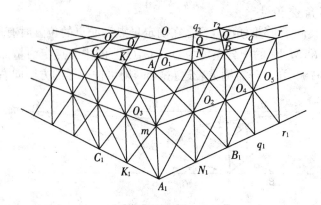

图 7.44　形体的倍增

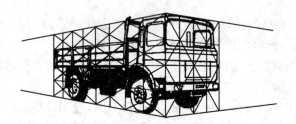

图 7.45　透视形体倍增与分割实例

7.3　透视阴影

7.3.1　立体图像的明暗色调

1) 阴和影

物体在光源(本章节所述光源,仅指漫射固定光源)的照射下,各个表面会产生明与暗的差异。物体表面受光的明亮部分称为阳面,背光的阴暗部分称为阴面(简称"阴")。物体阳面和阴面的分界线称为"阴线"。由于物体各组成部分的结构形状各异,靠近光源的相对高大的结构遮挡了离光源较远的相对较小的结构的光线,而形成了落影(简称"影",见图 7.46)。物体的明暗层次主要是由光线作用下的阴面、阳面和落影现象形成的,它们是立体图像中确定明暗色调的主要因素。正确地表达阴影关系将有助于表现物体的立体感和空间感。一般情况下,阴影的轮廓取决于光的照射角度;阴影的形状,不仅决定于遮挡物的外形,还决定于承影面的形状。

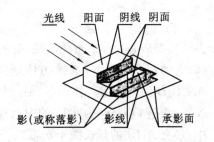

图 7.46　阴和影的概念

2）三大面

平面立体在光源的照射下，由于立体的诸表面与光线的相对位置不同，各表面的受光情况也不同，以至形成明亮与灰暗的差别。如图 7.47 所示，顶面为亮面，左侧面为灰面，右侧面为暗面，这就是常说的"三大面"。明、灰、暗三大面的准确描绘，能丰富立体的色调层次，使其立体感更强。

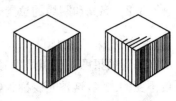

图 7.47 明、灰、暗之三大面

3）五大调

曲面立体可以视为由无数微小的平面所组成，而每个微小平面与光线的相对位置都不相同，因此，它们的明暗层次变化更为复杂和微妙。一般情况下，这种逐渐变化的明暗关系可确定为高光、明部、灰部、暗部、反光五种，这就是常说的"明暗五大调"。图 7.48 是将圆柱面展开成平面后反映出的五大调之间的关系。表 7.1 叙述了五大调之间的关系。

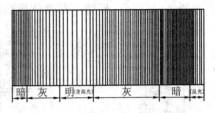

图 7.48 圆柱面的五大调

表 7.1 明暗五大调

高 光	最亮部分 表面对于光的直接反射所呈现的色调（表面色）	阳 面
明 部	次亮部分 表面对于光的漫反射所呈现的色调（内体色）	
暗 部	最暗的狭长地带 表面趋向与光线平行时所呈现的色调（阴阳过渡色带）	
灰 部	次暗部分 表面处于阴影中所呈现的色调	阴 影
反 光	泛亮部分 仅被阳面反射光线明显照亮时所呈现的色调	

高光和反光反映了物体表面的光泽现象。光线照射在光滑表面上会产生单向的反光现象，这种色调称为高光。高光在圆球体上反映为点状，称为高光点；在圆柱和圆锥等物体上反映为带状，称为高光带（见图 7.49）。在白光照耀下，一般物体的高光反映为白色。但在有色物体或表面涂以某种色料的物体上，其高光的色调是不同的。例如，纯铜的高光色调偏紫红色；黄铜则偏浅黄色；品红色料涂层又会反映出偏黄绿色色调等等。另外，高光色

图 7.49 球、柱、锥的高光区域

色根据物体表面质感的不同，色调有强弱之分。例如，物体表面光滑，则高光的色调非常强，亮度很高；而表面质感粗糙的物体，由于折射现象，其高光色调一般很弱，有时甚至表现不出来。

反光是物体的暗部受环境光影响或周围受光物体的表面光的反射，是属于背光的部分（即阴面），其亮度一般不应超过明部。为了整体的明暗色调效果，有时在物体不受反光的情况下稍加一点反光以提高整体的表达效果。高光和反光色调一般同时出现且强弱变化成正比。

7.3.2 高光和阴线的位置

1) 常光体系

在进行效果图的色调处理时,首先要确定光线的方向。通常情况下,采用一种互相平行且强度不变的光线,这种光线称为常用光线(简称常光,见图7.50)。常光的方向与正立方体的对角线方向平行[见图7.50(a)]。图7.50(b)为常光的正投影图。这种光线与投影面所构成的体系称为常光体系。常光体系是进行效果图色调处理的基本用光体系。在此基础上,再考虑光源色、固有色、环境色对物体色调的影响。

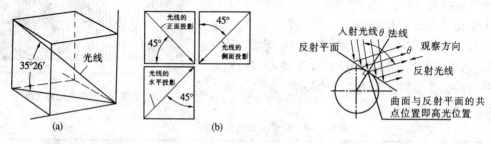

图7.50 常用光线   图7.51 光的入射与反射

2) 高光和阴线位置的确定

因为光的入射角与反射角相等,所以照射在平直物体表面上的平行光线的反射光线也相互平行(图7.51)。位于常光体系中的曲面体,其理论上的高光点(线)应在曲面与反射平面相切的位置上,在这个位置的两侧随着光照角度的逐渐减小而变暗。

(1) 圆柱(锥)的高光线和阴线

圆柱(锥)的高光线和阴线的准确位置,一般需经受光分析后才能确定。但在常光体系中,可采用下列方法近似地确定(见图7.52和图7.53)。圆柱体的高光线位置,可近似取在直径D的3/4处[见图7.52(a)];圆柱体的阴线位置,可近似取在直径D的1/6处[见图7.52(b)];内圆柱面的高光线位置可近似取在内圆直径d的3/4处,但基准取在左边[见图7.52(c)];图7.52(d)是光阴效果图。在图7.53中,表示了圆锥体高光线和阴线位置的近似确定方法。

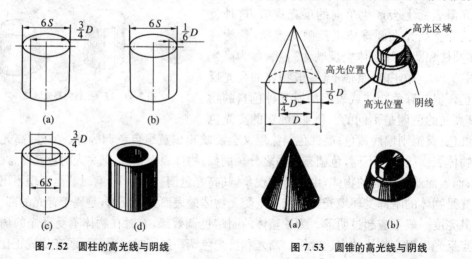

图7.52 圆柱的高光线与阴线   图7.53 圆锥的高光线与阴线

（2）圆球的高光点和阴线位置

圆球的高光点和阴线位置如图7.54所示。高光点位置可近似取在与水平面成45°球体直径 D 的3/4处[见图7.54(a)]。阴线位置近似取在与水平面成45°球体直径 D 的1/4处，该点为该平面椭圆曲线上的一个端点，阴线则为半个椭圆[见图7.54(b)]。

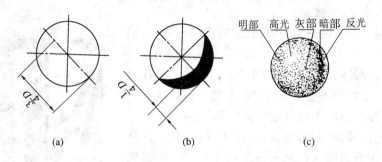

图7.54　圆球的高光点和阴线位置

（3）高光区域

由于光线照射在圆球、圆柱、圆锥等物体表面后，其反射角度是均匀变化的，所以以物体表面的高光色调不只限于某一点或某一条线，而是以某一条线或某一点为最亮，并均匀地向周围过渡，这样就存在一个高光区域。如圆球的高光区域为一个发射状的同心圆；圆柱的高光区域为一狭长的矩形；圆锥的高光区域为一扇形。在处理色调时，只能把高光位置作为一个区域的中心来对待。至于区域的大小，应根据形体大小、表面质地、光照情况、客观效果等条件来决定。为了取得比较自然的表达效果，在处理高光区域界限时，一般不宜过分肯定，以免出现生硬感或破碎感。

7.4　产品表现效果图

草图是设计师思维的视觉化。在产品更新换代飞快的今天，留给产品设计开发的时间一再被缩短，这就导致了设计师需要用更加快速的手法来表现出脑海中的设计构思。手绘草图或者效果图是最为直观、最为表象的可以直接和人沟通的方式。快速的设计表现可以用来帮助设计师呈现所思所想，可以用来和其他部门的开发人员进行沟通交流，可以和客户进行有效沟通。

7.4.1　产品表现的常用工具介绍

近四十年来，产品设计表现的工具和技法都发生了巨大的变化。在没有计算机的时代，设计师无法通过建模渲染等方法得到产品的预想图，因此手绘表现是唯一的二维展示方法，在这个时期盛行的是水粉画法、底色高光法、喷枪喷绘法等精细表现方法。随着电脑的普及，设计师可以通过电脑三维建模渲染图来输出二维的设计表现图，在这个阶段手绘的设计表现主要应用于产品设计初期的草图上面，这时期盛行的是彩色铅笔画法、马克笔色粉画法等能够快速表达设计师想法的便捷工具和相应技法。近十多年来，以wacom为代表的电脑手绘板（屏）开始盛行，设计师可以在数位板上模拟各种现实绘图工具来进行产品设计的快速表现。在可以预见的未来，数位板结合立体线条识别技术，可以实现手绘的三维虚拟模型构建，并结合3D

打印技术实现快速实体模型制作。

　　本节基于现阶段仍然普遍使用的表现工具和技法,在第一小节中介绍和透明水色表现和彩色铅笔表现技法,对于最为常用的马克笔以及配合色粉表现的技法用单独一个小节来介绍,另外再用一个小节来介绍越来越普及的电脑手绘表现技法。

　　1) 透明水色表现技法

　　透明水色是一种彩色墨水颜料,其透明度很高,适合用来表现产品设计。在 20 世纪 7、80 年代到 2000 年左右,透明水色法是产品设计的最常见效果图的表现手法。其代表人物是日本的清水吉治,见彩图 15。水彩颜料也具备一定的透明度,也可以在透明水色技法中来使用,如图 7.55 所示。水粉颜料的色泽浑厚、不透明,含粉质较多,具有良好的覆盖性,可以配合透明水色和水彩颜料在效果图绘制的后期用于细节的刻画,例勾勒高光等。

图 7.55　透明水色技法中用到的水彩颜料

　　透明水色技法用到的工具包括水粉笔、毛笔、叶筋笔、底纹笔,如图 7.56 所示。其中底纹笔、水粉笔等用来在绘图初期快速表现产品块面,毛笔、叶筋笔等用来在绘图后期刻画细节。该方法主要是依靠颜料的叠加法来表现出亮面、暗面以及投影的光影层次关系。通常先用铅笔在纸面上勾勒出整个产品立体形态的轮廓,然后用排刷蘸取透明颜料绘制效果图的底色、区分产品和背景。在第一层颜色晾干以后再用适合大小的笔刷绘制产品的暗部,将产品基本的亮灰暗的光影关系绘出。紧接着通常会遵循同样的光影关系绘制出产品的阴影,来进一步强化效果图的立体效果。最后用叶筋笔和针管笔等来绘制产品的边框和各种细节,用叶筋笔蘸取浅色水粉颜料来绘制产品的高光,完成整个效果图的绘制。

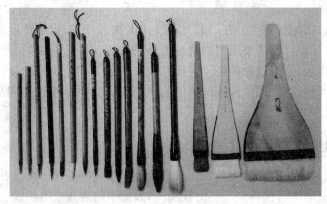

图 7.56　透明水色技法中用到的各种笔类工具

　　透明水色法在上个世纪可以说是一种相对来说(相对于精细喷绘)快速表现产品效果的技法,其画面色彩通透、光影关系明朗。缺点是每一层颜色过后都需要等待颜色风干才能够进行下一步,且纸张需要预先装裱、水色需要加水调色并且需要多次洗笔。因此,在马克笔盛行以后,这种画法逐渐淡出人们视线。

2）彩色铅笔表现技法

铅笔是最普通的绘图工具，但正是这种简单易得的工具造就了这种技法直到今天仍然常用。彩色铅笔包括水溶性和非水溶性铅笔。顾名思义，水溶性铅笔的笔芯能够溶于水，形成类似水彩的表现效果。水溶性彩色铅笔在建筑效果图中应用广泛，在工业产品的表现中很少用到彩色铅笔的水溶特性。除了工具使用简单方便外，彩色铅笔最大的优点在于能够根据手上的力道用同一根铅笔的多个深浅度来表现出产品的光影关系。用彩色铅笔在表现一些例如木纹、织物、皮革等特殊肌理时，可以产生独特的效果。

彩色铅笔技法最重要的技巧就是实时改变彩铅的力度，以便使它的色彩明度和纯度发生变化，带出一些渐变的效果，形成多层次的表现。还可以利用类似素描中的密排线来快速表现阴影和暗面，如图 7.57 所示。

图 7.57 彩色铅笔表现效果图

图 7.58 彩色铅笔通常配合削笔刀使用

彩色铅笔对纸张没有过多的要求。可以说任何手头易得的纸张都可以用来快速地表现。但是不同的纸张上面的画面风格会有所差异。在较粗糙的纸张上会有一种粗犷的感觉，在细滑的纸张上可以产生细滑的美感。彩色铅笔在作画过程中通常需要保持笔头的尖度，才能够排出更细密的线条。因此彩色铅笔通常配合削笔刀的使用，如图 7.58 所示。

彩色铅笔通常用于概念发散初期，可以帮助设计师快速地将脑海中的想法落于纸上。不受环境和条件的限制。但是彩色铅笔所描绘的色彩一般不够浓重，对于产品上多种色彩的表现力不及马克笔。现在所用的彩色铅笔表现技法除了最开始的草图发散外，很多用于和马克笔配合，可以辅助马克笔用于前期打草稿和对马克笔进行暗部光影表现。

7.4.2 马克笔效果图技法

马克笔使用范围最广、使用人数众多。它拥有方便携带、绘图速度快、画面层次丰富、产品质感和色彩的表现力强等优势。因此在对设计方案进行表现时，经常会以马克笔或者马克笔配合其它工具来完成。

马克笔按照溶剂性质可以分为水性、油性和酒精性三种。由于油性马克笔对健康有一定损害，现在主要使用水性和酒精性马克笔。从笔端形状上来分，可以分为单头、双头和特宽头等类型，见图 7.59。除了一次性马克笔，有些经常使用马克笔的设计师还会采用可注水的马克笔。每只马克笔都有固定的色彩编号。由于工业设计效果图以表现产品外观为主，结合产品设计的特点，灰色系的马克笔使用较为频繁。灰色系包括暖灰色、冷灰色和中灰色三个套系。

图 7.59 马克笔工具

每个套系都有 9～10 种不同明度的色号。对于初学者来说,购买任何一个灰色系(或者跳号购买)再搭配几只彩色的马克笔就可以表达大部分的工业产品了。

水性和酒精性马克笔所绘制的笔触都带有透明度,两笔交叠的地方会有交际痕迹出现。马克笔产品效果图对纸的容纳性好,可以采用普通的白色卡纸或者复印纸来绘制。较为专业的设计师会使用专门的马克笔专用纸和透明的硫酸纸来绘制。马克笔专用纸的质地细腻,马克笔不会在纸面上浸润,配合马克笔使用的色粉颗粒的着色效果好。硫酸纸由于是半透明的,因此可以双面绘制,再加上马克笔本身的透叠性,因此可以快速使用同一只马克笔在硫酸纸正反两面着色,快速表达出四个不同的深浅效果。

马克笔的效果图表现首先也需要勾勒简单的草稿,草图的表现中也可以不用草稿直接绘图。在草稿的基础上先依照想要表达的产品色彩用灰色马克笔将暗部和亮部区分开来,用更深的色号来加强明暗交际线(带),接着用浅色的色号来进行灰面和亮面的过渡,用黑色或者深色来表现产品投影。如果是彩色产品也可以直接用彩色马克笔来表现,但同时要配有和它色系相同、深浅不同的彩色马克笔来过渡。最后用一些彩色马克笔来表现诸如按钮等细节。

马克笔也可以和色粉或者色铅来配合表现细节更加丰富的产品效果图。色粉可以轻松涂抹出大面积平滑的过渡和柔和的复合曲面。这些都是单独用马克笔比较难以表现的。色粉成品是用画棒的形式存储的,使用的时候用美工刀将色粉在辅助的纸张上面刮成细密的粉末,用化妆棉蘸取色粉颗粒擦拭在效果图纸面上需要绘制过渡面的地方,如图 7.60 所示。对于画面精美度要求比较高的设计师会用爽身粉在色粉绘制前打底。爽身粉可以将纸面上微小的凹凸补

图 7.60　色粉材料及工具

平,色粉着色的光顺度更高。最后可以采用色粉定画液对绘制完成的效果图定型。它能够使漂浮不固定的色粉粉末在进入纸面细小的微坑后,固定下来不游移。同样可以使用彩色铅笔来辅助马克笔完成精细产品表现图。

马克笔塑造形体时应注意笔触的运用,既可以采用比较规整的画法,细腻地表达出亮灰暗的过渡;也可以灵活运用马克笔的透叠性省略亮部或者反光处的用色,或者用由粗及细的笔触来简略地表现面的圆滑过渡。马克笔产品表现技法是目前工业设计专业所必需要求掌握的基本技能之一。

7.4.3　电脑手绘效果图

随着电脑的普及,用手绘板或者手绘屏来绘制效果图越来越常见。电脑手绘效果图所需要的硬件设备是数位板(屏)和压感笔。现在常见的板或屏都具有 1024 或 2048 的压感指数,即可以感受到上千个层次的手部压力。数位板(见图 7.61)是一块可以感受压感笔压力的电脑外设,现在很多也支持手指绘制。数位屏(见图 7.62)是将触压板和显示屏合二为一,能够达到眼手一致,因此价格也更高。

图 7.61　数位板

图 7.62　数位屏

　　电脑绘图有着巨大的优势,首先在数字化时代所有的图形文件都是以数字的形式保存,方便存储、修改、共享。其次,电脑绘图可以达到理想化的绘图效果,克服现实工具的一些使用弊端,例如纸浸水、笔出水不畅、色号不准确等问题在电脑绘图中都不会出现。除此之外,电脑绘图还支持反复的修改以及多个图层的叠加,这些都是现实中绘图工具难以匹及的。并且电脑绘图可以说是一次性投资,购买数位板或屏以后基本可以持续使用下去,而现实的绘图工具则属于消耗品,需要不时的更换、补充。在各种绘图软件中的工具可以模拟现实绘图工具来达到想要的效果。以笔者多年的绘图经验来看,电脑绘图唯一的不足是无法得到真实工具在纸上绘图的触感反馈,但经过一段时间的训练就可以逐渐习惯。

　　几乎所有的绘图软件都支持数位板(屏),例如我们常用的 Adobe Photoshop, Painter, Sai, Comic studio 等。下面以 Autodesk skethbook 为例来简介一下典型的电脑绘图软件。如图 7.63 所示,就是该软件的界面,可以看到界面十分的简洁,绝大部分区域是白色纸面也就是用户可以作画的区域。左侧是一排常见工具,包括铅笔、喷枪、马克笔等,可以模拟真实工具绘制出各种效果。工具栏右侧的是当前工具的属性,例如可以调节铅笔的硬度等参数。上面的横排是快速工具区域,可以用直尺、圆规等来辅助绘制线条。右侧色彩栏可以选择当前使用的色彩。右下的区域是图层栏,可以建立多个透明图层来叠加绘制,并可以给图层增加一些透明度锁定等特效。另外,软件还支持动作撤销,可以将不满意的步骤通过返回按键来删除。所有的工具栏都可以隐藏或者随意拖动位置,以得到最佳的绘图区域。

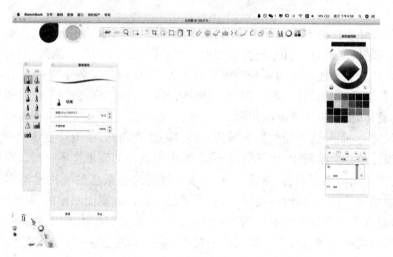

图 7.63　Autodesk skecthbook 软件界面

　　从软件界面和基本功能可以看出,电脑绘图就是用电脑工具来模拟真实的绘图工具,达到一种理想化的状态,并且方便编辑和多图层叠加。因此,熟悉之前各种绘图技法的设计师可以快速地掌握电脑绘图技术,来创造出理想化的产品效果图。利用电脑绘图既可以快速模拟便捷手绘工具绘制出比较概念的草图,如图 7.64 所示。也可以绘制非常精细的效果图,或者是对建模渲染后的效果图进行后处理,见彩图 16。

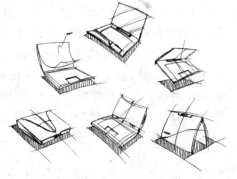

图 7.64　电脑手绘草图

电脑手绘的步骤和前面所述的一些绘制方法基本相同,首先是完成轮廓的勾勒,这通常在一个图层中完成,并且该图层在绘画过程中始终可见。然后是铺设大面积的色彩,区分亮灰暗块面。通常一个区域的一种色彩在单独一个图层中完成,这样可以方便后期的修改。紧接着利用喷枪或者橡皮工具修饰一些过渡面,加强明暗交际线(面)和投影,最后完成高光和边线的精细描绘。需要注意的是,绘制过程中要尽可能多分图层,既能够方便修改也可以在同一张图中完成多个方案的探讨。例如将按钮的部分画在一个图层中,这样就可以绘制多个按钮,输出同一产品造型不同按钮的多张图片方案,用于设计交流。另外,在电脑绘图过程中需要尽可能利用电脑的优势来节约绘图时间,可以使用一些贴图素材来填充目标区域,也可以对造型孔等绘制的细节进行复制阵列操作,改良设计时可以将原效果图或产品照片作为一个图层在上面叠加图层绘制。

无论是真实的绘图工具还是电脑绘图,准确和快速是两大评价指标。想要完成一张满意的效果图,最基本的是型体绘制准确,这就要通过大量的结构素描来加强基本功训练。另外,还需要在现实中对产品多加观察,观察各种不同造型面的光影关系、观察各种产品细节处理手法、观察不同材质折射和反射效果等。这样才能够在产品设计过程中快速地表达出想要的效果。

7.5　样机模型实现技术与设备

工业产品设计不仅需要有内部结构图、工作原理图与外观效果图,有时还需要制作立体模型,尤其是一些结构复杂,对比例、线型等要求较高的产品更是如此。通过模型制作,可以进一步详细表达在图纸上不便表现的部分结构和空间关系;检验产品各组成部分的比例和尺度是否协调;检验各部分线型设计是否合理,线型间的衔接与过渡是否恰当。设计模型比设计效果图更为直观、具体,更接近于产品的实际形象,能直接地、多方位地反映出造型物的结构、线型、比例、体量、尺度、空间等诸方面的形态与艺术性等一系列问题,使设计更加完善。

在产品设计的各个阶段中,由于情况不同,其模型制作的要求也不一样。在设计的初始阶段,为了帮助设计人员确定形态、体量关系,启发设计思路而采用的一种模型称为设计构思模型。设计阶段结束后,为了向设计委托者、决策者展示设计方案而制作的模型称为展示模型或外观模型,这是在产品设计中最常见的一种模型。设计方案获得批准以后,严格按设计要求生产制造的产品样机称为样品模型。样品模型与产品的实际形态一致,能体现产品的物理性能、机械性能、使用性能以及产品的各种结构关系和功能关系。

对于产品开发到调试投产这一过程而言,其设计阶段和试模阶段是联接使用方和设计方的最重要环节,在设计阶段将用户的反馈加入设计要求,在调试阶段将设计中的细节加以补充,这期间的样机模型制作对于各方面的评测和优化尤其重要。为了满足产品造型多样性的需求,要采用不同加工技术和加工设备,模型实现的技术设备种类也大相径庭(见图7.65)。

图7.65　不同材料类型的产品模型

7.5.1　模型制作材料

可以用于制作模型的材料很多,按产品的性质及其
对模型的具体要求,采用不同的材料和方法制作。一般情况下,要求材料容易加工、组合、打
磨、着色以及价格便宜等,有利于价廉物美地完成模型的制作。

1) 木质模型

用木材作为主要材料。木质模型的用材以质地软韧,纹理较强,易加工,不易变形为好。
如杉木、东北红松等都是较理想的材料。

优点:不易变形,轻,强度较高,表面涂装方便,宜用来制作形体较大的模型。

缺点:费工费时,不易加工,不易修改,成本较高。

2) 纸质模型

纸质模型的材料为硬纸板和可折叠、粘贴的硬纸,可采用折叠成型或骨架粘贴成型。

优点:轻,价廉,作平面立体容易成型。

缺点:怕水,怕火,怕压,易产生弹性变形。大的型体,内部要制作骨架,比较麻烦。

3) 塑料模型

塑料用于制作模型的历史不长,是一种理想的、有发展前途的制作产品模型的材料。

1) 硬泡沫塑料模型

硬泡沫塑料有热熔性,所以多采用电阻丝通电加热后进行热切割加工成型。切割成型后
要进行必要的磨削修整,涂饰前表面需要打底处理。

优点:轻,质地松软,吸水性强。

缺点:颗粒结构较粗,表面粗糙,不宜细致刻画。

2) 透明板材

透明板材模型主要采用热塑性的透明塑料板为原材料。透明塑料板的切割,采用锯削和
刨削,板材一般用溶剂粘合。塑料板的弯曲,要按所设计的弯曲形状做出成型母模,然后加温
(80～100 ℃)软化成型。

优点:有透明性,能把产品内部结构和外部结构同时表现出来,有精致感,且重量轻。

缺点:成本高,加工较困难。

3) 聚氯乙烯树脂

聚氯乙烯树脂在70～90 ℃时就会软化,塑造、加工非常方便。利用热水、红外线灯、烘干
机、热线电炉等器具将材料加热后即可加工。材料采用热熔化粘接,加工成型较容易,是现代
逐渐被使用的一种制模材料。

优点:绝缘性、耐老化性能优良,无毒,难燃,耐酸碱,耐水,耐多种溶剂。

缺点:质硬,须加入增塑剂才能使其柔软。自身的性能与聚合物的组成、聚合度、制造方
法、加工条件等均有密切关系。

4) 黏土模型

黏土模型材料,一般分水性和油性两种。水性的黏土材料取含沙量较少,沙粒细的黏土加
水揉捏。油性的黏土材料是由黏土加动物油和蜡制成。小型黏土模型可实体塑造,中型或大
型模型需先做骨架,然后再上黏土,按照设计草图所表达的形象,采用先方后圆,先整体后局部
的方法进行造型。黏土模型涂装前应用水溶性的合成树脂涂料敷涂。

优点:材料可塑性好,修改方便,取材容易,价格低廉,可回收重复利用。

缺点:重,尺寸要求严格的细部难以刻画,易干裂变形,不易长期保存。

5) 油泥模型

油泥成分为:石蜡10%(用以调节硬度,冬、夏气温不同可适当增减),黄干油(或工业凡士林)30%,滑石粉60%。油泥模型的制作工艺与黏土模型基本相同。可制作成实心模型,也可利用骨架制成空心模型,或用硬泡沫塑料制成初型,再贴附油泥进行细致刻画。目前制作1:1的汽车车身模型均采用油泥制作。

优点:可塑性好,修刮填补方便,不易产生干裂变形,可回收,价格较低。

缺点:重,易产生碰撞变形。

6) 石膏模型

石膏模型是由石膏粉和适量的水混合后翻制而成。石膏翻制需要先翻制阴模,脱模剂一般用浓肥皂水。

优点:打磨、刻画方便,少量修补也较方便,不易变形走样,有一定强度,涂装方便,比较经济且便于长期保存。

缺点:重,易破碎,翻制程序复杂,费时较多,不宜做大件产品模型。

7) 玻璃钢模型

玻璃钢模型是以环氧树脂和玻璃纤维丝为材料,应用上述石膏阴模为样模,逐层地涂刷环氧树脂和填充玻璃丝纤维,干后脱膜取出便可得到薄壳状的玻璃钢模型。它的表面涂饰可采用一般的喷涂工艺。

优点:轻,不易变形,不易损坏,强度好,便于携带、保存,表面涂装方便。

缺点:不易修改,制作麻烦,一般仅用于制作基本定型的产品模型。

8) 金属材料模型

金属材料具有良好的强度,模型中那些需要操作运动的构件,通常采用金属材料制作。

优点:强度好,可涂装性好。

缺点:加工成型较困难,有些金属材料易生锈而且笨重。8 产品造型设计的程序和评价 8 产品造型设计的程序和评价。

7.5.2　样机模型实现相关技术

根据模型材料的性能特点和造型设计的任务需求,可以选择某种或多种实现技术完成样机模型制造。

1) 冲压与锻造技术

冲压是材料压力加工或塑性加工的主要方法之一,隶属于材料成型工程。冲压所使用的模具称为冲压模具,简称冲模。冲模在冲压工艺中扮演非常重要的角色,没有符合要求的冲模,批量冲压生产就难以进行;没有先进的冲模,先进的冲压工艺就无法实现。冲压工艺与模具、冲压设备和冲压材料构成冲压加工的三要素,只有它们相互结合才能得出冲压件。与其它方法相比,冲压加工无论在技术方面还是经济方面都具有许多独特的优点。主要有:① 冲压加工的生产效率高,且设备操作相对方便,易于实现大规模化与自动化;② 冲压模具的尺寸精度高、模具寿命长、质量稳定、互换性好;③ 冲压可加工出尺寸范围较大、形状较复杂的零件,加上冲压时材料的冷变形硬化效应,冲压的强度和刚度均较高;④ 冲压一般不会有切屑碎生成,材料的损耗浪费较少,一般不需要额外的加热设备,因此冲压是一种节能环保的加工方法,冲压件相对于其他工艺成本较低。此外,冲压有多种模具,其中分为冲裁模、弯曲模具、拉深模具、单工序模具(冲裁、弯曲、拉深、成形等)、复合冲模、级进冲模;汽车覆盖件冲模、组合冲模、电机硅钢片冲模、热室压铸机用压铸模、立式冷室压铸机用压铸模、臣式冷室压铸机用压铸模、全立式压铸机用压铸模、有色金属(锌、铝、铜、镁合金)压铸和黑色金属压铸模有色金属与黑色金属压力铸造成形工艺。

锻造技术的分类主要有:第一,自由锻造。借助简单机械设备、工具等进行加工,实现小批量锻造。该技术特点表现为:成本低、效率高,但精度低。第二,模块锻造。借助锻炼方法对模块进行敲击,在形成初步模型胚料后,根据设备需要的尺寸、规格等进行后续加工。一般用于锻件生产加工。第三,特种锻造。借助专业设备进行加工锻造,此作业方法需要采用特殊要求的设备,在大型锻件结构中较为常见。

以某款直流电动汽车充电桩的造型设计为例,因应对户外特殊环境和保养维护需求,如防风、防雨、耐腐蚀等,多数采用钣金材料,在造型实现上经过部件冲压、锻造,完成最终的造型,其加工特性也决定了造型的硬朗特征(见图7.66)。

图7.66 电动汽车充电桩部分采用冲压锻造技术(国网充电桩,东南大学工业设计系设计)

2) 吹塑技术

吹塑技术一种发展迅速的塑料加工方法。热塑性树脂经挤出或注射成型得到的管状塑料型坯,趁热(或加热到软化状态),置于对开模中,闭模后立即在型坯内通入压缩空气,使塑料型坯吹胀而紧贴在模具内壁上,经冷却脱模,即得到各种中空制品,广为人知的吹塑对象有瓶、桶、灯具、罐、箱以及所有包装食品、饮料、化妆品、药品和日用品的容器(见图7.67)。大的吹塑容器通常用于化工产品、润滑剂和散装材料的包装上。其他的吹塑制品还有球、波纹管和玩具等。对于汽车制造业,燃料箱、轿车减震器、座椅靠背、中心托架以及扶手和头枕覆盖层均是吹塑的。对于机械和家具制造业,吹塑零件有外壳、门框架、制架、陶罐等。

图7.67 吹塑灯具

3) 数控机床加工技术

机械模具在生产制造之前,需要进行必要的分类工作,之后根据分类情况,选择合适的数控机床进行模具的加工。这样一来,便可以确保数控加工工作的顺利进行,有助于提高模具生产加工效率。主要有数控车削、数控磨削、数控电火花线切割以及数控电火花加工。对于分类相同的模具,在具体的生产过程中,则可以采用同一加工数控机床。除此之外,部分机械模具在生产过程中,不仅仅可以采用车平面,还可以采用车锥面。在现代机械加工领域数控机床有着十分广泛的运用,其具有加工精度高、效率高及自动化程度高等特点,特别是利用数控机床能够对一些外形轮廓复杂的回转体、斜线回转体及各种螺纹进行加工(见图7.68)。在使用数控机床时有几点需要注意:① 合理选用数控机床、选择加工方法、工序的划分与工步的划分)、② 制定加工方案和走刀路线、③ 确定定位和装夹方案、④ 确定切削用量。

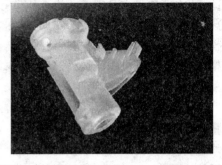

图7.68　数控机床加工模型(Roland精雕机加工)

4) 产品逆向工程技术

逆向工程(Reverse Engineering 简称RE),又称反求工程或逆向设计,是将已有产品模型(实物模型)转化为工程设计模型和概念模型,并在此基础上进行工程分析和再创新设计的一种方法和应用技术,可有效提高产品的技术水平,缩短设计周期,增强产品竞争力,是消化、吸收先进技术,创新和开发各种新产品的重要手段。现代制造业是国民经济发展的支柱,其生产过程会应用到逆向工程技术,特别是在模具的设计生产制造中,逆向工程体现出的优势更加明显,对提高模具行业整体发展具有重要作用。目前,主流逆向工程是由三维扫描仪对现有的样品或模型进行准确、高速的扫描,得到三维点云数据,通过逆向工程软件进行数模重建,然后对重建表面进行评估和分析,转换生成IGES或STL数据,为快速原型或数控加工做好准备。

逆向工程技术中,三维扫描是最基本步骤. 这是获得原始点云数据的最直接、最理想的方法。原始点云数据的背后是逆向处理的基本依据。因此,三维扫描的点云数据直接影响逆向建模成功与否。获取点云则主要通过扫描。扫描设备根据测量方法可分为两类:① 接触测量;② 非接触式测量。测量时有几个工序需要进行,分别是:点云文件编辑处理、三维曲面逆向建模。逆向工程技术中的核心是针对逆向工程产品CAD模型重构,由散乱的产品表面点数据拟合,创建出产品曲面或实体,最后通过曲面编辑和曲面缝合操作,构建完整的产品模型。目前共有3个类别的从点云曲面进行拟合的算法:四边域的参数曲面拟合、三边域的曲面拟合、基于多面域的表面拟合(见图7.69)。

7.69　逆向工程基本步骤

5) 3D打印技术

3D打印技术拥有良好的发展前景和应用价值,应用范围非常广泛,最先应用于制造锻造用的模具模型,经过近些年的快速发展交通等,除应用于设计模型、功能制造模型、实验分析模型外,还可广泛应用于航空、医疗、建筑、艺术行业(见图7.70)。近年来3D打印技术飞速发展,从入门级FDM打印技术的推广,到光固化树脂打印的不断推陈出新,乃至金属激光烧结成型的量化生产,3D打印技术的应用正在改变着产品设计与模具制作流程。在产品外观造型设计的时候,可以多个造型方案同步进行,借助桌面级的FDM打印机直接打印并进行迭代设计,可快速直观地确定外观造型。整个产品设计出来后,可以借助光固化打印机用高强度光敏树脂将其打印出来,光固化机型更能确保内部结构的打印精度以及外观的表面质量。如果选用铸造用的光敏树脂,还能直接打印出铸造用的蜡模,可以节省精铸模具制作以及蜡模制作的流程,直接进入到制壳铸造环节。在工业级的SLS打印机中,还有可以将蜡粉烧结成蜡模,或者将树脂砂直接烧结成砂模的机型,同样省掉模具制作流程,具有更高的质量。

3D打印具有如下特点和优势:① 数字制造:借助CAD等软件将产品结构数字化,驱动打印设备加工制造成产品或者零件;数字化文件还可借助网络进行传递,实现异地分散化制造的生产模式。② 降维制造(分层制造):即把三维结构的物体先分解成二维层状结构,逐层累加形成三维物品。因此,原理上3D打印技术可以制造出任何复杂的结构,而且制造过程更柔性化。③ 堆积制造:"从下而上"的堆积方式对于实现非匀致材料、功能梯度的器件更有优势。3D打印按材料可分为块体材料、液态材料和粉末材料等。按照美国材料与试验协会(ASTM)3D打印技术委员会的标准,目前3D打印主要包括七类:光固化成形、材料喷射、粘结剂喷射、熔融沉积制造、选择性激光烧结、片层压、定向能量沉积。

图7.70 3D打印汽车

6)激光加工技术

激光加工技术指的是在激光束与物质相互作用基础下,对多种不同材料开展焊接、打孔、切割、识别物体等的一门技术。从传统层面而言,该项技术主要由激光加工系统、激光加工工艺等组成,其中,前者又可划分为激光系统、加工机床、控制系统等;后者又可划分为焊接、打孔、切割等一系列加工工艺。对于激光技术的应用而言,激光焊接主要应用于电子电器、汽车电动车、能源照明建材等行业。现阶段,激光焊接应用的激光器包括CO2激光器、YAG激光器等。激光打孔主要应用于汽车电动车、航空航天、电子仪表等行业。随着科学技术的发展,激光打孔实现不断突破,例如,激光打孔应用YAG激光器的平均输出功率已由过去的数百瓦上升至千瓦。我国现阶段激光打孔主要应用于宝石轴承、飞机叶片、多层印刷线路板等行业的生产中。激光加工的原理大致为:金属材料的激光加工主要是基于光热效应的热加工,其前提是激光被加工材料所吸收并转化为热能。由于激光的发散角小和单色性好,理论上可以聚焦到尺寸与光的波长相近的小斑点上,再加上其强度高,因此其加工的功率密度很大,温度可达1万摄氏度以上。在这样的高温下,任何材料都将瞬时急剧熔化和汽化,并爆炸性地高速喷射出来,同时产生方向性很强的冲击。因此,激光加工是工件在光热效应下产生高温熔融和受冲击波抛出的综合过程。

7.5.3　样机模型实现设备

1) 数字化辅助设计设备

随着计算机技术的进步,数字化的辅助设计设备凭借其丰富的功能与简易的操作,正在逐渐取代传统的手绘设计。数字化辅助设计是在工业设计基础上,在工业制造行业中进行创新创造活动。数字化设计的基础是电子信息技术,包括人工智能技术、区块链技术以及虚拟现实技术等多个类别。数字化辅助设计旨在辅助设计师进行创新,丰富设计师的思维,通过数字化辅助设计设备,设计师可以从不同角度来分析问题,从而找到新的解决方案。

（1）WACOM

数位屏是解决无纸化设计的数字化辅助工具,其中Wacom是杰出的代表,拥有世界领先的数位板系统、笔感应式数位屏系统和数字界面解决方案,利用无线、无源、具有压力感应的笔输入技术自如、高效、完美地表达创意,并能够实现数字化工作流程的数位板产品。随着技术的不断进步,数位屏的压感笔精度和准确度更高,辅助功能设计模块增加,可以改善整体创作体验,为产品造型实现提供强大支持(见图7.71)。

图7.71　东南大学工业设计Wacom辅助设计实验室

（2）逆向工程扫描仪

目前逆向工程扫描设备有多种,常见的有手持式和支架式,手持式3D扫描仪,兼容多种扫描模式,快速获取物体的3D模型,涵盖应用范围。手持式激光三维扫描仪,采用多条线束激光来获取物体表面的三维点云。工程和设计师可以手持仪器并灵活移动操作,通过视觉标记来确定扫描仪在扫描过程中的空间位置,从而完成物体表面的三维点云整体重构。扫描仪可以方便携带到工业现场或者生产车间,并根据被扫描物体的大小和形状进行高效精确的扫描,使用操作过程灵活方便,适用各种复杂的应用场景。支架式3D扫描仪主要架设大型摄像光学测量设备或者应对限定场景下产品的逆向扫描任务(见图7.72)。

图7.72　手持式三维扫描仪

2) 压铸机

压铸机就是用于压力铸造的机器。包括热压室及冷压室两种。后都又分为直式和卧式两种类型。压铸机在压力作用下把熔融金属液压射到模具中冷却成型,开模后可以得到固体金属铸件,最初用于压铸铅字。随着科学技术和工业生产的进步,尤其是随着汽车、摩托车以及家用电器等工业的发展,压铸技术已获得极其迅速的发展(见图7.73)。

图 7.73　压铸机

3）吹塑机

吹塑机将液体塑胶喷出来之后,利用机器吹出来的风力,将塑体吹附到一定形状的模腔,从而制成产品,这种机器就叫做吹塑机(见图 7.74)。塑料在螺杆挤出机中被熔化并定量挤出,然后通过口膜成型,再有风环吹风冷却,然后有牵引机按一定速度牵引,卷绕机将其卷绕成卷。根据型坯制作方法,吹塑可分为挤出吹塑和注射吹塑,新发展起来的有多层吹塑和拉伸吹塑。

图 7.74　吹塑机

4）数控机床

数控机床主要用于轴类零件或盘类零件的内外圆柱面、任意锥角的内外圆锥面、复杂回转内外曲面和圆柱、圆锥螺纹等切削加工,并能进行切槽、钻孔、扩孔、铰孔及镗孔等。

数控机床是按照事先编制好的加工程序,自动地对被加工零件进行加工。我们把零件的加工工艺路线、工艺参数、刀具的运动轨迹、位移量、切削参数以及辅助功能,按照数控机床规定的指令代码及程序格式编写成加工程序单,再把这程序单中的内容记录在控制介质上,然后输入到数控机床的数控装置中,从而指挥机床加工零件(见图7.75)。

图 7.75　德国 DMGMORI 数控机床

5）3D 打印机

3D 打印快速成型设备基于"分层制造,层层叠加"的制造方法,目前主流的有 FDM、SLS等技术的三维打印设备。FDM 是使用的材料一般是热塑性材料,如蜡、ABS、PC、尼龙等。机器加热喷头根据每一层的二维截面信息进行移动,送丝机构将丝材送往喷头,在喷嘴部件旁,将材料充分加热到熔点并熔化,随后从喷嘴中加压成型,并将成型材料防止在工作台表面,然后在工作台上降温固化,通过层叠实现模型造型,当加工形体变化较大时,需要设计一些辅助结构"支撑",对后续层提供定位和支撑,以保证成形过程的顺利实现。常见的桌面级 FDM 3D打印机,维护简单,成本较低,通常实现概念模型加工打印(见图 7.76),SLS 3D 打印机工艺使用粉末状材料,除了石蜡、聚碳酸酯、尼龙、陶瓷等材料外,还能够打印金属材料。选择性激光烧结,可以完成复杂的、体量较大的模型加工任务,广泛用于精密模型、增材制造领域,可以实现工业级别模型的制作或直接用于工业产品加工。

图 7.76　桌面级 3D 打印机(MakerBot)

6) 激光雕刻机

激光雕刻机,是利用激光实现对多种材料的模型细节雕刻加工,主要用于模型板材的切割,并适用于多种材料。激光雕刻机不同于机械雕刻机和其他传统的手工雕刻方式,使用激光的热能对材料进行雕刻。一般来说,激光雕刻机的使用范围更加广泛,而且雕刻精度更高,雕刻速度也更加快捷。而且相对于传统的手工雕刻方式,激光雕刻也可以将雕刻效果做到很细腻,丝毫不亚于手工雕刻的工艺水平。正是因为激光雕刻机有着如此多的优越性,所以现在激光雕刻机的应用已经逐渐取代了传统的雕刻设备和方式,成为主要的造型雕刻设备(见图 7.77)。

图 7.77　激光雕刻机

8 产品造型设计的程序和评价

8.1 产品造型设计的一般程序

8.1.1 产品造型设计中应考虑的因素

产品造型设计的原则是实用、经济、美观。但实际上在进行设计时应考虑的具体因素还很多,其中主要有以下几点:

1) 产品的功能

产品的功能是指产品的技术功能,它是产品设计的主要目的,也是工业产品与消费者之间的最基本的关系。人们在使用产品的过程中,是经由产品功能而获得需求之满足的。

产品造型设计应保证产品功能的充分发挥和顺利实现,并能最大限度地发挥出来。对产品进行造型设计时,应首先考虑内在质量,不能片面地追求造型的形式美而忽略性能的先进性、结构的完整性、技术的可靠性以及其他技术指标;在色彩设计时,应首先考虑给使用者或操作者以安宁、良好的工作情绪,减轻视觉疲劳,并有足够的视觉分辨能力,以保证工作效率、产品质量和安全操作,使产品功能得以充分发挥。

2) 产品的美观

产品造型设计除了使产品充分地表现出其功能特点、反映先进的科学技术水平外,还要给人以美的感受。美是人们一种内在的知觉,是一种感情。美感是人们一种特殊的生理现象,是符合人们审美观点的,它是具体形象作用于人们的感官,引起人们生理性的心理刺激而在人们头脑中的能动反映。因此,产品造型设计必须在表现功能的前提下,在合理运用物质设计条件的同时,要充分地把美学艺术中的内容和处理手法融合在整个产品造型设计之中,并要充分利用材料、结构、工艺等条件体现产品造型的形态美、色彩美、工艺美。只有这样,才能刺激消费者对产品产生购买欲望。

(1) 形态美 所谓形态美,就是产品具有整体性和规则性,使人感到产品很完善。形态创造指某种特定的造型风格、合理的色彩搭配等,将各部分有机地结合成一个整体,给人以一种美感。构成产品形态的造型单元是一些基本的几何体(如立方体、圆柱、圆锥体、球体、棱锥体等),有时还用到一些较为简洁的曲线曲面。从心理上讲,基本的几何体和简洁的曲线曲面,其形态规则、单纯,形象明确,给人以深刻的印象,并容易达到明快、丰富、抽象的艺术效果,富有时代气息;从生理上讲,人的眼睛习惯于接受简洁的垂直面、水平面以及现代交通工具流线型的曲线曲面轮廓;从工艺上讲,规整的形态适合于现代化大工业生产的特点,制造工艺简单方便,便于大规模、高质量、低成本的生产。

(2) 色彩美 所谓色彩美,就是具有一定形态产品的色彩配置,给人以一种愉悦的快感。色彩是物体在光照下作用于人的视觉器官,引起神经兴奋传输给神经中枢而产生的一种色感觉。所以,色彩能对人产生很重要的心理、生理影响,从而赋予色彩以精神功能。实验表明,悦目的色彩通过人的视觉器官传入给色素细胞后,对人的神经系统以刺激,会使人分泌出一种有益于生理健康的物质,使人生机勃勃,精神愉快。而不和谐的色彩,会使人分泌出一种有损于健康和情绪的物质,使人情绪波动,健康受到损害。因此,对产品的色彩设计,应充分考虑色彩的精神功能,使所设计的色彩给人以美的享受,对人们的生产、生活和人类社会带来积极的效果。

(3) 工艺美　所谓工艺美,是指具有理性属性的工业痕迹,加工工艺、装饰工艺和材料质感给人的视觉感觉。加工工艺是造型的手段,装饰工艺是使造型更具完美的条件,材料的质感则是造型具有内在的美的基础。需要强调的是,人们对工艺美的感受已超越了人的心理和生理的范围,这就要求人们不断地去发现新材料,发明新工艺。

3) 产品的宜人性

产品造型设计除了在形态和色彩方面满足人们的生理和心理需要外,在使用和操作方面,也要适应人们的生理和心理需要,即产品的宜人性。为此,设计者在充分考虑人—机—环境因素的基础上,应着重解决好如下几个问题:

(1) 人与物的协调关系　首先是人的生理特征与物的协调关系,即产品外部构件的尺寸应符合人体尺寸的要求;操作力、操作速度、操作频率等要符合人体动力学条件;各种显示件要符合人接受信息量的要求,以使人感到作业方便、舒适安全。其次是人的心理特征与物的协调关系,即产品的形态、色彩、质感给人以美的感受。解决好人与物的协调关系对提高产品使用效能具有重要的意义。

(2) 物与物的协调关系　首先是单件产品自身各零件、部件的协调关系,它包括形态、大小及彼此间的连接关系,其中包含各零件间的线型风格、比例关系等。其次是单件产品与构成相互关系的其他产品的协调关系。

(3) 物与环境的协调关系　即物与其所处的环境应相协调。对安放不动的产品(即不经常更换位置的产品)应与所处环境在形、色、质方面相协调;对运动的产品(即经常变换位置的产品)则应考虑各种变化的环境条件,使其与之相适应。

(4) 人与环境的协调关系　即使用产品的人与所处的环境应相协调。这就要求人所处的环境应具有良好的光源条件,应具有足够的照度,且分布要均匀,不产生阴影、眩目,在视野内无强烈对比;还应具有低噪声、无振动、无污染等气候环境。

4) 产品的经济性

经济性作为一个设计原则应贯穿于产品设计的整个过程中。

由于产品进入市场就成了商品,而商品的价格与产品的成本有着很大的关系,因此这就要求设计者对产品的成本进行全面的、综合的考虑。产品的成本主要包括材料成本、设计与制造加工成本、包装成本、运输成本、储存费用和推销费用等。另外,还有生产产品用的机器运行、使用和折旧费用、动力消耗费用、维修费用以及服务费用等。

在现代工业中,经济性不仅指产品的成本,还指产品的使用效率和可靠性。由于现代工业产品是多品种、大批量,所以对产品设计还应符合标准化、系列化和通用化(即所谓的"三化")的要求,使时空的安排、体块的组织、材料的选用等,达到紧凑、简洁、精确,以最少的人力、物力、财力和时间来求得最大的经济效益。

5) 产品的市场销售

市场经济决定产品的生产,因此,产品造型设计应从市场调查入手,把销售作为主要课题来研究。产品设计包括产品的工程设计和产品的造型设计,两者是紧密地联系在一起的,但侧重点不同。工程设计接近于生产者,而产品造型设计则偏重于消费者,所以产品造型设计应对消费者的需求有深刻的理解,才能完成其设计任务。对消费者需求的了解只有通过市场调查才能获得。市场调查的主要内容包括:

(1) 分析使用对象　　不同的消费者,有着不同的风俗和习惯、不同的经济收入和不同的审美观,于是对产品的造型就有不同的评价、不同的选择,因此,需对不同性别、年龄、地区、民族以及他们的职业、阶层、文化水平等各种类型的顾客进行调查:

① 顾客对各种款式产品的喜爱程度和购买率。

② 顾客在购买某种产品时的动机、原因和心理。

③ 顾客选购某种产品的标准、条件和具体要求。

④ 顾客对想购买产品的造型提出自己的看法。

(2) 分析市场状况　　要充分分析现代产品发展趋势,掌握当前市场上出售的同类产品中不同款式造型产品的销售情况,调查产品投放市场的时间、销售的数量、顾客的评价、设计的成功之处和存在的问题等,并进行认真的研究和分析,从而正确地预测今后的造型和色调,以保证产品的不断创新。

(3) 分析使用的环境和地区　　要了解产品使用的环境,是国内还是国外,是沿海地区还是内陆地区,是寒冷地区还是炎热地区,是多雨地区还是少雨地区,是室外还是室内等等。不同的使用环境、不同的使用地区,产品就要有不同的结构、外形、色彩、材料和涂装。

(4) 强调售后服务　　在市场经济中,产品的售后服务对产品销售起着不可忽视的作用。要重视产品销售后的反馈信息,认真听取顾客对产品的评论、意见和要求,以此作为今后改进产品设计的依据。售后服务还可以联络厂方与顾客的情感,树立良好的企业形象。

6) 产品的包装

当今市场上的产品质量,不仅指产品内在技术性能和外观造型,还包括产品的包装质量。产品的包装不仅是外表的装饰,而且应具有良好的保护产品的功能。设计者在产品设计时就要同时考虑产品的包装设计。产品包装的外表要通过形态、色彩和图案来吸引顾客,其装饰效果对产品的促销起着重要的作用。

产品的包装设计应尽可能减少产品在运输过程中受损失的程度。要根据各种不同产品的特性,分别使产品的包装具有足够的抗压、抗震、抗冲撞和防潮等方面的能力,同时还要注意产品包装的使用方便和节省产品包装的成本。

8.1.2　产品造型设计中的创造性思维

现代工业产品的竞争越来越表现为设计的竞争,其实质是智力和创造力的竞争。智力是指对经验和知识的分解和组合,使之实现新产品的诞生。而创造力则是进行这种分解与组合的能力,它是知识量与想象能力的综合。创造性思维方法是产品造型的设计方法。因此,熟悉和掌握创造性思维的特征和方法对产品造型设计有着极为重要的指导作用。

1) 创造性思维的特征

创造性思维是一种高级思维,有其鲜明的特征。将这种思维与具体设计结合起来,并通过刻苦的训练,就能获得创造能力。结合产品造型设计,创造性思维具有如下特征:

（1）独创性　敢于向固有的、传统的观念挑战,对被认为"完美无缺"的产品提出异议,能……

（2）多向性　在产品造型设计时,提出多种设计设想、多个设计方案,扩大选择余地。从影响事物的质和量的诸因素中灵活变换其一,以求产生新的构思。在某一方面的构思受阻时,迅速转向,开拓新思路,并尽力寻找最佳方案。

（3）连动性　由现象探究本质。既要看到事物的正面,也要看到事物的反面,并由现象想到与此相关和相似的事物。

（4）跨越性　省略思维步骤,加大思维的前进跨度,即加大联想和转换的跨度,使设计思想加快进行。

（5）综合性　善于汲取前人智慧的精华,通过巧妙的结合,形成新的构思;概括和综合大量的材料,形成有科学条理性的概念;从各事物的个性中概括出事物的规律性。

2）创造性思维的方法

（1）功能组合法　将不同产品的功能有机地组合在一起,形成多功能的新产品,如收录机、多媒体计算机等。

（2）极限法　将产品的形态、特征推进到极限的起端进行构思。如把电视机的厚度减薄到挂在墙壁上的图表状,同时扩大荧光屏的面积,直至像小型银幕一样。如今,这一构想已经成为现实。

（3）反置法　摆脱对现有产品的固有观念,从相反的方向进行思考,从而形成新的构思。如把车子移动而路面不动的设计改为车子固定而路面移动的设计,从而产生了输送机。

（4）仿生创造法　通过对各种生物形态的观察,结合产品的功能,科学而又艺术地创造出产品的仿生造型。这种造型设计方法在现代造型设计中越来越受到重视,如鱼型汽车、牛头刨床的刀架、仿昆虫的摩托车等。

（5）信息交合法　这是一种构思新颖的设计方法。其方法是:先对产品进行整体分解,按序列得到一些信息要素,一直分解到需要的层次为止。然后把这些信息要素进行交合,包括产品本身要素的本体交合和同类产品外部信息的大范围的边缘交合。这样可以产生出许多新品种的构思。最后根据市场需求,选出所需的新产品种类。如温度杯的设计,就是将杯子的功能和温度的交合而设计成的。

（6）造型要素交合法　指产品造型要素的本体交合。将产品造型分成形状、色彩、材质三大项,在此基础上再逐一细分。把形状分为方形、矩形、梯形、圆柱形、球形、圆锥形,以及方圆结合的各种形状;把色彩分为色相、明度和纯度;把材质分为金属、塑料、木材等。对它们进行不同的结合可获得多种造型方案。

（7）精添法　设计新产品不必完全从头开始,可以用老产品添加绝对必要的功能,逐渐完善,创造出新颖的产品。这种设计方法很有实用意义,可避免产生繁琐多余的结构或装饰,降低产品成本。

（8）去繁法　从现有的产品上去掉某些附属物,在保护功能的基础上,尽量简化形态的思维方法。

（9）分析列举法　以现有的产品为基础进行观察、调查、分析、研究,列举出产品某一方面的情况,逐项进行思考,探索改进方法,从而设计出新的产品。分析列举法有以下三种方式:

①　缺点列举法　列出同类产品的全部缺点和不足之处,逐一进行研究,找到克服和弥补这些缺点的方法。

② 优点列举法　列出同类产品的全部优点进行系统地研究和综合,以便扩展和推广,创造出崭新的产品。

③ 希望列举法　不受现有产品设计的限制,根据消费者提出的希望和要求来激发设计者的创造灵感,设计出新的产品。

8.1.3　产品造型设计的一般程序

产品的种类尽管繁多,复杂程度相差也较大,不同的设计内容具有不同的解决方法,但其不同产品的设计过程都具有时间顺序的一般模式。按照产品造型时间的一般过程,大致可分为三个阶段:造型设计准备阶段、造型方案设计阶段、方案确定和样机试制阶段。

1) 造型设计准备阶段

任何一个好的产品造型都不是凭空想象出来的,它们的形体是根据实际需要决定的。在设计新产品或改造老产品的初期,为了保证产品的设计质量,设计人员应充分进行广泛的调查。调查的主要内容为:全面了解设计对象的目的、功能、用途、规格,设计依据及有关的技术参数、经济指标等方面的内容,并大量地收集这方面的有关资料;深入了解现有产品或可供借鉴产品的造型、色彩、材质,该产品采用的新工艺、新材料的情况,不同地区消费者对产品款式的喜恶情况,市场需求、销售与用户反映的情况。

对所设计的产品进行调查之后,设计人员就要运用他(她)的经验、知识和智慧,去寻找与思索可能达到的期望结果,得出合理的方案。进而,设计人员还要充分利用调查资料和各种信息,运用创造性的各种方法,绘制出构思草图、预想图或效果图等,从而产生多种设计设想。这既是一种形象思维的具体过程,也是将形象思维在图纸上形成三维空间的形象过程。

2) 造型方案设计阶段

产品造型设计虽然有一定的原则遵循,但没有固定的格式。要作出较好的设计方案,就应从设计思想和设计方法两方面着手。

(1) 设计思想方面　设计人员必须站在为消费者服务的基点上,认真贯彻"实用、经济、美观"的设计原则,从实际条件出发,考虑设计的具体因素,运用创造性的思维方法,对产品造型进行设计。

(2) 设计方法方面　依据创造性思维的方法,对所设计的产品进行多方案的探讨、比较、分析、淘汰、归纳。具体地讲,可以归纳为如下八点:

① 总体布局设计　在构思草图和效果图(小样)的基础上,依据技术参数,结合产品结构和工艺,确定有关尺寸数据、结构布置,进而确定出产品的基本形体和总体尺寸。

② 人机系统设计　根据人机工程学的要求,在总体布局的基础上,权衡产品各部分的形状、大小、位置、色彩,主要包括操纵系统、显示系统、作业空间、作业环境、安全性和舒适性等,其中,还应考虑三方面的关系:人与物的协调关系、物与物的协调关系、物与环境的协调关系。

③ 比例设计　为使总体造型在比例关系上获得满意的视觉效果,设计时根据产品的功能、结构和形体,既要达到参数规定的要求,又要符合形式美的法则。不但要考虑整体与局部的比例关系,还要考虑局部与局部的比例关系。

④ 线型设计　根据产品的性能,考虑时代性,提出产品轮廓线是以直线为主,还是以曲线为主。无论采用哪种线型,都应有主有从,保持整个产品的线型风格协调一致。

⑤ 色彩设计　注意主色调的选用。主色调的选用要考虑产品的功能、工作环境、人们的

生理和心理需要,同时还要考虑不同国家和地区对色彩的喜恶和禁忌,以及表面装饰工艺的可能性和经济性,有时还应注意流行色的发展。

⑥ 装饰设计　指商标、铭牌、面板以及装饰带等非功能件的设计,它起着美化产品造型、平衡视觉、增加产品艺术感染力的作用。

⑦ 效果图的绘制和模型制作　参见第7章的有关内容。

⑧ 造型设计说明书　从造型设计准备阶段到样机试制阶段的每一个环节,尤其是造型方案设计阶段,都应进行详细记载,每一步都应有足够的依据。造型设计说明书的主要作用是:申报投产、申请专利、资料保存等。

3) 方案确定和样机试制阶段

确定产品造型设计方案、制作样机,是产品造型设计的最后阶段,它是关系到产品造型设计能否获得成功的关键。确定产品造型设计方案要在有关专家与同行设计人员共同参加的方案讨论会上进行。设计人员应将产品造型设计说明书和草图方案、效果图方案、模型制作方案与主导设计思想,尤其是方案的独特创新之处,全面向与会者作详细介绍。在讨论过程中,设计者必须认真听取来自各方面的评价和见解,吸收正确的意见,对方案进行有益的修改。

产品造型设计方案确定后,需绘出全部详细的图样,根据总的技术要求分别绘制出各部件图、零件图和总装图。对于表面材料、加工工艺、面饰工艺、质感的表现、色调的处理等都应附有必要的说明。各类图绘完后,应试制样机。在研制样机时,常常会发生产品的模型与样机之间存在一些小的差别。这些差别有两种情况:模型的曲线、圆弧的过渡线和各种棱线的处理,与现有的工艺水平相互脱节;样机的材料达不到设计要求的艺术效果。这些问题需要设计者与试制人员共同商量,在确保整体造型完整的情况下,对产品进行适当的修改,以便适合工艺要求和生产条件。

8.2　产品造型设计实例分析

8.2.1　BD6063C型牛头刨床造型设计

1) 造型设计准备阶段

BD6063C型牛头刨床属更新设计的产品。设计人员充分吸收了传统产品的优点,以原产品工装设备为基础,结合时代发展的需要而进行改型设计。

采用列表法进行分析,见表8.1。

表 8.1　造型设计准备阶段中的方案分析

传动系统名称	选用机构	布局形式与位置	工艺状况	造型效果
主传动系统	齿轮传动机构	布置在床身内	轴承孔系集中在床身上	机床外形简洁
		布置在单独的变速箱内,安装在床身一侧	机床孔系减少,增加一变速箱,可平行装配	外部增加箱体,形体不够简洁

传动系统名称	选用机构	布局形式与位置	工艺状况	造型效果
工作台进给和快速移动系统	连杆棘轮机构(无快速移动)	暴露在床身之外	无进给箱,结构简单,工艺性好	外形不简洁,凌乱,不安全
	凸轮棘轮机构,进给运动与快速移动由同一连动链传出,无单独电机	床身外有一单独进给箱,箱内装有凸轮棘轮机构和快速移动所需的零件	除增加进给箱的加工外,还增加了床身孔系	外形简洁
	凸轮棘轮机构,进给运动与快速移动由同一连动链传出,设快速电机	床身外有一单独进给箱和快速移动电机	孔系集中在进给箱上,床身孔系减少,装配可平行进行	由于快速移动电机置于走刀下,外形不够简洁
	凸轮棘轮机构,进给运动与快速移动链分开	床身外有一进给箱,快速移动电机布置在横梁上	进给箱和床身孔系均减少,传动零件数量减少	外形更为简洁

从表 8.1 中可以看出,在工作台进给和快速移动系统中,如果能将连杆棘轮机构加以改进,进给运动和快速移动链分开,该系统就可简化,零件数量减少,机床外观就更为简洁。由此,决定设计连杆齿条棘轮机构。结合实际,考虑到专用机床的继承性,采用齿轮布置于床身内的方案,使机床外形更为简洁,达到了较好的造型效果。

2)造型方案设计阶段

(1)总体布局设计 在确定结构方案的基础上,根据设计任务书规定的技术参数,确定有关的尺寸数据如下:

最大刨削长度:630 mm

工作台最大垂向移动距离:300 mm

工作台上工作面尺寸:630 mm×400 mm

工作台横向最大移动距离:630 mm

这些尺寸初步确定了刨床的长、宽、高总体尺寸。刨床的高度尺寸,特别是各操纵装置的高度尺寸是与人机关系极为密切的尺寸,在总体设计时,必须给予充分的考虑。

总体布局需考虑的另一个重要因素就是各传动部件位置的安排,应使其产生和谐的艺术效果。将快速移动电机安置在横梁上,与工作台形成呼应。操纵按钮也布置在横梁上,既便于操作,又使外观更为简洁,使整个机床产生形体布置均衡和谐,统一中又有一定的变化。

(2)人机系统设计 按人体测量学提供的我国人口平均身高尺寸以及机械工业部《金属切削机床附件安全防护技术条件》标准,合理确定各种操纵手柄、电气箱位置、电气控制板位置及有关尺寸。注意操纵装置的高度尺寸与人操作姿势间的密切协调,以及外露部件的规整化处理和防护处理,使其达到造型整体化、安全性能良好之目的。有关数据见表 8.2。

表 8.2　操纵装置的高度尺寸

操作件的名称	离地面高度(mm)	标准值(mm)
刀架手轮	1 750	1 850
滑枕位置调节手柄	1 500	2 000
滑枕压紧手柄	1 500	2 000
滑枕行程长度调节手柄	800	1 850
变速手柄	465～725	300～1 850
工作台进给方向调节手柄	700～1 000	500～1 700
工作台进给量调节手柄	600～900	500～1 700
电气箱总开关	900	＞500
电气控制板按钮	600～900	600～1 700

　　(3) 比例设计　牛头刨床的基本参数较多,且分布在三维空间。为了使牛头刨床的总体造型在比例关系上获得满意的视觉效果,既达到技术参数的要求,又符合形式美的法则,选取工作台最前端离床身立导轨尺寸与工作台侧面高度尺寸的比例关系为基本比率,用它来确定其各部位尺寸。因为工作台面长度尺寸为 630 mm,考虑到横梁的厚度尺寸,选定 750 mm,工作台侧面高度为 430 mm,则基本比率为 1：$\sqrt{3}$(即$\sqrt{3}$矩形)。采用固定比例因子后,用作矩形对角线的作图方法来大体协调各部分的形体尺寸,见图 8.1。

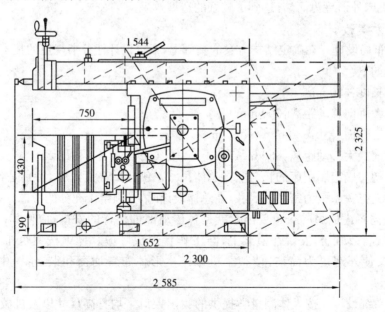

图 8.1　工作台形体尺寸(mm)

　　(4) 线型设计与形体设计　为了使整机造型有机地协调,给人以美感,应突出刨床的条理性和整体性的特点。它既包括线型和形体之间的协调,也包括装饰件的设计、布置与线型、形体之间的协调。由于刨床的滑枕作直线运动,滑枕、底座工作台、床身等大件的外形也多为长方形及方形,从而决定该刨床的线型以沿水平方向的直线为主调,它给人以简洁明快、刚劲挺拔的审美效果。机床主运动摆杆机构外的圆形大盖,原为正圆形,为使直线风格为主调的整体效果更为协调,将其改为大圆弧曲线,使线型既与直线协调又造成线型中的适度变化,产生一种活跃的感觉。同时将三个轴端的法兰盘设计为长方形带弧线状,增强了整体感及和谐性,见图 8.2。

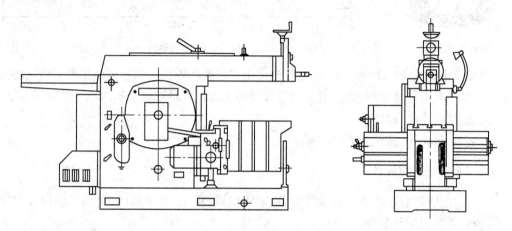

图 8.2　刨床的线型及整体设计

刨床的滑枕尾部设计成斜面形,使其具有动感,突出了滑枕主体功能的视觉效果。滑枕护罩下部倾斜,使回油畅通。由于尺寸恰当,又显得轻盈。电机罩的削角避免了与电器箱及床身形状的雷同,使之形成形体间的自然过渡。滑枕护罩上的加强筋,竖直分布在下部,既增强了整机的高度感,又使该形体不呆板,起到装饰活跃的作用。

(5) 色彩设计　机床色彩的选用,与其他工业产品有较大的差异。它需要刺激,但又不应强烈;需要镇静而又不沉闷;需要变化而又不繁乱。所以,机床多采用低纯度、灰色调为主的色彩。在主体色的基础上,增加偏暖而明快的色彩,能给人以明朗兴奋的感觉。由此,在同一台机床上,除了大面积的主体色外,在局部采用与主体色相协调的色彩来活跃机床,更能起到较好的效果。

BD6063C 型牛头刨床,采用了属于黄色系的浅驼色为主的主体色,产生柔和高雅的效果,给操作者创造了温和、明朗的工作环境。在滑枕护罩尾部,配以两条橘黄色的色带,既有警告作用,又使色彩对比而不强烈。在床身正面配置一块大面积的紫棕色标牌。紫棕色具有凝重的视觉效果,起到镇定作用。标牌上的机床型号及厂名为白色,与底色形成强烈的对比,具有明显的吸引力。厂徽及汉语拼音的厂名为金色,与底色对比,更显华丽。

以上的色彩设计使机床色彩效果达到了以低纯度明色调为主体色,配以较高纯度的暖色与华丽的光泽色,产生不太强烈的兴奋感觉,并给人以高雅、明快、活跃的整体视觉效果。

(6) 装饰设计　在机床的最醒目位置上设置新颖别致、简练优美的商标和标牌,更能使机床增光生辉,并显得高雅、精密,以增强操作者的维护感。BD6063C 型牛头刨床,在刀架部分设计了一装饰标牌。它以厂名的汉语拼音字头"CW"经过艺术加工而成(见图 8.3)。由于图案设计简练含蓄、独特醒目、优美耐看,加之色彩和谐,给人以深刻的印象。标牌设计由于文字图案搭配得当,位置疏密有韵,色彩和谐醒目,获得了极佳的艺术效果(见图 8.4)。

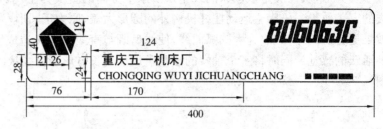

图 8.3　装饰设计　　　　　　　　　　　图 8.4　文字图案设计(mm)

（7）效果图的绘制　BD6063C 型牛头刨床采用三视图方式绘制彩色效果图。用这种方式绘制的效果图具有尺寸比例真实,避免透视效果图工作量大且细部变形后不易绘准确等缺点。

（8）造型设计说明书(略)

3）方案确定和机试制阶段(略)

8.2.2　机箱造型设计

机箱是现代仪器仪表、工业自动化设备、家用电器、机床、电子器件、食品机械以及农副产品加工机械等常见的外装件。

1）造型设计准备阶段

该阶段可以从下面几个方面进行:

（1）向委托设计部门详细了解设计要求,如结构、功能、形状、色彩、材料、舒适性、安全性等。

（2）了解当前国内外机柜款式、生产情况和发展动向。

（3）了解并分析同类产品在国内外市场的需求情况。

根据国内外有关机柜产品的资料分析,机柜的形态主要有凹形和凸形两种。现代机柜的外形向着简洁、明快的方向发展;结构上更注意合理、紧凑;材料向着型材框架、板材贴面的方向发展。

凸形机柜是现代流行的一种造型,特别是像电冰箱这样一类高档产品(见图 8.5)。凸形机柜的造型结构特点是:

（1）前门向前突出,前门与侧板之间留有适当的间距,既便于装拆,在造型上还能形成凸凹的虚实对比。

（2）机柜的正面没有边围,使造型没有被包围感和约束感,显得丰满、明快、开朗。

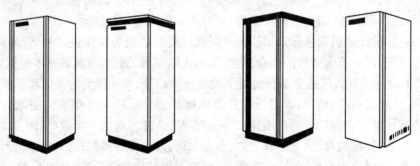

图 8.5　凸形机柜

现代机柜的机脚多采用垫脚的形式。为了加强机柜造型的稳定感和整体感,常将机脚与前门平齐或机门直接落地遮住机脚。

用构思草图表示不同的方案,在作草图的过程中应考虑机柜的功能、结构、工艺、材料,但又不能受到太多的约束,以免构思难以展开。在若干草图中,通过比较选出几个较为理想的草图,并以它为基础进行补充、发展、适当着色,形成较完美的草图方案。草图方案经过专家评定、用户认可后,确定出其中的一两个方案作为机柜造型设计的原理。对草图中某些不足之处再进行修改,画出若干个设计草图,并从中选出最佳方案,转入造型方案设计阶段。

2) 造型方案设计阶段

(1) 总体设计

机柜的外形一般为正四棱柱。机柜的正面是主要的工作面,又是视觉中心之处,与人的关系密切,是造型设计过程中应考虑的重要部位。附件高度的选择应根据人体测量数据和视觉区域划分的原则统筹考虑。

(2) 人机系统设计

按照人机工程学的要求来确定操纵装置和显示装置的布局位置,并考虑到主机柜与其他辅助柜等配套件的合理安排(见图 8.6)。

图 8.6 机柜的人机系统设计

(3) 比例设计

机柜造型比例选择比较灵活。卧式机柜一般选用黄金分割比例或均方根比例,立式机柜一般选用均方根比例或整数比例,但不宜采用大于 1∶3 的整数比例。在选择比例时,还应注意机柜是单柜还是组柜。若是单柜,选用 1∶3 整数比例较为合适,但将该比例用于三个组柜并列就不合适了。同时还要考虑到新设计的机柜与已有机柜附件的比例协调关系问题(见图 8.7)。

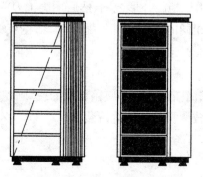

图 8.7 立式机柜的比例

(4) 线型设计

机柜的线型多以直线为主。立式机柜为了突出高耸感,多以竖直线为主,间或使用一些横直线,使其感觉平稳;卧式机柜一般以横直线为主,给人以平稳、安定、沉着、平静的感觉,把人们的视线导致横向,产生宽感的视觉效果。

直线型的几何形状有庄重、均齐、冷静、严肃的感觉,且加工工艺比较简单。然而这种造型呆板、单调。于是在线型处理上,采用圆角过渡,造型静中有动,动静结合的意境,使线型显得活泼多变,从而在严整、庄重之中透出轻快、活泼、自然、奔放之情感,这已成为当代机柜线型设计的主流。

(5) 色彩设计

在机柜设计中,如果说机柜的形状是通过理解而被接受,具有较大程度的理性的话,那么,机柜的色彩几乎是全感性的。机柜的色彩对其销售具有比形状更直接的作用。因此,必须重视机柜的色彩设计。对机柜进行色彩设计,首先要对现有的一些机柜的色彩进行分析。在市场上,现代机柜多采用单色或以调和为主的二色配合。采用二色配合时,通常是正面的机门为一色,侧板为另一色,并通过色相、明度、纯度的变化达到一般机柜所要求的亲切、柔和、明快的色彩效果。机柜的色相多采用黄色系、绿色系,有时还采用白色系的彩色,并以近似色或邻色配合;在明度处理上,采用提高明度的方法,以便给人以明快、开朗、轻松的感觉;在纯度处理上,采用降低纯度的办法,以减弱色彩对人的不良刺激。通过以上处理,使机柜的色彩达到柔和淡雅、亲切明快、无不良刺激的效果。

通过对市场上现有机柜的色彩分析,再根据所设计机柜的不同形态,进行不同的色彩设计。凸形机柜的机门,宜采用明快淡雅的色彩,侧板宜采用明度稍低的色彩;凹形机柜的机门,宜采用含蓄、沉着较为深暗的色彩,侧板宜采用明度和纯度稍高的色彩,色相采用与机门相邻的色彩。机脚一般采用给人以结实、稳重、后退的暗色,如黑色、深棕色。

色彩设计的具体步骤如下:

① 确定色调　通过对市场的调查,参照用户的意见和要求,来确定机柜的基本色调,如暖色调或冷色调,明色调或暗色调等。

② 制作色板　依据所确定的基本色调,制作若干个小色板。在这些小色板中进行配色,通过比较,最后选出几个比较理想的色彩,制作比所画机柜外形视图略大一些的大色板。

③ 进行配色　用白纸画出机柜的外形视图,然后用美工刀或剪刀沿着视图的外轮廓线将视图挖切掉,形成与机柜外形相同的外形窗框。配色时,将色板放在窗框的后面,逐个进行配色,找出较为理想的配色方案。

(6) 装饰设计

现代机柜的艺术造型要求简洁、明快,不应搞繁琐的或"画蛇添足"的装饰。一般在机柜正面的上部或左上角,用一块比较醒目的标牌进行装饰。

(7) 效果图及模型设计(略)。

(8) 造型设计说明书

将以上调查和收集的资料,以及设计步骤、理论依据等整理成册,汇同效果图(或模型)就形成一套完整的机柜造型设计的说明书,即造型设计方案。

3) 方案确定和样机试制阶段

将机柜造型设计方案递交有关部门待批。若方案通过,就确定了机柜的造型设计方案,然后可进行样机试制。

8.3　产品造型设计的质量评价

现代工业产品造型设计的质量是满足需要的产品性能的总和,它是由考虑到影响质量各方面因素的综合指标所决定的。通常用实用、经济、美观的设计原则来概括产品的综合质量。要使产品达到实用、经济、美观的要求,必须制定出具体的产品质量的评价体系、评价因素和评价方法,以适应现代工业产品设计、生产、销售的需要。

8.3.1　评价体系

产品造型设计是适应人的需要、调和环境、满足需求、完善功能、提高价值的创造性行为。因此,一个成功的产品造型设计应该是融合科学与艺术精髓,配合现代企业经营观念的创造性产物。从工业设计方法学角度来看,简洁的产品造型、符合人机工程学的需求、完善的产品功能等因素,都是构成产品造型成功设计的必要条件。

1) 成功产品造型设计的特点

(1) 具有完美的功能、合理的结构。

(2) 使用方便,操作系统合理。

(3) 有新意的造型和新颖的色彩。

(4) 轻便,干净,易维护。

(5) 坚固,耐用,安全,卫生。

(6) 环境配合协调。

2) 产品造型设计的评价原则

将产品造型设计的实用、经济、美观原则,具体应用于产品造型的评价过程,形成创造性、科学性和社会性的产品设计评价原则。

(1) 创造性　任何产品都必须具有独特的设计特征,无论是产品的功能、结构方面,或是造型、色彩方面,还是在产品的制造方面都应有新的突破,这种产品才能提高本身的价值。因此,产品设计首先要有创造性。

(2) 科学性　完善的产品功能、合理的产品结构、优良的产品造型、先进的制造技术,都是基于科学技术的采用。因此,产品设计又要具有科学性。

(3) 社会性　产品的社会性一般包括民族文化的弘扬、社会道德的提高、时代潮流的刺激以及产生的经济效益等方面。因此,对产品的设计还要考虑社会性。

3) 产品造型设计评价体系

基于产品造型设计的评价原则,可获得产品造型设计的评价体系(见图8.8)。

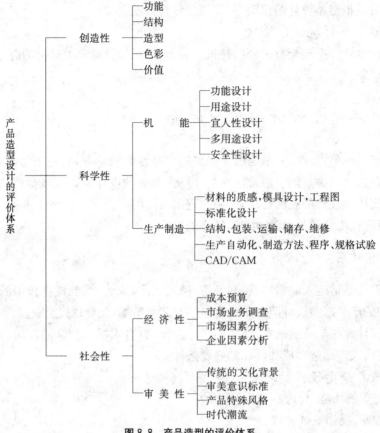

图 8.8 产品造型的评价体系

8.3.2 评价因素

对产品造型来说,评价的标准是什么? 从使用者的角度来看,产品应满足一切完美的机能需求。具体地说,以产品的机能观念来对产品进行评价,其评价因素应包括产品的工学机能、美学机能、生理机能、心理机能、经济机能等方面。

1)工学机能

(1)零部件的组合 产品的形态差异,除非产品在功能上和结构上有大的变化,不然其主要的差别多表现在零部件组合的变化上。外壳的组合关系是构成产品差异的关键,尤其是对那些由于新材料或新加工技术的改变与流行风格受社会进步而改变形态的产品,其形态的改变大多为组合的变化。也就是说,零部件的组合关系决定了产品的形象。

(2)完美的产品功能 产品要达到预定的用途,在功能上必须保证不能有点滴的差错。若发生问题,如机床有较大的振动、洗衣机洗不干净衣物等,都必须从工学技术上寻找解决的方法,寻找新的依据,寻找新的组合原理,以求发挥最完善的产品功能。

2)美学机能

(1)符合美学规律 现代产品造型设计越来越复杂,造型的内涵也在增多。尽管产品造型设计大多涉及艺术方面,其美的评价也并不属于一般的美学范畴,但产品审美的因素必须符合美学的规律性。

（2）塑造产品风格　　不同的产品风格对产品造型的评价影响很大，影响产品造型风格的因素有：

① 技术因素　　如新技术、新材料、新工艺等。

② 环境因素　　即产品所在的空间环境对人的视觉关系。

③ 社会因素　　如稳定的和平时期、计划经济时期、市场经济时期等。

因此，在设计思想的建立与贯彻方面必须塑造产品的造型风格。对造型风格的评价应侧重于秩序性和协调性两方面。产品造型的良好秩序性主要是指使用方式最理想，组织有秩序。这种设计思想使产品的造型达到简洁、亲切，且易于使用。产品造型的协调性主要是指对产品造型元素点、线、面、色彩等能否按产品材质特性和加工性进行合理的处理。另外，环境的协调性也能使产品与使用者的环境背景和心理产生有机联系而融为一体。

3）生理机能

从产品评价的角度来看，无论使用、操作以及使用后的一切操作（包括准备工作和维护清理工作），都要符合人体操作的正确性，这就是产品评价对生理机能的要求。

4）心理机能

影响产品心理机能的评价因素有文化背景、时代性、法规和诚实性。

（1）文化背景　　在文化发展史上，传统文化一般包括道德、习俗、生活习惯、人们的思想。

（2）时代性　　时代性包括人们的生活水平、教育水平、大众心理趋势等。教育水平受生活水平的直接影响，而生活水平则关系到整个社会的经济状况。时代性往往以"流行"风格来体现。

（3）法规　　现代产品造型除了充分考虑经济效益之外，还需考虑社会效益，即不可忽视产品应有的使用价值和安全条件，因此法律规章所规定的标准也应进入评估质量标准之列。

（4）诚实性　　耐用度是产品设计要求之一，因此产品的工学机能、品质和价值应与设计要求相一致。设计中不得有任何虚假和伪造，这种设计上的诚实性是十分重要的。

5）经济机能

由于工学机能的进步、制造技术的改进、大批量生产的成本降低和市场竞争的结果，使产品的经济性成为评价的必要条件。

8.3.3　评价方法

虽然对产品造型质量的评价比较困难，目前世界上还没有一个公认的评价方法，但通过上述对评价因素的分析可以看出，对产品造型质量的评价不外乎采用主观判断——非计量性评价法、数学计算——计量性评价法以及新近发展的模糊评价法。

1）主观判断——非计量性评价法

产品造型评价因素中的美学机能、心理机能、生理机能中的舒适程度等属于人们的主观判断，可用非计量性评价法来评定。

（1）SD(Semantic Differential)评价法

目前，国外设计界较为流行的方法是 SD 法——语言区分法。这种方法是以特定的项目在一定的评价尺度内作重要性的主观判断。应用 SD 法，首先要在概念上或意念上进行选择，从而明确评定的方向。一般将概念或意念用可判断的方式进行表达，以语言文字进行说明，还

可用图片直接表达;其次是选定适当的评价尺度;最后拟订一系列对比较为强烈的形容词供评判时参考,其具体方法如下:

① 将评价的问题列成意见调查表,并拟订若干个表明态度的问题,评价者对各问题的回答分为"很同意"、"同意"、"不表态"、"不同意"、"很不同意"五种。

② 计分的方法为越趋向正面的分数,其分值越高;反之,分值越低。分析时以"累积和"分值的高低作计算标准。

一般评价的量表为:

感性	−3 −2 −1 0 +1 +2 +3	理性
琐碎	−3 −2 −1 0 +1 +2 +3	简洁
分散	−3 −2 −1 0 +1 +2 +3	集中
古典	−3 −2 −1 0 +1 +2 +3	新潮
守旧	−3 −2 −1 0 +1 +2 +3	创新
重	−3 −2 −1 0 +1 +2 +3	轻
杂乱	−3 −2 −1 0 +1 +2 +3	协调
丑	−3 −2 −1 0 +1 +2 +3	美
弱	−3 −2 −1 0 +1 +2 +3	强
暧昧	−3 −2 −1 0 +1 +2 +3	明朗
不对称	−3 −2 −1 0 +1 +2 +3	对称
偶然性	−3 −2 −1 0 +1 +2 +3	广泛性
静态	−3 −2 −1 0 +1 +2 +3	动态

由上表可以看出,通过语意上的差别来评价产品造型质量,使所选的方案接近原产品计划的目标和市场性,这是 SD 法在非计量性评价中的作用。

(2) 分析、类比评价法

这种方法主要适用于面广量大的工业产品。把被评价的产品与同类的标准样品进行分析、类比。按 5 分制对待评的产品逐项进行评分,按总分平均值确定产品的美学机能、生理机能中有关人机工程学问题。标准样品 5 级划分如下:

5 分——得到国际承认、具有国际设计最高水平的最新产品。

4 分——在国际市场上具有竞争能力的产品。

3 分——符合美学要求、满足人机工程学要求的产品。

2 分——外形不协调、操作不太方便、使用性能低下的产品。

1 分——外形丑陋、操作不便、性能低劣、工艺粗糙的产品。

在评价产品质量时,要研究有关资料,考虑产品技术性能方面的质量。对于那些性能质量低劣、模仿高水平产品外形、操作不便的产品,由于形式和功能不统一,其质量要降低 1～2 分。

产品评价者为了对产品质量进行全面、仔细的了解,可以采用提问法对设计者、生产者和使用者进行询问,以便掌握产品质量的各种资料。

捷克学者 T·约翰涅克就美学方面和人机工程学方面提出若干问题。

美学方面问题:

① 机器的外形是否给人以完整的印象?

② 机器的外形是否表达了它的功能——结构特征?

③ 机器表面的小装饰件是否显得杂乱?装饰件之间是否有形式上的联系?

④ 机器的外形结构是否给人以不平衡和不稳定的感觉?

⑤ 机器的比例是否协调?

⑥ 机器的结构方案和采用的材料与加工工艺是否相适应?

⑦ 机器的外形是否太零散?是否破坏了机器的整体性?

⑧ 机器的色彩处理是否与使用环境条件相适应?

人机工程学方面问题:

① 是否强调了机器的工作区(功能区和操作区)的造型?

② 机器的尺度与人体测量数据是否相适应?比例是否适当?

③ 采用的结构能否保证不出意外?

④ 工作过程中机器表面是否有会引起事故的尖锐棱角和突起?

⑤ 机器的旋转部分是否设有如保护罩之类的防护装置?

⑥ 在机器工作区内是否设有透明挡板、屏蔽或护板?

⑦ 机器的结构是否考虑了不停车就不能进行修理?

⑧ 机器的启动装置是否保证不会出现偶然性(非正常)启动?

⑨ 是否有醒目的、操作人员可及的总开关?

⑩ 信号装置能否及时预报机器基本工作参数出现忽高忽低的不正常现象?

⑪ 机器不安全部位的颜色标志是否正确?

⑫ 机器能否及时排除铁屑等废料?

⑬ 工人放脚的地方是否够宽?是否感到不自如?

⑭ 机器的功能区是否设在可及的范围内?能否满足观察的需要?

⑮ 人的运动量和运动轨迹是否减少到最低程度?

⑯ 工人是否可以在视野范围内完成自己的动作?

⑰ 运动结束位置是否有利于下一个动作的开始?

⑱ 所有操纵机构是否配置在有利于工人操作的范围内?

⑲ 使用操纵机构时,是否会碰手?

⑳ 每个操纵机构使用是否方便?

㉑ 在操纵机构的所有工作位置处是否设有标记?

㉒ 操纵机构和指示装置是否设在有效可见范围内?

以上两方面的问题虽然不够全面,但在评价产品造型设计质量,特别是成品时,非常有参考价值。

2) 数学计算——计量性评价法

产品造型评价因素中的工学机能、经济机能、生理机能中的计测尺寸值等需要人们进行计算才能进行评价,应该用计量性评价法来评定。

(1) $\alpha \cdot \beta$ 评价法

这种方法是将参与评比的实际方案作一评比分析,对各目标进行价值判断,从而获得一些重要的数值,这些数值累积的和作为评判最佳实际方案的依据。

该方法中,α 值为各目标评比其相对重要性的值,β 值为各设计方案对原定目标的满足度,α 和 β 的乘积为对目标满足度多少的判断。

其具体的方法如下:

① α 值的标定 α 值是设计者或评价者对每个设计目标进行主观判断所得的值。设设计目标有三个,分别为 O_1、O_2、O_3,若 O_1 的重要性为 O_2 的一半,O_1 的相对重要性又是 O_3 的三分之一,则评价者可将 O_1、O_2、O_3 分别排列为 1、2、3 的评价值。

② β 值的标定 β 值是设计方案对各设计目标的满足度判断所得的值,它可事先给定。评价尺度一般取 $+5 \sim -5$,或 $1 \sim 9$,或 $0 \sim 4$ 范围内的值。若以 $1 \sim 9$ 作为 β 值的区间,则 9 为满足度最高,8、7、6 尚可,5 适中,4、3、2 不理想,1 很不好。

③ $\alpha \cdot \beta$ 评价表的制定   一般来说,进行 $\alpha \cdot \beta$ 值的评价按表 8.3 进行。

$\alpha \cdot \beta$ 值之和$/\alpha$ 值之和$=G$ (其结果在 $1 \sim 9$ 的 β 值区间)

表 8.3 $\alpha \cdot \beta$ 值的评价表

A 目标类别	B X 方案对各目标的 β 值	C 各设计目标的 α 值	D $\alpha \cdot \beta$ 值
$0-1$	$\beta(x,1)$	$\alpha-1$	$\beta(x,1)(\alpha-1)$
$0-2$	$\beta(x,2)$	$\alpha-2$	$\beta(x,2)(\alpha-2)$
$0-3$	$\beta(x,3)$	$\alpha-3$	$\beta(x,3)(\alpha-3)$
$G=F/E$		E α 值之和	F $\alpha \cdot \beta$ 的值之和

④ $\alpha \cdot \beta$ 值评价的程序

a. 决定评价问题的性质。

b. 决定评价的目标。

c. 可替代性的设计方案选择。

d. 决定 β 值的评价尺度。

e. 建立合适的 $\alpha \cdot \beta$ 评价表。

f. 评价所有设计方案与目标的相对 α 值。

g. 比较目标的重要性。

h. 统计设计方案的各目标 $\alpha \cdot \beta$ 值。

i. 比较并选取目标满足度最好者。

(2) 列项计分评价法

对非计量性评价法中的分析、类比评价法,只要有同类产品作为标准样品,评价同类新产品的造型质量是不会很困难的。但是,对于一个新开发的产品,在没有同类产品作为标准样品供参照的情况下,产品的造型质量可采用列项计分法进行。

组织一个不少于五人的专家评价小组,对产品的功能、结构、技术、工艺、使用环境、可靠性、寿命、标准化、经济性、宜人性、产品使用过程中和报废之后的处理以及对环境的影响、技术文件的完整性、商标、标志、售后服务等作全面的了解。设计者和生产者随时接受询问和出示有关资料备查。专家评价小组在充分民主的气氛中对产品的造型质量列出若干项目 A,B,C,D… 同时划分各项目的分值,规定各个项目的分值之和为 100 分,即

$$A+B+C+D+\cdots = 100$$

评价小组还要列出各个项目的分项目 $A_1,A_2,A_3\cdots;B_1,B_2,B_3\cdots;C_1,C_2,C_3\cdots;D_1,D_2,D_3\cdots$ 并划定各分项目的分值为

$$A_1+A_2+A_3+\cdots = A$$
$$B_1+B_2+B_3+\cdots = B$$
$$\cdots\cdots$$

把项目内容及评分标准制成"评价项目及分值"表格(见表 8.4),专家评价小组的每一个成员都要用统一的表格,进行认真的评分。然后求出小组评分的平均值,即为产品造型设计质量的评价值。

$$M = \sum_{i=1}^{n} P_i/n$$

式中,M 为产品造型设计质量评价值;P_i 为专家评价小组每个成员得出的产品总评价值;n 为专家评价小组成员人数。

按优、良、中、次、差来评价产品造型设计质量:评价值在 90 分以上为优,在 80~89 分之间为良,在 70~79 分之间为中,在 60~69 分之间为次,在 60 分以下为差(见表 8.4)。

这种评价方法直接、简单、易行,适用性广。一般情况下,一次性得出的结论不做修改。只有当专家小组成员对某些项目的意见分歧较大时,才能对该项目作进一步的讨论,并重新评价一次。不管结果如何,不再做进一步的修改。

表 8.4   产品造型质量评价项目及分值

项目代号	项目名称	分项代号与内容		分项计分	项目总分
A	整体效果	A_1	形式与功能应统一,结构、原理应合理	6	15
		A_2	主机、辅机和附件造型风格应一致	4	
		A_3	整体与局部、局部与局部布局应合理,空间体量应紧凑与协调	3	
		A_4	……	2	
B	人机适应	B_1	主要操作装置应与人体测量尺寸相适应,并处在人的最佳工作区域	4	20
		B_2	主要显示装置应清晰、易读,处在人的最佳视觉范围内	4	
		B_3	操作件使用方便,符合人体生物力学特点	3	
		B_4	在工作区域内无划伤人的尖棱突角	3	
		B_5	照明光线柔和,亮度适宜	2	
		B_6	在危险区内有保护装置,有警示标志	3	
		B_7	……	1	

项目代号	项目名称		分项代号与内容	分项计分	项目总分
C	形态	C_1	线型风格独特、新颖,外形简洁、流畅、和谐,整体统一,具有秩序感	8	20
		C_2	整机和各部分比例协调	4	
		C_3	外形形态能充分表现功能特征,符合科学原理	3	
		C_4	整机规整统一,面棱清晰,层次分割明朗,各部分衔接紧密,过渡自然,工艺精湛	3	
		C_5	……	2	
D	色彩	D_1	色彩能表达产品的功能,配色合理	4	15
		D_2	产品色彩与使用环境相协调	3	
		D_3	色彩对人的心理生理相适应,标志、显示装置、危险部位色彩应可认读	3	
		D_4	保证着色质量	3	
		D_5	……	2	
E	装饰	E_1	突出造型设计重点,形成审美中心	2	10
		E_2	商标设计具有表达性、艺术性	2	
		E_3	所有标志、符号具有表达性、艺术性	2	
		E_4	色带和其他装饰协调、合理,无虚设的装饰件	2	
		E_5	工艺精湛、细致	1	
		E_6	……	1	
F	附件及技术文件	F_1	选用标准件、外购件、协作件与主机风格统一,材料质地协调,装配配合精确	3	10
		F_2	随机附件齐全,设计合理	2	
		F_3	技术文件齐全,产品安装、使用、维修说明书等易读	2	
		F_4	包装合理,外装饰具有艺术性	2	
		F_5	……	1	
G	其他	G_1	有良好的售后服务质量	3	10
		G_2	有明显的经济效益和社会价值	2	
		G_3	产品报废后可进行处理	2	
		G_4	使用过程中对环境污染有预防措施	2	
		G_5	……	1	

3) 模糊评价法

在产品造型设计质量评价中,有许多软的评价因素需用非计量性评价法进行。由于这种方法受评价者自身的素质影响较大,而用传统的计量性评价法又很难进行,为此将非计量性评价法中的语言措施作为变量处理,再用模糊数学的方法,使模糊信息数值化,以进行定量评价,这是近年来研究较多的评价法——模糊评价法。

(1) 建立数学模型——模糊矩阵

① 模糊子集(Fuzzy) 普通集合是描述非此即彼的清晰概念,而模糊集合是描述亦此亦彼的中间状态。因此,把特征函数的取值范围从集合{0,1}扩大到[0,1]区间连续取值,就可以定量地描述模糊集合。模糊集合往往是特定的一个论域的子集,称为模糊子集。为讨论方便,一般将模糊子集称为 Fuzzy 集。

② 模糊关系 描写客观事物之间联系的数学模型称为关系。关系除了有清晰的关系和没有关系之外,还有大量的不清晰的关系(如关系较好、关系疏远等)。这种不清晰的关系称为

模糊关系。

③ 隶属度　模糊评价的表达形式是隶属度。设在论域 U 内给出映射 u，并有

$$U_A : U \to [0,1]$$

则 U_A 确定了 U 的 Fuzzy 集。对于任意的 $u \in U$，都有一个确定的数

$$U_A(u) \in [0,1]$$

称为 u 对该 Fuzzy 集的隶属度。隶属度的值越接近于 1，则 u 属于该 Fuzzy 的程度就越大。

例如，通过对某产品造型进行调查，30％认为"很好"，53％认为"好"，15％评价为"不太好"，2％认为"不好"，则该产品的造型在评价集中的四种评价概念的隶属度分别为 0.3，0.53，0.15，0.02，而该产品的模糊评价集可表示为

$$R = \{0.3/X_1, 0.53/X_2, 0.15/X_3, 0.02/X_4\}$$

或简写为

$$R = \{0.3, 0.53, 0.15, 0.02\}$$

在评价中可以将"非常"、"不"等副词作为算子，对隶属度作某种运算，如"很"表示隶属度作平方运算，"不"表示用 1 减去原隶属度。例如，在评价中，"满意"的隶属度为 0.7，则"很满意"的隶属度为 $0.7^2 = 0.49$，"不满意"的隶属度为 $1 - 0.7 = 0.3$。

④ 隶属函数　模糊集合的特征函数称为隶属函数。隶属函数可以表示出隶属度的变化规律。有十几种常用的隶属函数，可根据评价对象的不同合理选用。

⑤ 模糊矩阵　可以用模糊矩阵来表现模糊关系。

设：评价目标集（n 个元素）　　　　　$Y = \{y_1, y_2, \cdots, y_n\}$

　　评价集（m 个元素）　　　　　$X = \{x_1, x_2, \cdots, x_n\}$

　　加权系数集　　　　　　　　$A = \{a_1, a_2, \cdots, a_n\}$

$$\sum_{i=1}^{n} a_i = 1 \qquad (0 < a_i < 1)$$

某方案对评价目标的模糊评价矩阵为：

$$R = \begin{bmatrix} R_1 \\ R_2 \\ \vdots \\ R_i \\ \vdots \\ R_n \end{bmatrix} = \begin{bmatrix} r_{11} & r_{12} & \cdots & r_{1j} & \cdots & r_{1m} \\ r_{21} & r_{22} & \cdots & r_{2j} & \cdots & r_{2m} \\ \vdots & \vdots & & \vdots & & \vdots \\ r_{i1} & r_{i2} & \cdots & r_{ij} & \cdots & r_{im} \\ \vdots & \vdots & & \vdots & & \vdots \\ r_{n1} & r_{n2} & \cdots & r_{nj} & \cdots & r_{nm} \end{bmatrix}$$

考虑加权的综合模糊评价，即模糊矩阵的积为：

$$B = A \cdot R = [b_1, b_2, \cdots, b_j, \cdots, b_m]$$

（2）模糊评价

① 一元模糊评价　对于单评价目标的模糊评价比较简单，只需找出评价集中各元素的隶属度即可。

② 多元模糊评价　在进行多评价目标的评价时，首先应确定评价目标和加权系数的评价矩阵，再应用模糊关系运算的合成方法求解。常用的合成方法有以下两种：

第一种方法，$M(\wedge \cdot \vee)$ 算法：

设：评价目标集　　　　　　　　　　$Y = \{y_1, y_2, \cdots, y_n\}$

评价集　　　　　　　　　　　　　$X = \{x_1, x_2, \cdots, x_m\}$

加权系数集　　　　　　　　　　$A = \{a_1, a_2, \cdots, a_n\}$

$$\sum_{i=1}^{n} a_i = 1 \quad (0 < a_i < 1)$$

模糊评价矩阵为

$$\boldsymbol{\cdot} \quad \boldsymbol{R} = \begin{bmatrix} \boldsymbol{R_1} \\ \boldsymbol{R_1} \\ \boldsymbol{R_i} \\ \vdots \\ \boldsymbol{R_n} \end{bmatrix} = \begin{bmatrix} r_{11} & r_{12} & \cdots & r_{1j} & \cdots & r_{1m} \\ r_{21} & r_{22} & \cdots & r_{2j} & \cdots & r_{2m} \\ \vdots & \vdots & & \vdots & & \vdots \\ r_{i1} & r_{i2} & \cdots & r_{ij} & \cdots & r_{im} \\ \vdots & \vdots & & \vdots & & \vdots \\ r_{n1} & r_{n2} & \cdots & r_{nj} & \cdots & r_{nm} \end{bmatrix}$$

综合模糊评价为

$$\boldsymbol{B} = \boldsymbol{A} \cdot \boldsymbol{R} = [b_1, b_2, \cdots, b_j, \cdots, b_m]$$

用 $M(\vee \cdot \wedge)$ 算法合成时有

$$b_j = \bigvee_{i=1}^{n} (a_j \wedge r_{ij})$$

即

$$b_j = (a_1 \wedge r_{1j}) \vee (a_2 \wedge r_{2j}) \vee \cdots \vee (a_n \wedge r_{nj}) \quad (j = 1, 2, 3, \cdots, m)$$

上式的运算是按小中取大的方式进行的,突出了主要因素的权重隶属度的影响。

第二种方法,$M(\cdot, +)$ 算法:

按乘加运算进行矩阵合成,又称加权平均型

$$b_j = \sum_{i=1}^{n} a_i r_{ij} \quad (j = 1, 2, 3, \cdots, m)$$

这种运算综合考虑了各项隶属度和权重的影响。

8.3.4　模糊评价法在机床造型质量中的应用

产品造型设计的质量评价体系和评价因素,对不同的产品进行造型质量评价时,其评价体系和评价因素具体内涵不完全一样。因此,对具体产品应根据实际情况,提出相应的评价因素,进行造型质量的评价。以机床为例,说明模糊评价法的应用。

1) 造型质量评价原则

产品造型设计是以人为设计中心、适应人的需要、调和生态环境、完成新产品功能的创造性行为。也就是说,一台好的机床必定是融合科技与人文精髓、配合现代企业经营观念的创造性产物。从设计角度来看,造型简洁、符合人机关系、有完善的功能、满足使用者的需要等因素,都是构成成功设计的必要条件。因此,必须制定出新产品质量的评价原则,才能从根本上保证机床的成功设计。

实用性、经济性、美观性和创造性是机床造型质量评定应遵循的原则。

(1) 实用性　产品的实用性表现为产品应具有先进和完善的使用功能,并使其功能得以最大限度的发挥,这是机床造型设计要达到的基本要求。因此,机床造型必须充分体现产品适宜的工作范围、良好的工作性能和科学的使用功能。为此,从实用性原则出发,质量评定应以实现功能目的为中心,使机床性能稳定可靠。这些均属产品质量的技术性能,反映产品功能美的综合指标。

（2）经济性　机床的经济性一方面表现为产品在制造过程中使用最少的财力、物力、人力和时间，并且易维护；另一方面表现为通过市场，将产品变为商品，获得较高的商业利润，得到最大的经济效益。

（3）美观性　机床造型的美观性表现在体现产品实用性、经济性的前提下，使产品具有完美、生动、和谐的艺术形象，满足时代的审美要求，体现社会的精神与物质文明。

（4）创造性　机床造型的创造性表现为产品应具有独特的艺术风格和新颖的艺术魅力。对产品，只有追求设计的新意和独创，才能使设计的产品跟上时代的步伐，提高人们的审美情趣，成为具有时代感的现代产品。因此，机床造型设计不能纯粹地继承和仿造，单纯的模仿而无新意的机床造型是无意义的艺术再现，是没有生命力的。

2）造型质量评定体系

依据机床造型质量评定原则，一个优良的机床造型必然是实用性、经济性、美观性和创造性四个方面的结合，其质量评定体系如图 8.9 所示。

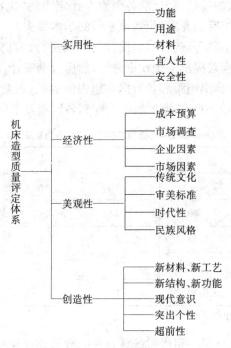

图 8.9　造型质量评定体系

3）影响造型质量的因素分析

（1）实用性

因素集合：$U_1 = \{U_{11}(功能), U_{12}(用途), U_{13}(材料), U_{14}(宜人性), U_{15}(安全性)\}$；

评价集合：$V_1 = \{V_1(很好), V_2(好), V_3(一般), V_4(差)\}$（本书采用同一种形式的评价集合，以下不再重复）；

权重分配：$A_1 = \{a_{11}, a_{12}, a_{13}, a_{14}, a_{15}\}$。

（2）经济性

因素集合：$U_2 = \{U_{21}(成本预算), U_{22}(市场调查), U_{23}(企业因素), U_{24}(市场因素)\}$；

权重分配:$A_2 = \{a_{21}, a_{22}, a_{23}, a_{24}\}$。

(3) 美观性

因素集合:$U_3 = \{U_{31}(传统文化), U_{32}(审美标准), U_{33}(时代性), U_{34}(民族风格)\}$;

权重分配:$A_3 = \{a_{31}, a_{32}, a_{33}, a_{34}\}$。

(4) 创造性

因素集合:$U_4 = \{U_{41}(新材料、新工艺), U_{42}(新结构、新功能), U_{43}(现代意识), U_{44}(突出个性), U_{45}(超前性)\}$;

权重分配:$A_4 = \{a_{41}, a_{42}, a_{43}, a_{44}, a_{45}\}$。

以上因素,每个都要进行单级综合评判,而它们对机床造型质量的影响程度不完全相同,故还需进行二级综合评判。经过归一化处理,用最大隶属原则就可以最后比较全面而又科学地评估出机床造型质量。但如果在二级综合模型中不能反映清楚,则可建立三级或更高级综合模型来进行评判。

4) 权重分配

权重分配即隶属函数值的确定,是反映各因素在评定中的"比重"。为了对机床造型质量的权重进行分配,首先应组织有关专家(包括该学科的学术带头人)、长期从事产品造型的设计师、有关的工程人员和管理干部等,通过对所设计的产品进行认真分析,考虑诸因素对产品质量的影响程度,各人对每个因素提出一个权重分配,然后分别统计,剔除过分分散的数值,按数据中最大值、最小值分组,计算出组距和各数据在组内的频数,以最后确定该因素的隶属度数值。表 8.5 给出 ZM - 80 加工中心造型二级综合评判各因素及子集的权重。

表 8.5　ZM - 80 加工中心造型二级综合评判各因素及子集的权重

A_i	a_i	a_{ij}				
		a_{11}	a_{12}	a_{13}	a_{14}	a_{15}
A_1	0.25	0.35	0.20	0.10	0.25	0.10
A_2	0.15	0.40	0.25	0.20	0.15	—
A_3	0.25	0.25	0.40	0.20	0.15	—
A_4	0.35	0.30	0.15	0.25	0.15	0.15

注:a_{ij} 为一级权重数,a_i 为二级权重数。

表 8.5 中给出的权重分配是一组经过统计处理的数值,不同的产品其权重是不相同的,各个因素的评判集合应该是相当数量的专家组集体评判给出。

5) 应用实例

以 ZM - 80 加工中心为例。

(1) 一级评定

① 实用性

U_{11}(功能),评判集合:$V_{11} = \{0.3, 0.5, 0.2, 0\}$;

U_{12}(用途),评判集合:$V_{12} = \{0.4, 0.4, 0.2, 0\}$;

U_{13}(材料),评判集合:$V_{13} = \{0.4, 0.5, 0.1, 0\}$;

U_{14}(安全性),评判集合:$V_{14} = \{0.6, 0.3, 0.1, 0\}$;

U_{15}(宜人性),评判集合:$V_{15} = \{0.3, 0.4, 0.3, 0\}$。

$$R_1 = \begin{bmatrix} 0.3 & 0.5 & 0.2 & 0 \\ 0.4 & 0.4 & 0.2 & 0 \\ 0.4 & 0.5 & 0.1 & 0 \\ 0.6 & 0.3 & 0.1 & 0 \\ 0.3 & 0.4 & 0.3 & 0 \end{bmatrix}$$

权重分配

$$A_1 = \{0.35, 0.20, 0.10, 0.25, 0.10\}$$

$$b_1 = A_1 \cdot R_1 = \{0.30, 0.35, 0.20, 0\}$$

根据最大隶属原则,造型质量实用性好。

② 经济性

U_{21}(成本预算),评判集合:$V_{21} = \{0.4, 0.3, 0.2, 0.1\}$;

U_{22}(市场调查),评判集合:$V_{22} = \{0.4, 0.4, 0.2, 0.1\}$;

U_{23}(企业因素),评判集合:$V_{23} = \{0.3, 0.4, 0.2, 0.1\}$;

U_{24}(市场因素),评判集合:$V_{24} = \{0.4, 0.4, 0.1, 0.1\}$。

经济性评判矩阵

$$R_2 = \begin{bmatrix} 0.4 & 0.3 & 0.2 & 0.1 \\ 0.5 & 0.2 & 0.2 & 0.1 \\ 0.3 & 0.4 & 0.2 & 0.1 \\ 0.4 & 0.4 & 0.1 & 0.1 \end{bmatrix}$$

权重分配

$$A_2 = \{0.40, 0.25, 0.20, 0.15\}$$

$$b_2 = A_2 \cdot R_2 = [0.40, 0.30, 0.20, 0.1]$$

经归一化处理

$$b_2 = [0.40, 0.30, 0.20, 0.10]$$

根据最大隶属原则,造型质量经济性很好。

③ 美观性

U_{31}(文化背景),评判集合:$V_{31} = \{0.4, 0.3, 0.2, 0.1\}$;

U_{32}(时代性),评判集合:$V_{32} = \{0.2, 0.4, 0.3, 0.1\}$;

U_{33}(审美意识标准),评判集合:$V_{33} = \{0.3, 0.6, 0.1, 0\}$;

U_{34}(民族风格),评判集合:$V_{34} = \{0.3, 0.3, 0.4, 0\}$。

美观性评判矩阵

$$R_3 = \begin{bmatrix} 0.4 & 0.3 & 0.2 & 0.1 \\ 0.2 & 0.4 & 0.3 & 0.1 \\ 0.3 & 0.6 & 0.1 & 0 \\ 0.3 & 0.3 & 0.4 & 0 \end{bmatrix}$$

权重分配

$$A_3 = \{0.25, 0.40, 0.20, 0.15\}$$

$$b_3 = A_3 \cdot R_3 = [0.25, 0.40, 0.30, 0.1]$$

经归一化处理

$$\boldsymbol{b}_3 = [0.24, 0.38, 0.29, 0.10]$$

根据最大隶属原则,造型质量美观性好。

④ 创造性

U_{41}(新材料、新工艺),评判集合:$\boldsymbol{V}_{41} = \{0.2, 0.5, 0.3, 0\}$;

U_{42}(新结构、新功能),评判集合:$\boldsymbol{V}_{42} = \{0.3, 0.4, 0.2, 0.1\}$;

U_{43}(现代意识),评判集合:$\boldsymbol{V}_{43} = \{0.1, 0.4, 0.4, 0.1\}$;

U_{44}(突出个性),评判集合:$\boldsymbol{V}_{44} = \{0.1, 0.4, 0.5, 0\}$;

U_{45}(超前性),评判集合:$\boldsymbol{V}_{45} = \{0.2, 0.5, 0.2, 0.1\}$。

创造性评判矩阵

$$\boldsymbol{R}_4 = \begin{bmatrix} 0.2 & 0.5 & 0.3 & 0 \\ 0.3 & 0.4 & 0.2 & 0.1 \\ 0.1 & 0.4 & 0.4 & 0.1 \\ 0.1 & 0.4 & 0.5 & 0 \\ 0.2 & 0.5 & 0.2 & 0.1 \end{bmatrix}$$

权重分配

$$\boldsymbol{A}_4 = \{0.30, 0.15, 0.25, 0.15, 0.15\}$$
$$\boldsymbol{b}_4 = \boldsymbol{A}_4 \cdot \boldsymbol{R}_4 = [0.20, 0.30, 0.30, 0.15]$$

经归一化处理

$$\boldsymbol{b}_4 = [0.21, 0.32, 0.32, 0.16]$$

根据最大隶属原则,造型质量创造性在好与一般之间,属较好。

(2) 二级评定

根据表 8.5 可知,二级因素的权重分配

$$\boldsymbol{A}' = [\boldsymbol{A}_1, \boldsymbol{A}_2, \boldsymbol{A}_3, \boldsymbol{A}_4]$$
$$= [0.25, 0.15, 0.25, 0.35]$$

而二级因素评判矩阵为

$$\boldsymbol{R}' = \begin{bmatrix} \boldsymbol{A_1} \cdot \boldsymbol{R}_1 \\ \boldsymbol{A_2} \cdot \boldsymbol{R}_2 \\ \boldsymbol{A_3} \cdot \boldsymbol{R}_3 \\ \boldsymbol{A_4} \cdot \boldsymbol{R}_4 \end{bmatrix} \begin{bmatrix} 0.35 & 0.35 & 0.20 & 0 \\ 0.40 & 0.30 & 0.20 & 0.10 \\ 0.24 & 0.38 & 0.29 & 0.10 \\ 0.21 & 0.32 & 0.32 & 0.16 \end{bmatrix}$$

综合模糊评判结果

$$\boldsymbol{C} = \boldsymbol{A}' \cdot \boldsymbol{R}' = [0.25, 0.32, 0.25, 0.16]$$

经归一化处理

$$\boldsymbol{C} = [0.26, 0.33, 0.26, 0.16]$$

根据最大隶属原则,该加工中心造型质量的综合评价为好。若二级评判无明显结论,可以采用更高一级的综合模型进行分析评价。

8.4 国外产品造型设计质量评价简介

许多国家均进行产品造型质量的评选活动。其评价标准因国家、时代不同而变化:英国、

德国偏重于工业产品;美国在环境设计、平面设计上有特色;日本的评价范围比较广,其中医疗、住宅环境和交通工具颇具特色;韩国则以小型产品,如家用电器、玩具和休闲用品居多。评价的标准大都以独创性、新颖性、优良的造型及安全性为主,环境、服务、维修等也受到重视。

8.4.1 德国的评选项目和评价标准

设有工业设计奖(if 设计奖)、优良造型奖等。

工业设计奖的评选项目有:信息及通讯产品,办公设备及用品,电器电子产品,工作机械及工具,自动机器,仓库及交通运输工具,机械零件,工厂设备,冷暖气机及卫生空调设备,户外用品,室内装饰品及建材,照明设备,促销用品,医疗用品,摄影光学器材,以及其他等共 16 项。

评价标准为:

(1) 实用性　符合使用目的之舒适性及完美的机能性。

(2) 安全性、保全性。

(3) 耐久性、有效性。

(4) 重视人体工学　操作简单,有可读性、适当的操作高度及有效的操作性等。

(5) 设计、技术的独创性及防止仿冒。

(6) 协调环境。

(7) 低公害性,节省能源,减少废弃物,资源的再利用。

(8) 使用机能视觉化　产品外形能显示出产品及零件的使用方法或机能作用。

(9) 提高设计质量　内部结构安全稳固,机构设计原理明确化;能够将造型、体量、尺寸、色彩、材质、局部或整体的平面设计清楚地标注、表示出来;能将形态变更、对比、平衡、色彩、预想图等的设计要素正确表达出来;零件的互换性、装配组合并具有美感;防止视觉性障碍(过度刺激、幻觉、误认);设计上应重视制造过程及目的,能合理应用材料。

(10) 启发智慧和感性　能吸引使用者,刺激好奇心,有趣味性,能提高娱乐效果和创造力,产生与人类共鸣的形状。

8.4.2 美国的评选项目和评价标准

设有杰出工业设计奖,由美国工业设计师协会(IDSA)主办。每年举办一次。评选项目有:日用品,商品及工业产品,运输工具,医疗及科学产品,家具,环境设计,视觉传达平面设计,设计研究等 8 项。

评价标准为:

(1) 具有设计新创意。

(2) 有益于使用者。

(3) 有益于顾客。

(4) 合适的材料、高效的生产率和低成本。

(5) 外观足以吸引顾客。

(6) 具有明确的社会影响力。

8.4.3 日本的评选项目和评价标准

由日本产业设计振兴会(JIDPO)每年举办一次,接受外国企业报名。优秀设计商品授以

G-mark。1990年后增设最佳界面奖、最佳景观奖等奖项。评选项目有：休闲、趣味及 DIY(自己动手设计)产品,电子音响产品,日用品,厨房、餐桌及家务用品,家具、室内用品,住宅设备,户外用品,办公室、店面、教育用品,医疗、健康、康复用品,信息产品,产业机械,运输工具,以及公共空间等13项。

评价标准为：

(1) 外观　以形状、色彩、图案等要素构成综合性的美感,且具独特的创意。

(2) 机能　充分具有满足产品使用目的的合理机能,使用方便,易于保管。

(3) 品质　有效利用适当的材料,满足产品的质量要求(包括售后服务是否健全可靠)。

(4) 安全性　充分考虑到产品的安全性能。

(5) 其他　适当产量,价格合理。

8.4.4　韩国的评选项目和评价标准

由韩国设计包装中心主办,评选 GD(优良设计)产品。评选项目有：电子产品,厨房用品,卫浴设备,运动用品,乐器,儿童用品,信息产品,日用品,以及交通运输工具等9项。

评价标准为：

(1) 外观设计。

(2) 机能性。

(3) 安全性。

(4) 品质。

(5) 合理价格。

8.5　界面设计的美度计算

作为人——机——环境系统信息交互的媒介,传统的人机界面设计始终以信息传达与操作控制的高效性和安全性为最终目标。而伴随着信息技术和体验经济的蓬勃发展,人机界面正经历着由体力型、感知型的显控界面向心理型和认知型的智能界面的逐步过渡,界面美学研究成为当代界面设计研究的新焦点和新方向。

8.5.1　界面美度的研究基础

现在仍有很多人将界面设计的美观性单纯的理解为可有可无的表面装饰,而忽视了它的重要性,这种看法恰恰是造成设计缺陷的原因之一。国内外大量研究表明,用户对界面元素的视觉审美与界面可用性评估之间存在显著的相关关系,视觉美感有利于诱发用户的积极情感,影响所感知到的信息的真实性和可靠性,并且与用户满意度、偏好、购买欲、忠诚度以及网页回访率密切相关。因此,界面的形式美观并非是简单的愉悦人的眼球,更重要的是它可以舒缓人的紧张,调节情绪,是体现"以人为本"的人性化设计理念的重要部分。

总体上,界面美度研究属于感性设计的范畴之列,有学者对界面的色彩、图像、按钮、图案、文字、字体、超级链接、动态效果等造型元素进行了聚类划分和特征提取,研究"设计—美感"间的映射关系。然而,相对于传统的外观造型设计,由于界面设计的二维呈现感较强、而约束性较小,造成设计元素的可塑性较高,为设计研究带来了一定困扰。

在实际研究中，能否从平面设计元素的图形属性出发，发掘界面元素构成与视觉美感之间的关联机制成为界面美度研究的核心内容。我们知道，无论多么复杂的视觉图像都是由色块和点阵堆积而成的，像素点是构成视觉感知刺激的最小单位。在人机界面中，由于信息交流的需求，交互界面所包含的大量的设计元素，构成了具有一定信息表征含义的功能分区和元素集合。认知心理学家曾用视觉搜索的方法研究了图形表征的视知觉规律，发现用户对视觉元素的形状、颜色特征的加工过程是相对独立的，而用户在判断物体整体特征时，无意识知觉具有较强的形状优势效应。因此，在用户的感性认知过程中，美感体验受界面功能分区的面积、位置等布局因素的影响较大。

结合人类认知加工的形状优势效应，对界面元素进行以面积和位置为主要目标的功能分区和精准定位，从而实现设计元素的抽象表征和属性描述。如图 8.10 所示，以界面左上点为起点，将各个功能分区标识为相应面积大小的矩形块，参考计算机图形学常用的矩形定义方法，采用矩形起始点的 X 坐标、Y 坐标、总宽度 W、总高度 H 四个参数实现设计图元在整体界面中的定位。其中，X 正方向为沿界面自左向右的扫描方向，Y 正方向为自上向下的扫描方向，对用户视觉范围内的所有信息刺激进行抽象编码。

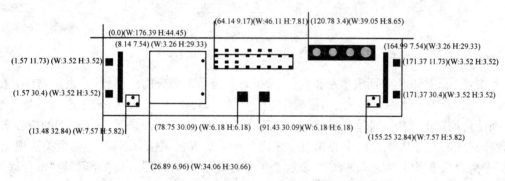

图 8.10　界面元素的表征和定位

8.5.2　界面美度的数学表征

1933 年，美国著名学者 Brikhoff 从"美"是"复杂中的统一（Unity in Variety）"这一传统审美观念出发对"美"进行量化，指出美度（Aesthetic Measures，AM）与视觉对象的秩序感（Order，O）和复杂感（Complexity，C）存在明显的函数关系，即 $AM=O/C$，成为计算美学的经典理论之一。

在界面设计领域，D. L. Ngo 依据 Brikhoff 的美度计算理论对影响界面元素秩序感的内联属性进行了深入研究。他提出秩序感是一个复合性的感官体验，通过对秩序感的定量分析从而计算和比较界面美感，即 $O \infty AM=f(M)$。其中，$M=\{M_1, M_2, \cdots, M_i\}$，$M_i$ 表示秩序感的内联属性，f 表示秩序感与内联属性 M_i 间的函数关系。Ngo 将内联属性 $M_1 \sim M_{13}$ 分别定义为平衡度、均衡度、对称度、连续度、凝聚度、整体度、比例、简单度、密集度、规律度、经济性、同质性和节奏度等 13 个布局特征，并给出了美度计算公式。

例如，他对平衡度的理解为一张图片中视觉重量的分布，视觉重量是物件表现出重量感觉，譬如大的物件重，而小的物件轻。在界面设计中，平衡通过诸如"上"、"下"、"左"、"右"的界面元素的等价重量体现出来。图 8.11 表示了在平衡度研究中，界面设计得"合理"与"不合理"的两种情况。图（a）为一个平衡的界面，物件的重量平均分布水平轴和垂直轴的两边。图（b）

表示一个视觉上不平衡的布局,看上去似乎要倒向另一边。

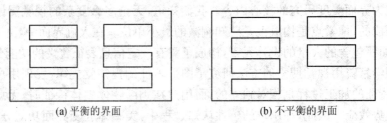

(a) 平衡的界面   (b) 不平衡的界面

图 8.11　平衡度研究中,设计得合理与不合理的对比

平衡度是计算水平和垂直轴两边的物件总体重量间的差异,用如下公式来表示:

$$BM = 1 - \frac{|BM_{\text{vertical}}| + |BM_{\text{horizontal}}|}{2}$$

其中,BM_{vertical} 和 $BM_{\text{horizontal}}$ 分别表示垂直和水平方向的平衡度,分别表示为:

$$BM_{\text{vertical}} = \frac{w_L - w_R}{\max(|w_L|, |w_R|)}$$

$$BM_{\text{horizontal}} = \frac{w_T - w_B}{\max(|w_T|, |w_B|)}$$

$$w_j = \sum_i^{n_j} a_{ij} d_{ij} \quad j = L, R, T, B$$

其中,L、R、T 和 B 分别表示左和右、上和下;w_j 表示 j 部分的总重量;a_{ij} 表示物件 i 在 j 部分的面积;d_{ij} 表示物件 i 中心线与框架中心线间的距离;同时,n_j 表示 j 部分包含的物件数。

而他将均衡定义为一种围绕界面中心的稳定,在界面设计中,通过定位于框架的中心来实现,使布局中心与整体架构的中心相重合。均衡与平衡有相关也有不同:均衡更关注视觉中心,而平衡着眼于视觉重量。图 8.12 表示了在均衡研究中,界面设计得"合理"与"不合理"的两种情况。在图(a)中,均衡通过将布局定位在框架中心来实现。在图(b)中,布局的中心明显低于框架的中心。

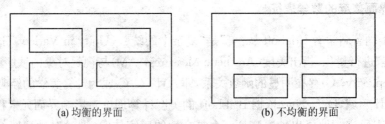

(a) 均衡的界面   (b) 不均衡的界面

图 8.12　在均衡度研究中,设计得合理与不合理的对比

均衡度 EM 为所有呈现物体的中心与界面中心之间的差异,用如下公式来表示:

$$EM = 1 - \frac{|EM_x| + |EM_y|}{2}$$

沿 x 轴(EMx)和沿 y 轴(EMy)的均衡组件的美度表示为:

$$EM_x = \frac{2\sum_i^n a_i(x_i - x_c)}{b_{\text{frame}} \sum_i^n a_i}$$

$$EM_y = \frac{2\sum_i^n a_i (y_i - y_c)}{h_{\text{frame}} \sum_i^n a_i}$$

其中,(x_i, y_i)为物件i中心的坐标,(x_c, y_c)为框架中心的坐标;a_i是物件的面积;b_{frame}和h_{frame}是框架的宽度和高度;同时n是框架中的物件数。注意$|x_i - x_c|$和$|y_i - y_c|$的最大值是$b_{\text{frame}}/2$和$h_{\text{frame}}/2$。

2006年,Michael Bauerly 也提出了界面美度的计算方法,他将内联属性M_i定义为界面的对称度、平衡度和组合数属性。其中,平衡度用于衡量对称轴两侧像素的相似程度,微观的逐一考察对称轴两侧图像像素点分布而非从宏观角度直接分析物体形状或线条。图像的对称度s表示为:

$$s = \frac{2}{3mn} \sum_{i=1}^m \sum_{j=1}^n X_{ij} \left(1 + \frac{i-1}{n-1}\right)$$

其中,m表示平行与图像对称轴的像素值,n表示另一维度宽度的半数,当宽度值为偶数时则n等于平均数,而当宽度为奇数时则n等于宽度值减1后的平均数。X_{ij}为标记数,当前像素相对于对称轴成对出现是指为1,否则为0。以图8.13为例,计算可得图(b)的对称度相对高于图(a)。

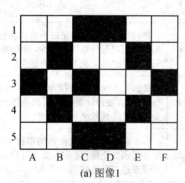
(a) 图像1

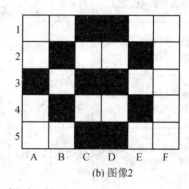
(b) 图像2

图 8.13   图像对称度示例

他所定义的平衡点b指的是图像位于笛卡儿坐标系下的视觉中心点,当每个独立的区块都被具体定位到对应的像素点时,这个点可以被轻易找出。定义这个平衡点(x_b, y_b),其中w为图像的宽度,h表示图像的高度,W则表示视觉的权重。

$$\sum_{x=1}^w W_x (x - x_b) = 0$$

$$\sum_{y=1}^h W_y (y - y_b) = 0$$

$$b = \left(1 - \left|2 * \frac{x_b}{w} - 1\right|, \ 1 - \left|2 * \frac{y_b}{h} - 1\right|\right)$$

值得注意的是,虽然平衡度b与对称度s相关,但二者还是存在明显差异的。由图8.14可知,图像平衡点$(x_b, y_b) = (3, 2.5)$,而图像关于x、y轴的平衡度均为1而对称度s则为1/3和2/9,二者明显不同。

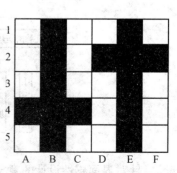

图 8.14   图像对称度和平衡度示例

界面美度研究的关键在于从界面元素的数字化形式出发,寻找视觉美感的数学解释。依据学者对界面设计理解方式的不同,计算的方法可能存在一定差异。但研究在很大程度上克服了一般设计感性研究中普遍存在的辨识度低、主观性高等问题,对相关设计领域的研究也具有很大的启发性。

东南大学产品设计与可靠性研究所,近几年一直在界面设计的项目中研究美度的计算方法,奠定了一定的研究基础。为了全面深入的研究用户的感知心理,构建具有更高适用度的美度计算方法,结合感性工学方法,研究交互界面的感性意象因子结构。研究者们调查6位界面设计师和31名设计初学者及非设计专业学生,将他们分为专业组和非专业组两类进行感性意象分析。选择具有代表性的产品信息界面设计样本20个,由6位界面设计师首先对样本进行意象提取,非专业组成员进行判断和补充。研究需要回避较为抽象的感性描述以保证评价结果不会因为个人理解造成较大分歧,重复多次直到没有新的意象词汇出现为止。对意象词汇进行初步筛选,从而确定27个区分度明显的界面设计意象特征。请非专业组对界面样本进行李氏量表分析,运用因子分析法,提取影响用户感性的潜在因子(见表8.6),建立产品信息界面的感性意象结构(见图8.15)。

表8.6 界面设计意象的因子分析

因子指标	感性意象词汇集	特征值	贡献率/%	累积贡献率/%	因子解释
平衡	平衡感 对称感 协调感 体量感 轻松感等	6.334	42.267	42.267	界面整体视觉信息量的平衡度和稳定感,追求界面元素的面积与分布的合理性,避免用户因为信息布局失衡而导致视觉疲劳和信息遗失。
比例	次序感 优先感 紧凑感 聚中感 引导感等	3.657	24.403	66.670	依据人类感知觉规律而进行的界面元素的差异化布局,使界面设计遵循一定的视线诱导规律,有效的提高视觉认读效率和准确度。
简洁	简洁感 密集感 易用感 普通感 清晰感等	1.826	12.185	78.855	在不影响信息有效传达的前提下减少界面设计的复杂度和变化度,保证界面设计简洁明了,避免给用户带来过多的认知和记忆负担。
呼应	统一感 比例美感 节奏感 匹配感 呼应感等	1.178	7.861	86.716	界面的元素的统一感和一致性,维持设计的整体化风格。在同一系统中的设计元素应尽量规范并对齐,相同或相近的元件可以考虑进行组合,从而提高用户的操作绩效和情感熟悉度。

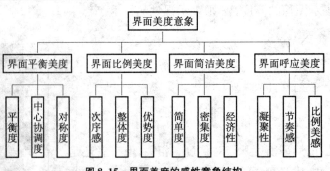

图8.15 界面美度的感性意象结构

针对界面感性设计的意象因子特征,构建12个感性意象内联属性的美度计算公式尝试衡量相应的意象表征效果。设定美度值为介于[0,1]之间的连续数值。表8.7介绍了12个内联属性的计算公式及其意义。

表 8.7　界面美度内联属性

美度因子	指标名称	含义解释	计算公式
平衡	平衡度 Balance Degree	计算水平和垂直对称轴两边组件总体重量之间的差异	$$BAD = 1 - \frac{\left|\frac{w_L - w_R}{\max(|w_L|, |w_R|)}\right| + \left|\frac{w_T - w_B}{\max(|w_T|, |w_B|)}\right|}{2}, w_j = \sum_i^{n_j} a_{ij} d_{ij},$$ $$j = L, R, T, B$$ 其中，L, R, T 和 B 分别表示界面空间的左、右、上和下；a_{ij} 表示物体 i 在 j 部分的面积；d_{ij} 表示物体中心线和界面中心线间的距离；同时，n_j 表示某一部分包含的物体数
	中心协调度 Frame-Layout Co-ordinate Degree	计算界面上显示的设计元素的中心和界面物理中心之间的差异	$$FLD = 1 - \frac{\left|\frac{2\sum_i^n a_i(x_i - x_c)}{b_{frame}\sum_i^n a_i}\right| + \left|\frac{2\sum_i^n a_i(y_i - y_c)}{h_{frame}\sum_i^n a_i}\right|}{2}$$ 其中，(x_i, y_i) 和 (x_c, y_c) 分别表示物体 i 和界面中心的坐标；a_i 是物体的面积；b_{frame} 和 h_{frame} 是界面的宽度和高度；同时 n 是界面中的物体数。注意 $|x_i - x_c|$ 和 $|y_i - y_c|$ 的最大值为 $b_{frame}/2$ 和 $h_{frame}/2$
平衡	对称度 Symmetry Degree	计算沿垂直、水平和对角线三个方向的界面元素之间对称的程度	$$SYD = 1 - \frac{|SY_{vertical}| + |SY_{horizontal}| + |SY_{radial}|}{3}$$ $SY_{vertical}$、$SY_{horizontal}$ 和 SY_{radial} 分别表示垂直、水平和径向的对称度，其中， $$SY_{vertical} = \frac{\begin{array}{c}|X'_{UL} - X'_{UR}| + |X'_{LL} - X'_{LR}| + |Y'_{UL} - Y'_{UR}| + |Y'_{LL} - Y'_{LR}| + \\ |H'_{UL} - H'_{UR}| + |H'_{LL} - H'_{LR}| + |B'_{UL} - B'_{UR}| + |B'_{LL} - B'_{LR}| + \\ |\theta'_{UL} - \theta'_{UR}| + |\theta'_{LL} - \theta'_{LR}| + |R'_{UL} - R'_{UR}| + |R'_{LL} - R'_{LR}|\end{array}}{12}$$ $$SY_{horizontal} = \frac{\begin{array}{c}|X'_{UL} - X'_{LL}| + |X'_{UR} - X'_{LR}| + |Y'_{UL} - Y'_{LL}| + |Y'_{UR} - Y'_{LR}| + \\ |H'_{UL} - H'_{LL}| + |H'_{UR} - H'_{LR}| + |B'_{UL} - B'_{LL}| + |B'_{UR} - B'_{LR}| + \\ |\theta'_{UL} - \theta'_{LL}| + |\theta'_{UR} - \theta'_{LR}| + |R'_{UL} - R'_{LL}| + |R'_{UR} - R'_{LR}|\end{array}}{12}$$ $$SY_{radial} = \frac{\begin{array}{c}|X'_{UL} - X'_{LR}| + |X'_{UR} - X'_{LL}| + |Y'_{UL} - Y'_{LR}| + |Y'_{UR} - Y'_{LL}| + \\ |H'_{UL} - H'_{LR}| + |H'_{UR} - H'_{LL}| + |B'_{UL} - B'_{LR}| + |B'_{UR} - B'_{LL}| + \\ |\theta'_{UL} - \theta'_{LR}| + |\theta'_{UR} - \theta'_{LL}| + |R'_{UL} - R'_{LR}| + |R'_{UR} - R'_{LL}|\end{array}}{12}$$ $X'_j, Y'_j, H'_j, B'_j, \theta'_j$ 和 R'_j 分别为 $X_j, Y_j, H_j, B_j, \theta_j$ 和 R_j 规范化处理后的无量纲值，且有 $$X_j = \sum_i^{n_j} |x_{ij} - x_c|, \quad j = UL, UR, LL, LR \quad Y_j = \sum_i^{n_j} |y_{ij} - y_c|$$ $$H_j = \sum_i^{n_j} h_{ij} \quad B_j = \sum_i^{n_j} b_{ij} \quad \theta_j = \sum_i^{n_j} \left|\frac{y_{ij} - y_c}{x_{ij} - x_c}\right|$$ $$R_j = \sum_i^{n_j} \sqrt{(x_{ij} - x_c)^2 + (y_{ij} - y_c)^2}$$ $$O'_i = \frac{o_i - \min_{1 \le j \le n}\{o_j\}}{\max_{1 \le j \le n}\{o_j\} - \min_{1 \le j \le n}\{o_j\}}, \quad O = X, Y, H, B, \theta, R$$ 其中，UL, UR, LL 和 LR 分别表示左上、右上、左下和右下；(x_{ij}, y_{ij}) 和 (x_c, y_c) 分别是物体 i 在四分之一部分 j 的中心和界面中心的坐标；b_{ij} 和 h_{ij} 是物体的宽度和高度；同时 n_j 是物体在四分之一部分的总数

美度因子	指标名称	含义解释	计算公式
比例	次序感 Sequence Degree	人眼存在自上而下、从左往右的阅读习惯，眼睛往往从大物体移动到小物体，符合这种视觉规律的界面排布可以有效地引导人的注视顺序。次序感用数学公式描述了这种信息度量的方式	$SQD = 1 - \dfrac{\sum\limits_{i=UL,UR,LL,LR} |q_j - v_j|}{8}$, $\{q_{UL}, q_{UR}, q_{LL}, q_{LR}\} = \{4,3,2,1\}$ $v_j = \begin{cases} 4, & \text{if } w_j = \max \text{ in } w \\ 3, & \text{if } w_j = 2\text{nd in } w \\ 2, & \text{if } w_j = 3\text{rd in } w \\ 1, & \text{if } w_j = \min \text{ in } w \end{cases}$ $j = UL, UR, LL, LR$ $w_j = q_j \sum\limits_{i}^{n_j} a_{ij}$, $w = \{w_{UL}, w_{UR}, w_{LL}, w_{LR}\}$ 其中，UL、UR、LL 和 LR 分别表示界面的左上、右上、左下和右下部分；同时 a_{ij} 是物体 i 在四分之一圆 j 上的面积。每个四分之一圆 q 来给予一个权重
	整体度 Unity Degree	通过分析元素布局与界面框架之间的关系，定义界面元素分布的紧凑程度	$UND = \begin{cases} UN_{\text{layout}} / UN_{\text{frame}}, & UN_{\text{layout}} < UN_{\text{frame}} \\ UN_{\text{layout}} \backslash UN_{\text{frame}}, & UN_{\text{layout}} \geqslant UN_{\text{frame}} \end{cases}$ $UN_{\text{layout}} = \sum\limits_{i}^{n} a_i / a_{\text{layout}}$, $UN_{\text{frame}} = a_{\text{layout}} / a_{\text{frame}}$ 其中，a_i 是物体的面积；a_{layout} 与 a_{frame} 分别表示设计元素布局和整体界面的面积，同时 n 是界面中全部的物体数。
	优势度 Dominance Degree	界面的信息呈现存在明显的优势性，譬如人眼对左上角的信息加工明显优于右下角。优势度计算界面信息布局与最优界面——自左上至右下分别为33%、28%、23%、16%的差距	$DOD = 1 - \left(\left| 0.33 - \sum\limits_{i}^{n_{UL}} a_i / \sum\limits_{i}^{n} a_i \right| + \left| 0.28 - \sum\limits_{i}^{n_{UR}} a_i / \sum\limits_{i}^{n} a_i \right| + \right.$ $\left. \left| 0.23 - \sum\limits_{i}^{n_{LL}} a_i / \sum\limits_{i}^{n} a_i \right| + \left| 0.16 - \sum\limits_{i}^{n_{LR}} a_i / \sum\limits_{i}^{n} a_i \right| \right)$ 其中，a_i 表示物体的面积，n_{ij} 表示在四分之一空间中的元素总数
简洁	简单度 Simplicity Degree	计算界面元素的对齐和组合化程度，从而降低用户对界面设计形式意义上的理解难度	$SID = 1 - (n_{\text{vertical}} + n_{\text{horizontal}})/4n$ 其中，n_{vertical} 和 $n_{\text{horizontal}}$ 分别表示垂直和水平方向对齐点的数量，n 是界面中的全部物件数
	密集度 Density De- gree	密集度是指界面中包含物件的松紧程度，计算实际界面密度与一个最优化的界面密度间的差异性。就已有的研究结论来看，维持在50%左右是比较合适的，界面既不会过于紧密也不会显得松散	$DED = 1 - 2 \left| 0.5 - \dfrac{\sum\limits_{i}^{n} a_i}{a_{\text{frame}}} \right|$ 其中，a_i 和 a_{frame} 是物件 i 和界面的面积；n 是界面中的全部物件数。对于用户界面来说，近似的选定最优化的屏幕密集度水平是50%
	经济性 Economy Degree	计算界面元素尺寸的一致性，运用尽可能少的表现元素来传达相应的信息	$ECD = 1 - \dfrac{n_{\text{size}}}{n}$ 其中，n_{size} 是尺寸的数量；n 是界面中的物件数

美度因子	指标名称	含义解释	计算公式
呼应	凝聚度 Cohesion Degree	计算界面元素与框架布局长宽比的视觉协调度。界面的呼应效果可以通过设计师有意的采用相似或相近的元素形状和大小实现，相近的元素长宽比往往可以为用户创造难以觉察的视觉协调度。	$COD = \dfrac{\mid CO_{fl}\mid + \mid CO_{lo}\mid}{2}$ 其中，CO_{fl} 是指排版和屏幕之间的比例关系的度量，CO_{lo} 是物体和排版之间的比例关系的度量，表示为： $CO_{fl} = \begin{cases} c_{fl}, & c_{fl} \leqslant 1 \\ \dfrac{1}{c_{fl}}, & c_{fl} > 1 \end{cases}$ $\quad c_{fl} = \dfrac{h_{\text{layout}}/b_{\text{layout}}}{h_{\text{frame}}/b_{\text{frame}}}$ $CO_{lo} = \dfrac{\sum\limits_{i}^{n} t_i}{n}$ $\quad t_i = \begin{cases} c_i, & c_i \leqslant 1 \\ 1/c_i, & c_i > 1 \end{cases}$ $\quad c_i = \dfrac{h_i/b_i}{h_{\text{layout}}/b_{\text{layout}}}$ b_i 和 h_i 是物体 i 的宽和高；同时，n 是界面框架中的物体数。其中，b_{layout}、h_{layout}、b_{frame} 和 h_{frame} 分别是排版和界面框架的宽和高。
	节奏感 Rhythm Degree	节奏感的概念来源于古希腊形式美法则中所的提到节奏与韵律，指的是在设计中的元素变化所产生的令人视觉愉悦的感受。在界面设计中，通过元素的排列、大小、数量和形式可以加以计算。	$RHD = 1 - \dfrac{\mid RH_x\mid + \mid RH_y\mid + \mid RH_{\text{area}}\mid}{3}$，其中 $RH_x = \dfrac{\begin{array}{l}\mid X'_{UL}-X'_{UR}\mid + \mid X'_{UL}-X'_{LR}\mid + \\ \mid X'_{UL}-X'_{LL}\mid + \mid X'_{UR}-X'_{LR}\mid + \\ \mid X'_{UR}-X'_{LL}\mid + \mid X'_{LR}-X'_{LL}\mid\end{array}}{6}$，$RH_y = \dfrac{\begin{array}{l}\mid Y'_{UL}-Y'_{UR}\mid + \mid Y'_{UL}-Y'_{LR}\mid + \\ \mid Y'_{UL}-Y'_{LL}\mid + \mid Y'_{UR}-Y'_{LR}\mid + \\ \mid Y'_{UR}-Y'_{LL}\mid + \mid Y'_{LR}-Y'_{LL}\mid\end{array}}{6}$ $RH_{\text{area}} = \dfrac{\begin{array}{l}\mid A'_{UL}-A'_{UR}\mid + \mid A'_{UL}-A'_{LR}\mid + \\ \mid A'_{UL}-A'_{LL}\mid + \mid A'_{UR}-A'_{LR}\mid + \\ \mid A'_{UR}-A'_{LL}\mid + \mid A'_{LR}-A'_{LL}\mid\end{array}}{6}$ X'_j、Y'_j、A'_j 分别为 X_j、Y_j、A_j 规范化处理后的无量纲值，其中： $X_j = \sum\limits_{i}^{n_j} \mid x_{ij}-x_c\mid$ $\quad Y_j = \sum\limits_{i}^{n_j} \mid y_{ij}-y_c\mid$ $\quad A_j = \sum\limits_{i}^{n_j} a_{ij}$ $j = UL,UR,LL,LR$ $O'_i = \dfrac{o_i - \min\limits_{1\leqslant j\leqslant n}\{o_j\}}{\max\limits_{1\leqslant j\leqslant n}\{o_j\} - \min\limits_{1\leqslant j\leqslant n}\{o_j\}}$ $\quad O = X,Y,A$
	比例美感 Proportion Degree	参考常用的美学比例（1：1，1：1.414，1：1.618，1：1.732，1：2），计算比较界面元件和布局间的比例值与美度比例间的相似度。	$PRD = \dfrac{\mid PR_{\text{object}}\mid + \mid PR_{\text{layout}}\mid}{2}$， PR_{object} 是物体比例之间的差异，PR_{layout} 是布局比例之间的差异，其中 $PR_{\text{object}} = \dfrac{1}{n}\sum\limits_{i}^{n}\left(1 - \dfrac{\min(\mid p_j - p_i\mid, j=sq,r2,gr,r3,ds)}{0.5}\right)$ $PR_{\text{layout}} = 1 - \dfrac{\min(\mid p_j - p_{\text{layout}}\mid, j=sq,r2,gr,r3,ds)}{0.5}$ $p_i = \begin{cases} r_i, & r_i \leqslant 1 \\ \dfrac{1}{r_i}, & r_i > 1 \end{cases}$，$r_i = \dfrac{h_i}{b_i}$，$\quad p_{\text{layout}} = \begin{cases} r_{\text{layout}}, & r \leqslant 1 \\ \dfrac{1}{r_{\text{layout}}}, & r > 1 \end{cases}$，$r_{\text{layout}} = \dfrac{h_{\text{layout}}}{b_{\text{layout}}}$ b_i 和 h_i 分别是物体 i 的宽和高，b_{layout} 和 h_{layout} 分别是布局的宽和高，P_j 是形状 j 的比例，表示为： $\langle p_{sq}, p_{r2}, p_{gr}, p_{r3}, p_{ds}\rangle = \left\{\dfrac{1}{1}, \dfrac{1}{1.414}, \dfrac{1}{1.618}, \dfrac{1}{1.732}, \dfrac{1}{2}\right\}$

其中，界面平衡美度主要通过平衡度、中心协调度和对称度三个指标加以表征，分别考察界面对称轴两侧的体量平衡、界面元素与中心点之间的平衡关系以及界面横向、纵向和轴向间元素的对称关系。

界面比例美度主要通过次序感、整体度和优势度三个指标加以表征，分别考察界面布局符合理想引导规律的程度、界面布局的紧凑程度以及与理想的界面信息布局的差异程度。

界面简洁美度主要通过简单度、密集度和经济性三个指标加以表征，分别考察界面的对齐程度、界面与最优松紧度之间的差异程度以及界面元素的数量优度。

界面呼应美度主要通过凝聚度、节奏感和比例感三个指标加以表征,分别考察界面元素、元素群和框架间的相似程度、界面四象限布局元素间的统一性以及界面与常用美学比例之间的差异性。

运用灰色关联分析对界面设计方案进行综合美度评价,建立"小样本、高相关"的灰色空间,实现界面方案的设计微调和优选。依据因子分析值确定意象因子权重,同时设定同因子内的美度指标间的权值相同。通过衡量设计方案的美度表现与最优美度间的差异程度决定待测方案优势次序,实现界面设计的美度评价。该方法尤其适用于关联方案和衍生方案的相对美度评价之中。具体实施步骤如下:

Step1　从 12 个美度指标出发,求各方案的美度初值像(或均值像)。令

$$X'_i = \frac{X_i}{x_i(1)} = (x'_i(1), x'_i(2), \cdots, x'_i(n)),\ i = 0, 1, 2, \cdots, m;$$

Step2　求各方案与最优界面的美度差序列。记

$$\Delta_i(k) = |x'_0(k) - x'_i(k)|,$$

$$\Delta_i = (\Delta_i(1), \Delta_i(2), \cdots, \Delta_i(n)),\ i = 1, 2, \cdots, m;$$

Step3　求界面美度的两极最大差与最小差。记

$$\Delta_{\max} = \max_i \max_k \Delta_{0i}(k),\ \Delta_{\min} = \min_i \min_k \Delta_{0i}(k);$$

Step4　求各方案美度的关联系数。

$$\gamma(x_0(k), x_i(k)) = \frac{\Delta_{\min} + \rho \Delta_{\max}}{\Delta_{0i}(k) + \rho \Delta_{\max}},$$

$$\rho \in (0, 1),\ k = 1, 2, \cdots, n;\ i = 1, 2, \cdots, m;$$

Step5　计算各方案界面美度的关联度值,确定优选方案。

$$\gamma(x_0, x_i) = \sum_{k=1}^{n} \omega_k \gamma(x_0(k), x_i(k))。$$

8.5.3　界面美度的研究实例

数码相机的交互界面是用户与相机相互作用的区域,主要包括硬件界面和数字界面两个部分。用户通过界面对相机进行控制和操作,从而达到完成任务的目的。相机硬件界面的设计的布局要做到合理的区域划分、群组归类、设计限制等正确引导使用者的操作,使之看上去形式美观,使用起来条理分明。数码相机交互设计的美学思想主要体现在多样统一、均衡对称、对比调和、比例美学、量感张力、节奏韵律等。结合感性工学的定量研究方法,选取适合相机人机界面评价的平衡度、整体度、简单度、密集度和经济度这 5 个美度评价指标,并利用 AHP 方法得到各指标的权重,计算出综合美度,对不同品牌的数码相机进行美度评价,辅助设计师进行人机界面的设计与分析。

1)　平衡度D_b

平衡度主要体现界面形态元素布局重心是否均衡,以界面框架水平、垂直对称轴两边元素总重量差异作为衡量依据。计算水平和垂直对称两边总体重量之间的差异。数码相机的交互设计中的均衡是指相机用户操控相机时视觉上的一种稳定平衡。平衡度计算公式为

$$D_b = 1 - \frac{1}{2} \left(\frac{|W_L - W_R|}{\max(|W_L|, |W_L|)} + \frac{|W_T - W_B|}{\max(|W_T|, |W_B|)} \right)$$

$$W_j = \sum_{i}^{n_j} a_{ij} \cdot d_{ij}, j = L, R, T, B$$

其中，L, R, T 和 B 分别表示界面空间的左、右、上和下；a_{ij} 表示物体 i 在 j 部分的面积，d_{ij} 表示物体中心线和界面中心线间的距离；n_j 表示一部分包含的物体数。

2) 整体度 D_u

界面整体度是通过分析元素布局与界面框架间的关系，反映界面元素布局的紧凑程度。整体度计算公式为

$$D_u = \begin{cases} U_{\text{layout}}/U_{\text{frame}}, & U_{\text{layout}} < U_{\text{frame}} \\ U_{\text{frame}}/U_{\text{layout}}, & U_{\text{layout}} \geqslant U_{\text{frame}} \end{cases}$$

$$U_{\text{layout}} = \sum_{i}^{n} a_i / a_{\text{layout}} \qquad U_{\text{frame}} = a_{\text{layout}} / a_{\text{frame}}$$

其中，a_i 是物体的面积；a_{layout} 与 a_{frame} 分别表示设计元素布局和整体界面的面积，同时 n 是界面中全部的物体数量。

3) 简单度 D_s

简洁度计算界面元素的对齐和组合化程度，从而降低用户对界面设计形式意义上的理解难度。数码相机人机界面布局的简单度能降低操作的难度。简单度计算公式为

$$D_s = 1 - (n_{\text{vertical}} + n_{\text{horizonal}}) / 4n$$

其中，n_{vertical} 和 $n_{\text{horizonal}}$ 分别表示垂直和水平方向对齐点的数量，n 是界面中的全部物件数。

4) 密集度 D_d

密集度指界面中包含物件的松紧程度。计算实际界面密度与一个最优化的界面密度间的差异性。密集度计算公式为

$$D_d = 1 - 2 \left| 0.5 - \frac{\sum_{i}^{n} a_i}{a_{\text{frame}}} \right|$$

其中，a_i 和 a_{frame} 是物件 i 和界面的面积；n 是界面中的全部物件数。对于用户界面来说，近似的选定最优化的屏幕密集水平是 50%，此时界面既不会过于紧密也不会显得松散。

5) 经济度 D_e

计算界面元素尺寸的一致性，运用尽可能少的表现元素来传达相应的信息。经济度计算公式为

$$D_e = 1 - \frac{n_{\text{size}}}{n}$$

其中，n_{size} 是尺寸的数量；n 是界面中的物件数。

运用层次分析法（AHP）来确定每个美度指标的权重。AHP 方法通过两两比较的方式确定不同因素间的相对重要性，首先对各因素进行 1～9 的重要性评分，构造两两比较判断矩阵，并进行一致性检验。

构建判断矩阵 $A = (a_{ij})$ 并进行一致性检验，式中 a_{ij}——要素 i 与要素 j 相比的重要性程度。求出归一化相对重要度向量 $W^0 = (W_i^0)$。常用方根法，即 $W_i = \left(\prod_{j=1}^{n} a_{ij} \right)^{\frac{1}{n}}$ $\qquad W^0 = \dfrac{W_i}{\sum_{i} W_i}$

计算一致性指标 C. I.

$$\text{C. I.} = \frac{\lambda_{\max}}{n-1}$$

$$\lambda_{max} = \frac{1}{n}\sum_{i=1}^{n}\frac{\sum_{j=1}^{n}a_{ij}W_{j}}{W_{i}}$$

计算一致性比例 C. R.

$$C. R. = \frac{C. I.}{R. I.} < 0.1$$

式中，R. I. 为平均一致性指标，其取值见文献[10]。判断矩阵及重要度计算和一致性检验的过程与结果如表 8.8 所示。

表 8.8　判断矩阵及一致性检验

项　　目	平衡度	整体度	简单度	密集度	经济度	W_i	W_i^0	λ_{mi}
平衡度	1	2	1	3	2	1.644	0.303	5.038
整体度	1/2	1	1	2	1	1.000	0.184	5.100
简单度	1	1	1	3	2	1.431	0.263	5.088
密集度	1/3	1/2	1/3	1	1/2	0.488	0.090	5.014
经济度	1/2	1	1/2	2	1	0.871	0.160	5.037

$$\lambda_{max} = 5.055$$
$$C. I. = 0.01$$

得到各美度意向重要度为W_i^0，则人机界面形态元素布局的综合美度意向值为

$$D = \sum_{i}^{b,u,s,c} D_i \cdot W_i^0$$

运用上述方法对市场上主流微单数码相机进行综合美度评价，首先从相机导购网站上选取不同相机品牌的热门型号共 11 款，分别为：奥林巴斯-E-M5、奥林巴斯 PEN-F、富士 X100T、富士 XPro2、富士-X-T10、佳能 EOSM3、佳能 EOSM10、理光 GR、索尼 A7、索尼-ILCE-6000、索尼 RX100IV。为了方便计算，将相机硬件界面元素布局抽象成线框图形式，如图 8.16 所示：

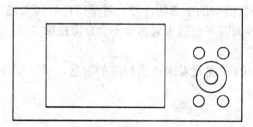

(a) 奥林巴斯-E-M5

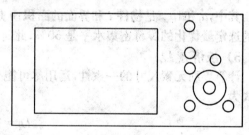

(b) 奥林巴斯 PEN-F

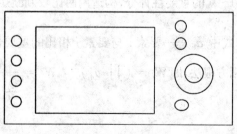

(c) 富士 X100T

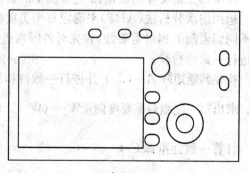

(d) 富士 XPro2

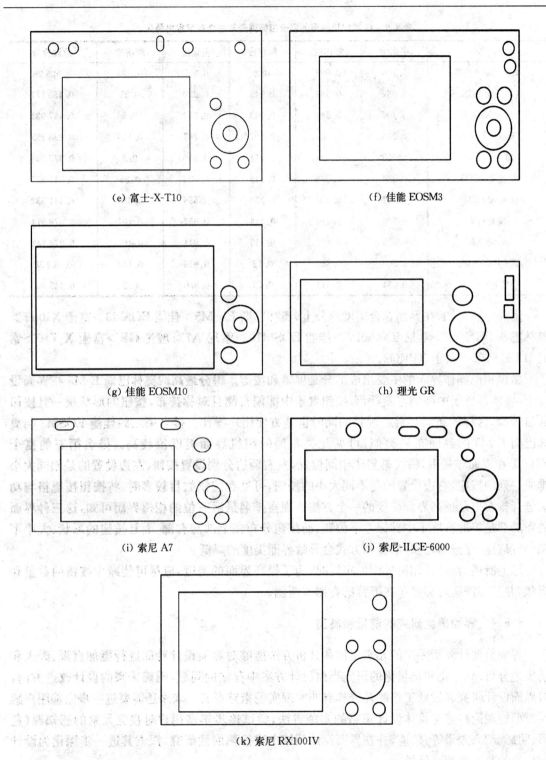

(e) 富士-X-T10

(f) 佳能 EOSM3

(g) 佳能 EOSM10

(h) 理光 GR

(i) 索尼 A7

(j) 索尼-ILCE-6000

(k) 索尼 RX100IV

图 8.16　相机界面布局线框图

11 款相机界面各评价指标得分与综合美度意向得分,如表 8.9 所示。

表 8.9　11 款相机界面各评价指标得分与综合美度意向得分

名 称	平衡度	整体度	简单度	密集度	经济度	总评价分
奥林巴斯 E-M5	0.706	0.698	0.2	0.867	0.333	0.526 26
奥林巴斯 PEN-F	0.632	0.583	0.143	0.920	0.25	0.459 177
富士 X100T	0.700	0.543	0.143	0.959	0.2	0.467 931
富士 XPRO2	0.266	0.466	0.107	0.787	0.143	0.288 193
富士 X-T10	0.503	0.494	0.111	0.810	0.2	0.377 398
佳能 EOSM3	0.824	0.579	0.143	0.934	0.25	0.517 877
佳能 EOSM10	0.591	0.460	0.273	0.586	0.333	0.441 532
理光 GR	0.505	0.410	0.143	0.957	0.167	0.378 914
索尼 A7	0.529	0.429	0.143	0.841	0.167	0.379 242
索尼 ILCE-6000	0.508	0.389	0.12	0.916	0.143	0.362 38
索尼 RX100IV	0.664	0.511	0.15	0.880	0.2	0.445 866

由表 8.9 可知,在界面综合美度得分上,奥林巴斯 E-M5>佳能 EOSM3>富士 X100T>奥林巴斯 PEN-F>索尼 RX100IV>佳能 EOSM10>索尼 A7>理光 GR>富士 X-T10>索尼 ILCE-6000>富士 XPRO2。

微单相机操作界面的主要组成部分是屏幕和按键。得分最高的奥林巴斯 E-M5 在界面设计上,将屏幕置于中部偏左侧,所有按钮置于中部偏右侧且对称排布,按钮的形状统一且按钮数目较少,这样的布局在赏心悦目的同时也能方便用户操作。排名第二的佳能 EOSM3 与奥林巴斯 E-M5 的界面布局类似,可见此类布局的相机界面美度值较高。排名第三的富士 X100T 在界面布局中,将屏幕置于中间位置,左右两边分别设置按钮,左边设置的是相同大小排成一列的按钮,右边设置的是不同大小的按钮,可见在按钮数目较多时,将按钮按规格与功能分开排布也是提高界面美度的一个方法。观察排名最后三位的相机界面可知,这三种界面的布局都是将屏幕置于中部偏左下位置,而按钮分布在上部与右部,而且按钮的形状、大小不统一,没有按序排列,这样的排布方式会导致界面美度的降低。

综上所述,在设计相机界面的布局时,为了提高界面的美度,应尽可能减少按钮的数量和形状,并且将按钮对称排布在屏幕的右侧或两侧。

8.5.4　界面美度研究的前景和展望

界面美度计算所采用的元素定位和分析方法能够对界面设计特征进行更加直观、深入和精确地分析,具象化和定量化的研究当前设计方案中存在的问题,明确未来的设计改进方向,对界面设计研究和设计工作的开展具有非常现实的指导意义。未来还需要进一步完善用户感性模型的理论构建与具体设计策略的实施方法,尝试逐步丰富用户对视觉元素的感知源(色彩、阴影、动态效果等)效应,并在界面设计领域中进行拓展性研究,探索其进一步深化为设计方法论的普适性和可能性。

另一方面,界面美度研究也创造了更多学科交叉和融合的可能性。通过运用计算机智能技术建立界面设计知识库,实现计算机辅助界面设计和优化,为设计师的设计创新工作提供理论依据和技术支持。基于像素定位的视觉刺激呈现也为运用神经科学和认知科学揭示用户感知和认知的生理表征和反应机制探索了新的研究途径。虽然,当前的美度计算研究尚处于起步阶段,但它的未来具有很大的研究空间和研究价值。

8.6 数字界面的眼动评价方法

8.6.1 眼动追踪技术简介

眼动追踪技术是心理学研究的一种重要方法,通过记录用户在观看视觉信息过程中的即时数据,以探测被试者视觉加工的信息选择模式等认知特征,眼动追踪评价具有直接性、自然性、科学性和修正性。

通过眼动追踪仪获取用户的眼动扫描和追踪数据,如瞳孔直径、首次注视时间、注视时间、注视次数、回视时间、眨眼持续时间、眼跳幅度、眼跳时长等眼动指标,均可作为界面可用性的评价指标。数字界面眼动评价模型的质量特征包括资源投入性、易理解性、高效性、复杂性和情感。资源投入性的质量子特征主要指对界面的认知负荷,在眼动指标中主要用瞳孔直径进行度量。易理解性的质量子特征主要指图形符号表征和布局,在眼动追踪技术中分别用热点图和注视点序列来解释。高效性的质量子特征主要指时间性和正确性,分别用平均注视时间和正确率作为度量标准。复杂性的质量子特征包括信息数量和设计维度,分别运用注视点数目和注视点序列可以对其度量。情感的质量子特征主要指界面对用户的吸引性,可用兴趣区注视点数对其度量,如图 8.17 所示。

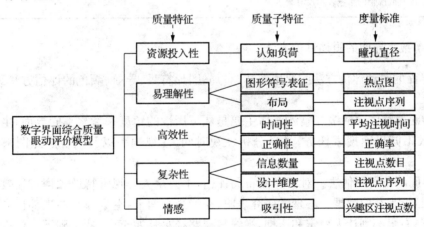

图 8.17 数字界面的眼动评价模型

8.6.2 眼动指标的分析

为研究人眼在获取数字界面信息的运动规律,通过解读注视时间、注视次数、瞳孔直径、扫描路径、注视点、AOI 注视点和热点图等眼动指标和参数,对用户的认知行为和心理活动过程进行分析,并对界面进行客观对比和评估,进而优化设计,数字界面评估的眼动参数如表 8.10 所示。

表 8.10　眼动追踪界面评估的指标参数表

指标参数	指标参数特征说明
注视时间	将眼动信息与视镜图像叠加后,利用分析软件提取得到的多方面时间数据。反应的是提取信息的难易程度,持续时间越长意味着被测试人员从显示区域获取信息越困难,用以揭示各种不同信息的加工过程和加工模式。
注视次数	是区域重要程度的一个标志。显示区域越重要,被注视的次数越多。
瞳孔直径	在一定程度上反映了人的心理活动情况。人们在进行信息加工时,瞳孔直径会发生变化,瞳孔直径变化幅度的大小又与进行信息加工的心理努力程度密切联系。当心理负荷比较大的时,瞳孔直径增加的幅度也较大。因此瞳孔直径的变化作为一项信息加工时心理负荷测量的一项指标。
扫描路径	眼球运动信息叠加在视镜图像上形成注视点及其移动的路线图,它最能体现和直观全面的反应眼动的时空特征由此指标可判断不同刺激情境下,不同任务条件,不同个体,同一个体不同状态下的眼动模式及其差异性。另外,扫描路径和感兴趣区域间的转换概率,表明界面元素布局工效。
注视点	总的注视点数目被认为与搜索绩效相联系较大数量的注视点表明低绩效的搜索,可能源于显示元素的糟糕的布局。
AOI 注视点	此指标与凝视比率密切相联系,可以用来研究不同任务驻留时间下注视点数目。特定显示元素(感兴趣区域)的注视点数量反,映元素的重要性,越重要的元素则有更多频次的注视。
热点图	可以显示受试者在界面的哪个区域停留的时间长。眼动测试结果将采用云状标识来显示该部分是否收到关注。被试注视的时间长短反映在热区图的颜色上,红色时间最长,黄色次之,绿色再次,紫色时间最短,没有被侵染的颜色表示没有看过。

8.6.3　数字界面的眼动评价方法

数字界面的眼动评价方法主要由整体、布局、图形符号、导航、颜色的评估方法组成,具体如下:

(1)界面的整体评估法。整体评估主要是从可用性的角度来考察不同界面,主要的实验形式是完成不同界面搜索任务,最后分析注视时间、注视频率以及结合热点图来得到最优界面。

(2)界面的布局评估法。对于界面布局评估,主要从人类视觉特性和搜索绩效的角度开展,以搜索目标来获取数据。心理学研究表明,在一个平面上,上半部与左半部让人轻松和自在,下半部与右半部则让人稳定和压抑,视线扫视路径是从左至右、从上到下。依据此条准则分析用户在完成界面操作任务时的视觉扫描路径是否符合人类视觉特性来判断布局优劣。另外,从搜索绩效角度来考虑,总的注视点数目通常与搜索绩效相关,因此注视点数目可以间接反映布局工效。

(3)界面的图形符号评估法。图形符号的评估形式是同时呈现同一功能含义的多个图形符号方案,提前告知受试者该组图符的含义让其进行记住观测,通过 AOI(兴趣区域)和注视点的考察来得到用户最满意,最能理解的图符。

(4)界面的导航评估法。主要包括导航条位置的评估和信息表达形式的评估,针对同一导航安排在界面不同位置,以搜索导航中特定功能按键为任务,通过分析视线序列是否符合视觉逻辑顺序、操作效率以及可用性测试中的正确率指标来选取最优的导航位置。

（5）界面的颜色评估法。颜色与注意、信息获取、信息加工存在紧密联系，因此，颜色的设计是图形用户界面中一项重要设计内容，通过颜色的评估找到最优的色彩搭配形式可以优化设计。对于界面色彩搭配的评估主要考察的眼动指标包括注视次数、注视时间、眼跳距离。

除以上内容之外，还可以把眼动追踪方法应用到数字界面的多通道、交互方式、用户体验以及可用性定量评价等领域。

8.6.4 数字界面眼动评价的研究实例

本次案例选取的实验材料为 F18 战斗机子界面，针对实验任务和脑电实验范式设计要求，对界面进行改进和再设计。运用眼动追踪方法，对战斗机子功能界面在视、听双通道下的可用性进行评估。选取注视点图和热点图作为主要评估指标，评估原则如下：相同界面在不同通道下，如果某通道注视点图中注视点数量少，注视路径短，代表被试的视觉搜索策略越好，即该通道下可用性较优；同时，如果某通道的热点图中兴趣区域内的颜色越深，代表被试搜索任务直接有效，即该通道下可用性较好。实验流程图如图 8.18 所示。

图 8.18 实验流程图

实验结果以"发现敌机"的报警提示为例，某典型用户的文字报警提示的注视点图和热点图分别如图 8.19 和图 8.21 所示，文字报警声音报警提示同时出现时的注视点图和热点图如图 8.20 和图 8.22 所示。

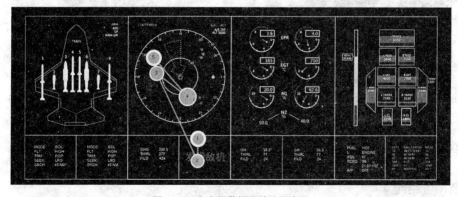

图 8.19 文字报警提示的注视点图

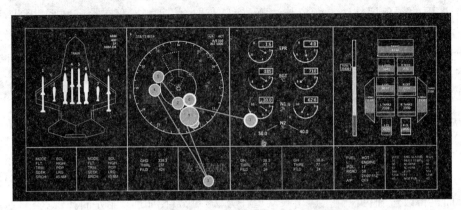

图 8.20　文字报警和声音报警提示同时出现时的注视点图

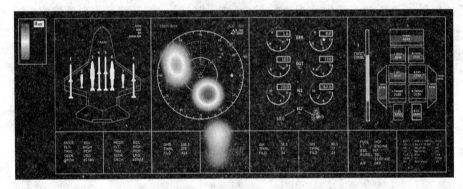

图 8.21　文字报警提示的热点图

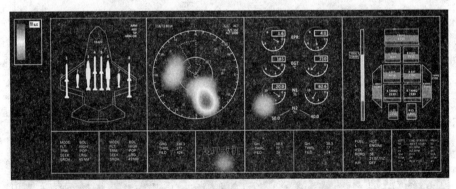

图 8.22　文字报警和声音报警提示同时出现时的热点图

　　如以上四图所示,文字报警和声音报警提示同时出现时,被试眼睛的扫描路径要明显长于文字报警出现时的情况,兴趣区域的颜色深度要明显暗于文字报警出现时的情况。该结果说明,数字界面的视觉通道报警提示要优于视听融合通道的报警提示,即视觉通道的可用性优于听觉通道的可用性。

　　图 8.19 中注视次数为 5 次,图 8.20 注视次数为 8 次,差异原因在于图 8.20 中敌机数量较多,任务复杂度较大。与前人研究的注视次数与用户加工的界面元素数目有关,而与加工深度无关一致。图 8.20 比图 8.19 的扫描路径要长,且路径之间存在交叉和重叠,原因在于增加声音通道后,可能带给被试理解和决策上的干扰,导致扫描路径变长。已有研究也表明,扫描

路径越长,表明搜索行为的效率越低。同时,扫描路径越长,用户信息加工复杂性也越高,也可在图 8.19 和 8.20 中得以体现。图 8.21 和图 8.22 为用户视线的热点图,可定性理解和获取单通道(视觉刺激)和双通道(视听刺激)下用户视线的兴趣区域和视觉搜索策略,图中颜色越深,代表被试关注度和兴趣度越大。

8.7　界面设计的脑电测评方法

8.7.1　脑电技术简介

1929 年,Hans Berger 成功测量到脑部电活动,脑电图(EEG,electroencephalography)技术开始兴起,直到 1965 年 Sutton 记录到与执行认知任务相关的 EEG,并将相同刺激事件相关的 EEG 信号在时间上同步锁定起来,叠加平均后观察到了一系列电位,这些电位反应了信息认知加工过程的脑内信息,记为事件相关电位(event－related potential,ERP)。ERP 技术兴起以来,已被广泛应用于心理学、生理学、认知神经科学等研究领域。所谓 ERP,即是当外加一种特定的刺激,作用于感觉系统或脑的某一部位,在给予刺激或撤销刺激时,在脑区引起的电位变化。

心理活动是脑的产物,脑电的产生和变化是脑细胞活动的基本实时表现,因此,从脑电中提取心理活动的信息,从而揭示心理活动的脑机制历来是心理学研究的重要方向,脑电方法历来是心理学的重要研究方法。

随着 20 世纪 80 年代认知神经科学的兴起,多种脑功能成像技术已被广泛应用在研究之中,如:功能性核磁共振成像技术(functional magnetic resonance imaging,fMRI)、正电子发射断层扫描技术(positron emission tomography,PET)、单一正电子发射计算机断层扫描技术(single positron emission computerized tomography,SPECT)、事件相关电位(event-related potential,ERP)、脑电图(electroencephalograph,EEG)、脑磁图(magnetoencephalography,MEG)和近红外线光谱分析技术(near － infrared spectroscopy)等,如图 8.23 所示。

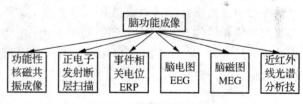

图 8.23　脑功能成像技术

ERP 技术具有高时间分辨率的特点,弥补了血液动力学时间维度上的不足,成为认知神经科学领域中 PET 与 fMRI 等脑电技术的重要辅助技术,ERP 能够实现脑电信号和实验任务操作的同步锁时,其波幅、潜伏期、电位和电流的空间频率等指标可提供大脑工作过程的信息,可直接反映神经的电活动,建立操作任务和脑电信号、脑区的映射和对应。ERP 技术在人机交互数字界面中的运用,旨在寻求一种归溯于人类内源性规律的研究方法。通过对界面认知的脑电信号的实时跟踪和分析,深入探索不同态势环境下视觉形象信息的认知规律,从而建立一套科学的视觉信息系统测评方法和设计规范,具有显著的理论意义和学术价值。

和行为测量相比,ERP 技术的优点为:行为反应是多个认知过程的综合输出,根据反应时和正确率等指标很难确定和全面解释特定认知过程,ERP 可实现刺激与反应的连续测量,最终确定受特定实验操作影响的是哪个阶段。同时,ERP 可实现在没有行为反应的情况下对刺激的实时测量,实时信息处理的内隐监测能力成为 ERP 技术的最大优点之一。ERP 技术的缺点为:ERP 成分的功能意义和行为数据的功能意义相比,并不是十分清晰和易于解释,需要一系列的假设和推理,而行为测量的结果则更加直接易于理解。ERP 电压非常小,需要多个被试大量试次才可以精确测得,ERP 实验中每个条件下单个被试需要 50－100 个试次,而行为实验中每个被试只需 20—30 个试次就可测得反应时和正确率的差异。因此,Eprime、Stim、Presentation 等刺激呈现软件可通过并口与 ERP 设备通信,实现刺激事件与脑电设备的同步,在采集行为反应的数据同时,采集 ERP 脑电成分。

与 PET、fMRI 等常用脑电生理测量手段相比,ERP 在无创性、时间分辨率、空间分辨率和费用方面优缺点如表 8.11 所示。从表中可以看出 ERP 具有显著的优点,对于探索受刺激影响的神经认知具有非常高的价值,但并不适用于大脑功能空间精确定位和神经解剖的特异性研究,鉴于数字界面的特殊性,综合考虑实验对象、实验目的、实验耗材和成本等因素,ERP 技术将作为界面脑电评估的主要实验技术和方法。

表 8.11　三种技术的性能比较

	PET	fMRI	ERP
无创性	有	无	无
空间分辨率	良好	优秀	差
时间分辨率	差	差	优秀
费用	昂贵	昂贵	不贵

8.7.2　相关脑电指标和实验范式

在 ERP 技术手段之下的数字界面生理评估,需重点关注以下脑电指标:数字界面早期选择性注意引起的偏好性感觉编码 P1/N1 成分;数字界面的视觉注意、视觉刺激辨认、记忆等重要认知功能相关的 N2 成分;遇到错误中断操作产生的 P300 成分;数字界面整体风格特征识别的语义歧义波 N400;在任务操作错误时的错误相关负波 ERN;单击按键决策反应时的运动相关电位;视听跨通道认知过程中的失匹配负波 VMMN;系统报警提示和响应时间段引起的其他相关脑电成分。

实验范式需从数字界面的信息元素视觉认知和具体实验任务两个角度来选取。在数字界面信息元素的视觉认知脑机制研究中,数字界面本身作为实验刺激材料较为复杂,需将图标、导航栏、布局、色彩等界面信息元素单独抽离出来开展实验,针对信息元素,可采用以下实验范式:(1) 视觉 Oddball 实验范式,通过将数字界面的特定信息元素设定为靶刺激和标准刺激,诱发产生 P300、MMN 等与刺激概率有关的 ERP 成分,分析信息元素不同出现概率时脑区 ERP 成分的变化规律。(2) Go-Nogo 实验范式,考察信息元素在等刺激概率下,引起的 N2、MMN,P3 等脑电成分的变化规律。(3) One-back 实验范式,可实现视觉比较和辨别同一信息要素的不同设计方案之间的脑区反应和变化,从信息量认知负荷角度选取元素的设计方案。

在数字界面认知机制的研究过程中,可采用以下实验范式:

(1) 视运动知觉启动实验范式,可对数字界面不同交互方式时非意识加工脑机制进行研究,尤其针对不同动态交互效果(如 2D 交互和 3D 交互效果)呈现时的大脑兴奋度和脑区激活程度的研究。

（2）空间注意提示实验范式，对数字界面认知过程中提示信息的有效性、提示与靶的间隔长短、提示范围大小等参数来研究各种视觉空间注意的脑机制，尤其针对导航栏的激活和非激活态的选择性注意的脑机制研究。

（3）工作记忆实验范式，执行数字界面交互任务而获取信息，对其进行操作加工，可获取数字界面认知机理中的记忆研究的脑机制过程，可选取双任务范式，样本延迟匹配任务范式，n－back 任务范式或联系刷新范式来进行研究。

（4）"学习－再认"实验范式，可对数字界面认知阶段记忆效果进行测验，通过设定 SOA 或 ISI 的时间，可检验被试的学习效果，以期获得认知负荷最小的界面作为最优界面，届时可选取相继记忆效应范式，重复效应与新旧效应范式和内隐记忆效应范式，来研究数字界面认知阶段记忆效果的脑机制。

（5）设计适合项目研究的实验范式。

8.7.3　数字界面的脑电评价方法

数字界面信息显示和用户实际任务的复杂性使得用户认知过程呈现多样性。运用 ERP 脑电技术对数字界面进行评估，可从界面的整体和局部进行脑电生理评估。

1）数字界面整体评估方法

数字界面整体评估方法包括直接观察法和任务试验分析法。直接观察法主要通过直接观察数字界面，获取偏好性感觉编码成分 P1/N1 成分来评估。任务试验分析法按照任务实际操作过程，分为以下情况：操作错误时的脑电成分 ERN（误操作）；遇到困难，中断进一步操作时的脑电波（认知负荷）；单击按钮的决策反应（反馈负波）；跨通道反应脑电波（视觉/听觉）；系统报警提示引起的脑电成分（威胁性信息）；系统响应时间产生的脑电波（响应时间）。

以上六种情况的脑电成分，可用于任务试验时对数字界面的评估，具体关注脑电成分和 ERP 评估原则参看表 8.12。

表 8.12　数字界面整体评估关注成分和 ERP 评估原则

评估方法	评估对象	关注成分	ERP 评估原则
直接观察法	数字界面的偏好性	内隐形选择性注意引起偏好性感觉编码 P1/N1 成分	头皮后部的 P1、N1 以及额区的 N1 对数字界面的注意度越高，幅值越大
任务分析法	操作错误（误操作）	错误相关负波 ERN（Error Related Negativity）	与前扣带回 ACC 活动相关，优先选取潜伏期较短波幅较大的界面
	遇到困难，中断操作（认知负荷）	P300 成分	P300 潜伏期随着任务难度的加大而增大，幅值为信息加工容量的指标
	单击按钮的决策反应（反馈负波）	运动反应前准备电位 RP 或 BSP，运动反应后电位 MP 和 RAF	用户在主动运动时，产生以上四种波；反之，只有 MP 和 RAF 产生
	跨通道反应（视觉/听觉）	视觉失匹配负波 VMMN（Visual Mismatch Negativity）	视觉通道时，VMMN 有两个波峰，颞枕区幅度最高；听觉通道时，VMMN 只有一个峰，额区幅度最高
	系统报警提示（威胁性信息）	脑区的唤醒度和愉悦度	威胁性图片出现时，唤醒度会明显高于中性图片，愉悦度低于中性图片
	系统响应时间（响应时间）	相关脑电成分	根据脑电成分的波幅差异和潜伏期的长短

2）数字界面局部评估方法

数字界面局部评估是对数字界面进行解构后，抽离出数字界面元素，在经过图像处理后，通过脑电设备完成对界面颜色、图标设计、按钮设计和屏幕布局的脑电评估,数字界面各元素的具体关注脑电成分和ERP评估原则参看表8.13~表8.15。

表8.13 数字界面颜色评估关注成分和ERP评估原则

评估对象	关注成分	ERP评估原则
界面中显示颜色数目	相关脑电成分	选取能引起高唤醒度脑电波的几种颜色作为界面的颜色数目
界面中前景色和背景色	P1(110—140 ms)成分和外纹状皮质层的激活程度	选取P1最大,外纹皮质层激活程度最大的颜色配色
反色和通用颜色的使用	N400成分	通过颜色与功能歧义匹配,选取引起小波幅N400成分的颜色对比作为对比色

表8.14 数字界面图标设计评估关注成分和ERP评估原则

评估对象	关注成分	ERP评估原则
图标的图形和功能	后正复合波(LPC)	比较LPC的潜伏期,形状和意义的匹配度越高LPC的潜伏期越短
图标的图文结合	内隐记忆效应,在额叶产生300~500 ms的ERP	若额叶产生了300~500 ms的ERP,则必须辅以文字解释图标
图标的简单清楚,易于理解原则	"学习—记忆"ERP实验研究,Dm效应的正电位差异波	图标若需进行深入加工,则出现显著Dm效应,若只需浅加工,则不会引起非常弱的Dm效应。比较Dm效应,选取浅加工即可理解的图标

表8.15 数字界面布局评估关注成分和ERP评估原则

评估对象	关注成分	ERP评估原则
视觉搜索任务	划分注意范围等级,行为数据和P1、N1波幅	对注意范围划分等级后,行为数据和ERP波幅会产生等级效应,该效应受任务难度、刺激物数量及元素分布等多重影响
视觉选择性注意任务	视觉干扰,P1、N1的增强反应	通过研究上下左右视野刺激物的空间选择性注意的ERP成分,观察是否出现P1、N1增强反应,根据此现象是否出现,确定最合适的屏幕布局

其中,评估屏幕布局设计时应使各功能区重点突出、功能明显,遵循以下原则:平衡原则;预期原则;经济原则;顺序原则;规则化原则。对屏幕布局的评估主要通过视觉搜索任务和视觉选择性注意任务来完成。

按钮分类较多,同时涉及到交互和操作,按钮交互的脑电评估可参照界面整体评估中的单击按钮的决策反应,按钮显示效果和风格评估可参照颜色、图标的评估方法进行。

8.7.4 数字界面脑电评价的研究实例

本案例选取的是图标导航栏选择性注意的脑电评估实验。实验结果发现,在导航栏选择性注意过程中,不同激活态图标数量下,P200成分在顶枕左侧PO3电极附近有显著波幅差异,波幅随导航栏选择性注意范围的增加呈增大趋势;N400成分在额颞右侧FT8电极附近有显著波幅差异,潜伏期和导航栏视觉干扰项的数量呈负相关现象,如图8.24所示。实验结论可为导航栏设计中可用图标个数确定、设计优劣测评提供科学参考价值。

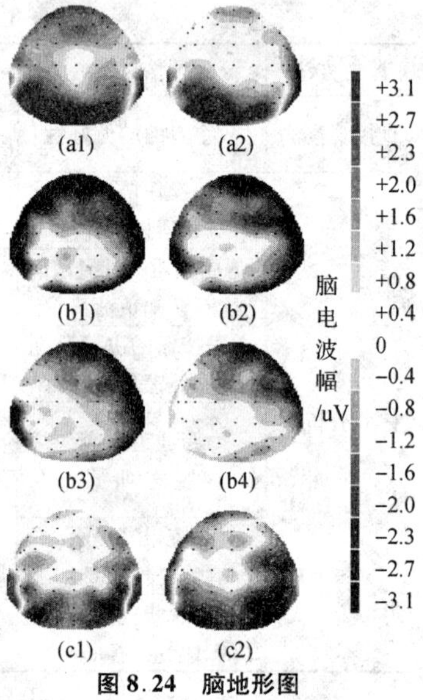

图8.24 脑地形图

9 计算机辅助工业设计(CAID)

9.1 概述

计算机辅助设计(Computer Aided Industrial Desgin，CAID)的现代含义是指以计算机硬件、软件、信息存储、通讯协议、周边设备和互联网等为技术手段，以信息科学为理论基础，包括信息离散化表述、扫描、处理、存储、传递、传感、物化、支持、集成和联网等领域的科学技术集合。

传统的工业设计一般由概念草图设计→效果图、三视图表现→草模型制作→工程制图→样机模型制作→(为工业化生产做准备的)三维数据采集→开模生产……组成。其优点在于能够通过视角、触角等人体感应器官表达设计师的思维。但也有很大的局限性：① 缺乏工业化生产制造所需的精确性、可靠性，且不便于数据维护；② 设计与制造两个环节之间不能达到数据的无缝传递，二维图纸的几何语言与手工模型的三维数据采集容易造成设计数据的丢失；③ 效率低、成本高，不适合现代化工业生产的需要；④ 真实信息的可视化程度低，不利于设计师与用户、设计师与工程师的交流与协调。

20世纪60年代以来，科学技术的飞速发展和计算机技术的应用，为工业设计注入了新的活力。特别是近几年来，随着计算机软硬件技术的日新月异，计算机图形学、计算机辅助设计、虚拟现实等技术的发展以及 CAD/CAM 应用的进一步深入，现代工业设计的理论和方法已发生了质的飞跃，这不仅扩大了计算机的应用领域，同时也是工业设计现代化发展的趋势。随着计算机技术的飞速发展和各种商业设计软件的不断推出，目前在整个工业界，以及产品设计、生产、流通的各个领域，计算机辅助设计技术得到广泛的应用。通过在各个领域大量采用CAD 技术，使得产品传统的设计、生产、流通方式发生了根本的变化，产品设计周期大大缩短，设计质量出现质的飞跃，产品生产效率极大提高，CAD/CAM 技术和网络技术的不断发展，使得处于不同地域的技术人员可以通过 Internet 网络平台，实现协同设计、并行设计，以及网络化的设计与制造。

工业设计作为新的生产力和企业发展的决定性因素，计算机辅助工业设计得到了各界的广泛关注，工业设计与计算机技术已经不可分离。设计人员从过去的手工平面设计、人脑立体想象，已经发展到了借助计算机的真三维设计、电脑渲染、超现实的拟实设计。计算机技术在设计中的应用，已取代了传统的作业方式，而且有着鲜明的特征：① 信息处理中具有"所见即所得"的实效；② 基于数字化的处理及图形、图像、符号"库"的建立，使设计更标准化、可视化，并且便于对设计进行储存和修改；③ 为设计人员提供了更为广阔的思维和创作空间；④ 可方便地提供多方案的比较，以激发设计和创新灵感；⑤ 与 CAM 技术、RPM(Rapid Prototype Manufacturing，快速原形制造)技术的结合，将很快地获得产品的样品，使 CAID 设计的模型制作从石膏、石蜡、树脂、木头和泥沙中解放出来。

本章将介绍计算机辅助工业设计的基本思想和系统，并为读者简单介绍开展计算机辅助工业设计的常用软件。

9.2　计算机辅助工业设计(CAID)

计算机辅助工业设计(CAID),即在计算机辅助工业设计系统的支持下进行的工业设计领域的各类创造性活动,它是以计算机技术为核心的信息时代环境下的产物。与传统的工业设计相比,CAID 在设计方法、设计过程、设计质量和效率等各方面都发生了质的变化。CAID 技术涉及 CAD、人工智能、多媒体、虚拟现实、优化和模糊等信息技术领域。从广义上讲,CAID 是 CAD 的一个分支,许多 CAD 领域的方法与技术都可以加以借鉴和引用。计算机辅助工业设计正是以现代信息技术为依托,以数字化、信息化为特征,计算机参与新产品开发研制的新型设计方式。其目的是提高效率,增强设计的科学性、可靠性,并适应信息化的生产制造方式。

当前,国内外关于 CAID 的研究主要集中在计算机辅助造型技术、人机工程技术、智能技术以及新兴技术的应用研究等方面。其中计算机辅助造型技术的研究主要体现在造型的自由曲面设计和草图设计等方面;人机交互技术的研究主要体现在人机界面技术和虚拟仿真技术等方面。当前,人机界面模型、虚拟界面、多用户界面、多感官界面是人机界面技术的几个重要研究方向。

9.2.1　计算机辅助工业设计的作用

计算机技术对工业设计的变革,不仅仅表现在计算机作为设计工具这一手段层面,而且更主要的是直接地影响了人类设计的实践活动,改变了传统的设计程序与设计方式,冲击着工业设计自包豪斯以来不断积淀并逐步形成的现代设计理念、设计方法与设计规范。

1) 设计对象与设计程序的变化

计算机技术渗透到工业设计中,扩展了工业设计的对象范围。计算机软件中与人进行信息交流的人机界面成为工业设计的一个崭新领域。人机界面的设计直接影响软件的使用效果与工作效率,因此,软件的人机界面设计不仅是审美设计问题,更是认知心理学、符号学的问题。

计算机技术进入到工业设计中,改变了传统设计的程序。用计算机辅助设计方法生成自由曲面甚至整个产品表面的数据模型是件轻松的事,计算机可以取代设计师完成设计过程中需要大量时间或重复的工作,让设计师集中精力致力于概念分析、创意构思及选择评价的工作。这样,使创意构思成为设计程序中的主要组成部分,使产品开发研制周期大大缩短,使设计与制造在统一的产品数据管理下得以紧密集成。

2) 设计方式与设计观念的变化

计算机技术、网络技术与数据库技术的结合,使设计信息、资源实现了共享,在因特网上可以随时快速查询设计所需的信息,对原先设计的过程进行调阅、修改,缩短了设计周期,使得并行工程、协同设计、网络化的设计与制造成为可能。

社会与设计的发展,使人的文化需求成为产品性能的主要因素之一,设计师要为产品注入更多的文化因素,使产品中的技术更为人性化、社会化、智能化而各尽所能。因此,需要多方面的专家和具有各种知识背景的人加入到产品的创意与设计中,形成设计师合作群体,相互协同工作,为设计贴近社会需求的目标而共同努力。这种设计发展方向正符合以现代信息技术为基础的计算机辅助设计的特点,但要求设计师的知识结构、职业技能、工作程序及设计管理等各方面都要调整到一个较为合理的层次。

3) 设计的表达效果与表达方式的变化

工业设计的活动大致分为设计思维的活动与设计表达的活动两个方面。依目前计算机技术的水平,计算机辅助工业设计主要表现在设计方案的图形表达上。计算机辅助设计的表达效果较传统的表达更逼真,更节约时间;而且对所建的三维产品模型像放在手中的实物模型一样能随心所欲地作实时动态展示,可及时发现和纠正错误,这已超越了传统静态效果图的意义。

计算机辅助设计可使设计过程视觉化,计算机的三维建模能使设计师在设计的开始就从三维概念出发,直接将思维活动中的三维形象展现在计算机屏幕上,通过编辑和修改构成与真实产品一致的三维模型,这与设计师创意构思产品形态时的设计思维过程完全吻合,所以表达更自然,更能激发创作灵感。运用虚拟现实技术,可使静止的设计结果成为虚拟的动态的真实世界,产生时空连续的效果,这已成为一种新的设计表达方法。

9.2.2 计算机辅助工业设计系统

计算机辅助工业设计系统实质是交互式计算机图形信息系统,是由用户和硬件平台、软件平台组成并协调运行的系统。尽管设计系统随着计算机软硬件技术水平的提高在不断发展,但系统的基本功能——输入、输出、计算、存储和人机交互却是不变的,用户对设计系统性能的要求主要是数据处理速度(实时性)、处理精度(真实性)、存储容量(复杂性)以及系统界面人机的交互性等。图 9.1 为一个包含了加工和各种分析评价的 CAID 系统示意图。

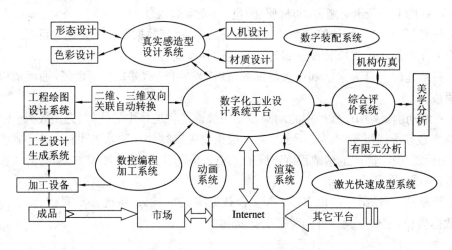

图 9.1　计算机辅助工业设计系统示意图

1) 硬件平台

计算机辅助工业设计系统的硬件平台由计算机及其输入输出设备组成。微型计算机和工作站是当前设计系统的主要机型,它们既可以与输入、输出设备组成单机的交互式设计系统,也可以通过网络形成分布式计算机辅助设计系统。

输入设备常用的有鼠标器、键盘、数字化仪、压力感应笔与手写板、图形扫描仪、数码相机等。输出设备主要是显示器、打印机和绘图仪。

2) 软件平台

目前主要用于工业产品造型设计的软件有 CAD 和 CAID 之分。普通 CAD 软件适用于结构设计阶段,它可进行详细工程设计和绘图工作,与日后的制造整合;而工业设计师的工作内容比较偏向于艺术性,必须比结构设计师更具创造力,他们对产品视觉美感的要求更甚于产品尺寸的精确程度。

CAID软件主要注重于曲面的处理,它可在三度空间中自由建构曲线曲面,让设计师较快速地将概念视觉化,并利用其易于修改的特性,可使我们随时观察曲面的变化及整体造型,其功能就如设计师作草模一样。

除此之外,CAID的渲染功能(Rendering)可让设计师模拟产品的真实情况,如材质、颜色等,便于与决策者沟道,并可作为市场调查的工具,甚至可让业务人员提前争取客户,为公司抢得先机、创造利润。

CAID软件除了有可建构3D Model及Rendering等功能外,最重要的是必须可将构建的数模资料转换到CAD系统,达到资料统一化的目标。工业设计师必须把在CAID上建立的造型数据转到CAD系统,以便后续的结构设计工作。

由于现有的CAID侧重曲面处理,而CAD软件侧重实体模型,在不同的数据平台转换过程中可能会产生数据丢失现象,因而在这种情况出现时,设计师应具有模型修补和找回丢失数据的技能。随着CAD & CAID软件数据平台间数据交换技术的不断发展,数据丢失的现象已经有明显的改善。

综上所述,好的CAID软件应具备下列条件:

(1) 快速建构Model,并有较大更改的自由度。

(2) 良好的Rendering能力,如材质、颜色、灯光等表现能力。

(3) 与CAD软件之间能够完整地实现数据共享,达到数据资料一元化的目标。

一个CAID系统的支撑软件,一般包含如下四种功能:

(1) 三维建模　具有丰富和强大的曲线、曲面建构能力,并提供对曲线、曲面加以视觉化评价的手段。

(2) 三维动画　CAID软件中的动画功能一般都能将场景中的物体、光照效果、表面特性、明暗色调参数和摄像机等加以动画表现。一般采用关键帧动画和算法动画两类方式。

(3) 图像渲染　能产生精细程度不同的渲染效果图像,有的供图像渲染,有的供在屏幕上快速观看形体效果。

(4) 数据输入/输出　能以IGES等多种数据格式与CAD系统、NC系统、快速原型系统等进行数据传输,实现不同软件间跨平台数据共享。

9.3　计算机辅助设计常用软件

目前世界上大型的GAD/CAM/CAE软件系统如Pro/E,EDS UG,Solidworks等都提供了有关产品早期设计的系统模块,它们被称之为工业设计模块、概念设计模块或草图设计模块。

例如Pro/E包含工业设计模块Pro/Design,用于支持自上而下的投影设计,以及在复杂产品的设计中所包含的许多复杂任务的自动设计。此模块工具包括用于产品设计的二维非参数化装配布局编辑器、用于概念分析的二维参数模型的布局以及用于组件的三维布局编辑器。

随着时代与技术的发展,计算机辅助工业设计的技术及应用已经逐步向着虚拟化的方向演进。受虚拟现实/增强现实技术的带动,工业设计的表现方式及应用形式迸发出了新的活力,建模方式更加贴近影视行业的工作流程,渲染技术开始从离线渲染向实时渲染过渡,Unity,UE4 等物理引擎也逐渐开始将视线瞄准工业设计领域。

现今常用的工业设计辅助软件主要包括平面绘图软件、工程三维软件、动画三位软件以及渲染软件/插件。

9.3.1　平面绘图软件

1) 标量绘图软件

Photoshop(PS)是 Adobe 公司旗下最为出名的图像处理软件之一,集图像扫描、编辑修改、图像制作、广告创意,图像输入与输出于一体的图形图像处理软件,深受广大平面设计人员和电脑美术爱好者的喜爱。工业设计常用 PS 处理二维效果图。

Autodesk SketchBook Pro 是一款新一代的自然画图软件,软件界面新颖动人,功能强大,仿手绘效果逼真,笔刷工具分为铅笔,毛笔,马克笔,制图笔,水彩笔,油画笔,喷枪等,自定义选择式界面方式,人性化功能设计,近年来在工业设计领域吸引了大量的用户。

Painter 是数码素描与绘画工具的终极选择,是一款极其优秀的仿自然绘画软件,拥有全面和逼真的仿自然画笔。它是专门为渴望追求自由创意及需要数码工具来仿真传统绘画的数码艺术家、插画画家及摄影师而开发的。它能通过数码手段复制自然媒质(Natural Media)效果,是同级产品中的佼佼者,获得业界的一致推崇。

2) 矢量绘图软件

AutoCAD(Auto Computer Aided Design)是美国 Autodesk 公司首次于 1982 年生产的自动计算机辅助设计软件,用于二维绘图、详细绘制、设计文档和基本三维设计。现已经成为国际上广为流行的绘图工具。现最新软件版本为 AutoCAD2019。AutoCAD 的功能越来越强大和完善,是当今世界上最为流行的计算机辅助设计软件之一。在工业设计中的平面阶段使用,可输出精确的平面图。

Adobe illustrator(AI),是一种应用于出版、多媒体和在线图像的工业标准矢量插画的软件。作为一款非常好的矢量图形处理工具,该软件主要应用于印刷出版、海报书籍排版、专业插画、多媒体图像处理和互联网页面的制作等,也可以为线稿提供较高的精度和控制,适合生产任何小型设计到大型的复杂项目。

Sketch 是一款适用于所有设计师的矢量绘图应用。矢量绘图也是目前进行网页,图标以及界面设计的最好方式。但除了矢量编辑的功能之外,我们同样添加了一些基本的位图工具,比如模糊和色彩校正。Sketch 容易理解并上手简单,有经验的设计师花上几个小时便能将自己的设计技巧在 Sketch 中自如运用。对于绝大多数的数字产品设计,Sketch 都能替代 Adobe Photoshop,Illustrator 和 Fireworks。

CorelDRAW Graphics Suite 是加拿大 Corel 公司的平面设计软件;该软件是 Corel 公司出品的矢量图形制作工具软件,这个图形工具给设计师提供了矢量动画、页面设计、网站制作、位图编辑和网页动画等多种功能。该图像软件是一套屡获殊荣的图形、图像编辑软件,它包含两个绘图应用程序:一个用于矢量图及页面设计,一个用于图像编辑。这套绘图软件组合带给用户强大的交互式工具,使用户可创作出多种富于动感的特殊效果及点阵图像即时效果在简单的操作中就可得到实现——而不会丢失当前的工作。通过 Coreldraw 的全方位的设计及网页功能可以融合到用户现有的设计方案中,灵活性十足。

9.3.2　三维工程软件

(1) Pro/Engineer 系统是美国参数技术公司(PTC)的产品,属高端工程设计软件。它刚一面世(1988 年),就以其先进的参数化设计、基于特征设计的实体造型而深受用户的欢迎。Pro/E 采用了模块方式,可以分别进行草图绘制、零件制作、装配设计、钣金设计、加工处理等,保证用户可以按照自己的需要进行选择使用。基于以上原因,Pro/Engineer 在最近几年已成为三维机械设计领域里最富魅力的系统。

(2) UG(Unigraphics NX)是 Siemens PLM Software 公司出品的一个产品工程解决方案,它为用户的产品设计及加工过程提供了数字化造型和验证手段。该软件不仅具有强大的实体造型、曲面造型、虚拟装配和产生工程图等设计功能;而且,在设计过程中可进行有限元分析、机构运动分析、动力学分析和仿真模拟,提高设计的可靠性;同时,可用建立的三维模型直接生成数控代码,用于产品的加工,其后处理程序支持多种类型数控机床。另外它所提供的二次开发语言 UG/OPen GRIP,UG/open API 简单易学,实现功能多,便于用户开发专用 CAD 系统。

(3) CATIA(Computer Aided Tri－Dimensional Interface Application)是法国达索公司的产品开发旗舰产品,是现今最流行的汽车设计软件,同时广泛应用于航空航天、造船工业、加工和装配等领域。CATIA 拥有远远强于其竞争对手的曲面设计模块吗,它可以帮助制造厂商设计他们未来的产品,并支持从项目前阶段、具体的设计、分析、模拟、组装到维护在内的全部工业设计流程。

(4) Rhinoceros 是以 NURBS 为理论基础的 3D 造模软件,可以建立、编辑、分析及转译 NURBS,以直线、圆弧、圆圈、正方型等基本数学 2D 图形来做仿真,所以可以有较小的档案,建模简单方便,非常适合运用于教育学习、游戏设计及工业设计领域。

9.3.3　三维动画软件

(1) 3D Studio Max,常简称为 3ds Max 或 MAX,是 Autodesk 公司开发的基于 PC 系统的三维动画渲染和制作软件。其前身是基于 DOS 操作系统的 3D Studio 系列软件,最新版本是 2018。其功能不仅包括实体建模,且搭配 VRay 插件可达到逼真的渲染效果,常用来作为渲染工具。发展至今,其建模功能也在迅速发展。

(2) C4D 全名 CINEMA 4D,德国 MAXON 出的 3D 动画软体。Cinema4D 是一个老牌的三维软件。能够进行顶级的建模、动画和渲染的 3D 工具包,特点为极高的运算速度和强大的渲染插件,使用在电影《毁灭战士》《阿凡达》中,在贸易展中获得“最佳产品”的称号,同时,C4D 还是世界上渲染最快的引擎之一。

(3) Autodesk Maya 是美国 Autodesk 公司出品的世界顶级的三维动画软件,应用对象是专业的影视广告,角色动画,电影特技等。Maya 功能完善,工作灵活,易学易用,制作效率极高,渲染真实感极强,是电影级别的高端制作软件. Maya 售价高昂,声名显赫,是制作者梦寐以求的制作工具,掌握了 Maya,会极大的提高制作效率和品质,调节出仿真的角色动画,渲染出电影一般的真实效果,向世界顶级动画师迈进。集成了 Alias、Wavefront 最先进的动画及数字效果技术。它不仅包括一般三维和视觉效果制作的功能,而且还与最先进的建模、数字化布料模拟、毛发渲染、运动匹配技术相结合。Maya 可在 Windows NT 与 SGI IRIX 操作系统上运行。在目前市场上用来进行数字和三维制作的工具中，Maya 是首选解决方案。

（4）Blender 是一款开源的跨平台全能三维动画制作软件，提供从建模、动画、材质、渲染、到音频处理、视频剪辑等一系列动画短片制作解决方案。Blender 拥有方便在不同工作下使用的多种用户界面，内置绿屏抠像、摄像机反向跟踪、遮罩处理、后期结点合成等高级影视解决方案。同时还内置有卡通描边(FreeStyle)和基于 GPU 技术 Cycles 渲染器。以 Python 为内建脚本，支持多种第三方渲染器。Blender 为全世界的媒体工作者和艺术家而设计，可以被用来进行 3D 可视化，同时也可以创作广播和电影级品质的视频，另外内置的实时 3D 游戏引擎，让制作独立回放的 3D 互动内容成为可能。

9.3.4　渲染软件及插件

（1）KeyShot 是一个完全的实时渲染软件，目前最新版本为 Keyshot8，它既不是一个模式，也不是事后才添加的工具，而是在发生时就可以见证一切，在工作的时候就可以看到从相机、动画到材料、灯光的所有变化。KeyShot 是首个渲染应用程序，可以让用户从一开始就在完全的光线跟踪环境中工作。通过将渐进式全局照明、多核光子映射、自适应材料取样和一个动态照明核心组合在一起，它提供了可瞬间作用于摄影图像的交互式体验。用户所作的任何改变(材质、灯光、几何)都可即时更新，不需要来回切换渲染模式，也不用无休止地等待最终渲染效果，不需要任何行动就能看到最终图像结果。

（2）VRay 是由 chaosgroup 和 asgvis 公司出品，中国由曼恒公司负责推广的一款高质量渲染软件。VRay 是目前业界最受欢迎的渲染引擎。基于 V－Ray 内核开发的有 VRay for 3ds max、Maya、C4D、Sketchup、Rhino 等诸多版本，为不同领域的优秀 3D 建模软件提供了高质量的图片和动画渲染。方便使用者渲染各种图片。

（3）OctaneRender(辛烷渲染器)是世界上第一个真正意义上的基于 GPU、全能、基于物理渲染的渲染器。只使用计算机上的显卡，就可以获得更快、更逼真的渲染结果，相比传统的基于 CPU 渲染，它可以使得用户可以花费更少的时间就可以获得十分出色的作品。这是第一个基于 OctaneLive 的十分稳定的版本，正在被越来越多的艺术家喜欢，但目前仅对授权用户可用。抗锯齿问题已经在所有的平台上得到解决，即使没有更多的内存，也不会对性能产生任何影响。

（4）Arnold 渲染器是基于物理算法的电影级别渲染引擎，由 Solid Angle SL 开发。正在被越来越多的好莱坞电影公司以及工作室作为首席渲染器使用。Arnold 是一款高级的、跨平台的渲染 API。与传统用于 CG 动画的 scanline(扫描线)渲染器不同，Arnold 是照片真实、基于物理的光线追踪渲染器。Arnold 使用前沿的算法，充分利用包括内存、磁盘空间、多核心、多线程、SSE 等在内的硬件资源。Arnold 的设计构架能很容易地融入现有的制作流程。它建立在可插接的节点系统之上，用户可以通过编写新的 shader、摄像机、滤镜、输出节点、程序化模型、光线类型以及用户定义的的几何数据来扩展和定制系统。Arnold 构架的目标就是为动画及 VFX 渲染提供完整的解决方案。

（5）Redshift 是一款功能强大的 GPU 加速渲染器，专为满足当代高端制作渲染的特定需求而打造。它是一种有偏差的渲染器，Redshift 使用较少的样本数量运用近似和插值技术，实现无噪点的渲染结果，采用了 out－of－core 架构的几何体和纹理，让您可以渲染大型场景，否则大场景将永远不能在显存中渲染一个 GPU 渲染共同问题是,它们受到显卡可用 VRAM(显存)的限制——它们只能渲染储存在显存中的中的几何体和纹理。这对渲染数百万多边形和纹理以"G"为单位的大场景是一个问题。随着 Redshift 诞生,渲染数以千万计的多边形和几乎无限数量的纹理成为可能。Redshift 专为支持各种规模的创意个人和工作室而设计,提供一系列强大功能,并与行业标准 CG 应用程序集成。

9.3.5 VR/AR 开发软件

(1) Unity 是世界领先的实时引擎,由 Unity Technologies 开发,让开发者轻松创建诸如三维视频游戏、建筑可视化、实时三维动画等类型互动内容的多平台的综合型游戏开发工具,是一个全面整合的专业游戏引擎。Unity VR 使得开发者能直接从 Unity 中以 VR 设备为发布目标,而不需要在项目中使用任何额外的插件。它提供了兼容多种设备的基础 API 和特性集。它已经被设计于对外来设备和软件提供向前兼容性。VR API 表面上进行了很小的设计,但它将会随着 VR 的发展而增强。

(2) Fusion 是一款完整的 2D 和 3D 合成及动态图形软件、VR 工具,它配备海量工具集,可实现绘图、动态遮罩、标题、动画和包括 Primatte 键控在内的多个键控等功能,还具备出色的 3D 粒子系统、先进的关键帧功能和 GPU 加速,并支持从其他应用程序中导入并渲染 3D 模型和场景。Fusion 9 Studio 除了具备还配有先进的光流图像分析工具,可用于立体 3D 工作、VR 工具并获得重调时间以及画面稳定等功能。

(3) CryEngine 5,业界知名的游戏引擎、游戏开发商 Crytek 的最新款引擎,新的 CryEngine 5 在保证游戏开发更加高效的同时,增加了虚拟现实 VR 的开发功能。CryEngine V 的游戏开发者可以免费获得引擎的完整试用权限和源代码。而全新的支付模式将根据开发者的自身对引擎功能的需求,量身选择引擎功能。CryEngine 市场允许开发者从中购买引擎的开发素材、音效以及 3D 建模等。这些材料均来自 CryEngine 社区以及其他可靠的供应商。

9.4 典型平面绘图软件介绍

9.4.1 Autodesk Sketchbook

到 2018 年 SketchBook 在多个平台都有发布。除了桌面版外还有大受欢迎的移动版(针对手指绘画)和在线版(又名 Autodesk SketchBook 速写簿,主要在简化的基础之上添加了辅助鼠绘的功能,令非专业用户也能享受画画涂鸦的乐趣)。此前需要花钱才能解锁大部分的笔刷、图层数量和大多数高级功能,而在"完全免费"之后,任何人都能零成本享用这么一款完整、专业性强大、质量上乘的全平台画图工具,基本可以认为 SketchBook 已经是目前全平台范围内功能最强大最值得使用的艺术创作类的免费绘画应用了。得益全平台的覆盖,无论是将 Sketchbook 用于画图、涂鸦、做笔记、写草稿、画原型图、草图、素描、临摹、记录想法、还是当白板使用都是极好的选择。在艺术创作方面,SketchBook 有着非常强大的笔刷引擎,超过 190 种笔刷,比如铅笔,毛笔,马克笔,制图笔,水彩笔,油画笔,喷枪等等。

SketchBook 作为一款多平台标量绘图软件,可以在鼠绘模式与板绘模式之间切换。其界面简洁明了,基本操作界面大致涵盖:工具条,图层,环形菜单,选项板,角落按钮,画布 6 个模块.常规操作中用户只需在选项版中配置画笔及画布属性,就可在画布上轻松的进行作画。作画过程中可使用角落按钮对画笔属性(色相、亮度、饱和度、笔刷大小、不透明度等)进行调节,同时可使用工具条中的直尺、椭圆尺、对称、云尺等工具辅助作画。图 9.2 为使用 SketchBook 完成的汽车概念草图手绘。

图 9.2　SketchBook 汽车概念效果图手绘

9.4.2　Adobe Illustrator

AdobeIllustrator(AI)作为全球最著名的矢量图形软件,以其强大的功能和体贴用户的界面,已经占据了全球矢量编辑 软件中的大部分份额。据不完全统计全球有 37% 的设计师在使用 AI 进行艺术设计。

尤其基于 Adobe 公司专利的 PostScript 技术的运用,Illustrator 已经完全占领专业的印刷出版领域。无论是线稿的设计者和专业插画家、生产多媒体图像的艺术家、还是互联网页或在线内容的制作者,使用过 Illustrator 后都会发现,其强大的功能和简洁的界面设计风格只有 Freehand 能相比。

它是一款专业图形设计工具,提供丰富的像素描绘功能以及顺畅灵活的矢量图编辑功能,能够快速创建设计工作流程。借助 Expression Design,可以为屏幕/网页或打印产品创建复杂的设计和图形元素。它支持许多矢量图形处理功能,拥有很多拥护者,也经历了时间的考验,因此人们不会随便就放弃它而选用微软的 Expression Design。提供了一些相当典型的矢量图形工具,诸如三维原型(primitives)、多边形(polygons)和样条曲线(splines)等。

因为便利的矢量图形编辑功能,AI 在交互设计流程当中,更多的承担起 UI 图标与文字设计工作。Adobe Illustrator 最大特征在于贝赛尔曲线的使用,使得操作简单功能强大的矢量绘图成为可能。它还集成文字处理,上色等功能在交互设计领域被广泛使用。

9.4.3　Sketch

Sketch 是基于 MacOS 系统,专为 UI 设计而生的交互原型软件,且逐渐成为设计师、产品经理等互联网从业人员的新宠。究其原因还是在于,它提供强大且全面的功能支持。

　　Sketch 自带有超过 2000 套模板,其中包括网页、iOS、线框图、原型等项目的现成模板,可以免费下载和使用,省去了从网上各种非正规渠道找资源的麻烦。每个模板中包含了各类常用的控件,如 ios 中的状态栏、导航栏、键盘等,省事而且精致。如果对这些控件的制作过程进行拆解,也能给我们提供更多的设计灵感和思路。除 Sketch 外,其它工具还提供有关于"社交"、"购物"、"新闻阅读"等不同应用分类的完整项目模板,其中 Mockplus 还支持将模板页面直接拖用软件,进行设计。

　　Sketch 支持以画板为单位进行导出,但导出的设计多为图片、PDF 等格式,需要借助三方插件进行后期的交互设置。而 Mockplus 最新推出的 3.2 版本,便能无缝对接从 Sketch 导出的文件,在交互、团队协作及逻辑展示等方面加油助力。

　　Mockplus 支持将 Sketch 的设计文档,导出为 Mockplus 的 MP 项目文件。导出后,可直接在 Mockplus 中打开、编辑。多种交互设置方式(组件交互、页链接、交互状态),高度可视化的交互设计,高度封装的智能交互组件,交互命令一键自动还原等功能,绝对独家所有、简洁高效。同时,Mockplus 支持将 Sketch 的文档发布为 Mockplus 的云项目,支持多人协作、实时审阅,提升开发团队的生产力,大大降低沟通交流成本。其中,可以在原型页面上发表评论,同时使用箭头、文字、矩形、画笔等多种工具在页面的任意位置进行标注、说明,交流很明白。在 Mockplus 团队项目中,可插入 Sketch 页面。每个画板可以作为单独的页面,进行导入。

　　毫无疑问,Sketch 非常适用于制作视觉效果图,但如果是带有交互、支持团队协作且能展示逻辑流程的原型项目,那你可以试试 Mockplus 即将推出的 Sketch 三方插件工具,一键导出 Sketch 画板、上传到云项目。图 9.3 为基于 Sketch 与 Mockplus 的多平台设计模板。

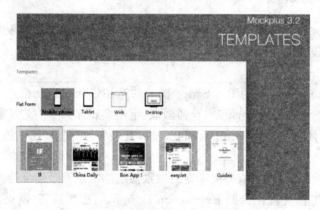

图 9.3　Sketch 多平台设计模板

9.5　典型三维工程软件介绍

9.5.1　Pro/E

　　Pro/Engineer 操作软件是美国参数技术公司(PTC)旗下的 CAD/CAM/CAE 一体化的三维软件。Pro/Engineer 软件以参数化著称,是参数化技术的最早应用者,在目前的三维造型软件领域中占有着重要地位,Pro/Engineer 作为当今世界机械 CAD/CAE/CAM 领域的新标准而得到业界的认可和推广。是现今主流的 CAD/CAM/CAE 软件之一,特别是在国内产品设计领域占据重要位置。

经过 20 多年不断的创新和完善,pore 现在已经是三维建模软件领域的领头羊之一,目前 Pro/E 最高版本为 Pro/ENGINEER Wildfire 5.0(野火 5.0)。但在目前的市场应用中,不同的公司还在使用着从 Proe2001 到 WildFire5.0 的各种版本,WildFire3.0 和 WildFire5.0 是目前的主流应用版本。Pro/Engineer 软件系列都支持向下兼容但不支持向上兼容,也就是新的版本可以打开旧版本的文件,但旧版本默认是无法直接打开新版本文件。虽然 PTC 提供了相应的插件以实现旧版本打开新版本文件的功能,但在很多情况下支持并不理想容易造成软件的操作过程中直接跳出。

Pro/E 第一个提出了参数化设计的概念,并且采用了单一数据库来解决特征的相关性问题。另外,它采用模块化方式,用户可以根据自身的需要进行选择,而不必安装所有模块。Pro/E 的基于特征方式,能够将设计至生产全过程集成到一起,实现并行工程设计。它不但可以应用于工作站,而且也可以应用到单机上。Pro/E 采用了模块方式,可以分别进行草图绘制、零件制作、装配设计、钣金设计、加工处理等,保证用户可以按照自己的需要进行选择使用。Pro/E 是基于特征的实体模型化系统,工程设计人员采用具有智能特性的基于特征的功能去生成模型,如腔、壳、倒角及圆角,可以随意勾画草图,轻易改变模型。这一功能特性给工程设计者提供了在设计上从未有过的简易和灵活。工业设计中,PROE 软件建模工程性更强、参数设计准确性高。

1) PRO/E 基本设计模式

在将某个设计从构想变为成品时,会经过三个基本的 Pro/ENGINEER 设计步骤:1. 创建零件 2. 创建组件 3. 创建绘图。每个设计步骤都将被视为独立的 Pro/ENGINEER 模式,拥有各自的特性、文件扩展名和与其他模式之间的关系。

(1) 零件模式:操控板与草绘器

在"零件"模式下,可创建零件文件(. prt),即在组件文件(. asm)中被组装到一起的独立元件。在"零件"模式下可通过创建和编辑拉伸、切口、混合和倒圆角等特征来构成要建模的每个零件。

大多数特征都起始于二维的轮廓或截面。定义截面后,就可为其指定第三维的值,使其成为 3D 形状。用来创建 2D 截面的工具称为"草绘器"。顾名思义,可用"草绘器"粗略地绘制出具有线、角度或弧的截面,然后再输入精确的尺寸值。

(2) 组件模式

创建零件后,可为模型创建一个空的组件文件,然后在该文件中组装各个零件,并为零件分配其在成品中的位置。还可定义分解视图,以更好地检查或显示零件关系。

(3) 绘图模式

"绘图"模式用于直接根据 3D 零件和组件文件中所记录的尺寸,为设计创建成品的精确机械图。事实上,不必像在其他应用程序中那样添加对象的尺寸。在 Pro/ENGINEER 中,可以有选择性地显示和隐藏来自 3D 模型的尺寸即能完成此操作。

为 3D 模型创建的任何信息对象:尺寸、注释、曲面注释、几何公差、横截面等都会传送到绘图模式中。当从 3D 模型传送这些对象时,它们会维持其关联性,且可以在绘图内对其进行编辑来影响此 3D 模型。

2) 案例

制作手机模型需先创建屏幕、听筒、键盘、前盖、后盖等 8 个零件,完所有的零件后,将它们添加到一个组件内,完成手机装配。

(1) 零件 1:屏幕

① 草绘屏幕伸出项

a. 首先,新建一个"零件",零件名为 lens,使用 Front 基准作为草绘平面。绘制前要为 Top 和 Right 基准平面形成的垂直和水平轴添加中心线。可使用这些中心线来镜像形状和尺寸,并通过将线捕捉至几何来快速地对准几何中心。

b. 使用"中心和端点"工具 来草绘底部曲线,再运用 "Mirror"工具创建手机屏幕相同的上半部截面。

c. 利用"Modify Dimensions"工具修改屏幕尺寸,输入屏幕的真实尺寸。如图 9.4 所示。

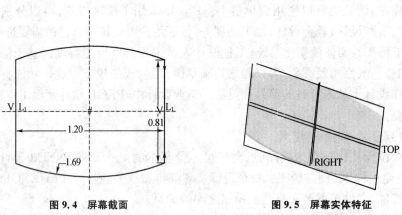

图 9.4 屏幕截面   图 9.5 屏幕实体特征

② 制作屏幕实体特征

退出"草绘器"并进入 3D 模式,利用"Extrude"工具将该草绘转变成一个实体特征。拖动控制柄并直接在尺寸框中键入深度值 1.25 mm,或在操控板中输入该值。如图 9.5 所示。

③ 对屏幕拐角倒圆角

选取所有四条拐角边后,单击 "Round"工具,拖动控制柄以调整其大小,或者单击尺寸以输入倒圆角的正确值 2.00。

④ 为零件添加颜色

单击"View">"Display Settings">"System Colors"从调色板为零件指定颜色。添加颜色后,每个零件都会更加容易地被识别尤其在大型组件中。

⑤ 保存并关闭零件

(2) 零件 2:听筒

① 创建听筒伸出项

a. 使用"Extrude"工具创建一个名为 earpiece 的新零件。使用 Front 基准作为草绘平面,与创建屏幕时相同。

b. 使用"Sketcher"工具栏中的"Circle"工具绘制一个直径尺寸7.75 mm的圆。在"Extrude"操控板中,键入厚度值1.50 mm。

② 创建孔

a. 使用"Hole"工具来指定阵列导引孔的尺寸和位置。

b. 在"模型树"中选取孔,运用"Pattern"创建径向阵列做 6 个孔,如图 9.6 所示。

(3) 零件 3:键盘

① 草绘键盘伸出项

a. 首先,创建一个名称为 keypad 的新零件。并使用 Front 基准平面作为草绘平面。添加一条垂直中心线作为键盘矩形约束的参照点。此中心线将垂直平分键盘底板。

b. 从左上角开始,拖出一个矩形,使其穿过中心线,向下直到右下角,在 Top 基准处停止。设置键盘伸出项的尺寸 37.5 mm×50.0 mm,如图 9.7 所示。

c. 单击"草绘器"工具栏中的"勾号"图标 以完成拉伸。输入 0.75 mm 作为深度值,然后接受此特征。

② 对拐角倒圆角

选取所需倒角的边后,右击选择"Round Edges",为拐角倒 1.5 的圆角。

③ 添加第一个按钮特征

a. 选取第一个伸出项的前曲面作为草绘平面。在"草绘器"中,选择"Ellipse"工具,草绘基本椭圆。键入下图所示的距离和半径值:距中心线 11.00 mm,距 Top 基准平面 4.687 5 mm。键入按钮半径,如图 9.8 所示。

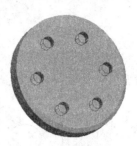

图 9.6　完成的阵列

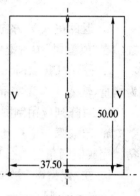

图 9.7　键盘伸出项尺寸

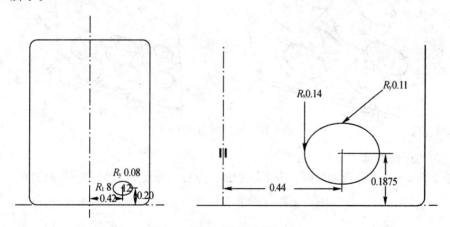

图 9.8　第一个按钮的位置和尺寸

b. 接受此截面并返回到操控板时,设置按钮的深度值为 5.50 mm。

④ 阵列按钮

a. 从"模型树"中选取按钮拉伸。右击选取"Pattern"操控板打开,选取 X 方向作为第一方向,然后在原始按钮的左侧创建另外两个按钮,一个在第一个拉伸上居中,另一个距离中心左侧 11.00 mm,如图 9.9 所示。

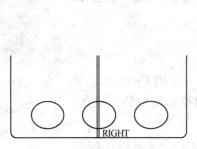

图9.9　按键阵列的 X 方向

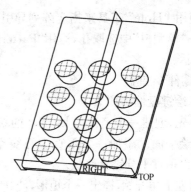

图9.10　完成的阵列

b. 返回进入 Y 方向。(正常情况下,总是同时进入 X 和 Y 方向。此步骤仅为检查阵列设置。)在"模型树"中右键单击阵列,然后从快捷菜单中选择"Edit Definition"。

c. 打开"Dimensions"面板。单击第二 Y 方向收集器。选取垂直尺寸,输入 8.75 mm 作为增量,输入 4 作为实例数,完成的阵列。如图9.10所示。

⑤ 对阵列应用倒圆角

a. 选取第一个按钮的顶边、底边和阵列导引,然后对它们应用尺寸为 0.75 mm 的倒圆角。完成倒圆角后,它们作为一个特征添加到"模型树"中。

b. 在"模型树"中右键单击新建的倒圆角,选取"Pattern",将倒圆角应用到阵列的其余按钮中。如图9.11所示。

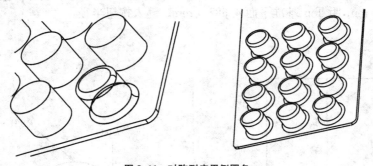

图9.11　对阵列应用倒圆角

⑥ 草绘大按钮截面

a. 单击"Extrude",使用前曲面作为草绘平面。为第一个大按钮添加参照,如图9.12所示。

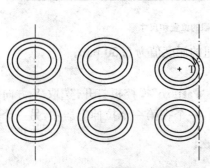

图9.12　为大按钮添加参照

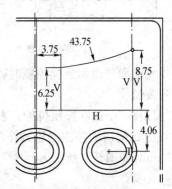

图9.13　大按钮强尺寸

b. 添加大按钮截面,使用三条直线和封闭顶部的圆弧绘制此截面。如图9.13所示为设置强尺寸。大按钮的高度依赖于小按钮的高度。

⑦ 对大按钮边倒圆角

多重选取大按钮拉伸的四条垂直边,添加尺寸为2.75 mm的倒圆角。打开操控板中"Sets"面板,然后单击 "New Set"。多重选取按钮顶边部分和底边部分,然后应用尺寸为1.00 mm的倒圆角,会自动对整个边应用倒圆角。如图9.14所示。

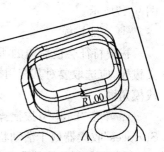

图9.14　对大按钮倒圆角

⑧ 镜像大按钮截面

在"模型树"中,选取大按钮特征(包括倒圆角)。运用"Mirror"工具,选取Right基准平面作为镜像平面,镜像大按钮截面。保存并关闭零件。

(4) 零件4:后盖

① 创建基本拉伸

在名称为back_cover的新零件中,根据下图尺寸创建基本的拉伸项。使用Front基准平面作为草绘平面,并在垂直轴下方添加一中心线。在Top基准平面上草绘一个矩形,其中心位于该中心线上。尺寸为118.75 mm(高度)和43.75 mm(宽度)。在操控板中,设置12.50 mm作为深度值。如图9.15所示。

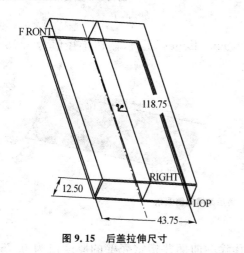

图9.15　后盖拉伸尺寸　　　　　　　图9.16　添加切口截面尺寸

② 创建第一个切口

单击"Extrude",使用Right基准平面作为草绘平面。添加顶边和右侧边作为参照。使用一条直线来草绘切口,添加切口截面的尺寸:与边相距6.25 mm,角度为9,如图:9.16所示。完成草绘后设置其余的切口属性,单击"Remove Material"图标以生成一个拉伸切口。

③ 对拐角倒圆角

a. 选取两条底部拐角边。单击鼠标右键,选取"Round Edges",应用尺寸为12.50 mm的倒圆角。在"Sets"面板中,单击"New Set"。选取两条顶部拐角边,然后应用尺寸为18.75 mm的倒圆角。

b. 对拉伸和切口间的结合处应用倒圆角。输入值180。接受此特征并保存零件。如

图 9.17 所示。

④ 添加拔模

拔模特征会使后盖的所有侧面具有 10 度的锥度(从前到后)。为定义拔模,应选取要对其应用拔模的曲面,然后指定枢轴平面、拔模方向和拔模角度。

a. 单击"Draft",拔模操控板打开。打开"References"面板。"Draft Surfaces"收集器处于活动状态,选取一曲面截面来表示整个拔模曲面。

b. 单击后盖的前曲面作为枢轴参照,拔模方向箭头应该指离实体。将拔模深度设置为 10 度。如图 9.18、图 9.19 所示。

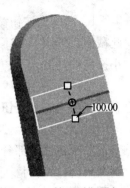

图 9.17 对切口边倒圆角

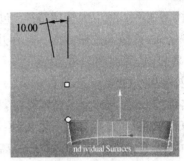

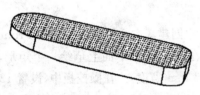

图 9.18 使用前曲面作为拔模中性面　　　　　　图 9.19 拔模角度

⑤ 对后面的边倒圆角

选取所需倒角的边,如图所示。运用"Round Edges"工具,制作半径值为 3.75 mm 的倒角。完成倒角如图 9.20 所示。

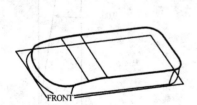
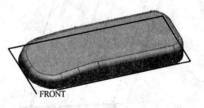

图 9.20 为后面得边倒圆角

⑥ 对拉伸应用壳特征

使用"Shell"功能来挖空实体,选取要移除的曲面并指定壳壁的厚度值为 0.75 mm。如图 9.21 所示。

图 9.21 对拉伸应用壳特征

⑦ 添加天线支柱

a. 添加一个自 Top 基准偏移的新平面,使其距后盖边上方 2.50 mm 处。用这个新平面作为基准面,在草绘平面上创建圆。其直径为 7.25 mm,圆心距离 Front 基准 5.50 mm,距离

Right 基准 15.50 mm。

b. 在拉伸时需检查拉伸方向,必要时,请单击方向箭头进行更正。单击"To Selected"作为深度类型,然后选取拉伸将遇到的曲面。完成拉伸如图 9.22、图 9.23 所示。

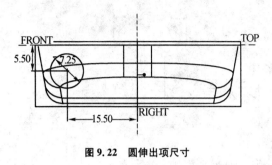

图 9.22 圆伸出项尺寸   图 9.23 完成拉伸

⑧ 向支柱特征添加孔和倒圆角

a. 要添加中心位于支柱轴上的孔,应选取支柱轴,单击"Hole",制作一个直径为 3.25 的同轴孔,将孔的深度类型设置为"To Next"。

b. 为支柱顶边添加尺寸 0.75 mm 的倒圆角,支柱的底边添加尺寸 0.5 mm 的倒圆角。如图 9.24 所示。

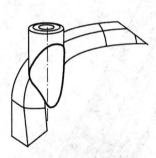
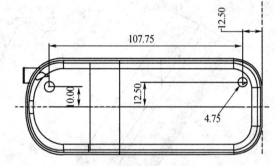

图 9.24 向支柱添加倒角   图 9.25 螺栓支柱特征尺寸

⑨ 添加螺栓柱拉伸项

创建由两个支柱组成的拉伸特征,这两个支柱用于拧紧手机的前后盖。在支柱中,将放置一个标准规范的孔,然后在支柱与壳的相交处添加倒圆角。完成这些特征后,将它们复制并镜像到壳的对侧。如图 9.25 所示。

由于支柱定位在壳轮廓曲面的下方,因此将构建一个从壳边缘向下偏移的基准平面,作为草绘平面。支柱将从新平面向下拉伸到壳的底面,与天线支柱连接到壳的方式相同。

⑩ 向螺栓支柱内添加孔并镜像螺栓柱

a. 选取"Hole"命令,选取用于放置下部支柱孔的轴,预览的孔与轴同心放置。选取孔的轴为主参照,壳后部大的平整曲面作为第二参照。

b. 选取"标准孔"(Standard Hole)(ISO 螺栓尺寸 M2.2x45)、"埋头孔"(Countersink) 和"沉孔"(Counterbore),并选取钻孔深度"穿透"(Through All)。单击"形状"(Shape) 面板并输入所示的信息。完成孔设置。如图 9.26 所示。

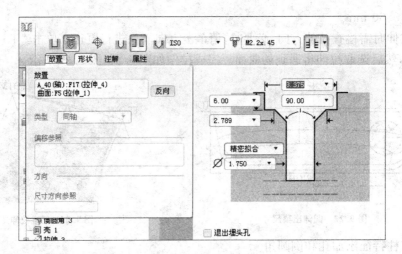

图 9.26　埋头孔设置值

　　c. 将孔复制到第二个支柱后,再把支柱、孔镜像到 Right 基准平面的另一侧。多重选取每个支柱底部的结合处,然后应用尺寸为 0.75 mm 的倒圆角。

　　d. 最后,将螺栓柱复制并镜像到壳的另一侧。如图 9.27 所示。

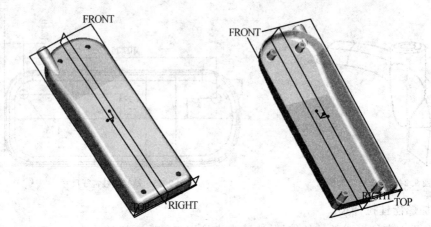

图 9.27　镜像的孔和螺栓柱

　　(5) 零件 5:前盖

　　① 创建前盖伸出项

　　创建一个名为 front_cover 的新零件,创建前盖的第一个伸出项。使用 Front 基准作为草绘平面,在"草绘器"中,将一中心线放置在垂直轴上并草绘矩形伸出项,如右图所示118.75 mm×43.75 mm。将伸出项深度值设置为 4.875 mm。

　　② 添加构建基准平面

　　添加两个构建基准平面。第一个平面将穿过第一个伸出项的上部曲面。第二个平面将沿此伸出项从第一个平面处偏移 2 个单位,如图 9.28 所示。

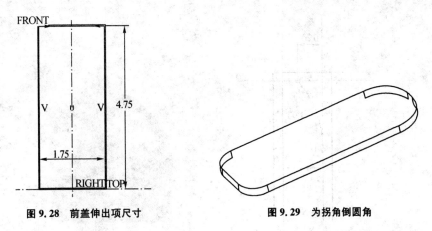

图 9.28　前盖伸出项尺寸　　　　　　　图 9.29　为拐角倒圆角

③ 对前盖拐角倒圆角

选取顶部的两条拐角边,运用"Round Edges"以添加尺寸为 18.75 mm 的倒圆角。在"Sets"面板中,单击"New Set"。选取底部的两条拐角边,然后应用尺寸为 12.50 mm 的倒圆角。如图 9.29 所示。

④ 升高屏幕外壳拉伸项

a. 首先,单击"Extrude",然后选取第一个拉伸项的前曲面作为草绘平面,单击"Sketch"。向参照中添加偏移构建基准。如图 9.30 所示。

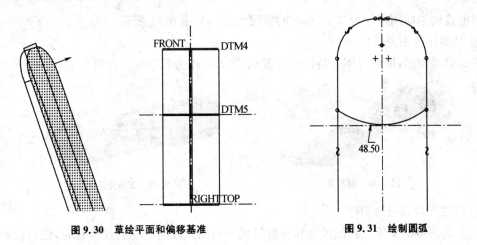

图 9.30　草绘平面和偏移基准　　　　　　图 9.31　绘制圆弧

b. 利用现有边定义拉伸项,并绘制圆弧以使圆弧中心点和垂直的中心线对齐,并且约束圆弧使其相切于构建基准平面参照线,如图 9.31 所示。最后设置拉伸深度为 3.25 mm。

⑤ 添加听筒切口

单击"Extrude",使用 Right 基准平面作为草绘平面。添加已创建的前边和第一个基准平面作为参照。使用一简单圆弧来定义截面,如图 9.32 所示。单击"Remove Material"按钮以生成一个拉伸切口。如图 9.33 所示。

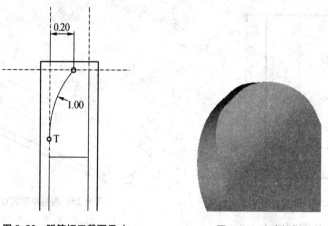

图 9.32　听筒切口截面尺寸　　　　　　　图 9.33　完成切割

⑥ 创建拔模特征

选取实体的一个侧曲面。单击"Draft"工具，激活"Draft hinges"收集器，单击前盖的后曲面。将拔模角度设置为 10°，完成拔模。

⑦ 应用倒圆角边

选取在表面和上部拉伸项之间的边，然后应用倒圆角。下半径为 19.25 mm。上半径为 6.25 mm。

对前盖周边应用尺寸为 3.75 mm 的倒圆角边。如图 9.34 所示。

⑧ 对实体应用壳特征

完成倒圆角后，即可应用壳特征。设置 0.75 mm 作为壳厚度。如图 9.35 所示。

图 9.34　倒圆角　　　　　　　　　　图 9.35　应用壳特征

⑨ 创建屏幕和听筒切口

a. 安装屏幕的支座。它的尺寸和屏幕的尺寸相同。在前面中创建屏幕时，已将截面文件保存为 lens. sec。将使用此保存的截面来创建切口。首先利用保存的截面做一个深度为 0.5 的盲孔，再选取做好的屏幕支座轮廓，向内偏移 0.75 mm，做一个穿透孔。

b. 创建听筒切口，单击"Extrude"，然后选取屏幕切口周围的平面区域作为草绘平面，将前盖最顶端的边添加为参照线，并在参照线下方 10.00 mm 处放置一水平中心线。绘制 5 个圆如图 9.36 所示，制作穿透孔。

⑩ 创建听筒架和支座

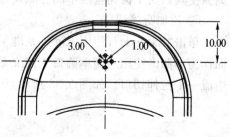

图 9.36　草绘听筒孔截面

a. 听筒架是一个薄拉伸项。选取"Extrude",创建一个基准以用作草绘平面。使用外壳的上部曲面作为偏移参照,新的基准平面自参照曲面偏移－2.50 mm。绘制直径为7.00 mm的同心圆,此直径为内径。设置薄拉伸项,拉伸深度设置为"To Next",壁厚为0.75 mm。

b. 听筒架中的支座切口是一个简单的拉伸切口特征,它使用听筒架的顶部曲面作为草绘平面,切口截面是支架截面内的一个同心圆,直径为8.00 mm 高度为1.25 mm。最后,在支架和外壳的接缝处创建半径为0.75 mm 的倒圆角。如图9.37所示。

图9.37 创建听筒架

⑪ 生成麦克风切口和支架

为麦克风孔创建切口。选取外壳的底部曲面作为草绘平面。使用手机外壳最下方的边作为参照,并沿着Right基准放置一条中心线。草绘槽形状,完成穿透孔。

⑫ 生成听筒外壳

听筒外壳是一个壁厚为0.75 mm 的矩形薄拉伸项。它与听筒支架相同也是用即时创建的偏移基准作为草绘平面,并向下拉伸进外壳而形成的。

⑬ 添加螺栓柱和孔

a. 创建四个螺栓柱。如下图所示,一个螺栓柱包含三个特征。第一个特征是一个简单的倒圆角伸出项,从Front基准平面拉伸进外壳。使用在后盖中所用的操作方式,将上、下两个柱创建为一个特征,如图9.38所示。

图9.38 螺栓柱特征:柱、销和孔

b. 向上拉伸螺栓销,草绘直径为3.125 mm,拉伸深度为1.00 mm。使用"Hole"工具在每个柱内插入同轴孔。它们是具有ISO攻丝的标准M2.2X45孔。螺栓深度为5.25 mm。

c. 在柱和外壳之间的结合处添加尺寸为0.50 mm 的倒圆角,最后,复制并镜像两个柱的所有特征。

(6) 装配手机

最后,一次完成零件6:麦克风,零件7:PC板,零件8:天线的创建。开始把手机模型的所有的零件放进组件文件里,装配手机。组件模式需参照其他零件或非零件对象(如基准平面、基准点或坐标系)来定位零件,从而装配零件,如图9.39所示。

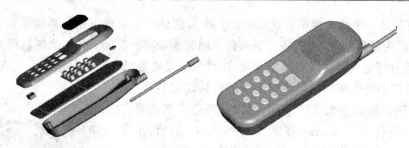

图 9.39　完成手机装配

　　装配手机零件的第一步是把一个"基础元件"放进空组件文件。然后使用放置约束 添加每个后续元件并相对于基础元件定向。这些约束确定面和边是否对齐、匹配或偏移,并确定它们的值或限制。

9.5.2　Rhino 3D

　　建模工作是每一个设计师利用计算机展开设计时必须面对的,现实有很多功能强大的三维建模软件,Rhino 3D 是一个很好的选择。Rhino 3D 是真正拥有超强功能的 UNRBS 建模工具,它提供了几乎所有 NURBS 功能,丰富的工具涵盖了 NURBS 建模的各方面,能够非常容易地制作出各种曲面。可以说任何复杂的模型利用 Rhino 3D 都可以完成。

　　Rhino 3D 提供丰富的辅助工具,如定位、实时渲染、层的控制、状态显示等。Rhino 3D 可以定制用户化命令集,提高使用效率,Rhino 3D 提供命令行的输入法,所有的操作均可以输入命令和相关参数来进行。Rhino 3D 是专门的 NURBS 建模软件,不提供动画功能,具有一定的渲染功能,但和其他软件相比有一些差距。因此 Rhino 3D 一般主要用于建模,结合其他软件(如 3DS MAX)进行渲染,Rhino 3D 可以输出多种文件格式,几乎可以涵盖 CAD 和 CAID 所有常用软件。

　　目前 Rhino 3D 已经成为工业设计师和高校设计专业学生的主要设计工具,除了上述原因外,Rhino 3D 的使用和上手非常快,对硬件的要求很低,几乎现有的 PC 机都可以满足其运行要求,并在微软的任何操作系统中都可以可靠运行,如 Windows 2000、Windows NT 等。

1) Rhino 几何图形的类型

　　Rhino 的几何图形类型包括:点、NURBS 曲线、多重曲线、曲面、多重曲面、实体(封闭的曲面)及网格。包含封闭空间(有体积)的曲面或多重曲面又称为实体。Rhino 也可以建立用于渲染、曲面分析及可导出至其他程序的网格。

(1) 点物件

　　点物件是 3D 空间中的一个坐标标记,它是 Rhino 里最简单的物件形式。点物件可以放置于 3D 空间中的任何位置,最常被用于定位。如图 9.40 所示。

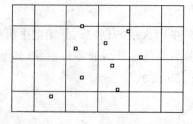

图 9.40　点物体

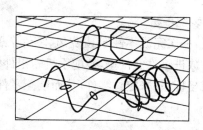

图 9.41　曲线

（2）曲线

Rhino 的曲线就像是一条可以拉直或弯曲的铁丝，可以是开放的或封闭的。多重曲线是由数条曲线以端点对端点组合在一起的曲线。如图 9.41 所示。

Rhino 有许多建立曲线的工具，可以建立直线，由数条直线组成的多重直线、圆弧、圆、多边形、椭圆、弹簧线及螺旋线。

（3）曲面

曲面就像是一张有弹性的矩形薄橡皮，NURBS 曲面可以呈现简单的造型（平面及圆柱体），也可以呈现自由造型或雕塑曲面。

Rhino 里所有建立曲面的指令建立的都是同样的物件：NURBS 曲面。Rhino 也有许多可以从现有的曲线建立曲面的工具。不论曲面的形状为何，所有的 NURBS 曲面都有一个原始的矩形结构。即使是封闭的圆柱曲面也是由一个矩形的曲面卷起来，使两个对边相接所形成的。两个对边相接后会成为曲面的接缝。如果看到一个曲面没有矩形结构，它必定是修剪过的曲面或曲面边缘的控制点汇集成一点。如图 9.42 所示。

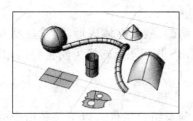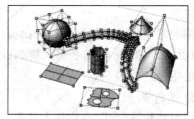

图 9.42　曲面

曲面可以是开放的或封闭的。上、下未加盖的圆柱曲面是单一方向封闭的曲面。环状体（甜甜圈的形状）是两个方向都封闭的曲面。如图 9.43 所示。

曲面可以是已修剪的或未修剪的，已修剪的曲面由两个部分所组成：定义几何物件形状的原始曲面及定义曲面修剪边界的曲线，曲面被修剪掉的部分会被隐藏起来，但仍然存在。

已修剪曲面是由一些可以使用曲线或曲面修剪/分割曲面的指令所建立的。也有一些指令会直接建立已修剪曲面。如图 9.44 所示。

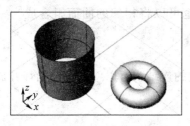

图 9.43　封闭及未封闭曲面

图 9.44　已修剪的曲面

（4）多重曲面

多重曲面是由两个或以上的曲面所组成。可以包含封闭空间（有体积）的多重曲面又称为实体。无法显示多重曲面的控制点，但可以将多重曲面炸开成为个别的曲面，编辑个别曲面的控制点以后再将所有的个别曲面重新组合成多重曲面。如图 9.45 所示。

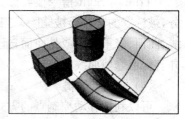

图 9.45　多重曲面

（5）实体

实体是包含封闭空间（有体积）的曲面或多重曲面，在任何情形下建立的封闭曲面都是实体。Rhino 可以建立单一曲面实体及多重曲面实体。单一曲面实体是由一个曲面包覆所形成（例如：球体、环状体及椭圆体）。如图 9.46 所示。

Rhino 用来建立实体基本物件的指令建立的实体大部分是多重曲面实体（例如：立方体、平顶锥体、圆柱体）。

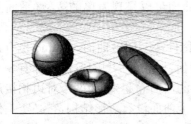

图 9.46　实体

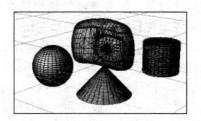

图 9.47　网格物件

（6）网格物件

因为有太多的建模程序使用网格作为渲染、动画、激光立体成形、视觉呈现及有限元素分析的物件，所以 Rhino 的 Mesh 指令可以将 NURBS 几何图形转换为网格导出，并有一些可以建立网格物件的指令。如图 9.47 所示。

2）编辑曲线与曲面

编辑指令可以将物件分开、在物件上修剪出洞及组合物件。以下某些指令可将曲线与曲线或曲面与曲面组合，将多重曲线或多重曲面分解为其组成部分。

Join、Explode、Trim 及 Split 指令可以同时使用在曲线、曲面及多重曲面上。Rebuild 与 ChangeDegree 指令以改变曲线或曲面控制点的结构改变曲线或曲面的形状。

此外，每个物件都有设定颜色、图层，渲染材质和其他信息的属性，Properties 指令可用于管理这些物件的属性设定。

（1）组合

Join 指令可以将数条曲线或数个曲面组合成单一物件。例如，一条多重曲线可由直线、圆弧、多重直线及自由造型曲线组合而成。Join 指令也可以将相邻的曲面组合成为一个多重曲面。

（2）炸开

Explode 指令可以解除数条曲线或数个曲面之间的连结。可以将多重曲面炸开成为个别的曲面，以便对个别的曲面做控制点编辑。

（3）修剪与分割

Trim 与 Split 指令很类似，不同的是当修剪某个物件时，人们需要选取物件要被删除的部分，被选取的部分会被删除。当分割物件时，所有的部分都会被保留。Split 指令可以使用曲线、曲面、多重曲面或是曲面自己的结构线分割曲面。Untrim 指令可以移除曲面的修剪边缘，并有保留修剪曲线的选项。

（4）控制点编辑

可以利用移动控制点的方式精细地调整曲线或曲面的形状，Rhino 也提供许多编辑控制点的工具。类似像 Rebuild、Fair 和 Smooth 指令提供一些在曲线或曲面上自动重新分配控制点的方法。其他像拖曳控制点和推移控制点的指令,如 HBar 和 MoveUVNOn 指令可让人们手动控制单独的或整组的控制点。

（5）曲线与曲面的阶数

NURBS 的多项式看起来像是 $y=3 \cdot x^3 - 2 \cdot x + 1$,多项式的"次数"是影响力最大的变量。例如,$3 \cdot x^3 - 2 \cdot x + 1$ 的次数为 3;$-x^5 + x^2$ 的次数为 5……。NURBS 的函数为有理多项式,而 NURBS 的阶数即为多项式的次数。从 NURBS 建模的观点来看,(阶数－1)是曲线或曲面的一个跨距中最大可以"弯曲"的次数。

例如：

一阶的曲线至少有两个控制点。直线的阶数为 1,无法"弯曲"。二阶曲线至少有三个控制点。抛物件、双曲线、圆弧及圆(圆锥断面线)都属于二阶曲线,可以"弯曲"一次。三阶曲线至少有四个控制点。贝兹曲线属于三阶曲线,如果将它的控制点排成 Z 形,曲线共"弯曲"了两次,如图 9.48、图 9.49、图 9.50所示。

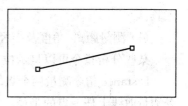

图 9.48 一阶曲线

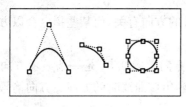

图 9.49 二阶曲线

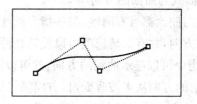

图 9.50 三阶曲线

3）Rhino 变动指令

变动以移动、镜像、阵列、旋转、缩放、倾斜、扭转、弯曲、成锥状等方式改变整个物件的位置、方向、数目及形状。变动指令并不会将物件分散为数个部分,也不会在物件上修剪出洞。

（1）移动

Move 指令可以将物件移动至某个指定的距离或配合物件锁点准确地将物件移动至某一点。而较快的方法是在物件上按住鼠标左键拖曳。按住 Alt＋方向键可以使用推移的方式将选取的物件移动很短的距离。

（2）复制

Copy 指令可以复制物件。有一些变动指令,例如:Rotate、Rotate 3D 及 Scale 指令都有复制选项,可以在旋转或缩放的同时复制物件。拖曳物件时按住 Alt 键也可以复制物件。

（3）旋转

Rotate 指令可以将物件在与工作平面平行的平面上旋转。

（4）缩放

Scale 指令可以在一个轴向、两个轴向、三个轴向上以同样的比例缩放物件,或以不等比例在三个轴向上缩放物件。

（5）镜像

Mirror 指令可以将物件复制(默认值)到镜像轴的另一侧。

(6) 定位

Orient 与 Orient3Pt 指令结合了复制、缩放及旋转作业,以单一指令改变物件的位置及大小。

(7) 阵列

Array 指令可以将物件以相同的间距复制成数行与数列。

4) 曲线与曲面分析

因为 Rhino 是在数学上精确的 NURBS 建模程序,所以有一些可以分析物件信息的工具。

(1) 测量距离、角度及半径

某些分析指令可以显示位置、距离、直线之间的角度和曲线半径的信息。例如:

Distance 指令测量两个点之间的距离。Angle 指令测量两条直线之间的角度。Radius 指令测量曲线上任一点的半径。Length 指令测量曲线的长度,EvaluatePt 指令测量一个点的坐标信息。

(2) 曲线与曲面的方向

曲线与曲面都有方向性,某些指令的计算和物件的方向有关,而某些指令会以方向箭号显示物件的方向,并有反转选项可以反转物件的方向。

Dir 指令可以显示曲线的方向,并可以改变它的方向。图 9.51 是一条显示方向箭号的曲线,如果它的方向从未被改变过,方向箭号显示的是画出该曲线时的方向。方向箭号指出的方向是曲线起点至终点的方向。

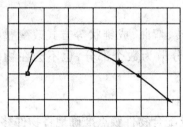

图 9.51 曲线方向

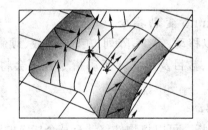

图 9.52 曲线的法向

Dir 指令也可以显示曲面的 U、V 及法线方向。曲面的法线方向箭号与曲面垂直,而 U、V 向箭号则是沿着曲面流动。封闭曲面的法线方向一定朝外。如图 9.52 所示。

Dir 指令可以改变曲面的 U、V 及法线方向。曲面的 U、V 方向会影响纹理贴图的方向。

(3) 曲率

曲率分析工具可以用图形化的方式查看曲线垂直的方向及曲率的大小、显示曲率圆、测试两条曲线之间的连续性及偏差距离。如图 9.53 所示。

Curvature Graph On 指令可以显示曲线与曲面的曲率图形,曲率图形中的直线与曲线垂直,直线的长度代表曲率的大小。

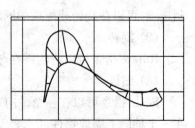

图 9.53 曲率

(4) 以视觉分析曲面

可视化曲面分析指令可以用曲率、相切或其他曲面属性判断曲面的平滑度。可视化曲面分析指令使用 NURBS 曲面的评估与渲染技术以假色或反射贴图帮助人们分析曲面的平滑度,可以看见曲面的曲率及找出瑕疵的地方。

Curvature Analysis 指令使用假色贴图分析曲面曲率。这个指令可以分析曲面的高斯曲率、平均曲率、最小及最大曲率半径。如图 9.54 所示。

EMap 指令会在曲面上显示看起来像是反射度很高的金属反射周围景象的贴图,可让人们找出曲面的缺陷及确认曲面的质量是否达到要求。fluorescent_tube.bmp 环境贴图模拟反射度很高的金属反射日光灯管的效果。如图 9.55 所示。

Zebra 指令可以在曲面上显示反射斑马纹。是以视觉检查曲面缺陷及曲面之间的相切或曲率连续性的方法之一。如图 9.56 所示。

图 9.54　曲面曲率分析　　　　　图 9.55　环境贴图　　　　　图 9.56　反射斑马纹

Draft Angle Analysis 指令以假色贴图显示指令启动时曲面相对于使用中工作平面的拔模角度。Draft Angle Analysis 指令使用的拔模方向是工作平面 Z 轴的方向。

(5) 显示边缘

发生布尔运算或组合失败时,可能是因为曲面有破洞或曲面的边。因为移动控制点而产生缝隙,曲面的修剪边缘实际上是被埋入曲面的修剪曲线。Show Edges 指令可以醒目提示曲面的所有边缘。如图 9.57 所示。

Rhino 有一个工具可以找出未组合或"外露"的边缘。当一个曲面与其他曲面组合成多重曲面后有留下未组合的边

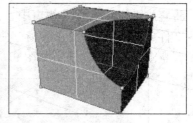

图 9.57　曲面边缘

缘代表该多重曲面有外露边缘。以 Properties 指令检查物件的属性时,有外露边缘的多重曲面会显示为开放多重曲面。使用 Show Edges 指令可以找出未组合的边缘。其他的边缘工具可以分割边缘、合并端点相接的两个边缘或强制组合曲面的两个外露边缘。也可以使用内部公差重建曲面的边缘。这些边缘工具包括:

Split Edge 指令可在边缘上插入分割点。

Merge Edge 指令可以将两段端点平滑相接的边缘组合成一段边缘。

Join Edge 指令可以强制组合曲面的两个未组合的边缘(外露边缘)。

Rebuild Edges 指令可以重建因为其他作业而离开原来的位置的边缘。

5) 案例

制作曲面较为复杂的模型可以通过描绘背景图片建立。描绘背景图建立轮廓曲线,建立放样曲面的断面曲线,再通过编辑控制点改变曲面形状。

以下是蜻蜓的 Top 和 Side 的背景如图 9.58、图 9.59 所示。

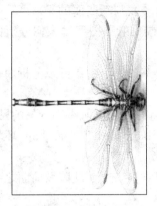

图 9.58　DragonFly Top

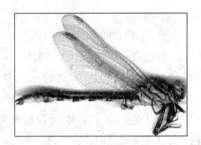

图 9.59　Dragonfly Side

　　因为蜻蜓在上视图中大致是左右对称的,建立这个模型的目的也不是精确重制这只蜻蜓,所以只需要建立蜻蜓一侧的轮廓曲线,再将轮廓曲线镜像到另外一侧。至于侧视图,因为蜻蜓的侧面轮廓并不是上下对称的,所以需要分别建立身体的上、下两条轮廓曲线。然后以断面曲线放样建立身体的部分,头部则另外建立。

　　(1) 设定背景图

　　① 使用 Line 指令画出一条参考线,这条参考线的长度是蜻蜓身体的长度。使用锁定格点或输入距离决定直线的长度。如图 9.60 所示。

　　② 执行 Background Bitmap 指令,使用放置选项。开启 DragonFly Top. jpg 图片文件。将它放置到 Top 作业视窗中。再次执行 Background Bitmap 指令,将 Dragonfly Side. jpg 图文件放置到 Front 作业视窗。使用 Background Bitmap 指令的对齐选项,将两个作业视窗的背景图与参考线对齐。如图 9.61 所示。

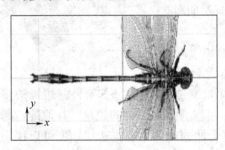

图 9.60　Line 指令

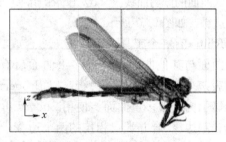

图 9.61　BackgroundBitmap 指令

　　(2) 建立轮廓曲线

　　① 使用 Curve 指令在 Top 作业视窗中沿着蜻蜓身体的侧边轮廓画曲线。轮廓曲线画到颈部,在 Top 作业视窗中,只需描绘蜻蜓身体一侧的轮廓即可,然后以 Mirror 指令将一侧的轮廓曲线沿着参考线镜像到另一侧。如图 9.62 所示。

　　② 在 Front 作业视窗中,执行 Bend 指令将曲线弯曲,对应蜻蜓侧视图尾部的形状。

　　③ 于 Front 作业视窗中,沿着蜻蜓身体上、下轮廓画出两条轮廓曲线。放大作业视窗会比较方便描绘,尽量以最少的控制点数画出蜻蜓的轮廓。如图 9.63 所示。

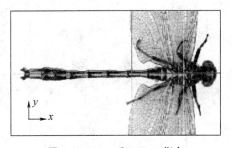

图 9.62　Curve 和 Mirror 指令

图 9.63　Bend 指令

（3）建立身体曲面

① 使用 CSec 指令从上、下、左、右的轮廓曲线建立断面曲线。尽量以最少的断面曲线数量维持蜻蜓身体的细节。在下一个步骤放样曲面时，可以看出断面曲线的数量是否足够。如果断面曲线的数量不足，可以在不足的部分增加断面曲线后再重新放样曲面。如图 9.64 所示。

② 选取建立的所有断面曲线。执行 Loft 指令建立通过所有断面曲线的曲面。如图 9.65 所示。

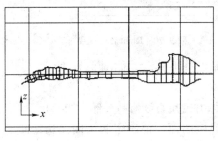

图 9.64　CSec 指令

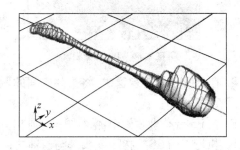

图 9.65　Loft 指令

（4）建立蜻蜓头

头部是以椭圆体编辑控制点塑形而成的，眼睛也是由椭圆体建立，颈部则是混接曲面。

① 建立头部

a. 执行 Ellipsoid 指令建立头部。使用直径选项，并由 Front 作业视窗中开始建立与蜻蜓头部形状相近的椭圆体。在 Top 作业视窗中，依照头部的宽度建立椭圆体。如图9.66所示。

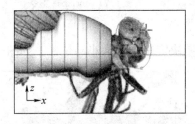

图 9.66　Ellipsoid 指令

b. 执行 Rebuild 指令增加椭圆体的控制点。设定 U 方向的控制点数为 16，V 方向的控制点数为 10。如图 9.67 所示。

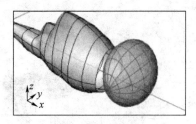

图 9.67　Rebuild 指令

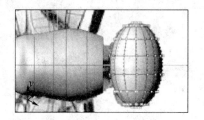

图 9.68　Points On 指令

c. 使用 Points On 指令开启椭圆体的控制点。如图 9.68 所示。

d. 在 Top 作业视窗中,选取椭圆体两侧的控制点并向后移动,拉出头部的造型。如图 9.69 所示。

图 9.69　Top 作业视窗

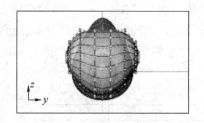

图 9.70　Right 作业视窗

e. 在 Right 作业视窗中,将头部中间的两排控制点往下移动。如图 9.70 所示。

② 建立颈部

a. 在 Front 作业视窗中,像右图一样画出一条直线,并使用直线修剪头部。如图 9.71 所示。

b. 执行 BlendSrf 指令在头部与身体之间建立混接曲面。请确定两个曲面边缘接缝点相互对齐,而且箭头的方向相同。如图 9.72 所示。

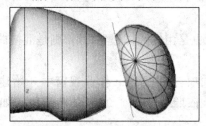

图 9.71　Front 作业视窗

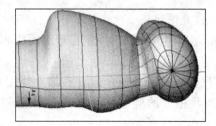

图 9.72　BlendSrf 指令

③ 建立眼睛

a. 使用 Ellipsoid 指令建立眼睛。参考背景图决定眼睛的大小与位置。如图 9.73 所示。

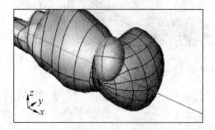

图 9.73　Ellipsoid 指令

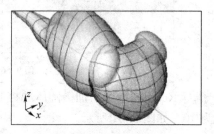

图 9.74　Move 与 Rotate 指令

b. 使用 Move 与 Rotate 指令调整眼睛的位置。执行 Mirror 指令将眼睛镜像至另一侧。如图 9.74 所示。

(5) 建立尾部

① 有需要时可以开启身体的控制点,调整控制点使身体的形状符合背景图。使用 Cap 指令将身体封闭成为实体。使用 Cylinder 指令像右图一样,建立一个与蜻蜓尾部有交集的圆柱体。如图 9.75 所示。

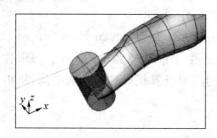 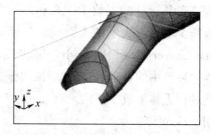

图 9.75　Cap 和 Cylinder 指令　　　　　　　　　图 9.76　Boolean Difference 指令

② 使用 Boolean Difference 指令修剪出尾部的造型。如图 9.76 所示。

(6) 描绘翅膀与脚

翅膀是以封闭曲线建立的实体,脚则是以沿着脚的中心线描绘的多重直线建立数段组合在一起的圆管。

① 建立翅膀

在 Top 作业视窗中,使用 Curve 指令描绘蜻蜓一侧的翅膀。将封闭的翅膀轮廓曲线以 ExtrudeCrv 指令挤出成很薄的实体。设定加盖=是,两侧=是。使用 Move 指令将翅膀放置到蜻蜓的背上。参考蜻蜓的侧视图照片,前面的翅膀比后面的要高一点。执行 Mirror 指令将翅膀复制到身体的另一侧。如图 9.77 所示。

 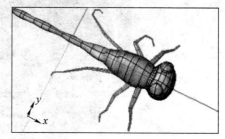

图 9.77　ExtrudeCrv 和 Mirror 指令　　　　　　　图 9.78　Polyline 和 Mirror 指令

② 建立脚

在 Top 作业视窗中,使用 Polyline 指令沿着脚的中心线建立数条多重直线。在 Top 与 Front 作业视窗中编辑多重直线的控制点。使用 Pipe 指令建立环绕多重直线的圆管。参考背景图决定脚的起点与终点的半径。使用 Mirror 指令将一侧的脚复制到另外一侧,或在另外一侧建立形状不一样的脚。如图 9.78 所示。

（7）完成模型

设定蜻蜓每一部分的颜色与材质并做渲染。最终效果图
如图 9.79 所示。

图 9.79 渲染后

9.5.3 Jack

Jack 是一个人体建模与仿真软件解决方案,帮助各行业
的组织提高产品设计的工效学因素和改进车间的任务。Jack
最初是有宾夕法尼亚大学的人类模型与模拟中心(Center for Human Modeling and Simulation at the University of Pennsylvania)开发,目前是西门子 PLM 旗下的一员。Jack 作为我们
自身在虚拟环境中的表示,与其它虚拟实体进行交互,对计算机设计的舱内空间、机柜等在实
际构造前进行人体工效学评估。

使用 Jack 可以:

① 建立一个虚拟的环境;② 创建一个虚拟的人;③ 定义人体大小和形状;④ 把人放在环
境中;⑤ 给人指派任务;⑥ 分析人体如何执行任务。

从 Jack 获得的信息可以帮助设计师设计更安全、更符合人体工程学的产品、工作场所、更
快的流程和使用更低的成本。图 9.80 为深潜器的人机工效学分析案例。

图 9.80 深潜器的人机工效学分析

9.6 典型三维动画软件介绍

9.6.1 3DS Max

动画是基于人的视觉原理而创建的运动图像,即在一定的时间内如果能够连续且快速的观看一系列相关连的静止画面,由于视觉暂留的特性,用户则会将这些静止的画面感觉为连续的动作。基于此,传统的动画方式首先通过设计师绘制出一系列静止但互相具有连贯性的画面,然后再将这些画面(帧)按一定的速度拍摄,即可制作成影像,随着计算机技术的发展,专业的三维动画软件明显的提高了传统动画的制作效率和质量,如在 3DS Max 中,工作人员只需要创建记录每个动画序列的起始、结束和关键帧,关键帧之间的播放则会由 3ds max 自动计算完成。

在 3DS Max 软件中,具有多种形式可以用来制作动画,如关键帧动画、路径动画及动力学动画等,设计师可以根据不同的脚本设置,来选择不同的动画形式进行制作,从而具有事半功倍的效果,以下分别对使用关键帧及路径两种方式进行动画控制做出简要介绍。

1) 关键帧控制

3DS Max 是一个以时间为基础的动画软件,对物体设置动画主要是采用记录关键帧,即通过不同的时间位置对物体参数进行设定。物体没开始动画记录前的状态则可以算作物体的初始状态,可以作为物体的第一个关键帧,当你要设定以下的关键帧时就必须要打开动画记录按钮,将不同时间位置物体所变换的参数结果进行记录,这些不同的时间点上的物体状态则成为了物体动画中的关键帧或结束状态。如要设置一个球体由小到大的一个扩大动画,首先是选择该球体,这个球的初始状态也是体积最小的时候,是该动画的第一个关键帧,然后回到用户界面,单击 Animate 按钮开始记录关键帧,并将时间滑块拖至 50 帧时,记录下该球按照150%的比例放大后的造型,此时,就可以在关键帧显示栏中看到在第 0 帧与第 50 帧的两个关键帧记录点,关闭 Animate 按钮并将时间滑块拖回第 0 帧,并按下动画播放按钮即可观看放大变形的动画效果。由该例子总结可知,关键帧的动画创建大致分为以下三个步骤:第一、打开动画记录按钮 Animate;第二、将时间滑块拖到任意的非 0 帧位置;第三、变化物体的任意参数。

2) 路径控制

在 3ds max 软件中,路径动画是除了关键帧动画外又一种常用的动画制作方式,顾名思义,即是通过路径来控制物体的运动轨迹,从而实现动态的画面,主要用于物体的任意位移运动,尤其适合于复杂的运动轨迹,与关键帧记录的动画制造形式相比,简单易行。完成物体沿路径运动的动画,主要有如下步骤:

(1) 选择目标对象,进入 Motion 面板,按下 Parameters 属性按钮,打开 Assign Controller 的对话框,并呈现出各种运动控制器的类型清单。

(2) 选择 Position:Bezier Position,单击 Assign Controller 指定控制器按钮,弹出 Bezier Position 控制器清单。在清单中指定 Path Constraint 后按 OK 退出。

(3) 在控制面板上出现的 Path Parameters 的一栏中,单击 Add Path 按钮,在视窗中点取目标路径。球体自动附着在该路径上,播放动画将看到球体沿路径进行运动。

9.6.2　Cinema 4D

C4D 是德国 Maxon Computer 研发的 3D 绘图软件,以其高的运算速度和强大的渲染插件著称,并且在用其描绘的各类电影中表现突出,而随着其越来越成熟的技术受到越来越多的电影公司的重视,同时在电视包装领域也表现非凡,如今在国内成为主流软件,不只是在影视领域,在设计领取也有一席之地。

Cinema 4D 快速简单的工作流程总是让加快设计速度变得简单。R19 版本不仅提供了准渲染视窗还极大程度上的改进了其他工作流程。C4D 早在在 R9 版本开始,就在 3D 软件业界被评为"多边形建模软件之王"。C4D R10 拥有专注于多边形建模的数十种高效建模工具,清晰的对象管理、层管理系统,以及高效的操作流程。

在 CAX 领域支持:C4D 具有专为 CAX 领域的客户专门开发的优秀解决方案 Engineering Bundle(工程师版)和 Architectural Bundle(建筑师版),拥有特别定制的工作界面和工具。Engineering Bundle(工程师版)包含特有的 IGES 转换工具,可以直接支持 AutoCAD、Pro/Engineer、SolidEdge、SolidWorks 等软件工程文件,能够交换的 CAD 格式包括 DWG、DXF、IGES、SAT、STEP 等等 20 余种通用格式。Architectural Bundle(建筑师版)通过特有的输出输出功能,可以将 CAD 数据转换到 Cinema 4D 中并且完好地保持方案构造。

动画(含角色动画)方面,C4D R10 的主要升级重点之一是重新设计了动画管理操作界面、工具,全新设计的的 Timeline(时间线操作)以及 F-Curve(函数曲线操作)吸取了所有 XSI/Maya/以及 MB 的优点,所有的动画设置变得异常轻松和快速。在角色动画方面,C4D 具有全新基于 Joint(关节系统)的骨骼系统、全新的 IK 算法(反向骨骼关节运动)和自动蒙皮权重等完整独立的角色模块,可以说不仅吸取了目前 XSI 与 Maya 两大角色动画软件的骨骼系统的优点,而且在搭建骨骼时流程更加简单,加上功能强大的约束系统,完全可以在不用编写任何表达式、脚本的基础上就能构建出非常高级复杂的 Rig(角色运动装配),而 Maya,XSI 等在某些情况下必须借助于 MEL、插件或其他脚本工具。

渲染方面,C4D 拥有世界闻名的的快速渲染引擎 AdvanceRender(高级渲染器),这个引擎具备强大的渲染能力而又具有多样性,包括许多重要的功能,如全局照明、焦散、光能传递、HDRI、3S 等等。在对硬件的需求上,它比其它的三维软件要求要低,但是却能取得更好的渲染效果. 因此,即使很多用惯了其它 3D 软件的人,也愿意在 C4D 的高速引擎中渲染。C4D 内置基于 Ray-Trace(光影追踪)的 AdvanceRender(高级渲染器),其 Scanline(扫描线)渲染方式至今仍然是世界上速度最快、真实感最强、操作最简单的非 GI(非全局照明)渲染解决方案。图 9.81 为 C4D R20 官方展示的场景渲染图。

图 9.81　C4D 场景渲染图

9.7 渲染技术前沿介绍

9.7.1 离线渲染与实时渲染

渲染,是指根据场景的设置,赋予物体的材质、贴图及灯光等,由计算机程序绘出一副完整的画面或一段动画,造型的最终目的是为了得到静态或动画的效果图,而这些都需要渲染才能完成。渲染具有多种方式,不同的渲染方式会得到不同渲染质量的效果图,如有线扫描(line-scan)、光线跟踪(Ray-tracing)以及辐射渲染等方式,其渲染质量会依次递增,但所需的时间也相应增加。计算机辅助工业设计在追求高质量效果图的同时,同样对渲染速度有所追求。更快的渲染速度意味着时间与资源的节省,甚至意味着能够在设计师和客户之间建立更加宽阔的沟通桥梁。

现如今在产品造型设计领域 Keyshot 占据了主要的市场,其主要原因是因为 Keyshot 为用户(设计师)提供了更加直观的视觉反馈,每一步操作和变化都能通过实时渲染的方式将效果呈现在设计师面前,使得设计流程中在渲染环节消耗的时间大大缩短。越来越多的渲染器及渲染插件开始着眼于实时渲染技术,争先恐后的推出 pro render、real-time render 等功能。

同时,由于虚拟现实、增强现实等技术在工业领域的快速发展,计算机辅助工业设计同样产生了剧变,未来,计算机辅助工业设计软件将不仅仅着眼于即时渲染产品概念图,更将向虚拟现实实时渲染、PBR 材质等方向转型。离线渲染与实时渲染技术将成为未来工业设计渲染技术的两大重要分支:

(1) 离线渲染(如常见的影视动画),就是在计算出画面时并不显示画面,计算机根据预先定义好的光线、轨迹渲染图片,渲染完成后再将图片连续播放,实现动画效果。这种方式的典型代表有 3DMax 和 Maya,其主要优点是渲染时可以不考虑时间对渲染效果的影响,缺点是渲染画面播放时用户不能实时控制物体和场景。离线渲染的每帧是预先绘制好的,即设计师设置帧的绘制顺序并选择要观看的场景。每一帧甚至可以花数小时进行渲染。

离线渲染的重点是美学和视觉效果,主要是"展示美",在渲染过程中可以为了视觉的美感将模型的细节做得非常丰富,将贴图纹理做到以假乱真的效果,并辅以灯光设置,最后渲染时还可以使用高级渲染器。

(2) 实时渲染,是指计算机边计算画面边将其输出显示,这种方式的典型代表有 Vega Prime 和 Virtools。实时渲染的优点是可以实时操控(实现三维游戏、军事仿真、灾难模拟等),缺点是要受系统的负荷能力的限制,必要时要牺牲画面效果(模型的精细、光影的应用、贴图的精细程度)来满足实时系统的要求。实时渲染对渲染的实时性要求严格,因为用户改变方向、穿越场景、改变视点时,都要重新渲染画面。在视景仿真中,每帧通常要在 1/30 秒内完成绘制。

实时渲染的重点是交互性和实时性,其模型通常具有较少的细节,以提高绘制速度并减少"滞后时间"(指用户输入和应用程序做出相应反应之间的时间)。比起离线渲染,实时渲染更看重对现实世界各种现象的模拟和对数据的有效整合,而不是炫目的图像。

实时渲染技术在材质、灯光等方面大幅度减少了渲染消耗时间,从而可以使得创作者将精力聚集在制作漂亮的画面上。艺术指导可以在第一时间看到成品,更容易更改画面。对于动画的制作方来说,实时渲染减少了对人员、时间的消耗,从而大量减少了开支。高品质的游戏画质和电影画质主要差距在于材质、光影和抗锯齿三个方面,突破这几点游戏画面就能呈现出电影级别的表现力。

屏幕类之间的阴影和屏幕间的全局光照,正在逐渐广泛地运用到3A游戏中,让实时渲染的阴影看起来更真实;半像素抗锯齿越来越好,正在大幅缩小实时渲染和离线渲染的差距,在不远的未来,实时渲染将会取代传统的动画渲染。

9.7.2 工业设计渲染技术革新

Keyshot等独立渲染软件的推出,已经使当前工业设计、室内设计的渲染工作流程有了飞跃性的进步,但仍旧没有摆脱离线渲染的桎梏。这意味着产品在渲染工程中所遍历的轨迹必须是预先设定好的,无论是输出高品质效果图还是动画影像,都要消耗大量的时间和资源。同时,离线渲染的输出产物不具备任何交互属性,这与当下正盛行的虚拟设计理念是相背离的,因此工业设计渲染技术即将面临重大革新,而这一革新毫无疑问将由虚拟现实技术的发展而兴起。

实时设计正在快节奏的创意行业内为寻求竞争优势的设计师们创造不同的世界。当他们发现实时工具的能力后,许多人认为原有的方法已经跟不上发展的势头了。在离线渲染方法中,更改复杂设计意味着每一次迭代周期都要花费数分钟、数小时甚至数日进行重新渲染。不仅如此,用这种方法创建的资源也只能用于设计之初的预期用途。通过创建实施资源,设计师们可以解锁一系列可能的使用情境和目标体验。采用实时方法让设计师和美工能够从固定投入当中提取更高的创造性价值——更好的设计、更强的灵活性以及更快的反应速度。

更快的迭代速度,更强的设计灵活性,让最先采用实时技术的用户们比仍然坚持使用传统方法进行资源开发的美术拥有更大的成本优势。离线渲染明显需要更长的时间来产生同等品质的作品,而这些浪费掉的时间原本可以用来提高最终成果的品质。当客户以更新颖、更沉浸式的方式——例如VR和互动实时渲染——体验了设计,他们的期待值也会逐渐提高。忽略这一根本性转变的团队将面临着在竞争中落后的风险,在快速发展的设计领域错失许多良机。

简而言之:未来已经到来。实时引擎正在改变着建筑可视化、产品设计、工程设计、工业设计和其他创意产业领域的竞争格局。

9.8 典型 VR/AR 开发软件介绍

虚拟设计技术是由多学科先进知识形成的综合系统技术,其本质是以计算机支持的仿真技术为前提,在产品设计阶段,实时地并行地模拟出产品开发全过程及其对产品设计的影响,预测产品性能、产品制造成本、产品的可制造性、产品的可维护性和可拆卸性等,从而提高产品设计的一次成功率。它也有利于更有效更经济灵活地组织制造生产,使工厂和车间的设计与布局更合理更有效,以达到产品的开发周期及成本的最小化、产品设计质量最优化、生产效率的最高化。随着虚拟现实技术在工业领域不断转化,虚拟设计在计算机辅助工业设计领域的应用范围逐步增大。

虚拟现实相关硬件研发在近年来得到了飞跃性的突破,随之而来的是五花八门的虚拟现实应用软件以及开发平台的推出。目前,普及度最高,使用最广泛的虚拟现实开发引擎是 Unity 引擎,据调查,截至 2018 年 9 月,市场上近 70％的 XR 类软件均使用 Unity 引擎开发制作,并发布在各大平台。Unity 虚拟现实已在各行业范围内(尤其在工业领域)取得了一定的应用成果:

1) 虚拟现实在城市规划中的应用

城市规划一直是对全新的可视化技术需求最为迫切的领域之一,虚拟现实技术可以广泛的应用在城市规划的各个方面,并带来切实且可观的利益:展现规划方案虚拟现实系统的沉浸感和互动性不但能够给用户带来强烈、逼真的感官冲击,获得身临其境的体验,还可以通过其数据接口在实时的虚拟环境中随时获取项目的数据资料,方便大型复杂工程项目的规划、设计、投标、报批、管理,有利于设计与管理人员对各种规划设计方案进行辅助设计与方案评审。规避设计风险虚拟现实所建立的虚拟环境是由基于真实数据建立的数字模型组合而成,严格遵循工程项目设计的标准和要求建立逼真的三维场景,对规划项目进行真实的"再现"。用户在三维场景中任意漫游,人机交互,这样很多不易察觉的设计缺陷能够轻易地被发现,减少由于事先规划不周全而造成的无可挽回的损失与遗憾,大大提高了项目的评估质量。加快设计速度运用虚拟现实系统,我们可以很轻松随意的进行修改,改变建筑高度,改变建筑外立面的材质、颜色,改变绿化密度,只要修改系统中的参数即可。从而大大加快了方案设计的速度和质量,提高了方案设计和修正的效率,也节省了大量的资金,提供合作平台。

2) 虚拟现实在军事与航天工业的应用

模拟与练一直是军事与航天工业中的一个重要课题,这为 VR 提供了广阔的应用前景。美国国防部高级研究计划局 DARPA 自 80 年代起一直致力于研究称为 SIMNET 的虚拟战场系统,以提供坦克协同训 1 练,该系统可联结 200 多台模拟器。另外利用 VR 技术,可模拟零重力环境,以代替现在非标准的水下训练宇航员的方法(见图 9.82)。

图 9.82 VR 军事训练

3) 虚拟现实在室内设计中的应用

虚拟现实不仅仅是一个演示媒体,而且还是一个设计工具。它以视觉形式反映了设计者的思想,比如装修房屋之前,你首先要做的事是对房屋的结构、外形做细致的构思,为了使之定量化,你还需设计许多图纸,当然这些图纸只能内行人读懂,虚拟现实可以把这种构思变成看得见的虚拟物体和环境,使以往只能借助传统的设计模式提升到数字化的即看即所得的完美境界,大大提高了设计和规划的质量与效率。运用虚拟现实技术,设计者可以完全按照自己的构思去构建装饰"虚拟"的房间,并可以任意变换自己在房间中的位置,去观察设计的效果,直到满意为止。既节约了时间,又节省了做模型的费用(见图 9.83)。

图 9.83　IKEA VR 体验馆

4）虚拟现实在工业仿真中的应用

当今世界工业已经发生了巨大的变化,大规模人海战术早已不再适应工业的发展,先进科学技术的应用显现出巨大的威力,特别是虚拟现实技术的应用正对工业进行着一场前所未有的革命。虚拟现实已经被世界上一些大型企业广泛地应用到工业的各个环节,对企业提高开发效率,加强数据采集、分析、处理能力,减少决策失误,降低企业风险起到了重要的作用。虚拟现实技术的引入,将使工业设计的手段和思想发生质的飞跃,更加符合社会发展的需要,可以说在工业设计中应用虚拟现实技术是可行且必要的(见图 9.84)。

图 9.84　VR 工业仿真

5）虚拟现实在 Web3d/产品/静物展示中的应用

Web3D 主要有四类运用方向:商业、教育、娱乐、和虚拟社区。对企业和电子商务三维的表现形式,能够全方位的展现一个物体,具有二维平面图象不可比拟的优势。企业将他们的产品发布成网上三维的形式,能够展现出产品外形的方方面面,加上互动操作,演示产品的功能和使用操作,充分利用互联网高速迅捷的传播优势来推广公司的产品。对于网上电子商务,将销售产品展示做成在线三维的形式,顾客通过对之进行观察和操作能够对产品有更加全面的认识了解,决定购买的几率必将大幅增加,为销售者带来更多的利润。

6）虚拟现实在地理中的应用

应用虚拟现实技术,将三维地面模型、正射影像和城市街道、建筑物及市政设施的三维立体模型融合在一起,再现城市建筑及街区景观,用户在显示屏上可以很直观地看到生动逼真的城市街道景观,可以进行诸如查询、量测、漫游、飞行浏览等一系列操作,满足数字城市技术由二维 GIS 向三维虚拟现实的可视化发展需要,为城建规划、社区服务、物业管理、消防安全、旅游交通等提供可视化空间地理信息服务。

　　电子地图技术是集地理信息系统技术、数字制图技术、多媒体技术和虚拟现实技术等多项现代技术为一体的综合技术。电子地图是一种以可视化的数字地图为背景,用文本、照片、图表、声音、动画、视频等多媒体为表现手段展示城市、企业、旅游景点等区域综合面貌的现代信息产品,它可以存贮于计算机外存,以只读光盘、网络等形式传播,以桌面计算机或触摸屏计算机等形式提供大众使用。由于电子地图产品结合了数字制图技术的可视化功能、数据查询与分析功能以及多媒体技术和虚拟现实技术的信息表现手段,加上现代电子传播技术的作用,它一出现就赢得了社会的广泛兴趣(见图 9.85)。

图 9.85　Google Earth VR

7) 虚拟现实在教育中的应用

　　虚拟现实应用于教育是教育技术发展的一个飞跃。它营造了"自主学习"的环境,由传统的"以教促学"的学习方式代之为学习者通过自身与信息环境的相互作用来得到知识、技能的新型学习方式(见图 9.86)。

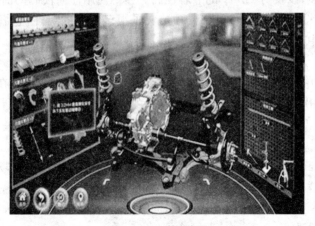

图 9.86　VR 教育产品

9.8.1　Unity Engine3D

1）Unity Engine 介绍

Unity 是由 Unity Technologies 开发的一个让玩家轻松创建诸如三维视频游戏、建筑可视化、实时三维动画等类型互动内容的多平台的综合型游戏开发工具,是一个全面整合的专业游戏引擎。Unity 类似于 Director,Blender game engine, Virtools 或 Torque Game Builder 等利用交互的图型化开发环境为首要方式的软件。其编辑器运行在 Windows 和 MacOS 下,可发布游戏至 Windows、Mac、Wii、iPhone、WebGL(需要 HTML5)、Windows phone 8 和 Android 等平台。也可以利用 Unity WEBGL 发布网页游戏,支持 Mac 和 Windows 的网页浏览。它的网页播放器也被 Mac 所支持。

自 2004 年至今,Unity 开发历经多个版本,从最初仅仅支持 MacOS 系统的廉价引擎一步步走向成功,2011 年,Unity 被评选为"最棒的游戏开发引擎",而仅仅才运营一年的 Asset Store 成为最受开发者欢迎的市场。自 2016 年 unity 5 发布以后,这款引擎的结构已逐步完整,通过可视化编程的方式可以快速完成各种任务:

（1）Physics

为了具有令人信服的物理行为,游戏中的对象必须正确加速并受到碰撞的影响,重力和其他力量。Unity 的内置物理引擎提供组件为用户处理物理模拟。只需几个参数设置,您就可以创建以逼真方式被动行为的对象(即,它们将通过碰撞和跌落移动,但不会自动开始移动)。通过脚本控制物理,你可以给一个物体一个车辆,机器,甚至一块织物的动态。Unity 中实际上有两个独立的物理引擎:一个用于 3D 物理,一个用于 2D 物理。两个引擎的主要概念是相同的(除了 3D 中的额外维度),但它们是使用不同的组件实现的。

（2）UGUI

UGUI 系统是从 Unity 4.6 开始,被集成到 Unity 的编辑器中 Unity 官方给这个新的 UI 系统赋予的标签是:灵活,快速和可视化,简单来说对于开发者而言就是有三个优点:效率高效果好,易于使用,扩展,以及与 Unity 的兼容性高。在不使用任何代码的前提下,就可以简单快速额在游戏中建立其一套 UI 界面,Unity 预定义了很多常见的组件,它们以"游戏对象"的形式存在于游戏场景中。

（3）Animation

Unity 的动画功能包括可重定向动画,在运行时完全控制动画权重,在动画播放中调用事件,复杂的状态机层次结构和过渡,混合面部动画的形状等等。用户可以在该模块导入和使用导入的动画,并且在 Unity 本身内为对象,颜色和任何其他参数设置动画。

（4）Timeline

Timeline 是 Unity2017 版本中新加入的功能,可以非常方便的进行场景动画的创建和修改,包括物体、声音、粒子、动画、特效、自定义 Playable 以及子 Timeline 等多种资源进行整合,从而能够较方便的生成效果很棒的场景动画,同时可以通过 Unity 的 Recorder 资源包录制较为完整的视频并导出。

（5）Audio

Unity 的音频功能包括全 3D 空间声音,实时混音和母带制作,混音器层次结构,快照,预定义效果等等。在新版本中用户甚至可以实现对音频剪辑,源,听众,导入和声音设置等操作。

(6) XR

XR 是一个涵盖虚拟现实(VR),增强现实(AR)和混合现实(MR)应用的总称。Unity 支持 MR SDK。该组件包含几乎所有 XR 设备相关输入和控制器映射,XR 渲染的信息和音频,以及 Unity XR API。

(7) 最新版功能

Unity 在最新版(2018 版)中不仅对基础功能进行了颠覆性的提升,同时针对各应用领域增加了大量的新功能,其中包括:Scriptable Render Pipeline 以及相对应的两个模板 Light Weight Pipeline(简称 LWRP)和 High Definition Pipeline(简称 HDRP)、Shader Graph、Post-FX(之前的名称是 Post Processing Stack)、Progressive Lightmapper (正式发布)、ProBuilder、ProGrid 和 PolyBrush、FBX Import/Export(正式发布)、C♯ Job System、Entity Component System(预览版)、Burst Compiler(预览版)、Package Manager(用于管理上述新功能包)以及更多 XR 平台功能的支持。特别是在图形渲染方面,Unity 开放了两条 SRP 渲染管线大幅提升渲染效能同时,推出 post processing(后处理)、shader Graph(可视化编程着色器)等技术,大幅提高了渲染质量。

2) Unity 工业应用

Unity 正处于这个变革的最前沿。Unity 是游戏行业的翘楚,目前全球 Top 1000 游戏中 40% 是用 Unity 创作的。全世界 70% 以上的 AR/VR 内容都是用 Unity 创作的。今年,Unity 2018 把强大的实时 3D 引擎带到了工业领域,Unity 在工业领域已完成了大量应用案例:

(1) 在汽车行业,通过 Unity 工业版,整车厂可以将研发与销售整合,将 PLM 中的 CAD 数据快速一致地轻量化,然后就可以部署到所有应用平台,例如 AR/VR 设备、电脑、电视广告、4S 店的交互式销售配置器等等,这项技术正在欧洲和美国快速发展。

(2) 在建筑业,目前的 3D 模型都是静态的。通过 Unity 最新的工业版,可以打通 BIM 与建筑运维之间的鸿沟,不仅展示出建筑的外观,还让我们看到在建筑中各种人员、管路、设备的实时活动,模拟发生意外情况,建筑 10 点钟的人流情况,圣诞节会怎么样,这种充满着现代主义的想象现在已经逐渐成为现实。

(3) Unity 工业版也应用到了医疗行业,人们用实时 3D 的人体扫描图像来辅助诊断,仿真,这比 X 光看上去更直观,准确。医生可以知道身体内部发生了什么,而且看见的图像和真实状况完全一致。

(4) Unity 工业套装同样应用在了航空航天,国防,造船,工业装备,能源等领域。我们在后续的文章中会逐步介绍工业套装的功能,这篇文章中我们先介绍一下 Unity 工业套装如何打通 CAD 数据与轻量化数据中的鸿沟。Unity 套装中包含 Unity Pro,PiXYZ Studio 和 PiXYZ Plugin for Unity。熟悉工业数据可视化的朋友可能知道,处理和导入工业行业的主流软件格式如 Catia、Creo、NX、AutoCAD 等,一直以来都是设计师和艺术家的痛点。这些格式种类繁多,功能也非常复杂。即使想尽各种办法导入到了 DCC 软件中,又要面临轻量化、数模重整、法线重建、接缝拼接等枯燥而繁琐的工作。这导致原始高质量的数模最后只能沦为参考模型,艺术家们宁可重新建立一套新的针对实时应用的模型。

9.8.2　案例

下面通过案例展示在 Unity 下搭建虚拟场景的完整过程,案例中所使用的外部资源均购买自 Unity Asset Store。

1) 模型制作与导入

Unity Engine 支持 obj、fbx 等多种通用格式的模型导入,其中最常用的为 fbx 格式,这种格式的模型文件不仅能描述模型的拓扑信息与材质贴图,还可以携带动画相关信息。这意味着在 maya、3dsmax、C4D 等动画建模软件中制作的模型动画(点层级动画、角色动画等)可以轻松的无缝导入 Unity。

同时 Unity 也支持该类信息的编辑,如在动画系统中,用户可以快捷的修改在其他软件中制作的动画,如图 9.87,即在 Unity 中查看并修改角色动画的界面。在 Unity 最新推出的 Probuilder 功能中,用户甚至可以使用 Unity 进行基本的三维建模,该模块与 maya 等建模软件能够实现实时交互,在 Maya 中加工后的精模可以上载至 Probuilder 更新模型数据。

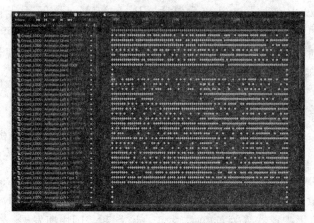

图 9.87 Unity 角色动画编辑

将搭建好的所有模型资源导入 Unity 后,通过可视化编程的方式可以轻松的修改模型的位置、贴图、碰撞信息,图 9.88 为初步搭建的小范围开发空间虚拟场景。

图 9.88 Unity 场景模型搭建

Unity 支持不同属性的材质着色器,最常用的 unity standard 内包含了对 Albedo ,Metallic，Normal，Height，Occlusion，Emission 等贴图的查看与编辑，通过这种方式，可以将使用标量绘图软件制作的贴图制作成多种多样的材质，当然用户也可以使用 substance designer 等材质编辑软件制作 PBR 材质直接导入 unity。图9.89 和图9.90 分别是 unity 中材质的 Albedo 贴图与材质预览。

图9.89　Albedo 贴图　　　　　　　　　　图9.90　Unity 材质预览

2）全局光照设置与灯光布置

Unity 中全局光照的主要来源是天空盒(通常为 hdr 贴图)和直射光源。在调节天空盒与直射光源后，针对场景中各处的光照特性布置点光源、聚光灯、面光灯以及灯光探针等物件，调节光照设置以及各光源的参数，如图9.91 所示。为节省运行资源，这类静态光照通常设置为烘焙灯光，将光照信息直接烘焙在贴图上，避免每一次加载场景时都进行实时计算，这也是实时渲染的核心技巧之一。

图9.91　Unity 场景灯光布置

3）精细刻画场景，添加场景细节

在场景中放置预先制作好的预制体(通常为虚拟角色或可交互的场景物件)，为加强场景表现力，塑造沉浸感，通常还会添加部分装饰性物件进行点缀。将所有资源配置完毕后，还需对光照环境及灯光探针再次进行微调，图9.92 为调整结束后的虚拟场景，场景中的所有角色以及门窗等物件都可进行交互，用户可以在场景中遍历每一个角落。

图 9.92　场景细节刻画

4）添加 VFX,塑造沉浸式体验

场景搭建完成之后,需对视觉效果进行处理。因为虚拟场景使用的实时渲染对细节的把控不够细腻,与真实的物理环境存在很大的差距。在 Unity 中我们通常需要使用后处理技术弥补。在 2018 版中,Post Processing 技术已集成的非常完美。示例场景因为空间较小,本文仅展示后处理技术在全局环境下的作用效果。如图 9.93,Post Processing 具备多种后处理效果,通过可视化编程的方式调节各种参数即可塑造出理想的视觉体验。

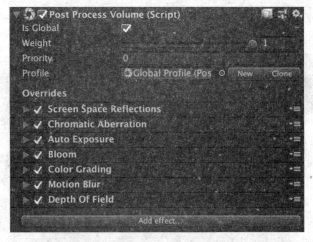

图 9.93　Post Processing 配置面板

案例中场景选用了其中 7 项效果,结合体积雾特效来提升观感,其中:Screen Space Reflections 用来塑造光滑平面的镜面反射效果(或水面反射效果);Chromatic Aberration 用来加大景深,使画面更加贴近真实视觉感观;Auto Exposure 用来对场景的整体曝光度以及光照效果进行宏观调节;Bloom 用来添加光晕,使光源更加真实绚丽;Color Grading 用来对画面整体色调进行调节;Motion Blur 用来调节动态模糊效果;Depth of Field 用来加大景深并塑造视觉中心点,为用户带来最为真实的体验。图 9.94 为最终调节效果。

图 9.94　最终效果展示

　　直至今日,虚拟设计、XR、实时渲染等技术仍在飞速发展,本案例仅作为当前渲染水平下的技术展示。相信在不远的将来,这些技术都将与工业设计深度融合,成为新时代工业设计(尤其是产品设计)发展的主基调。

10 工业设计新设计思想

随着社会的进步和科学技术的发展,以及计算机技术的发展,人们对生活的要求和对生活环境的苛求越来越高,因而对产品设计工程师的要求也随之提高,除了要有很强的专业知识开展产品设计,还需从人性化的角度,对人类的居住环境的保护等方面考虑产品的开发与设计。结合当前设计的发展趋势和人类对新产品的要求,在工业设计领域涌现出一些新的设计思想和流派,本章就其中的人性化设计、绿色设计、虚拟设计以及概念设计等新方法和新思想做一些简单介绍。

10.1 人性化设计

10.1.1 人性化设计的内涵

任何一种产品的出现都是为人的需要而设计的。因此,从本质上说,在产品塑造的过程中,任何观念的形成均需以人为基本的出发点。倘若设计师对于物与物之间的关系过分重视,而忽略了物与人的关系,设计就可能会迷失方向,因而也就抹杀了工业设计与工程设计的区别。工业设计师的使命不在于重视和协调工程设计,而在于以人为中心,努力通过设计活动来提高人类生活和工作的质量,设计人类的生活方式。人性化设计观念所要强调的正是这种思想,即从工业设计的崇高目标和使命上来理解设计的意义,把人的因素放在首位。

"为人的设计"是设计永恒的主题。在未来设计中,人的因素依然是设计的重要考虑内容,与之相联系的,便是设计中的人性化。在未来设计中,对于设计的人性化考虑主要体现在两个方面,即人的感情(或情感)和人的感觉。

在人的感情方面,科学技术的发展和物质生活的富裕并没有和人的感情同比例增长,相反,人的感情越来越淡漠,人性开始出现危机。未来学家约翰·奈斯比特在他的《大趋势——改变我们生活的十个新方向》一书中写道:20 世纪 70 年代以来,"工业化及工业技术逐渐从工作场所转移到家庭。高技术的家具反映出过去辉煌的工业时代。厨房里的高技术,它的高峰是食物处理机的出现,使我们的厨房也工业化了。最低限度主义使我们的起居室变得毫无人性。当然,最后侵入我们家庭的是个人电脑。"自电脑普及、住宅智能化普及之后,办公与生活的自动化刚刚开始,人们可以在家里办公,可以在家中购物,人们一方面在互联网上与人交谈和交友,一方面却视邻居为路人,人与人之间的真正沟通越来越少,人类的情感越来越失落。这种情感的失衡必然会带来某种社会危机,因而,在未来的设计中,情感的追回与平衡,或者说是人情味的设计必成为未来设计的一种趋势,如对于人与人的情感交流、人与自然的交流及生态的平衡考虑等。

至于人性化设计中的感觉设计,则是考虑人的感觉特性的设计,如考虑人的视觉、听觉、味觉、嗅觉及触觉等。这种设计产生的原因一方面是由于人类感觉的本身复杂性,从而为未来的设计提供了广阔的发展空间;另一方面则与 20 世纪 90 年代在发达国家出现的"体验经济"有一定关系,即消费者获得的不仅仅是具有某种实用价值或审美价值的商品,消费者在购买或使用商品的过程中还会获得某种感觉体验,这种体验,为人类在一定范围内进入休闲或娱乐时代提供了某种条件。感觉设计在未来社会中将会有很大的发展空间,它以人的体验为主要考虑对象,将对今后的经济产生巨大的影响。

概括地说,人性化设计观念及由此而引申的原则大致包括以下几个方面:

(1) 产品设计必须为人类社会的文明、进步作出贡献。

(2) 以人为中心展开各种设计问题,克服形式主义或功能主义错误倾向。设计的目的是为人而不是为物,见图 10.1。

(3) 把社会效益放在首位,克服纯经济观点。

(4) 以整体利益为重,克服片面性,为人类服务,为社会谋利益。

(5) 设计首先是为了提高人民大众的生活质量,而不是为了少数人的利益服务。

(6) 注意人的生理、心理和精神文化的需求和特点,用设计的手段和产品的形式予以满足,见图 10.2。

图 10.1　缠线器

图 10.2　台灯

(7) 要使设计充分发挥个人与社会、物质与精神、科学与美学、技术与艺术等方面关系的作用。

(8) 充分发挥设计的文化价值,把产品与影响和改善提高人们的精神文化素养、陶冶情操的目标结合起来。

(9) 把设计看成是沟通人与物、物与环境、物与社会等的桥梁和手段,从人—产品—环境—社会的大系统中把握设计的方向,加强人机工程学的研究和应用。

(10) 人性化的设计观念中,把设计放在改造自然和社会、改善人类生存环境的高度加以认识,因此要使产品尽可能具备更多的易为人们认识和接受的信息,提高其影响力。

(11) 人性化的设计观念是一种动态的设计哲学,它不是固定不变的,随着时代的发展,人性化设计观念要不断地加以充实和提高。

10.1.2　人性化设计的思想

人与机器的关系是进入工业革命后一直在探讨的话题。机器刚刚出现时,人们发出阵阵惊叹,在工厂里,成倍提高的生产效率使产品的数量丰富起来。然而,随后又有人指责机器是可怕的怪兽,人已经变成了机器的奴隶,要顺从它,适应它,似乎机器是主人,而人却不是。但是社会的机械化是不可避免的,设计师面对机械带来的冲击选择了不同的道路。

威廉·莫里斯完全排斥机械,采用中世纪的手工作坊式设计生产日用品,虽然这些产品朴实自然,但终究无法进入寻常百姓的生活中。由于其不具有为所有人服务,因此即使它们很美好,也不能称为人性化设计。德意志制造同盟肯定机器的作用,并通过机器制造出标准化的产品,这样,全世界都可以使用可相互兼容的产品。但是这些产品仍然不能称为人性化的产品,因为人性化设计既不是完全否认机械的作用,也不是单纯地制造可供人们使用的产品,它应该创造适应人的身体和情感,并让人能在产品背后得到更多关怀的产品。可以将这些关怀分为几个层次上的关怀:物理层次的关怀、心理层次的关怀、人群细分的关怀、社会层次的关怀。

1) 物理层次的关怀

将人体工程学运用到产品设计是先满足人们物理层次的需要及舒适感,再满足心理层次的需要及亲和感。今天许多习以为常的日用品充满了人性化的设计,如遥控器是人们日常生活中经常使用的工具,转换电视频道、开启车门、改变室内温度等,它好像是巫师手中的魔杖,充满了神奇的力量。发明遥控器的目的是方便人们的生活,是一种省时省力的工具。人性化设计的产品不仅给生活带来了方便,更重要的是使产品使用者与产品之间的关系更加融洽。然而,非人性化的设计要使用者去捉摸它、理解它、适应它,甚至迁就它,如在办公室里坐着不舒服的办公椅,坐上去会使人感到疲劳;工厂里噪音太大的机器会危害人的健康等等。人们周围有太多太多的非人性化的产品,它使人们的生活不知不觉地变得乏味和不便。而人性化的产品会最大限度地迁就人的行为方式,体谅人的情感,使人感到舒适。如人们生活中不可或缺的灯具,许多年来无数的设计师为设计出美丽的灯具而绞尽脑汁,但灯具耀眼的眩光常常使人感到不适,只有漂亮的造型是无法解决这个问题的。保罗·汉宁森的照明理论认为:照明应当遮住直接从光源发射的强光,这种遮光面积要相对大一些,以创造出一种美丽、柔和的阴影效果,覆盖在室内的大小物体上,还应利用一种相对向下的光线分布,产生一种闭合建筑空间的效果。在保罗·汉宁森关于建筑空间照明理论中,公共线和整体意识的观点贯穿始终,这个观点公式化了他的照明理论,也体现了保罗·汉宁森灯具的重要特征:所有的光线必须经过一次反射才能到达工作面,以获得柔和、均匀的照明效果,并避免清晰的阴影;从任何角度均不能看到光源,以避免眩光刺激眼睛;对白炽灯光谱进行补偿,以获得适宜的光色;减弱灯罩边沿的亮度,并允许部分光线溢出,以防止灯具与黑暗背影形成过大反差,造成眼睛不适。

设计既是加工又是目标,或者说是一系列的目标。许多设计要达到的目标有时是相互矛盾的,因此应能驾驭目标而制造出产品。产品不应只是供人消费的商品,还应成为使用者的有用工具,产品要达到的最高境界就是为人考虑,与人合为一体,成为人们所想所需的设计,这正是人性化设计的内容。

2) 心理层次的关怀

心理层次上的满足感不像物理层次上的满足感那样直观,它往往难以言说和察觉,甚至连许多使用者也无法说清为什么会对某些产品情有独钟。其实,人对物有情是因为产品自身也充满了情感。

美国的设计师用隐语和明喻的手法表现人情味。产品设计师莫里森·卡曾斯为"动力学典范"公司设计的轿车真空吸尘器具有一个"脸蛋"和"胡子";而他为马克西姆公司设计的拟人化的空气对流恒温器,将创新设计的特色与一种和蔼可亲的魅力融为一体。其实,有些东西原本没有生命,但是一旦与人建立起某种情感联系,便有了生命。机器的生命是人类赋予的,当原本没有生命的物被崇拜到极限时,它就成了恋物,恋物现象被认为是非理性的、精神强迫性的,与人性的情感又有某种关联。人性化设计也正是赋予产品以生命和情感的设计,会使人对它产生深深的依恋,因为它符合了人们潜意识中的某种精神需求,使人在使用它的过程中不知不觉地感到快乐。人性化设计正是使冷冰冰的机器具有一种温情,从而消除人与机器之间的隔阂,真正达到"人机合一"的境界。

3) 人群细分的关怀

弱势群体因其自身生理、心理特点和整个社会环境系统缺乏针对他们的考虑,而使他们的自由行为受到限制,在生活中只能长期依靠别人的帮助才能完成他们想做的事。然而在接受别人帮助的时候,他们却失去了一个人的许多需要,如尊重、独立、参与和平等。而人性化设计的产品是最大限度地消除由于身体不便所带来的障碍。

4) 社会层次的关怀

人性化设计对社会层次的关怀是设计师对人的生存环境的关怀。人们注意到,在世界经济迅速增长的过程中,工业时代所采用的一些技术在带来舒适和方便的同时,由于短视和不负责任的行为,对人类生存的环境造成了破坏。解决环境污染问题已成为刻不容缓的重大任务。

10.1.3　人性化设计应考虑的主要因素

1) 动机因素

产品设计的动机就是为了满足人们物质和精神享受的各种需求,人类的需求问题是设计动机的主要部分(见图10.3)。人的需求是有层次的,一般来说是在满足了较低层次的需求之后才会有较高层次的需求。人的需求层次与设计关系最为密切的有三个方面:

(1) 生理性需求　这主要指人类的免于饥饿、口渴、寒冷等的基本要求。

(2) 心理性需求　审美需求、归属需求、认知需求或自我实现的需求都属于心理性的需求范围。

(3) 智性的需求　这类需求一般是指所设计的产品对人有一种特别的意义。

2) 人机工程学因素

设计离不开人机工程学的指导,人机工程学的具体内容涉及面很广,但在具体设计中考虑的人机工程学因素主要包括:

(1) 运动学因素　即研究动作的几何形式,探讨产品操作上的动作形式、人的操作动作轨迹,以及与此有关的动作协调性与韵律性等。

(2) 动量学因素　即研究动作与所产生动量的问题。

(3) 动力学因素　主要探讨产品动态操作上所花费的力量、动作的大小等。

(4) 心理学因素　主要讨论操作空间和动作等对人的安全感、舒适感、情绪等的影响。

(5) 美学因素　主要指在心理感受的基础上、在形态的设计方面如何满足人的精神审美要求。

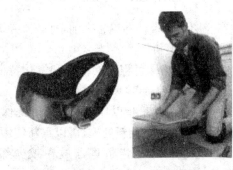

图10.3　护套

3) 美学因素

产品设计必须将通俗的美学观念透过产品形象予以满足和提高,开拓艺术的范围和影响,改变审美的价值观念。产品设计的审美探讨就是要突破固定的美的表现形式,将美学的规律和理想通过产品形式加以表达,塑造技术和艺术相统一的审美形态。产品设计中所要讨论的美学问题是整个美学领域的一个部分,可以称为设计美学或技术美学。从人性化设计思想上来考虑,最主要的是要研究符合人的审美情趣的产品设计应考虑的因素(见图10.4),主要有:

(1) 视觉感受及视觉美的创造。

(2) 审美观及美感表现。

(3) 听觉感受及听觉美的创造。

(4) 触觉感受及触觉美的创造。

(5) 美的媒介及其美学特性的发挥。

(6) 美的形式。

(7) 美感冲击力及人的适应性。

(8) 美学法则及方法。

图 10.4　手表

4) 环境因素

环境对产品设计的影响包括微观和宏观两个层次。所谓的微观层次是指产品使用的实际环境,它对产品设计的影响往往是显性的;所谓的宏观层次是指从大的方面看产品所处的特定的时空,它对产品设计的影响是隐性的。

5) 文化因素

就文化而言,其对产品的影响表现在设计的风格、观念以及定位等方面,设计必须符合文化环境的特点,应与其协调,以适应这种潜在的因素所提出的要求。但人性化的设计思想的根本目的并不仅仅是适应,还应提高人们的生活质量,包括提高民族的文化素质,使人们的价值观念更为合理、进步。

10.2　绿色设计

10.2.1　绿色设计的内涵

在介绍绿色设计的概念之前,有必要弄清楚什么是绿色产品。绿色产品(Green Product,GP)或称为环境协调产品(Environmental Conscious Product, ECP),是相对于传统产品而言的。由于对产品绿色程度的描述和量化特征还不十分明确,因此,目前还没有公认的权威定义。但在有关资料或文献中对绿色产品常见有以下的定义:

(1) 绿色产品是指以环境和环境资源保护为核心概念而设计生产的、可以拆卸并分解的产品,其零部件通过翻新处理,可以重新使用。

(2) 绿色产品是指将重点放在减少部件,使原材料合理化、使部件可以重新利用的产品。

(3) 也有人把绿色产品看成是一件产品在使用寿命完结时,其部件可以翻新和重新利用,或能安全地把这些零部件处理掉。

(4) 还有人把绿色产品归纳为:从生产到使用乃至回收的整个过程都符合特定的环境保护要求,对生态环境无害或危害极小,以利资源再生或回收利用的产品。

　　从以上定义我们可以看出：虽然对绿色产品的定义各不相同，但本质都是一样的，即绿色产品应有利于保护生态环境，不产生环境污染或使污染最小化，同时有利于节约资源和能源（见图 10.6）。

　　知道了绿色产品的定义，也就不难理解绿色设计了。绿色设计是这样一种设计，即在产品的整个生命周期内（设计、制造、运输、销售、使用或消费、废弃处理），着重考虑产品环境属性（可拆卸性、可回收性、可保护性、可重复利用性等），并将其作为设计目标，在满足环境目标要求的同时，保护产品应有的功能、使用寿命、质量等。图 10.5 是绿色设计的过程轮图。

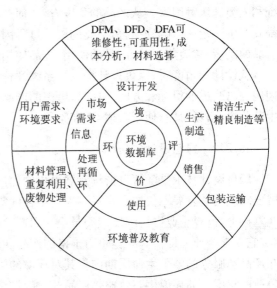

图 10.5　绿色设计的过程轮图

　　绿色设计是 20 世纪 90 年代初国际上兴起的一种先进的设计思想，其直接背景是国际社会对可持续发展和人类健康越来越深入的关注。在过去的 200 多年里，世界工业与经济发展模式基本上是以大量消耗资源和能源为代价取得的，但地球上的一次性资源和能源毕竟是有限的，这种高投入、高输出发展模式能否持续下去、还能持续多久，已成为国际社会的重点研究课题。分析论证表明：采用以资源、能源的高效利用为特色的集约型发展模式是实现可持续发展的根本出路，而绿色设计正是以资源、能源的高效利用作为其根本出发点。

　　与此同时，自然环境对非自然产物的承受和净化能力也是有限的，过去对资源、能源的大量开采与低效利用，也造成了大量的废弃物进入环境，恶化了人类赖以生存的环境质量。此外，由于传统中只偏重产品功能，某些产品在生产制造中引入了有毒有害的物质，如农药、挥发性有机溶剂乃至放射性物质等，使人们在享受其功能的同时，也在付出健康的代价。这一系列问题，国际社会正积极地在产品目标、产品设计与制造模式、消费生活方式等方面进行反思与探索，以期在不远的将来，人类可以在绿色的环境中享受健康、舒适、方便的生活。绿色设计是实现上述理想的起点和最重要的一环。由此我们可以看出，绿色设计是人类实现可持续发展、拥有高质量生存环境、享受健康生活的必然要求，也是未来技术经济发展的大势所趋。图 10.6 为可降解餐具。

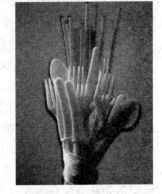

图 10.6　可降解餐具

　　产品在设计阶段确定了采用何种材料、资源以及何种加工方式，同时，这也确定了产品在其生命周期过程中所能产生的废弃物，也就确定了产品的环境属性。美国国家研究委员会（National Research Council）通过调查后估计：产品在开发、制造和使用等阶段所需的花费，至少 70% 是在最初的设计阶段决定的。那么，在设计阶段就开始考虑产品在其生命周期的环境问题，无疑是改善产品环境属性的最有效途径。

绿色设计是系统地考虑环境影响并集成到产品最初设计过程中的技术和方法。绿色设计概念的核心是从整个产品系统的角度考虑,即在整个产品的生命周期内,从原材料的提取、制造、运输、使用到废弃各个阶段对环境产生的影响。这里的环境包括了自然生态环境、社会系统和人类健康等因素。从产品的角度看,任何产品在其整个生命周期内的各个过程中对环境都要产生一定的影响和损害,主要的影响过程因素包括能量的使用,原材料的提取,零部件和产品的制造,包装与运输,产品的使用,产品使用后的处理方式。

从设计的角度看,绿色设计提供了系统评价产品环境特性的方法,并在产品的整个生命周期内提出改进的目标和方向。这时,考虑的产品生命周期一般包括以下五个阶段:设计阶段,生产阶段,市场阶段,使用阶段,废弃阶段。

10.2.2　绿色设计的目标

绿色设计技术是随着可持续发展思想的提出而迅速发展起来的现代设计技术。可持续发展要求现在的发展不仅要满足现在人类生存的需要,同时还要满足将来社会发展的需求。在此基础上,世界企业可持续发展委员会(WBCS)进一步提出了生态效益(Eco-efficiency)的理念,它要求企业在提供具有竞争力价格的产品和服务,以满足人类需求、提高生活品质的同时,在产品和服务的整个生命周期内将其对环境的影响以及天然资源的耗用,逐渐减少到地球能负荷的程度。如果说生态效益是产品开发的最终目标,那么绿色设计技术是实现这一目标的最有效的途径。从可持续发展的角度看,绿色设计的目标主要体现在以下几个方面:减少使用非再生资源;减少能源的使用;减少并最终消除有毒、有害物质向环境的扩散;最大限度地使用可再生资源;提高原材料的可回收性;延长产品的使用寿命;增加产品的服务。

10.2.3　绿色设计的原则

3R原则,即Reuse(再利用)、Recycle(再生利用)和Reduce(小型化)的原则。过去人们一直单纯以大量生产和大量消费作为目标,但在这种指导思想下产生的方法是不可能全面考虑废弃物处理的,在取得地球资源、地球净化能力有限的共识前提下,设计逐渐走向"再利用"、"再生利用"和"小型化"原则。

目前许多电脑公司都将注意力集中到产品从使用—废弃—回收处理的各个环节,对环境无害或危害极小,或最大限度地节约能源,将产品生命周期的各个环节的能耗降至最低。最近IBM公司宣布,该公司新的流水线中,制造中央处理器的塑料将可以百分之百地回收。瑞典的富豪汽车公司,最近也推出一项有关环境政策:该公司生产的所有汽车,从设计到变成废铁回收,都要考虑它对环境的影响,最大限度地确保环境安全。而且产品从设计、生产、使用到最后处理的生命周期,都要考虑选择有利于环保和可回收的材料。在德国,政府立法规定,电视机制造企业必须有回收自己的电视机的能力方能生产,为此,施奈特电子公司不久前研制出了一种"绿色电视机",其有害电磁辐射只有德国国产标准的千分之一,机壳改用钢材或铝材,消除了原先使用的塑料在受热时易产生异味的缺陷,其零部件回收率高达90%以上。

10.2.4　绿色设计的关键技术

绿色材料设计　包括在环境中易光降解或生物降解材料的设计技术和天然材料的开发应用。

材料选择与管理　尽量减少材料种类,尽量少用有毒有害材料,尽量做好材料分类管理和废弃材料及边角料的回收利用。

产品的可拆卸、易回收设计　尽量采用模块化设计,采用易于拆卸的连接方法,尽量减少材料表面的涂镀处理等。

绿色工艺流程设计　通过流程简化、原料及生产制造过程辅料和副产品的综合利用与回收再用,实现低排放甚至零排放。

绿色耗能方案的设计　尽量采用可再生能源,提高能源利用率,加强能源的综合利用及余热回收。

环境与社会成本评估　包括环境污染治理成本、环境恢复成本、废弃物社会处理成本、造成人体健康损害程度。

10.2.5　绿色设计方法

(1) DFA/DFF 方法　简化结构的为安装而设计(Design For Assembly,DFA)和为拆卸而设计(Design For Disassembly,DFD)是绿色设计的一个重要方法。削减螺钉、插销和其他种类的固定器的数目就能减少 50% 甚至更多的安装费用,而且便于拆卸回收。为拆卸而设计具有拆卸量最小原则、易于拆卸原则、易于分立原则三个设计准则。

(2) 零废物设计　人们对绿色设计的重视,促使商家注意到绿色产品市场的巨大利润,纷纷采用绿色设计。其中,最有名的要数零废物设计。

(3) 模块化设计(Modularization Design)方法

其过程框图如图 10.7 所示。产品模块化设计就是将在一定范围内不同功能或相同功能的不同性能、不同规格的产品在进行功能分析的基础上,划分并设计出一系列功能模块,通过模块的选择和组合可以构成不同的产品,以满足生产的要求。数字时代产品模块化设计对绿色设计具有重要意义,这主要表现在以下几个方面:

① 模块化设计能够满足绿色产品的快速开发要求,按模块化设计开发的产品结构由便于装配,易于拆卸、维护,有利于回收及重用等模块单元组成,简化了产品结构,并能快速组合成用户和市场需求的产品。

② 模块化设计可将产品中对环境或对人体有害的部件、使用寿命相近的单元集成在同一模块中,便于拆卸回收和维护更换等。同时,由于产品由相对独立的模块组成,因此,为方便维修,要求在必要时可更换模块,而不致影响生产。

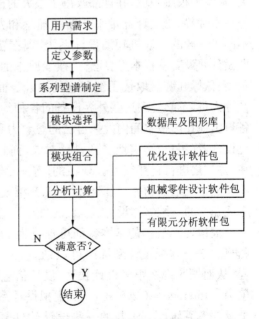

图 10.7　模块化设计过程框图

③ 模块化设计可以简化产品结构,按传统的观点,产品由部件组成,部件由组件构成,组件由零件构成,因而要生产一种产品,就得制造大量的专用零件。而按模块化的观点,产品由模块构成,模块即为构成产品的单元,从而减少了零部件数量,简化了产品结构。

（4）计算机辅助绿色设计方法　　绿色设计涉及很多学科领域的知识，这些知识不是简单地组合或叠加，而是有机地融合。利用常规的分析方法、计算方法和设计要素，是无法满足绿色设计要求的。此外，绿色设计的知识和数据多呈现出一定的动态性和不确定性，用常规方法很难做出正确的决策判断，而且只能要求产品设计人员在设计过程中具有一定的环境基础知识和环境保护意识，不能要求他们成为出色的环境保护专家。因此，绿色设计必须有相应的设计工具作支持。绿色设计要素也即绿色产品的计算机辅助设计，是目前绿色设计的研究热点和重点之一。

10.3　虚拟设计

10.3.1　虚拟设计的内涵

伴随着科学的不断发展，各种新技术层出不穷，而各个学科相互融合发展，又产生了许多新的学科技术，产品设计就是这样的一门学科。每一次新科技的出现，都会给产品设计的途径、方式带来新的发展和变化。

虚拟现实技术（VR）是以计算机支持的仿真技术为前提的，对设计、加工、装配、维护等等，经过统一建模形成虚拟的环境、虚拟的过程、虚拟的产品，其组成如图10.8所示。虚拟技术产生于20世纪40年代，到90年代才逐渐发展完善起来，现在已经应用到了制造、军工、医学、航天、建筑等很多领域，并且都取得了很大的成功。虚拟技术应用到产品设计中，更会体现出它的很多优势，给设计业带来全新的理念和方式。虚拟设计系统不同于一般的计算机辅助设计系统，现在普遍应用的计算机辅助设计并没有从根本上、理念上改变原来的设计方式，只是用显示器、鼠标和键盘取代了纸和笔的设计。而虚拟设计系统中的设计人员，不必受到这些外界设备的各种约束，可以通过虚拟设备自由地在虚拟空间内发挥自己的想象力和创造力。它不仅能让设计者（用户）真实地看到设计对象，而且可以感觉到它的存在，并与之进行自然交互。现在的产品三维设计只是在二维的平面显示三维的物体，只能称之为2.5维设计，而虚拟技术可以实现完全的三维立体设计。

图10.8　虚拟现实的组成

虚拟现实技术的基本特征可描述为3I：Imagination, Interaction , Immersion。Imagination（想象）——虚拟设计系统中可以通过语音控制系统、配合数据手套等设备控制设计的过程，从而摆脱现在很多设计软件、设计信息的反馈等条件的束缚，更能发挥出设计人员的想象力。Interaction（交互式）——虚拟设计系统具有友好的交互界面，视觉输出、语音输入、触觉反馈等系统改变现在的一些设计软件复杂的菜单、命令，使得设计人员不必花大量的时间去熟悉软件的使用，也可以不必受软件的格式、命令的约束。Immersion（沉浸感）——虚拟设计系统可以使设计者身临其境地设计产品，沉浸在虚拟设计系统中，这是虚拟设计最大的特点。

虚拟设计是以虚拟现实（Virtual Reality）技术为基础、以机械产品为对象的设计手段。虚拟现实技术，是基于自然方式的人机交互系统，利用计算机生成一个虚拟环境，并通过多种传感设备,使用户有身临其境的感觉。从本质上讲,虚拟设计是将产品从概念设计到投入使用的全过程(产品的生命周期)在计算机上构造的虚拟环境中虚拟地实现,其目标不仅是对产品的物质形态和制造过程进行模拟和可视化,而且是对产品的性能、行为和功能以及在产品实现的各个阶段中的实施方案进行预测、评价和优化。它是产品设计开发的测试床。像真实的产品生产过程一样,虚拟设计技术包括工程分析、虚拟制样、网络化协同设计、虚拟装配及设计参数的交互式可视化等。虚拟设计的主要特征可概括如下:

(1) 沉浸性　集成三维图像、声音等多媒体的现代设计方法,用户能身临其境地感受产品的设计过程和性能,从仿真的旁观者成为虚拟环境的组成部分。

(2) 简便性　自然的人机交互方式,"所见即所得",用逼真的临场感支持不同的用户背景,支持并行工程,丰富设计理念,提供设计新方法和激发设计灵感。

(3) 多信息通道　用户感受视觉、听觉、触觉和嗅觉等多种信息,发挥人的多种潜能,增加设计的成功性。

(4) 多交互手段　摆脱传统的鼠标、键盘输入方式,运用多种交互手段(数据手套、声音命令等),支持更多的设计行为(建模、仿真、评估、预测等)。

(5) 实时性　实时地参与、交互和显示,把人在 CAD 环境下的活动提升到人机融为一体的积极参与的主动活动,构成融入性的智能化开发系统。

10.3.2　虚拟设计系统的构成

将虚拟技术应用于产品的开发设计,称之为"虚拟设计"。虚拟设计系统按照配置的档次可以分为两大类:一类是基于 PC 机的廉价设计系统;另一类是基于工作站的高档产品开发设计系统。两种设计系统的构成原理是大同小异的。图 10.9 是典型的虚拟设计系统的构造示意图。

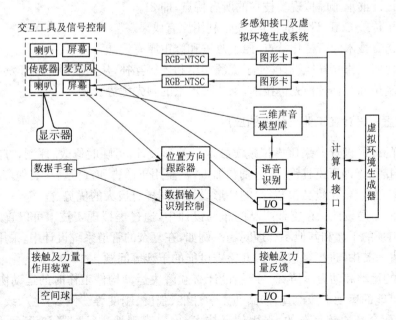

图 10.9　虚拟设计系统结构图

由图 10.9 可以看出,一般的虚拟设计系统包括两部分:一个是虚拟环境生成器,这是虚拟设计系统的主体;另一个是外围设备(人机交互工具以及数据传输、信号控制装备)。虚拟环境生成器是虚拟设计系统的核心部分,它可以根据任务的性能和用户的要求,在工具软件和数据库的支持下产生任务所需的、多维的、宜人化的情景和实例。它由计算机基本软硬件、软件开发工具和其他设备组成,实际上就是一个包括各种数据库的高性能的图形工作站。虚拟设计系统的交互技术是虚拟设计优势的体现。目前虚拟设计系统的交互技术主要集中于三个方面:触觉、听觉、视觉。这三个方面的输入和输出设备是虚拟交互的主要方式。例如,头盔式显示器、数据手套、三位声音处理器、视点跟踪、数据衣、语音输入等,都是现在已经研究开发出来的输入输出设备。

10.3.3　虚拟设计中的关键技术

(1) 全息产品的建模理论与方法。

(2) 基于知识的设计　包括设计知识的获取、表达与应用;设计信息和知识的合理流向、转换与控制;设计知识的融合、管理与共享;从设计过程数据中挖掘设计知识。

(3) 设计过程的规划、集成与优化　包括设计活动的预规划和实时动态规划、设计活动的并行运作以及设计过程冲突管理与协商处理。

(4) 虚拟环境中的人机工程学。

(5) 虚拟环境与设计过程互联。

(6) 虚拟环境的工具集　包括一般所需要的软件支撑系统以及能接受各种高性能传感器信息,生成立体的显示图形;能调用和互联各种数据库和 CAD 软件的各种系统。

10.3.4　虚拟设计的优点

(1) 虚拟设计继承了虚拟现实技术的所有特点,即 3I。

(2) 继承了传统 CAD 设计的特点,便于利用原有成果。

(3) 具备仿真技术的可视化特点,便于改进和修正原有设计。

(4) 支持协同工作和异地设计,便于资源共享和优势互补,从而缩短产品开发周期。

(5) 便于利用和互补各种先进技术,保持技术上的领先优势。

10.3.5　虚拟设计在工业设计中的应用

(1) 产品的外形设计　采用虚拟现实技术的外形设计,可随时修改、评测,方案确定后的建模数据可直接用于冲压模具设计、仿真和加工,甚至用于广告和宣传。在其他产品(如飞机、建筑和装修、家用电器、化妆品包装等)的外形设计中同样有极大的优势。

(2) 产品的布局设计　在复杂产品的布局设计中,通过虚拟现实技术可以直观地进行设计,避免可能出现的干涉和其他不合理问题。例如,在复杂的管道系统设计中,采用虚拟技术,设计者可以"进入其中"进行管道布置,并检查可能的干涉等问题。

(3) 产品的运动和动力学仿真　产品设计必须解决运动构件工作时的运动协调关系,运动范围设计,可能的运动干涉检查,产品动力学性能、强度、刚度等。例如,生产线上各个环节的动作协调和配合是比较复杂的,采用仿真技术,可以直观地进行配置和设计,保证工作的协调。

（4）产品的广告与漫游　用虚拟现实或三维动画技术制作的产品广告具有逼真的效果，不仅可显示产品的外形，还可显示产品的内部结构、装配和维修过程、使用方法、工作过程、工作性能等，尤其是利用网络进行的产品介绍，生动、直观，广告效果很好。网上漫游技术使人们能在城市、工厂、车间、机器内部乃至图样和零部件之间进行漫游，直观、方便地获取信息。虚拟产品更为网络购物提供了方便。

虚拟设计是一个概念，同时也是一项具有研究和应用价值的高新技术。它一经提出就受到企业界的广泛关注，显示出强大的生命力。相信随着微电子技术的飞速发展，互联网络、计算机通信技术的广泛应用，必将对整个制造业领域产生极其深远的影响。特别是在未来建立在数字化和网络化基础上的快速设计、快速制造，将使产品的功能、质量、多样性等达到崭新的水平。

10.4　概念设计

10.4.1　概念设计的内涵

概念设计是在全面考虑各种设计约束的条件下，以设计目标为输入，以产品概念设计方案为输出的系统所包含的工作流程，它是决定产品最终质量、市场竞争力及企业获利的关键因素，其本质是产品创新（见图 10.10）。为加速产品创新，概念设计自动化技术逐渐成为设计领域的研究热点之一。

图 10.10　自行车概念设计

概念设计是设计过程的初始阶段，其目标是获得产品的基本形式或形状。广义概念设计的定义（见图 10.11）是指从产品的需求分析之后，到详细设计之前这一阶段的设计过程，主要包括功能设计、原理设计、布局设计、结构设计以及形状设计。这几个部分虽存在阶段性和独立性，但在实际的设计中，由于设计的类型不同，往往具有侧重性，而且相互依赖、相互影响。

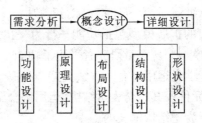

图 10.11　概念设计的定义

概念设计处于产品设计的早期,目的是提供产品方案。研究表明,产品大部分成本在概念设计阶段就已确定了。概念设计不仅决定着产品的质量、成本、性能、可靠性、安全性和环保性,而且产生的设计缺陷无法由后续设计过程弥补。但是,概念设计对设计人员的约束最少,具有较大的创新空间,最能体现设计者的经验、智慧和创造性,因此,概念设计被认为是设计过程中最重要、最关键、最具创造性的阶段。

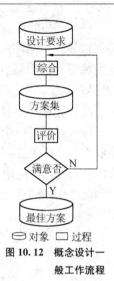

图 10.12　概念设计一般工作流程

概念设计对产品生命周期的其他环节,如制造、使用等有着重要的影响。概念设计输入功能要求输出结构方案,因此,它是一个由功能向结构的转换过程。从设计过程看,概念设计具有创新性、多样性和递归性的特点;从设计对象看,概念设计又具有层次性和残缺性的特点。其中,创新性是概念设计的本质和灵魂。一般概念设计的工作流程(见图 10.12)包含综合与评价两个基本过程。综合是指由设计要求推理而生成的多个方案,是个发散过程;评价则从方案集中择出最优,是个收敛过程。

10.4.2　概念设计方法

实现概念设计所涉及的关键技术,除了一般工作流程包含的综合和评价过程外,还包括过程建模、信息表达和方案生成。

1) 过程建模

实现概念设计首先需要建立过程模型,以描述完成概念设计所需的工作步骤。概念设计的主要任务是功能到结构的映射,多数概念设计过程模型都是基于以下两个基本框架扩展而来。

(1) 功能—结构　功能—结构框架描述的是产品功能与结构所具有的直接对应关系,因此,这类模型的主要思想是直接寻求能实现对应功能的结构。它通常包括功能分解、功能结构映射和结构组合三个基本步骤,并将概念设计描述为功能和结构两个设计层次。基于功能—结构框架的典型概念设计模型,包括系统化设计模型、公理设计模型、分布层次网络模型和智能优化设计模型等。虽然功能—结构框架表明了"结构具有功能"这一特性,但忽略了"结构如何完成功能"这一特性。由于实际设计中设计者往往考虑的是实现功能的具体动作,因此该框架不利于产品创新。

(2) 功能—行为—结构　功能—行为—结构框架在功能层和结构层之间引入了行为层,用来描述完成功能所执行的动作,表明"结构如何实现功能"这一关系。这类模型描述的是功能与结构必须通过行为才能建立联系,将概念设计看作是从功能向行为再向结构映射的过程。这类模型更符合人类设计的思维习惯,有利于产品创新。功能—行为—结构框架最先是由悉尼大学 Gero 提出的,随后提出的扩展模型包括功能—行为—状态模型、功能—环境—行为—结构模型、结构—行为—功能模型等。大量研究者采用了功能—行为—结构框架进行建模,表达设计过程和设计知识。一些学者运用键合图方法支持产品概念设计。这类方法往往用能量输入—输出表达功能,用物理元件及其组合表达结构,运用键合图建模系统动态行为。这类模型也可以看做是基于功能—行为—结构框架的。

2）信息表达

产品概念信息主要包括功能、行为、结构及其关系。功能主要描述产品完成的任务,行为描述实现功能所需的原理或执行的动作,结构则描述产品组成要素及其相互关系。

（1）功能表达　概念设计是由功能驱动的,对功能的表达主要有输入—输出转换和语言表达两种方式。输入—输出转换是对功能的一种数学表达形式,共包括三种类型:一是输入—输出流转换,包括能量流、物料流和信号流的转换;二是输入—输出状态转换,包含属性、方向、位置等信息的初始状态和目标状态的转换;三是输入—输出特征转换,包括种类、方向、位置、大小特征的转换和对象特征的转换等。输入—输出转换表达易于实现功能的推理和计算,但有许多功能却无法用这种方式表达,如夹具"夹持工件使其固定"的功能。另外,这种表达形式也不太符合设计者的习惯。语言表达源于价值工程,通常采用动名词组描述,即"做什么"。词组中动词表示操作,名词表示操作的对象,如存储液体、挤压材料、支持荷载等。为使这种表达能在不同的应用间重用和共享,一些研究正试图开发通用的功能表达词典。语言表达能有效地表达设计意图,缺点是不够精确,一些复合功能无法用标准的动词描述。

（2）行为表达　行为表达往往与功能联系在一起,主要有基于动作的表达和基于状态的表达两种方式。前者将行为表示为执行的动作,后者则表示为随时间的状态变化。以手持吹风机中的温度调节开关为例,其行为用第一种表达方式描述为"连通电路或断开电路",第二种方式则描述为"风温 $T > 80℃$,状态 $S = 0$(关), $T < 80℃$, $S = 1$(开)"。就比较而言,状态表达更能反映事物的因果关系,适合于因果推理,如定性推理等技术。

（3）结构表达　结构表达主要描述组成产品的元件之间的拓扑关系。在概念设计中,常用的结构表达方法包括图表达、矢量表达、特征表达等。图表达用图中的节点和弧描述产品元件及其拓扑关系,如用无向图表达产品结构,其中节点表示零件,弧表示零件间的相对位置关系。矢量表达方法,则将结构属性,如方向、位置等信息包含在输入输出的状态矢量中,通过输入输出转换,确定元件的位置关系,实现结构运算。特征表达将特征概念从详细设计进一步延伸到概念设计中,既实现了结构计算,也包含了功能信息。典型的特征模型有广义特征模型、原型特征模型和基因特征模型等。就比较而言,图表达直观、易于可视化,矢量表达更易于实现计算,特征表达则利于实现概念设计和后续详细设计的集成。

（4）关系表达　关系表达主要描述功能、行为、结构之间的映射关系。基于概念设计过程建模框架,映射关系主要包含功能—结构、功能—行为和行为—结构关系。这些映射关系通常采用两种表达方式。以功能—结构映射为例,直接对应方式直接指定"某一功能由什么结构实现"或"某结构实现什么功能",转换方式则描述功能—结构映射的数学转换形式。对于功能—行为映射与行为—结构映射,一般采用直接对应方式描述其映射关系。

3）方案生成

方案生成是指由设计生成的诸多方案,既是设计综合过程,也是概念设计的关键。概念设计方案生成方法可以分为系统化方法和智能化方法两类。其中系统化方法侧重于探求概念设计的机理,并提供形式化的设计方法;而智能化方法则通过引入智能推理技术求解方案集。

（1）系统化方法　系统化方法致力于寻找概念设计问题的结构化求解方法,目标是将基于经验的设计,转变为基于科学的设计,核心是结构化地表达设计过程。较早的系统化方法认为,产品功能和结构均具有层次性,通过分解总功能为子功能,可以获得对应结构,进而组合出设计方案。其他研究还包括公理设计理论、通用设计理论、TRIZ 理论和设计基本理论等。这些研究都致力于为产品设计提供一般的、通用的设计程序。相比较而言,TRIZ 理论更支持产品的概念创新。

(2) 智能化方法　　与系统化方法相比,智能化方法主要采用智能技术实现方案综合。智能化方法主要包括数据驱动和知识驱动两大类型。数据驱动通过描述具体产品实现设计,如实例推理和神经网络。实例推理通过描述以往的设计实例来指导现有设计,它尤其适合设计规则难以总结的复杂产品设计。在方案生成中,常用的实例表达方法有三种:① 设计模型实例,如设计产品特征模型实例和结构—行为—功能模型实例;② 设计产品实例,如船舶概念设计系统 BASCoN—IV 中的实例;③ 设计过程实例,如 BoGART 采用的实例。神经网络能够处理具体产品数据,从数据中获取隐含知识,以指导设计,实现联想功能。知识驱动通过预先给出的领域知识实现设计。在方案推理中,常用的方法包括规则推理、类比推理、定性推理、Agent 推理和进化推理。Agent 推理优点是分布式处理能力,但其缺点是知识操作复杂。区别于实例推理描述具体实例来指导设计,类比推理则从设计实例中抽象出一般知识指导设计,并分为领域内类比和领域间类比。定性推理常用离散符号系统表达知识,能够反映和推理物理原理包含的因果关系,而功能与结构通过行为联系,恰恰反映了这种因果关系。进化推理是指借鉴自然进化原理的一种推理方法,其表达模型是基因模型。

10.5　数字化设计

10.5.1　数字化设计的内涵

数字化设计可以分成"数字化"和"设计"两部分。

数字化是把各种各样的信息都用数字来表示,其实数字化更加精确的说应该是二进制的数字化,指的是二进制运算理论的确立计算机技术的诞生所带来的一步。数字化技术起源于二进制数学,在半导体技术和数字电路学的推动下使得很多复杂的计算可以交能机器或电路运完成。发展到今天微电子技术更是将我们带到了数字化领域的前沿。

设计是设想、运筹、计划和预算,它是人类为了实现某种特定的目的而进行的创造性活动。设计具有多重特征,同时广义的设计涵盖的范围很大。设计有明显的艺术特征,又有科技的特征和经济的属性。从这些角度看,设计几乎包括了人类能从事的一切创造性工作。设计的另一个定义是指控制并且合理的安排视觉元素,线条、形体、色彩、色调、质感、光线、空间等,涵盖艺术的表达,和结构造型。这好像更加接近平常所接受并且能感觉到的设计。设计的科技特性,表明了设计总是受到生产技术发展的影响。设计和技术有着密不可分的关系。

数字化设计就是数字技术和设计的紧密结合。以下从工业设计角度,介绍数字化产品和数字化人机界面的新设计思想。

10.5.2　数字化产品设计

1) 数字化产品创新

科技的高速发展、社会的进步、生活水平的提高,人们思想意识的变更、对生活质量的需求等等,都在发生翻天覆地的变化。再加上全球性的新技术革命浪潮的冲击下,工业设计正以前所未有的速度、广度和深度向人类逼近。随着生活的不断提高,物质水平的不断丰富,人们已越来越趋向于对精神的、文化艺术的、思想的追求。在这种转变的提示下,设计不再只是提供完备的基本功能,包含形态与机能,更重要的是设计提供了附加价值,提高了人们消费欲望。因此,我们可以说设计在整个时代发展上提供了相当的催化作用。正是这种需求的变化,市场的新潮,设计的主要方向也开始了战略性的转移:由传统的工业产品转变为以计算技术为代表的高新技术产品。图 10.13 是一个厨房数字化的砧板,它能精确的计算食物,作料的重量,给人们的生活带来便捷。它是 Savannah 大学艺术与设计学院的学生 Adam Brodowski 设计的作品,在 Electrolux Design Lab 2008 大赛中位于第一名。未来的 Sook 会根据你厨房里拥有的食物来向你推荐食谱,有了这个厨房智能助手,你不会每天再为炒什么菜,做什么饭而发愁了。

图 10.13　未来的厨房智能助手 Sook

(1) 数字化产品使用方式的改变

产品使用方式的改变无疑是创新设计的一大卖点,西门子第一次推出滑盖手机,立即带来风靡全球的效应。滑盖手机最大的特点是主屏幕很大,而键盘顺理成章的藏在主屏幕的下面,机型显得简约而大方,而且上下滑动的乐趣让人感觉高科技的味道十足。相比翻盖手机更加方便,还能省去双屏幕的烦恼。摩托罗拉 V70 手机的出现让人们体验到悬盖手机的惊艳。walkman 音乐手机具备专业的音乐播放功能,成为众多年轻人追逐的对象。

人们的物质生活水平的提高,对心理层次的需求渴望增加,面对千篇一律的产品,已经产生疲倦不堪的情绪。如果设计师设法改变产品的使用方式,指导他们用一种新的操作方式,一种新的态度去改善生活质量,无疑会刺激消费者的情趣,满足他们的情感需求。苹果公司作为最具有创意的企业,就是通过数字化创新将洗练与纯粹的以用户为中心的文化融入每一款产品的每一个细节,极大地提高了用户对高科技产品的文化需求,扩大了高科技技术、创新性技巧在生活用品中的文化价值,从而深刻地推动着企业、社会、乃至全球的文化进步,深刻地影响着人类的生活方式(见图 10.14)。

图 10.14　苹果的数字化创新 iPad

(2) 数字化产品的发展趋势

在技术进步和市场竞争的双重驱动下,一些"瘦身"后的数字化令人瞠目结舌。韩国最新推出的超薄数码相机厚度仅有 6 毫米,专用电池更是薄到 1 mm。日本公司开发的数码相机存储卡只有邮票大小,其存储能力不可思议地达到 8G,几乎等于一台笔记本电脑的硬盘容量。北京一家公司向市场投放的微型扫描仪只有铅笔大小,但能达到 4 秒钟扫描一页文件的高速度。

现代社会环境污染日益严重,物质和能源的消耗巨大,数字化产品的设计应该充分考虑环境因素,将环境性能作为数字化产品的设计目标和出发点,力求使产品对环境的影响为最小。而且在设计的同时,以高科技为基点,关注人的心理健康,崇尚节约,注重产品的可持续发展,研发具有环保和节能双重功能的数字化产品。当今的设计师应该提高科学环保素质,培养个人创新意识和创新能力,将绿色,和谐设计理念溶入数字化产品的设计中,为家庭社会带来更多的节约型(DIY)设计,从而引导人们科学、文明、健康的生活方式。

2) 产品的数字化设计程序

(1) 产品数字化设计与分析

① 计算机辅助创新(CAI)

计算机辅助创新 CAI (Computer Aided Innovation)是新产品开发中的一项关键基础技术,它是以近年来在欧美国家迅速发展的创新问题解决理论(TRIZ)研究为基础,结合本体论(Ontology)、现代设计方法学、计算机软件技术等多领域科学知识,综合而成的创新技术。

② 计算机辅助概念设计(CACD)

概念设计包含了从产品的需求分析到进行详细设计之前的设计过程。它包含功能设计、原理设计、形状设计、布局设计和初步结构设计。一般意义上的概念设计是指产品在功能和原理基本确定的情况下,对产品外观造型进行设计的过程。计算机辅助概念设计(computer aided conceptual design,CACD)是 CAD 领域中的一个重要分支,它涉及设计方法学、人机工程学、人工智能技术、CAD 技术以及认知与思维科学等。

③ 计算机辅助设计(CAD)

CAD (computer Aided Design,计算机辅助设计):就是利用计算机帮助工程设计人员进行设计,主要应用于机械、电子、宇航、纺织等产品的总体设计、结构设计等环节。最早大 CAD 的含义是计算机辅助绘图,随着技术的不断发展,CAD 含义发展为现在的计算机辅助设计。一个完善的 CAD 系统,应包括交互式图形程序库、工程数据库和应用数据库。对于产品或工程的设计,借助 CAD 技术,可以大大缩短设计的周期,提高设计效率。

④ 电子设计自动化(EDA)

EDA 是电子设计自动化(Electronic Design Automation)的缩写,在 20 世纪 90 年代初从计算机辅助设计(CAD)、计算机辅助制造(CAM)、计算机辅助测试(CAT)和计算机辅助工程(CAE)的概念发展而来。它是以计算机为工作平台,融合了应用电子技术,计算机技术,智能化技术最新成果而研制的电子 CAD 通用软件包。它提供了基于计算机和信息技术的电路系统设计方法,主要能辅助进行 IC 设计,电子电路设计以及 PCB 设计。

⑤ 计算机辅助软件工程(CASE)

计算机辅助软件工程(Computer Aided Software Engineering)是支持软件开发生存期的集成化工具、技术和方法的总称。当前的产品设计中机电混合设计越来越多,智能产品越来越多。目前,产品中软件设备部分的管理目前还是一个薄弱环节,因此在智能产品的设计过程中,有必要引入 CASE 技术和工具,特别是包含有嵌入式设备的产品。

⑥ 计算机辅助工程（CAE）

对于复杂的工程，人们都希望能在产品生产以前对设计方案进行精确的试验、分析和论证，这些工作需要借助计算机实现，就是计算机辅助工程，即 CAE（Computer Aided Engineering）。CAE 是包括产品设计、工程分析、数据管理、试验、仿真和制造的一个综合过程，关键是在三维实体建模的基础上，从产品的设计阶段开始，按实际条件进行仿真和结构分析，按性能要求进行设计和综合评价，以便从多个方案中选择最佳方案，或者直接进行设计优化。

⑦ 快速成型（RP）

快速成型（Rapid Prototyping）技术是 80 年代后期发展起来的，被认为是近年来制造技术领域的一次重大突破，其对制造业的影响可与数控技术的出现相媲美。RP 系统综合了机械工程、CAD、数控技术，激光技术及材料科学技术，可以自动、直接、快速、精确地将设计思想物化为具有一定功能的原型或直接制造零件，从而可以对产品设计进行快速评价、修改及功能试验，有效地缩短了产品的研发周期。

⑧ 逆向工程（RE）

逆向工程（Reverse Engineering）是对产品设计过程的一种描述。逆向工程技术与传统的产品正向设计方法不同，它是根据已存在的产品或零件原型构造产品或零件的工程设计模型，在此基础上对已有产品进行剖析、理解和改进，是对已有设计的再设计。其主要任务是将原始物理模型转化为工程设计概念或产品数字化模型：一方面为提高工程设计、加工分析的质量和效率提供充足的信息，另一方面为充分利用 CAD/CAE/CAM 技术对已有的产品进行设计服务。

（2）产品数字化制造

① 计算机辅助制造（CAM）

计算机辅助制造（Computer Aided Manufacturing）是通过把计算机与生产设备联系起来，实现用计算机系统进行生产的计划、管理、控制及操作的过程，是应用计算机进行制造信息处理的总称。目前 CAM 的概念已经狭义化了，一般仅指根据二维或三维模型进行数控编程的相关技术。

② 数控技术（NC）

数控技术，简称数控（Numerical Control）。它是利用数字化的信息对机床运动及加工过程进行控制的一种方法。用数控技术实施加工控制的机床，或者说装备了数控系统的机床称为数控（NC）机床。现代数控机床是机电一体化的典型产品，是新一代生产技术、计算机集成制造系统等的技术基础。

③ 计算机辅助工艺（CAPP）

CAPP（Computer Aided Process Planning）是指借助于计算机软硬件技术和支撑环境，利用计算机进行数值计算、逻辑判断和推理等的功能来制定零件机械加工工艺过程。借助于 CAPP 系统，可以解决手工工艺设计效率低、一致性差、质量不稳定、不易达到优化等问题。

CAPP 是将产品设计信息转换为各种加工制造、管理信息的关键环节，是企业信息化建设中联系设计和生产的纽带，同时也为企业的管理部门提供相关的数据，是企业信息交换的中间环节。

④ 制造流程管理（MPM）

近年来，国际厂商逐渐在 CAPP 的基础上，结合三维造型基础逐渐发展出"制造流程管理"(Manufacturing Process Management,MPM)技术。MPM 解决方案可以更准确地协同产品制造过程和资源信息,优化产品工艺,分析具有多种配置的复杂产品的加工和装配过程,进行生产过程仿真,计算公差,控制生产成本。同时实现与 ERP 系统的双向信息集成,并将数据传递给 CAM 系统。

10.5.3　数字化人机界面

随着科技的快速发展,对于人机界面设计的要求也越来越多,越来越高,表现在对界面设计的科学、合理、安全、舒适、美观、方便等多方面的要求。但传统的人机界面设计方法在现今表现得已不够适应和完善,改进和补充原有的人机界面设计方法已经变得十分重要和紧迫。

当前时代的重要特征表现为:信息化、智能化、数字化、服务型。由于媒介、通讯、技术、服务、信息的普及,社会已经从原有的硬件形式逐步转变为软件形式。这直接影响到工业设计,以及工业设计重要的组成部分——人机界面设计。人机界面设计正在由体力型、感知型的设计特点逐步向心理型和认知型的设计特点转变。在这种背景下,有必要对人机界面设计进行全面、深入的再分析、再研究以及改进和补充。

(1) 数字人机界面的信息化、智能化

目前许多信息产品、智能产品的设计突破了传统机械设计的使用功能决定结构形式的设计准则。如计算机的操作系统、网页、电子邮件等已经没有了传统的物质形式,其形式自身演变成为新的存在方式。例如:realnewtorks 公司开发的 realplay,作为一个被我们频繁使用的媒体播放器,其 硬件 本身却是一种数字形式,虽然也有纷繁复杂的控制键,但已经感受不到工业化的制造气息了。面对新情况有必要改动和补充一下人机界面设计的方法。

可以看出当前的人机界面设计在信息化、智能化等诸多条件不同于传统的情况下,人机界面设计有了不少新动向,人机界面设计正由单一化向多元化转变,设计人员已不再是单一的理工科毕业生,单纯的理性设计方式已经不能完全适应现在的情况,人性化、智能化等设计条件的融入已是必然,理、工、文、艺等多学科人才的大协作已经成为当前人机界面设计的主要工作方式。所以,是否理解人机界面设计的新情况将直接决定设计的优劣。

(2) 面向复杂系统的数字界面

复杂系统中包含着多个系统功能模块,所传递的信息规模大,一旦在界面中出现设计错误很难被觉察和纠正,即使微小的设计失误也可能会导致潜在的灾难性后果。航电系统显示界面使用于复杂的战场环境,所面向的用户都是专业飞行员而非普通用户,系统所提供信息也与普通系统的图形界面有显著区别。因此航电复杂系统界面设计迫切需要合理的理论依据支持和指导,以数学思维反映复杂系统界面设计中要素因子的相互作用,使界面设计工作有据可依,避免设计失误(见图 10.15)。

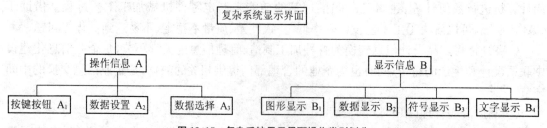

图 10.15　复杂系统显示界面操作类别划分

下面以未来航电系统显示界面设计为例,面对我国新型航电界面迫切需要来规范界面信息结构设计,规范界面各部分构成要素设计。通过界面色彩编码的研究,对仿真界面为飞机 A320 的电子集成监控(ECAM)系统进行了认知优势研究。原始界面图 10.16 以及改进界面见图 10.17,改进界面中加大了颜色区块的面积,通过绿色色块的面积传达仪表指数的高低,到达警戒线和警告时色块分别变为黄色和红色。实验任务参考 A320 操作手册的典型操作:被试监控发动机启动过程中各项仪表数据是否正常,当发现有到达警戒线的仪表,敲击空格键进行反应。

图 10.16　原始界面图

图 10.17　改进界面图

实验结果删除数据中的特异值,得到表 10.1 中 15 个样本的数据统计表述。对其进行单因素方差分析,如表 10.2 所示,界面方案对反应时有显著影响($F=6.033$, $P=0.021$, $P<0.05$)。改进界面的反应时明显小于原始界面,验证了颜色编码有视觉认知优势。

表 10.1　界面方案反应时间的基本统计描述

界面方案	样本容量(人)	反应时均值(ms)	标准差	均值标准误差
原始界面	15	303.266 7	258.933	66.856
改进界面	15	132.333 3	74.846	19.325

表 10.2　界面方案反应时间的单因素方差分析

误差来源	平方和	自由度	均方	F 值	概率 P
组间	219 136.533	1	219 136.533	6.033	0.021
组内	1 017 074.267	28	36 324.081	—	—
总数	1 236 210.800	29	—	—	—

新一代综合航电系统显示软件,包括操作系统、应用程序、数据库、网络、人机界面等应遵循统一的系列标准、规范研制开发,软件的可重用、标准化、智能化、可移植性、质量、可靠性等都应列入表征软件技术的特征参数之中。① 遵从军用和国际标准的航电界面,缩短航电系统的设计研发周期。② 符合设计和认知规则的标准化界面,能够适应各类情境的变化。③ 标准化界面具有一定的延续性特征,可以帮助飞行员适应各类不同机型的操作驾驶。④ 界面标准化使界面可重复使用、规模可变,降低了航电系统寿命周期费用。考虑到飞行员在飞行生涯过程中都不可能驾驶同一机型的战斗机,常见的情况是战斗机将不断更新换代,飞行员则依据个人的条件和能力改飞其他机型的战斗机,因此标准化的航电显示界面将给飞行员带来极大便利,缩短培训时间,快速形成战斗力。

10.6　交互设计

10.6.1　交互设计的内涵

交互设计,又称互动设计,是定义、设计人造系统的行为的设计领域。人造物,即人工制成物品,例如,软件、移动设备、人造环境、服务、可佩带装置以及系统的组织结构。交互设计在于定义人造物的行为方式(the "interaction",即人工制品在特定场景下的反应方式)相关的界面。交互设计师首先进行用户研究相关领域,以及潜在用户,设计人造物的行为,并从有用性、可用性和情感因素(usefulness, usability and emotional)等方面来评估设计质量。

特别是进入数字时代,多媒体让交互设计的研究显得更加多元化,多学科各角度的剖析让交互设计理论的显得更加丰富。现在基于交互设计的产品已经越来越多的投入市场,而很多新的产品也大量的吸收了交互设计的理论(见图 10.18)。

图 10.18　数字化的实现(如何实现数字与艺术的融合)

交互设计是"一个关于限定人造物、环境及其系统的行为的设计学科"。作为一门独立学科,它的诞生代替了 20 世纪 80 年代末 90 年代初的软件设计,开始创造用户与计算机之间的"有意义"的联系。而这个意义取决于交互产品的价值和人们运用它时所获得的经历的质量。图 10.18 所示交互设计提供了一种文化创新的凝聚力,把广大虚拟社区具有共同社会、政治与经济等利益的不同人凝结起来,新形式就比当前的更具表现性、更加个性化、更加交互性和更加有责任感。数字化产品的交互技术将有助于满足受众对更个性化的信息日益增长的需求,但它不能消除对人类判断、分析能力的需要。而这恰恰是设计师的职责所在。设计师不仅是设计"事"、"物"的创造者,更重要的是生活信息和交互体验的传播者。交互设计师应该运用崭新的思维与符号,表达文化与交流、生活与体验,使创意淋漓尽致地表现于设计之中;同时,合理利用网络交互技术,使其最终深入地渗透到我们的日常生活中,并保持生活的"原汁原味"。

10.6.2　交互设计解决的问题和目前发展状况

交互设计在任何的人工物的设计和制作过程里面都是不可以避免的,区别只在于显意识和无意识。然而,随着产品和用户体验日趋复杂、功能增多,新的人工物不断涌现,给用户造成的认知摩擦日益加剧的情况下,人们对交互设计的需求变得愈来愈显性,从而触发其作为单独的设计学科在理论和实践的呼声变得愈发迫切。然而,由于交互设计的研究者和实践者来自不同领域,而且这个领域本身尚在创建阶段,因此人们往往对某些问题尚未达成共识,甚至对类似和相同的问题本身的理解以及解决方式也可能有不同方案,且相互矛盾。比如交互设计的基本元素包含什么,现在也还在讨论中。但是人们依然形成了一些不相互否认的共识,比如,交互设计是设计人和物的对话(dialog),而交互设计研究和实践的本质可能是隐藏于这个对话中的。交互设计的目的包括,有用性,易用性和吸引性的设计和改善。

10.6.3 与界面设计的关系

用户界面是交互设计的结果的自然体现,但是不能说交互设计就是用户界面设计。交互设计的出发点在于研究人在和物交流(dialog)时候,人的心理模式和行为模式,并在此研究基础上,设计人工物的可提供的交互方式,来满足人对使用人工物的三个层次的需求(usefulness, usability and emotionality)。从这个角度看来,交互设计是设计方法,而界面设计是交互设计的自然结果。同时界面设计不一定由显意识交互设计驱动,然而界面设计必然自然包含交互设计(人和物是如何进行交流的)。交互设计可以应用到和人相关的各种活动中,比如服务。这类交互的设计者,会以不同的名目用到交互设计的方法和原则。

10.6.4 交互设计和产品开发的关系

在没有提出交互设计和体验设计以前,产品设计总是将交互设计以某种方式交给相关人员去实施。从这个意义上而言,产品的设计从来就包含交互设计来满足人们的使用需求;然而,当人们意识到简单的界面规划不能满足人的使用需求的时候,交互设计开始作为一个独立的设计阶段出现。并且有研究者和实践者提出,交互设计需要在制定初步产品的策略之后技术设计以前实施,这样可以避免低效的交互给产品的开发和发布造成过多的损失。

10.6.5 交互设计的一般步骤

一般而言,交互设计师都遵循类似的步骤进行设计,为特定的设计问题提供某个解决方案。设计流程的关键是快速迭代,换言之,建立快速原型,通过用户测试改进设计方案。如下是交互设计步骤的要点:

(1) 用户调研

通过用户调研的手段(介入观察、非介入观察,采访等),交互设计师调查了解用户及其相关使用的场景,以便对其有深刻的认识(主要包括用户使用时候的心理模式和行为模式),从而为后继设计提供良好的基础。

(2) 概念设计

通过综合考虑用户调研的结果、技术可行性以及商业机会,交互设计师为设计的目标创建概念(目标可能是新的软件、产品、服务或者系统)。整个过程可能来回迭代进行多次,每个过程可能包含头脑风暴、交谈(无保留的交谈)、细化概念模型等活动。

(3) 创建用户模型

基于用户调用得到的用户行为模式,设计师创建场景或者用户故事或者 storyboard 来描绘设计中产品将来可能的形态。通常,设计师设计用户模型来作为创建场景的基础。

(4) 创建界面流程

通常,交互设计师采用 wireframe 来描述设计对象的功能和行为。在 wireframe 中,采用分页或者分屏的方式(夹带相关部分的注解),来描述系统的细节。界面流图主要用于描述系统的操作流程。

(5) 开发原型以及用户测试

交互设计师通过设计原型来测试设计方案。原型大致可分三类:功能测试的原型,感官测试原型以及实现测试原型;总之,这些原型用于测试用户和设计系统交互的质量。原型的可以是实物的,也可以是计算机模拟的;可以是高度仿真的,也可以是大致相似的。

(6) 实现

交互式设计师需要参与方案的实现,以确保方案实现是严格忠于原来的设计的;同时,也要准备进行必要的方案修改,以确保修改不伤害原有设计的完整概念。

(7) 系统测试

系统实现完毕的测试阶段,可能通过用户测试发现设计的缺陷;设计师需要根据情况对方案进行合理的修改。

10.7　神经设计学

10.7.1　神经设计学产生的背景及其内涵

脑科学(brain science),狭义的讲就是神经科学。认知神经科学的最终目的是在于阐明人类大脑的结构与功能,以及人类行为与心理活动的物质基础,在各个水平(层次)上阐明其机制,增进人类神经活动的效率,提高对神经系统疾患的预防、诊断、治疗服务水平。基本目标包括:揭示神经元间各种不同的连接形式,为阐明行为的脑的机制奠定基础;在形态学和化学上鉴别神经元间的差异,了解神经元如何产生、传导信号,以及这些信号如何改变靶细胞的活动;阐明神经元特殊的细胞和分子生物学特性;认识实现脑的各种功能(包括高级功能)的神经回路基础;阐明神经系统疾患的病因、机制,探索治疗的新手段。近年来,世界大国纷纷在脑科学领域启动了重大国家工程。

美国:2013年4月2日,美国白宫公布了"推进创新神经技术脑研究计划",简称"脑计划"。2013年9月,美国国家卫生研究院宣布,在2014财年将重点资助9个大脑研究领域:统计大脑细胞类型;建立大脑结构图;开发大规模神经网络记录技术;开发操作神经回路的工具;了解神经细胞与个体行为之间的联系;把神经科学实验与理论、模型、统计学等整合;描述人类大脑成像技术的机制;为科学研究建立收集人类数据的机制;知识传播与培训。

美国国防高级研究计划局(DARPA)的"神经工程系统设计"(NESD)项目通过研发一种可植入人体的神经接口,使军事人员的大脑直接与电脑连接,NESD项目是2013年奥巴马发起的"推进创新神经技术脑研究计划"(BRAIN,简称"脑计划")的一部分。DARPA目前正在完善这项技术,以使这种系统可与特定大脑区域的多达百万个神经元精确相连。军事人员之间在战场上进行"无声交流",同时利用生物交叉技术,通过植入式生物"芯片",并利用类脑化大型计算机的"高智"来辅助军事人员完成超越自身局限的任务。2016年,DARPA启动颅内芯片研究项目 Targeted Neuroplasticity Training(简称 TNT),利用"颅内芯片"来帮助军事人员提升学习能力,逻辑运算和记忆力。DARPA也开发了CT2WS系统,即基于脑电波的图像筛选战场目标检测系疼,通过链接人类脑电波、改进的传感器和认知算法,来提升战场上军事人员的目标探测能力,使得战场防区外威胁探测工作的伤亡可以降低。

其他世界强国:俄罗斯计划在 2020 年前研制出新型精神控制武器——"僵尸枪"(Zombies)精神电子武器。该枪可通过发射类似微波炉中的电磁辐射,扰乱人体的中枢神经系统,影响其情绪或行为,使其完全丧失反抗能力,成为受控于他人的"僵尸"。法国的 FELIN 系统装备计划、英国的"重拳士兵系统"(FIST)项目、德国的 IDZ 系统研究项目、印度的"未来步兵作战系统"计划等,都是各国将脑科学运用到信息化装备的重大国防工程项目。

中国:2013 年,中国工程院重点咨询项目"脑与信息系统交互技术研究"启动,该项目由 8 位院士共同牵头参与,项目以国家重大需求为牵引,凝练脑与信息系统交互所涉及的关键科学问题和核心技术,其中脑信息分析与处理、人机交互最佳状态的动态匹配是其中两个核心子课题。

2015 年 10 月 24 日,在深圳国际基因组学大会上,"中国脑计划(China Brain Project)"的设想正式发布。2018 年 3 月,北京脑科学与类脑研究中心成立,5 月,上海脑科学与类脑研究中心成立,中国脑计划正式拉开序幕。中国脑计划主要有两个研究方向:以探索大脑秘密、攻克大脑疾病为导向的脑科学研究;建立和发展人工智能技术为导向的类脑研究。

"中国脑计划"主要解决大脑三个层面的问题:① 大脑对外界环境的感官认知,即探究人类对外界环境的感知,如人的注意力、学习、记忆以及决策制定等;② 对人类以及非人灵长类自我意识的认知,通过动物模型研究人类以及非人灵长类的自我意识、同情心以及意识的形成;③ 对语言的认知,探究语法以及广泛的句式结构,用以研究人工智能技术。

近年来,脑科学和多学科的交叉融合,催生了很多新的学科和研究方向:

脑科学在管理科学中的应用,产生了"神经管理学",其中神经管理学是运用神经科学和其他生命科学技术来研究经济管理问题的国际新兴前沿领域,它主要通过研究人们面对典型经济管理问题时的大脑活动与思维过程,从而以一个全新的视角来审视人类决策行为以及更为一般化的社会行为与人性。主要研究领域包括:决策神经科学、神经经济学、神经营销学、神经社会学,以及其他在诸如金融、工业工程、信息技术使用等方面的应用性研究。神经管理学最早由浙江大学神经管理实验室主任马庆国教授提出。

脑科学和人因工程学的结合,产生了"神经人因学",神经人因学基于现代神经科学和人因心理学与工程学,研究脑区活动状态和脑功能的作用机制如何影响人类行为,重点研究操作绩效和功效的神经机制。

脑科学和法学的交叉融合,产生了"神经元法学",神经元法学运用认知神经科学方法研究与法律有关心理与行为的神经机制,并探讨法律系统如何应对认知神经科学发展所带来的问题。

脑科学和认知科学产生了"认知神经科学",认知神经科学的研究旨在阐明认知活动的脑机制,即人类大脑如何调用其各层次上的组件,包括分子、细胞、脑组织区和全脑去实现各种认知活动。认知神经科学运用实验心理学、神经心理学和神经科学的研究方法来为认知科学奠定基础。

2014 年,东南大学薛澄岐教授在第一届神经人因学大会上首次提出了"神经设计学"的概念,并完善了其具体内涵。神经设计学是运用神经科学(脑科学)和相关生命科学技术来探寻和解密人类在设计和体验过程中的脑活动规律,从而指导设计活动向人类内源性方向发展。

10.7.2 神经设计学的目的和主要研究对象

神经设计学的目的旨在提供设计领域中的神经科学依据,揭示设计领域中的神经生理学现象,深层次、多角度、全方位地解读和指导设计,实现设计师和用户之间的认知零摩擦。传统设计学以经验设计和主观判断评价作为设计的基础,神经设计学是对传统设计的改良,使传统设计融入科学的元素,使设计和科学接轨。

神经设计学的研究对象主要包括:设计过程中的大脑活动特征和认知思维过程;典型设计过程和设计要素脑电地形图及典型脑电参数阈值;设计效果及其可用性的脑电评价体系;脑机控制和交互中的设计问题。

10.7.3　神经设计学的关键技术

神经设计学的关键技术主要包括:功能性核磁共振成像技术(functional magnetic resonance imaging,fMRI)、正电子发射断层扫描技术(positron emission tomography,PET)、单一正电子发射计算机断层扫描技术(single positron emission computerized tomography,SPECT)、事件相关电位(event-related potential,ERP)、脑电图(electroencephalograph,EEG)、脑磁图(magnetoencephalography,MEG)和近红外线光谱分析技术(near-infrared spectroscopy)等,详见本书第8.7.1节。

ERP、fMRI、PET和SPECT等关键技术在神经设计学中有不同的应用方向,运用ERP技术,可研究设计认知中的脑电反应机制及内源性认知机理;运用fMRI技术,可实现对视觉感知的脑区功能定位研究,追溯脑电信号的发生源;运用神经网络推理技术,可推算设计评价中不同认知机制之间的耦合和干涉;结合其他脑电相关技术(PET、SPECT),可实现对设计科学全方位、多角度的神经学解读和探索。

10.7.4　神经设计学在设计中的应用

1) 神经设计学在界面设计上的应用

通过脑电实验来研究用户对数字界面元素、偏好、视觉感知、色彩搭配、对比度、图像质量的认知规律,根据脑区激活度、潜伏期、脑电波阈值,实现对数字界面的优化设计和评估。例如,对图标导航栏视觉选择性注意的事件相关电位研究发现,P200、N200和N400等脑电成分可为评估导航栏设计效果和改良提供重要脑生理依据,如图10.19所示。

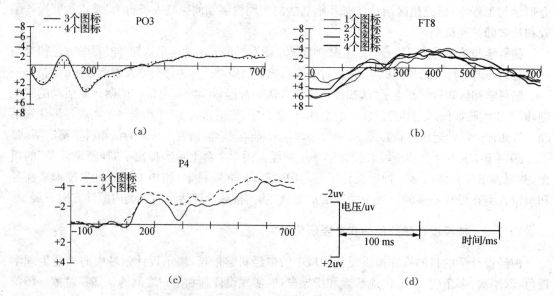

图 10.19　PO3、FT8 和 P4 电极的脑电波形图

2）神经设计学在产品设计上的应用

通过脑电实验来研究用户对产品的语意、风格、意象、元素、色彩、材质、偏好的认知规律，根据用户脑区激活度、潜伏期、脑电波阈值，实现对产品的神经学评估，用于指导和改进产品设计。例如，基于事件相关电位的产品意象语义匹配评估实验中，发现无关词和模糊词能够诱发出稳定的 N400 成分，并且具有相同的头皮分布；近义模糊词在不同唤醒度的评估条件下具有不同的评估结果。从视觉认知的神经加工机制出发，ERP 能够客观、有效地获取用户对产品意象认知的内隐反馈，为匹配度进行级别量化、建立产品意象的精确映射评估模型提供了量化指标，如图 10.20 所示。

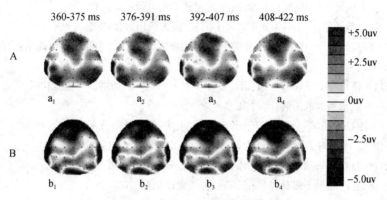

图 10.20 不同语义条件下的脑地形图对比

3）神经设计学在人机交互设计上的应用

通过脑电实验来研究人机界面交互的动作方式、空间维度、可用性评估、操作绩效和用户偏好等，同时根据数字界面元素的脑电评估原则，实现对人机交互的优化和改进。例如，二维、三维视觉交互的脑电实验研究发现，三维呈现 N400 的潜伏期大于二维呈现 N400 的潜伏期，但波幅却小于二维呈现的波幅，说明三维视觉交互和二维视觉交互各有优势，应该根据具体情境合理应用和设计三维界面，如图 10.21 所示。

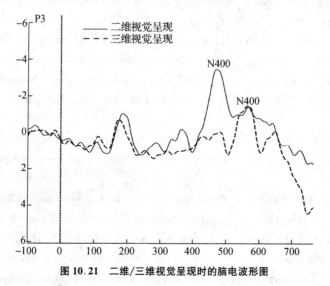

图 10.21 二维/三维视觉呈现时的脑电波形图

参 考 文 献

[1] 裴文开. 工业造型设计[M]. 成都：四川科学技术出版社，1987

[2] 陈能林. 工业设计概论[M]. 北京：机械工业出版社，2011

[3] 吴继. 工业设计基础[M]. 北京：中国美术学院出版社，1993

[4] 丁玉兰. 人机工程学[M]. 北京：北京理工大学出版社，2011

[5] 李乐山. 工业设计思想基础[M]. 北京：中国建筑工业出版社，2001

[6] (意)克罗齐. 美学原理[M]. 朱光潜，译. 上海：上海人民出版社，2007

[7] 金伯利·伊拉姆. 设计几何学——关于比例与构成的研究[M]. 李乐山，译. 北京：中国水利水电出版社，2003

[8] (美)盖尔·格里特·汉娜. 设计元素——罗伊娜·里德·科斯塔罗与视觉构成关系[M]. 李乐山，译. 北京：中国水利水电出版社，2003

[9] 徐恒醇. 实用技术美学——产品审美设计[M]. 天津：天津科学技术出版社，1995

[10] (德)许雷尔. 产品与造型[M]. 汪大钺，译. 北京：中国轻工业出版社，1987

[11] 刘国余，沈洁. 产品基础形态设计[M]. 北京：中国轻工业出版社，2001

[12] 崔天剑，李鹏. 产品形态设计[M]. 南京：江苏美术出版社，2007

[13] 张凌浩. 产品的语意[M]. 北京：中国建筑工业出版社，2005

[14] 韩巍. 形态[M]. 南京：东南大学出版社，2006

[15] 李峰，等. 从构成走向产品设计——产品基础形态设计[M]. 北京：中国建筑工业出版社，2005

[16] 于东玖. 产品造型设计初步[M]. 北京：中国轻工业出版社，2008

[17] Tamar Ben-Bassat, Joachim Meyer, Noam Tractinsky. Economic and subjective measures of the perceived value of aesthetics and usability[J]. ACM Transactions on Computer - Human Interaction, 2006, 13(2): 210 - 234

[18] Morten Moshagen, Meinald T. Thielsch. Facets of visual aesthetics[J]. International Journal of Human-Computer Studies, 2010, 68(10): 689 - 709

[19] Dianne Cyr, Gurprit S. Kindra, Satyabhusan Dash. Web site design, trust, satisfaction and e-loyalty: the Indian experience[J]. Online Information Review, 2008, 32(6): 773 - 790

[20] Pei-Luen Patrick Rau, Qin Gao, Jie Liu. The effect of rich web portal design and ? oating animations on visual search[J]. International Journal of Human - Computer Interaction, 2007, 22(3): 195 - 216

[21] Michael Bauerly, Yili Liu. Effects of symmetry and number of compositional elements on interface and design aesthetics[J]. International Journal of Human - Computer Interaction, 2008, 24(3): 275 - 287

[22] Chien-Yin Lai, Pai-Hsun Chen, Sheng-Wen Shih, et al. Computational models and experimental investigations of effects of balance and symmetry on the aesthetics of text-overlaid images[J]. International Journal of Human - Computer Studies, 2010, 68(1 - 2): 41 - 56

[23] Dianne Cyr, Milena Head, Hector Larios. Colour appeal in website design within and across cultures: a multi-method evaluation[J]. International Journal of Human - Computer Studies, 2010, 68(1 - 2): 1 - 21

［24］ Kristi E. Schmidt，Yili Liu，Srivatsan Sridharan. Webpage aesthetics，performance and usability：design variables and their effects［J］. Ergonomics，2009，52（6）：631－643

［25］ Manfred Thuring，Sascha Mahlke. Usability，aesthetics and emotions in human－technology interaction［J］. International Journal of Psychology，2007，42（4）：253－264

［26］ 倪培培，郭盈. 计算机辅助工业设计［M］. 北京：中国建筑工业出版社，2005

［27］ 袁锋. 计算机辅助设计与制造实训图库［M］. 北京：机械工业出版社，2007

［28］ 张立群. 计算机辅助工业设计［M］. 上海：上海美术出版社，2004

［29］ 詹才浩. Pro/ENGINEER Wildfire 零件设计范例［M］. 北京：清华大学出版社，2009

［30］ 关俊良，王宇. Rhino＋3DMax 产品造型设计［M］. 北京：北京理工大学出版社，2009

［31］ 苏春. 数字化设计与制造［M］. 北京：机械工业出版社，2009

［32］ 罗仕鉴，等. 人机界面设计［M］. 北京：机械工业出版社，2002

［33］ （英）斯彭思. 信息可视化：交互设计［M］. 陈雅茜，译. 北京：机械工业出版社，2012

［34］ 李世国. 体验与挑战：产品交互设计［M］. 南京：江苏美术出版社，2008

［35］ http://www.hxsd.com/

［36］ http://image.baidu.com/

［37］ http://en.red-dot.org/

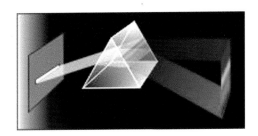

彩图 1　光的分解

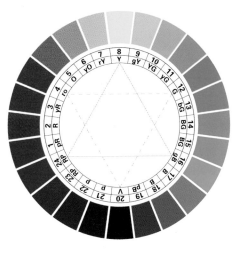

彩图 2　色体系图

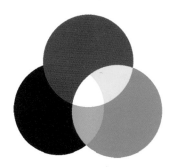

彩图 3　光的三原色和色料的三原色

彩图 4　色相、纯度图

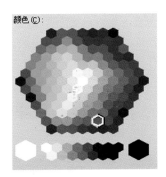

彩图 5　明度、纯度色相图

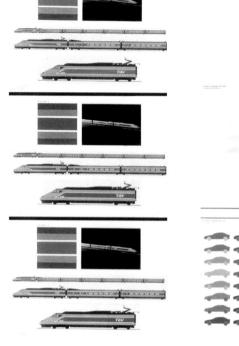

彩图 6　法国高速列车车身色彩
　　　　计划,郎科罗设计

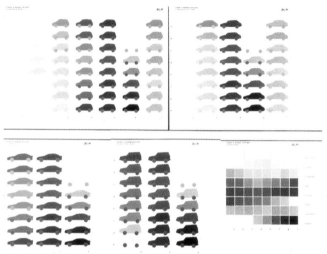

彩图 7　法国雷诺小汽车色谱预
　　　　测方案,郎科罗设计

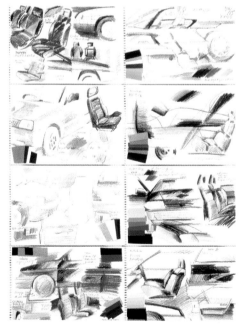

彩图 8　郎科罗为日本东京汽车企业
　　　　所作的产品色彩形象方案

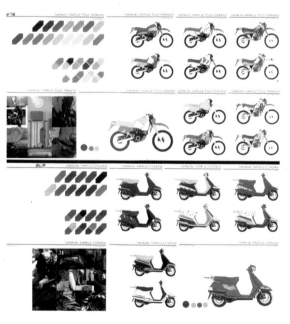

彩图 9　雅马哈摩托车色彩配色
　　　　方案,郎科罗设计

彩图 10　法国农用机械的色彩设
　　　　计方案，郎科罗设计

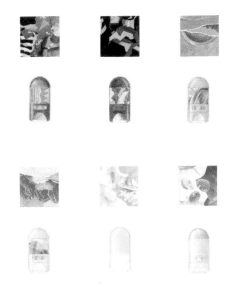

彩图 11　郎科罗为菲利普公司生产的女性美容
　　　　剃毛器所作的色彩形象设计方案(一)

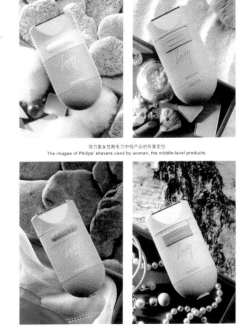

彩图 12　郎科罗为菲利普公司生产的女性美容
　　　　剃毛器所作的色彩形象设计方案(二)

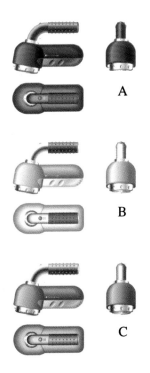

彩图 13　除毛器色彩方案，上海博路
　　　　工业设计有限公司设计

(a)

(b)

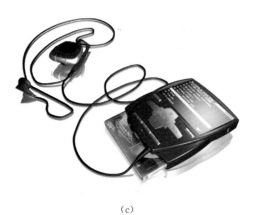

(c)

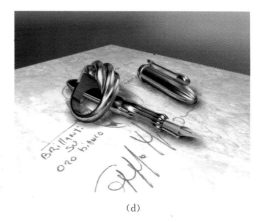

(d)

彩图 14　Rhino 30 建模，3DSMAX 渲染

(注：彩图 14(a)～(d)选自 Rhino 公司官方网站)

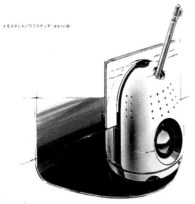

彩图 15　清水吉治绘制的透明水色效果图

彩图 16　电脑手绘效果图